基于异构数据融合的回转窑熟料质量软测量

李帷韬　汤健　丁美双　贾美英　朱红鹃　著

清华大学出版社
北　京

内容简介

本书针对复杂工业过程的建模问题，运用图像处理和机器学习技术，深入地研究了水泥回转窑烧成状态的识别方法和熟料质量指标的软测量方法，以期真正实现“机器看火”取代“人工看火”，为实现回转窑烧结过程的智能化监控，进而有效地提高水泥的产量和质量奠定了基础。实验结果表明，基于不同特征的模式分类器融合技术具有较好的识别和预测结果；过程数据信息可以改进基于图像特征的模式分类器结果。

本书可供复杂工业过程软测量的相关科研人员参考阅读，希望可为在回转窑等领域进行图像处理、模式识别等技术的学者和工程师提供帮助。

图书在版编目(CIP)数据

基于异构数据融合的回转窑熟料质量软测量/李帷韬等著. —北京：清华大学出版社，2021.6

ISBN 978-7-302-56630-4

Ⅰ. ①基… Ⅱ. ①李… Ⅲ. ①水泥—熟料烧结—研究 Ⅳ. ①TQ172.6

中国版本图书馆 CIP 数据核字(2020)第 192832 号

责任编辑：戚　亚
封面设计：常雪影
责任校对：刘玉霞
责任印制：宋　林

出版发行：清华大学出版社
网　址：http://www.tup.com.cn，http://www.wqbook.com
地　址：北京清华大学学研大厦 A 座　　邮　编：100084
社 总 机：010-62770175　　邮　购：010-62786544
投稿与读者服务：010-62776969，c-service@tup.tsinghua.edu.cn
质量反馈：010-62772015，zhiliang@tup.tsinghua.edu.cn
印 装 者：小森印刷霸州有限公司
经　销：全国新华书店
开　本：170mm×240mm　印　张：19.75　插　页：5　字　数：409 千字
版　次：2021 年 6 月第 1 版　印　次：2021 年 6 月第1次印刷
定　价：99.00 元

产品编号：086077-01

前言

PREFACE

水泥熟料的煅烧是水泥生产过程中最为重要的一道工序，直接影响水泥的产量和质量。水泥熟料煅烧使用的热工设备被称为“回转窑”，它的主要功能是将生料浆烧结成合格的熟料，其运转情况直接决定水泥熟料的质量。

回转窑长达百米且处于不断旋转中，其结构的特殊性和工艺的复杂性使回转窑烧结过程机理复杂，包括物料的物理化学反应，燃料燃烧，气体、物料、内衬间传热，气体、物料运动等多个耦合过程。由于回转窑烧结过程存在熟料质量指标游离氧化钙(f-CaO)含量难以在线测量，与 f-CaO 含量密切相关的关键工艺参数烧成状态难以准确识别等问题，现有的回转窑烧结过程仍处于“人工看火”的开环操作阶段，即看火操作人员通过观察窑内烧成带状况，辅以过程变量，识别当前烧成状态，继而调节控制变量使与 f-CaO 含量密切相关的被控变量位于适宜的范围，以实现生料的充分燃烧并获得合格的熟料。然而，人工烧成状态的识别结果受到操作人员的经验、责任心和关注度等主观因素的制约，易造成熟料质量指标不稳定、窑内衬使用寿命短、窑运转率低、产能低、能耗高、人工劳动强度大等问题。

烧成带火焰图像中蕴含丰富的烧成带温度场信息和熟料烧结状况信息，连同过程数据信息是目前看火操作人员识别烧成状态的主要依据。适宜的烧成状态意味着合格的熟料，因此，熟料质量指标与烧成状态之间有着紧密的关联性。然而，受窑内煤粉烟尘的影响，烧成带火焰图像中感兴趣区域之间存在强烈耦合，边界模糊不清，加之过程数据包含大量复杂噪声，之前基于图像分割技术或基于过程变量的烧成状态识别技术和熟料质量指标软测量的方法精度不高。因而，融合烧成带火焰图像和过程数据信息，研究基于图像处理和机器学习理论的回转窑烧成状态识别与熟料质量指标软测量的新方法、新技术具有重要意义。这项研究将机器学习技术应用于工程实践，真正实现“机器看火”取代“人工看火”，为实现水泥回转窑烧结过程的监控和熟料质量指标的闭环控制奠定了基础。

本书依托“国家高技术研究发展计划”(863 计划)重点项目“中国铝业公司综合自动化系统总体方案设计及关键技术攻关”的子课题“大型回转窑过程优化控制技术”和国家自然科学基金青年基金项目“不确定过程和仿反馈调整机制的多源信息回转窑烧成状态智能认知模型研究”，以水泥回转窑为研究对象，以提高烧成状态识别和熟料质量指标软测量精度为目标，重点研究了烧成带火焰图像和过程数据的处理与分析技术，开展了基于图像处理和机器学习的烧成状态识别和熟料质量指标软测量的研究，主要内容归纳如下。

(1) 综述工业过程中图像处理技术、不确定信息认知对象的认知智能模型、工业过程中软测量技术、回转窑烧成状态识别、回转窑熟料质量指标检测的国内外现状，明晰基于异构数据融合的回转窑熟料质量软测量面临的实际问题。

(2) 系统地对水泥回转窑烧成状态识别和熟料质量测量问题进行描述，说明了水泥回转窑烧成状态识别和熟料质量指标 f-CaO 含量软测量的重要性，对烧成状态识别和 f-CaO 含量软测量的实现进行特性分析和难度分析。

(3) 详细介绍了本书采用的模式识别系统和软测量系统中的信息预处理、图像分割、特征提取和选择、多特征融合、模式分类器/回归器设计等方法，为后续相关方法提供基础支撑。

(4) 提出了基于火焰图像多特征的烧成状态识别策略，包括基于压缩加博滤波器组的火焰图像预处理算法、基于火焰图像感兴趣区域色彩特征的烧成状态识别算法、基于火焰图像感兴趣区域全局形态特征的烧成状态识别算法、基于火焰图像感兴趣区域局部形态特征的烧成状态识别算法和基于模糊积分的火焰图像多特征融合烧成状态识别算法，并对所提方法进行仿真验证。

(5) 提出了基于过程数据与火焰图像融合的烧成状态识别策略，包括基于改进中值滤波器的过程数据滤波预处理、基于核偏最小二乘(KPLS)算法的过程数据烧成状态识别模型和基于过程数据与火焰图像的模糊积分融合的烧成状态识别模型，并对所提方法进行仿真验证。

(6) 提出了面向不确定信息认知对象的仿反馈认知智能模型结构与机制，并进行不确定信息认知对象的仿反馈认知智能计算模型研究，并对脱机手写体汉字图像的机器认知、人体健康状态评测的机器认知、全天候光伏发电智能跟踪控制认知和工业回转窑烧成状态的机器认知等方面进行了应用研究。

(7) 提出了基于火焰图像与过程数据融合的回转窑熟料质量软测量建模策略，包括火焰图像和过程数据滤波预处理、火焰图像感兴趣区域色彩特征提取、全局形态特征和局部形态特征提取、潜在变量特征向量提取和支持向量回归器设计等方法，并对所提方法进行仿真验证。

(8) 提出了基于双层遗传算法的异构数据融合水泥熟料质量选择性集成软测量模型，包括基于外层遗传算法的模型参数编码、基于外层遗传算法的模型参数解码、基于 KPLS 的候选子模型构造、基于内层遗传算法的选择性集成建模和基于外层遗传算法的遗传操作等组成部分，基于合成数据、低维与高维基准数据集，以及多源异构回转窑熟料质量建模数据仿真验证所提方法的有效性。

本书针对复杂工业过程建模问题，运用图像处理和机器学习技术，深入地研究了水泥回转窑烧成状态的识别方法和熟料质量指标的软测量方法。实验结果表明，基于不同特征的模式分类器融合技术具有较好的识别和预测结果；过程数据信息可以改进基于图像特征的模式分类器结果。本书的研究为实现回转窑烧结过程的智能化监控，进而有效地提高水泥的产量和质量奠定了基础。

感谢北京工业大学和合肥工业大学在本书出版过程中给予的支持。

由于本书作者学识和水平有限，时间也甚是紧迫，虽然尽力而为，但难免会有不妥和错误之处，敬请广大读者批评指正，并给予谅解。

作　者

2021 年 4 月

目录

CONTENTS

第1章

绪 论

1.1 研究背景和意义

水泥是国民经济的基础原材料。多年以来,我国水泥工业的发展取得了很大成绩,产量已多年位居世界第一,保障了国民经济发展的需要。水泥熟料的煅烧是水泥生产工艺过程中最重要的一道工序,普通水泥组成中85%以上是水泥熟料,水泥熟料产量、质量的提高意味着水泥产量、质量的提高。在生产一定标号的矿渣或者火山灰水泥时,如果水泥熟料强度高则能多掺入混合材以提高水泥的产量,以降低生产水泥的成本和热耗,因而水泥熟料的煅烧是水泥厂的"心脏"。水泥熟料煅烧使用的热工设备被称为"回转窑"(rotary kiln),它的任务是对输入的物料进行热加工,使之在加工过程中发生一系列的物理化学变化,其运转情况直接关系到回转窑控制系统的安全性、可靠性和水泥熟料质量。

回转窑的应用起源于水泥生产,1824年英国水泥工阿斯普发明了间歇操作的土立窑;1883年德国狄茨世发明了连续操作的多层立窑;1885英国人兰萨姆发明了回转窑。回转窑的发明,使水泥工业得到迅速发展,并因其可提供良好的混合性能,具备高效的传热能力,能适应于多种工业原料的烧结、焙烧、挥发、煅烧、离析等过程,被广泛地应用于水泥、建材、冶金、纸浆、化工、环保等行业[1],成为企业生产的核心设备。它的技术性能和运转情况在很大程度上决定着企业产品的质量、产量和成本。回转窑具有燃料燃烧、热交换、化学反应、物料输送和降解利用废弃物五大功能[2]。作为燃料煅烧装置,它具有广阔的空间和热力场,可以供应足够的空气,保证燃料充分燃烧,为熟料煅烧提供必要的热量。作为热交换装备,它具有比较均匀的温度场,可以满足熟料形成过程各个阶段的换热要求。作为化学反应器,随着熟料矿物形成不同阶段的不同需要,它既可以分阶段地满足不同矿物形成对热量、温度的要求,又可以满足它们对时间的要求。作为输送设备,它具有更大的潜力,因为物料在回转窑断面内的填充率,窑斜度和转速都较低。与其优点相伴的是窑内发生的复杂的物理化学现象,其中包括:固体物料的运动、气体流动、窑内传热、通过窑壁的传热、煅烧反应、气相和固相的传质等。

回转窑的发展总体上说具有以下趋势:

(1) 回转窑日趋大型化。第一台回转窑为0.46m×4.57m,第一批投入生产的回转窑直径为1.6～1.9m,长度为19.52～24.0m。目前,世界上最大的回转窑直径超过7m,长度超过200m。

(2) 回转窑的应用日益广泛,生产方式逐步更新:最初的干法—湿法—湿法加干法—新型干法。

(3) 向降低成本和节能方向发展。最初使用的燃料为天然气,然后改为烧油,当前大多数改用烧煤,大大降低了生产成本。目前大型的回转窑都配有冷却机,其利用窑头产品热量来预热进窑的助燃空气从而节约了大量的热能。

回转窑处于不断的旋转中,其结构的特殊性和工艺的复杂性使烧结过程机理复杂,包括物料的物理化学反应,燃料燃烧,气体、物料、内衬间传热,气体、物料运动等多个耦合过程。回转窑的烧结过程是一个典型的分布参数系统,各种时间尺度的过程变量和干扰变量都会影响回转窑内的物料运动、气体流动、窑内物料、烟气和内衬之间的传热、物料水分的蒸发、煅烧反应、气相和固相的传质等过程,最终影响熟料的烧结质量。限于回转窑旋转的结构特殊性,只能在窑头窑尾安装检测仪表和执行机构,以集中参数方式来对回转窑过程进行检测。生产过程中的各种干扰和操作的调整对回转窑过程的影响随着物料的缓慢运动进行累积,因此造成回转窑过程具有多变量强耦合、大过程惯性和不确定性干扰等特点,而且回转窑内的物理化学反应及气流、物料和内衬之间传热过程,导致了回转窑过程具有很强的非线性。由于回转窑烧结过程的熟料质量指标难以在线测量,与熟料质量指标密切相关的关键工艺参数——烧成状态难以准确识别,加之上述分析获得的各种特性,以及生产边界条件波动大且原料成分难以在线检测、窑况复杂多变等,现有的回转窑烧结过程自动控制系统的主要作用是为看火操作人员提供集中监控操作平台,回转窑烧结过程仍处于“人工看火”的开环操作阶段,难以实现熟料质量指标的自动控制,长期运行条件下易造成熟料质量指标不稳定、窑内衬使用寿命短、窑运转率低、产能低、能耗高、人工劳动强度大等问题。

国外很多著名自动化公司针对回转窑开发了自动化技术与软件产品。文献[3]介绍了西门子股份公司针对水泥行业开发的控制系统 CEMAT © KCS。CEMAT 软件包集成于 SIMATIC PCS7 系统,提供了广为人知的 KCS 控制系统数据库,利用 30 多个相关过程参数判断回转窑的运行工况,采用操作模式优先权管理专家系统,实现回转窑的优化操作。在建材和造纸领域,艾法史密斯公司推出的 ECS/Fuzzy Expert 软件产品采用模糊专家系统集成操作人员的经验,稳定了回转窑的运行,提高了熟料容重指标的合格率,保证了熟料的均一质量[4]。Gensym

公司的 G2 软件产品集成了模糊逻辑、神经网络、专家系统，通过智能对象模型捕获知识，并根据规则对当前和历史数据进行实时推理、分析、诊断，优化回转窑的控制动作[5]。文献[6]介绍了 LINKman 系统在水泥生产过程中的应用；该系统采用模糊逻辑原则，规则块包含所有可能的输入值和相应的控制动作，并采用一个程序模块监督整个过程状况，以决定规则块的选用。然而，国外的控制软件在设计时严格按照国外的工艺条件，对于生产边界条件要求苛刻，而且其仿真结果多基于机理建模。由于回转窑本身的复杂性，软件中的仿真结果大多通过对特定工况设定大量假设条件获得，缺乏普遍通用性，而且软件中关于优化控制等核心内容保密，国内技术人员难以借鉴。此外，由于我国的生产是粗放型的，工序操作缺乏严格管理导致生产条件和运行工况经常出现波动，更加难以应用。

在工业现场中，看火操作人员经窑头看火孔或者监控室内的工业电视观察回转窑内烧成带的物料烧结状况，识别当前烧成状态，继而调节控制变量使烧成状态正常并且稳定，若某些与熟料质量指标游离氧化钙(f-CaO)密切相关的过程变量位于各自适宜的被控范围内则意味着令人满意的 f-CaO 含量。当窑内受煤粉烟尘干扰较大时，直接观察烧成带难以准确识别烧成状态，看火操作人员会综合烧结过程变量，辅助判别当前烧成状态。上述人工看火模式的烧成状态识别结果受到不同看火操作人员的经验、责任心和关注度等主观因素的制约，有时无法对窑内烧成状态做出准确的判断，甚至无视异常烧成状态而进行错误的控制操作，继而导致熟料质量指标不稳定。例如，当处于“过烧结”烧成状态时，容易产生窑内结圈、熟料烧结成块、“红窑”等现象，损坏窑内衬，为了安全生产必须关闭回转窑，从而带来生产损失；当处于“欠烧结”烧成状态时，容易产生“黄料”，使熟料质量指标降低而产生亏损。因此，受上述人工看火模式的启发，从蕴含丰富烧成带温度场信息和熟料烧结状况信息的回转窑烧成带火焰图像中仿人提取表征烧成状态的特征，辅以烧结过程变量，进行烧成状态的识别具有重要的研究意义，有望真正实现“机器看火”取代“人工看火”，为实现回转窑烧结过程的监控打下坚实的基础。

水泥回转窑烧结过程的最终产品是水泥熟料，其质量指标成为衡量回转窑烧结过程最重要的性能指标。然而，由于回转窑自身特有的分布参数和大滞后特性，熟料质量指标 f-CaO 含量通常基于间隔为 1h 的实验室人工采样化验得到，f-CaO 含量的化验值大大滞后于控制变量，无法实现实时反馈，当前的 f-CaO 含量化验值仅对后续的水泥熟料生产过程起到一定的指导作用。同时，这种人工操作模式下的 f-CaO 含量易受不同看火操作人员主观因素的影响，稳定性较差。适宜的烧成状态意味着合格的熟料，因此，熟料质量指标 f-CaO 的含量与烧成状态(亦即火焰图像和过程变量)之间有着紧密的关联性。因此，基于火焰图像和过程变量，实现水泥回转窑熟料质量指标 f-CaO 含量的软测量具有重要的研究意义，是实现水泥回转窑烧结过程熟料质量指标 f-CaO 含量闭环控制的前提条件。

然而，受煤粉燃烧、物料烧结和窑内烟尘的影响，烧成带火焰图像中看火操作人员所感兴趣的区域(火焰区域与物料区域)之间存在强烈耦合,边界模糊不清,加之过程变量包含大量复杂噪声,之前基于图像分割技术获取火焰图像感兴趣区域继而提取图像特征,或基于过程变量提取过程变量特征,并基于机器学习对所提取的特征建立烧结状态识别模型和熟料质量指标 f-CaO 含量软测量模型的方法难以解决上述问题。

基于此,本书依托"国家高技术研究发展计划"(863 计划)重点项目"中国铝业公司综合自动化系统总体方案设计及关键技术攻关"的子课题"大型回转窑过程优化控制技术"和国家自然科学基金青年基金项目"不确定过程和仿反馈调整机制的多源信息回转窑烧成状态智能认知模型研究",以水泥回转窑为研究对象,模仿优秀看火操作人员的操作模式,利用图像处理和机器学习技术,直接从火焰图像中仿人提取表征回转窑烧成状态和熟料产品质量指标 f-CaO 含量的图像特征,辅以基于过程变量提取的过程变量特征,开展了回转窑烧结状态识别和熟料质量指标 f-CaO 含量软测量方法的研究,解决了"人工看火"识别烧结状态主观性强、基于图像分割技术"机器看火"识别烧结状态效果差和熟料质量指标 f-CaO 含量不能连续在线测量等问题,真正实现了"机器看火"取代"人工看火",并为实现水泥回转窑烧结过程的监控和熟料质量指标 f-CaO 含量的闭环控制奠定了基础。

1.2 工业过程中图像处理技术研究现状

数字图像处理(digital image processing)又称为"计算机图像处理",它是指将图像信号转换成数字信号并利用计算机对其进行处理的过程。数字图像处理最早出现于 20 世纪 50 年代,并作为一门学科大约形成于 20 世纪 60 年代初期。早期图像处理的目的是改善图像的质量以满足人的视觉需求,首次获得成功应用的是美国喷气推进实验室(Jet Propulsion Laboratory,JPL)[7]的研究者,他们对航天探测器"徘徊者 7 号"在 1964 年发回的几千张月球照片使用了图像处理技术,由计算机成功地绘制出了月球的地形图、彩色图及全景镶嵌图,为人类的登月创举奠定了坚实的基础,也推动了数字图像处理这门学科的诞生。数字图像处理取得的另一个巨大成就是在医学上。1972 年英国 EMI 公司发明了用于头颅诊断的 X 射线计算机断层摄影装置,也就是我们通常所说的"CT"(computer tomograph),并于 1975 年又成功研制出用于全身的 CT 装置,获得了人体各个部位鲜明清晰的断层图像[8]。从 20 世纪 70 年代中期开始,随着计算机技术、人工智能、思维科学研究的迅速发展,数字图像处理成为一门引人注目、前景远大的新兴学科,并向更高、更深层次发展。人们已开始研究如何用计算机系统解释图像,实现类似人类视觉系统理解外部世界,业已在航空航天、生物医学工程、工业检测、机器人视觉、公安司法、军事制导、文化艺术等领域得以广泛的研究和应用[9]。数字图像处理技术主要包含图像预处理、图像分割、图像特征提取和选择、图像模式识别等技术。

1.2.1 图像预处理

图像预处理的目的是消除噪声，恢复有用的真实信息，增强有用信息的可检测性和最大限度地简化数据，从而增强后续步骤的可靠性。输入的图像在获取过程中，由于传输信道质量较差或受各种干扰的影响，会出现严重的噪声，噪声的存在会给以后的特征提取带来很大困难，因而需要对图像进行去噪处理。常见的图像预处理过程一般有数字化、几何变换、归一化、平滑、复原和增强等步骤[10]。一幅原始照片的灰度值是空间变量的连续函数。在 $M\times N$ 点阵上对照片灰度采样并量化至 b 个灰度等级后，可以得到相应的数字图像。在接收装置的空间和灰度分辨能力范围内，M，N 和 b 的数值越大，重建的数字图像的质量越好[10]。几何变换可以改变图像中物体(像素)之间的空间关系，这种运算可以被看成将各像素在图像内移动的过程。几何变换包括可用数学函数形式表达的简单变换(如仿射变换(affine transformation))[11]和不易用数学函数形式描述的复杂变换(如对存在几何畸变的图像进行校正；再如通过指定图像中一些控制点的位移及插值方法描述的图像卷绕变换(image warping)[12]。归一化是使图像的某些特征在给定变换下具有不变性质的一种图像标准形式。例如物体的面积和周长，对于坐标旋转来说就具有不变的性质。在一般情况下，某些因素对图像性质的影响可通过归一化得到消除或减弱。灰度归一化、几何归一化和变换归一化是三种常见的归一化方法[10]。平滑用来消除图像中的随机噪声。对平滑技术的基本要求是在消去噪声的同时不使图像轮廓或线条变得模糊不清。常用的平滑方法有中值法、局部求平均法和 k 近邻平均法。局部区域的大小可以是固定的，也可以逐点随灰度值的大小变化。此外，有时还应用空间频率域带通滤波的方法。复原校正可针对各种原因造成的图像退化，重建或估计新图像以尽可能逼近理想无退化的原始图像场。复原技术是把获取的退化图像 $\boldsymbol{g}(x,y)$ 看作退化函数 $\boldsymbol{h}(x,y)$ 和理想图像 $\boldsymbol{I}(x,y)$ 的卷积。它们的傅里叶变换存在关系 $\boldsymbol{G}(u,v)=\boldsymbol{H}(u,v)\boldsymbol{I}(u,v)$。根据退化机理确定退化函数后，就可以根据此关系式求出 $\boldsymbol{I}(u,v)$，再用傅里叶反变换求出 $\boldsymbol{I}(x,y)$，通常称之为“反向滤波器”[13]。图像增强技术是对图像中的信息有选择地加强和抑制，以改善图像的视觉效果，或将图像转变为更适合于机器处理的形式，以便于数据抽取或识别。该技术有多种方法，保持亮度特性的直方图均衡算法(brightness preserving Bi-histogram equalization，BBHE)[14]、保持亮度特性动态直方图均衡算法(brightness preserving dynamic histogram equalization，BPDHE)[15]、递归均值分层均衡处理(recursive mean-separate histogram equalization，RMSHE)[16]、递归子图均衡算法(recursive sub-image histogram equalization，RSIHE)[17]等都可用于改变图像质量。

1.2.2 图像分割

图像分割可将图像中感兴趣的部分提取出来，是进一步进行图像识别、分析和理解的基础。图像分割是图像处理的重点与难点，也是计算机视觉的瓶颈。图像分割可以分为完全分割和部分分割两类。其中，完全分割是指将图像分割成不重叠的区域以匹配图像目标；部分分割的区域不直接对应于图像目标。采用完全分割时需要特定的领域知识以实现精确的目标获取；部分分割所获取的分离区域需要具有预设定的某种同性质属性，例如亮度、颜色、纹理等。现有的图像分割算法主要可分为阈值分割法[18-20]、局部滤波法[21-22]、自动轮廓法[23-26]、区域增长法[27-29]、神经网络法[30]等。其中，阈值分割法将图像灰度直方图的两波峰之间波谷所对应的灰度值作为阈值对图像进行分割，包括全局阈值和局部阈值两种方法，但仅当图像目标与背景之间信噪比较高时分割效果较好；当存在噪声干扰使图像灰度直方图不存在明显的波峰和波谷时，分割误差较大。局部滤波法通过差分梯度算子、拉普拉斯算子、模板卷积算子等检测图像边缘，但该方法仅利用了图像的局部信息，不能确保连续封闭图像边缘轮廓的获取，并且只有当图像中感兴趣区域边界清晰时分割效果才较为理想。自动轮廓法利用所构建的能量函数逼近图像目标的轮廓，其中内部能量用于平滑 Snake 的形状，外部能量用于吸引 Snake 至具有较大图像梯度的目标轮廓，但该方法的拓扑适应性较弱，在更新过程中不能自适应地裂开或合并。区域增长法首先根据相似性准则构建优化目标函数，采用迭代的方法从图像中取出若干个相似的特征或相同的像素组成分割区域，该方法可以利用感兴趣区域内部的统计特性，但常会得到不规则的图像边界和小洞，并且图像分割的效果严重依赖于初始种子的位置与数量。神经网络法将图像特征向量或图像像素作为单一神经网络或者一组神经网络的输入，通过网络迭代训练输出相应的决策分类值，根据决策结果实现对图像的分割，该方法仅在样本数量足够多的情况下分割效果较好，但分割速度较慢。

1.2.3 图像特征提取和选择

图像特征提取和选择的主要任务是对原始数据组成的测量空间进行维数变换，得到最能反映被识别目标本质的特征空间。特征空间中的一个模式通常也叫做“一个类别”。特征提取是指从图像的原始空间中，基于线性或非线性的方式提取一个适宜的反映目标特性的特征子空间，其中基于线性变换的方法包括主成分分析(principal component analysis，PCA)[31]、线性可分性分析[32]、投影追踪[33]、独立成分分析(independent component analysis，ICA)[34-36]等。PCA 基于均方根误差准则，计算 n 个 d 维模式的 $d\times d$ 协方差矩阵的 m 个最大特征值所对应的特征向量，在一个线性子空间内有效地逼近原始数据；线性可分性分析利用每个模式的类别信息，采用类似费希尔比率(Fisher ratio)准则的可分性度量取代无监督学习的 PCA 中的协方差矩阵，线性的提取对不同类别目标最具区分性的特征；投影追踪和 ICA 不依赖于数据的二阶属性，因此适用于非高斯分布数据的特征提取。ICA 已被成功地应用于盲源信号的分离，所提取的线性特征组合可以定义独立信息源。基于非线性变换的方法包括核主成分分析（Kernel principle component analysis，KPCA）[37-38]、多维尺度（multidimensional scaling，MDS）[39]、神经网络(artificial neural network，ANN)[40-41]、自组织映射神经网络(self-organization mapping net，SOM)[42]等。KPCA 首先经由一个非线性函数将输入的原始数据映射至一个新的高维特征空间，在被映射的高维特征空间内采用 PCA 提取特征向量，然而对于一个特定的应用，核函数的选取依然多根据人工经验试凑得到。MDS 采用二维或者三维来表征多维数据集，并且原始 d 维特征中的距离矩阵在投射空间中得以尽可能地保留，MDS 的缺陷在于它不能给出一个显式的映射函数，因此当引入一个新的数据时，之前已训练好的映射关系需要重新训练。多层神经网络可以被视为特征提取器，每个隐含层的输出都可以被解释为一个面向输出层分类的新的非线性特征集合，隐含层层数和节点个数的最佳选取依然是一个开放性的话题。SOM 根据其学习规则，对输入模式进行自动分类，即在无监督学习的情况下，不同部位的若干神经元对含有不同特征的输入模式同时产生响应，通过对输入模式的反复学习，捕捉各输入模式所含的模式特征，并对其进行自组织，在竞争层将分类结果表示出来，与其他网络相比，它不是使用一个神经元或者一个神经元向量来反映分类结果，而是以若干神经元同时反映分类结果。

特征选择是在一个 d 维特征集合中选取一个 m 维特征子集合以获取最小的分类误差。在实际问题中，数据集的特征数可能很多，每一个特征对样本的不确定性度量的贡献不同，其中可能存在一些冗余或与问题本身无关的特征。由于著名的"维数灾"现象[43]的存在，冗余或无关的特征会使机器学习的准确率降低，并且增加了计算成本。最直观的特征选择方法是穷举所有可能的子集合以获取最优的特征子集，但这种方法非常耗时且不实际，即使面对的是中等数量级的 m 和 d。Cover 和 van Campenhout [44]表明非穷举的特征顺序选择过程可以确保生成最优的特征子集，目前常用的特征选择方法包括分支定界算法(branch and bound)、最优单一特征算法、前向顺序选取算法(sequential forward selection，SFS)、后向顺序选取算法(sequential backward selection，SBS)、加 l 去 r 算法、前向浮动顺序选取算法（sequential forward floating selection，SFFS)、后向浮动顺序选取算法(sequential backward floating selection，SBFS)[45]。特征选择可以被看作一个特征集合的优化问题，即对给定的特征集合，建立一种评估标准以获得分类误差最小意义下的最优特征子集[46]。根据评估函数与模式分类器的关系，特征选择包括封装器(wrapper)和过滤器(filter)两种模式[47-48]。其中，封装器模式下模式分类器的正确识别率被作为特征子集的评估函数(与模式分类器有关)进行特征的选择，该方法能够直接获取分类误差最小时的最优特征子集；过滤器模式不直接获取分类误差最小时的最优特征子集，而是将距离测度、信息测度、相关性测度、一致性测度等作为评估函数(与模式分类器无关)对特征进行排序，最终选择位于前列的特征子集。一般地，封装器模式的精度较好，但是如果特征数较多，迭代次数会较高，使直接应用存在一定的困难。此外，过滤器模式去除无关特征的能力较强，去除冗余特征的能力较弱；在决定选择哪些特征子集时需要选择合适的阈值，阈值选择本身存在较大的主观性和随机性；所提取和选取的图像特征通常会送入模式分类器中进行目标的模式识别。

1.2.4 图像模式识别

模式识别(pattern recognition)[49]诞生于20世纪20年代。作为计算机视觉的组成部分，随着20世纪40年代计算机的出现以及50年代人工智能的兴起，其在60年代初期迅速发展并成为一门新学科。1973年10月，电气和电子工程师协会(IEEE)在华盛顿发起并召开了以模式识别为专题的第一次国际学术会议。在1976年的第三次国际模式识别会议上，成立了国际模式识别协会(The International Association for Pattern Recognition，IAPR)。现在，随着各种方法的不断出现，模式识别技术已经广泛地应用于人工智能、机器视觉、神经生物学、医学、高能物理、考古学、地质勘探、宇航科学和高技术武器系统等领域。模式识别是指从大量信息和数据出发，在专家经验和已有认识的基础上，利用计算机和数学推理的方法自动地将待识别的模式分配到各个模式类中。其中，模式是指通过对个别事物进行观测所得到的具有时间和空间分布的信息，模式类是指模式所属的类别或同一类中模式的总体[50]。模式识别包括模式分类器设计与决策实现两个过程。在设计阶段，对一定数量的样本(训练集或学习集)进行特征提取和选择，寻找分类的规律，设计模式分类器，使被识别的训练对象分类误识率最小；在实现阶段，用所设计的分类器对待识别的样本(未知样本集)进行分类决策。模式识别又被称作"模式分类"，从处理问题的性质和解决问题的方法等角度，模式识别分为有监督的分类(supervised classification)和无监督的分类(unsupervised classification)。二者的主要区别在于，各实验样本所属的类别是否预先已知。一般来说，有监督的分类往往需要提供大量已知类别的样本，但在实际问题中，这是存在一定困难的，因此研究无监督的分类就十分有必要了。模式识别方法主要包括统计模式识别[51]和结构模式识别[52-53]。统计模式识别方法的基本思想是将特征向量定义在一个特征空间中，利用统计决策原理对特征空间进行划分，达到识别不同特征对象的目的，其研究的重点是特征提取；结构模式识别着眼于对待识别对象的结构特征的描述，其基本思想是把一个模式描述为较简单的子模式组合，把子模式又描述为更简单的子模式的组合，最终得到一个树形的结构描述，在底层的最简单的子模式被称为"模式基元"。在结构模式识别方法中，一般要求所选的基元能对模式提供一个紧凑的反映其结构关系的描述，基元本身不应含有重要的结构信息。模式以一组基元和它们的组合关系来描述，称为"模式描述语句"。一旦基元被鉴别，识别过程可通过句法分析进行，即如果给定的模式语句满足某类语法即被分入该类。模式识别方法的选择取决于问题的性质，如果被识别的对象极为复杂，而且包含丰富的结构信息，一般采用结构模式识别方法；如果被识别对象不是很复杂或不含明显的结构信息，一般采用统计模式识别方法。模式分类器在模式识别中扮演着重要的角色。在实际中，选取合适的模式分类器是非常困难的，没有天生优越的模式分类器，除非结合了已有问题的先验知识。所以，模式分类器的选取常常需要凭借用户的先验知识和经验。众所周知，当条件概率和损失函数已知时，贝叶斯决策分类方法可以给出最佳的模式识别效果[54]。但在实际中，条件概率时常难以获取，概率神经网络（probabilistic neural network，PNN）[55]作为径向基函数神经网络（radial basis function neural network，RBFNN）的重要变形，因其应用贝叶斯决策规则，即错误分类的可期望风险最小，在多维输入空间内最优分离决策空间，具有快速运算、确保贝叶斯准则下的最优解、网络结构无须训练、同步给出决策的可信度等优点[56-57]。BP神经网络（back propagation neural network，BPNN）是一种有监督学习的算法，具有自学习、联想存储和高速寻找优化解的能力，而且方法简单、逼近能力强，是模式识别中最常用的模式分类器方法[58]；但其存在易陷入局部极小、过拟合、训练时间长、参数选取困难、泛化能力较差等问题。此外BPNN需要大量样本进行训练，而实际应用中训练样本的数量往往很少。支持向量机（support vector machine，SVM）[59-60]是一种基于结构风险最小化（structural risk minimization，SRM）和VC维理论（Vapnik-Chervonenkis dimension theory），能从未知分布的小样本中抽取最大的有用信息，在最小化经验风险的同时通过选择支持向量（support vector，SV）简化模型的复杂度，使算法的复杂度与样本维数无关，巧妙地克服了传统机器学习中的维数灾难问题，较好地解决了小样本的学习问题。但常规SVM算法源于两类别分类问题，在解决多类别模式分类问题方面存在一定的局限性，此外，SVM参数的选取一直是一个开放性的话题。Pao针对单隐含层前馈神经网络（single hidden layer feed forward neural network，SLFN）提出了随机向量函数功能连接网络（random vector functional link network，RVFL）[61-62]算法。在对RVFL中的隐含层节点参数随机选择后，SLFN可以被视为一个线性系统，输出权值可以通过对隐含层输出矩阵的广义逆求取得到。研究表明RVFL具有很好的全局搜索能力和简单易行的特点，较传统的梯度学习算法和SVM，RVFL的学习速度更快，可以克服传统梯度算法常有的局部极小、过拟合和学习率选择不合适等问题，并且有更好的泛化能力，但其激活函数的选取大多需要根据人工经验获取。

数字图像处理技术广泛应用于机器人伺服与跟踪控制、产品质量控制、材料加工、工业监控、目标姿态控制和干燥技术中。

文献[63]将基于图像的视觉伺服系统用于空间无人车辆的控制，通过图像特征获取局部位置信息，构建视觉误差，控制决策算法采用步进Lyapunov算法，证明了系统的局部指数稳定性。文献[64]采用平滑的闭形态直射对路径图像进行变换，提取路径图像的特征进行路径跟踪，并基于场的方法构建第二条被规划的路径，以对第一条路径进行约束确保目标始终处于照相机的视觉场内，寻找图像空间中最优的 3D 路径。文献[65]将包括多个联合控制器在内的基于视觉的伺服控制系统用于运动车辆的控制，首先根据预设定的海拔图设计最优的路径，然后通过模糊逻辑控制器估计车辆沿预设定路径的旋转速度和平动速度；一个交叉耦合控制器用于修正可能的方位误差；基于视觉的运动追踪系统实时反馈车辆的三维动作，滑动控制器实时监测车辆滑动，若出现滑动，路径跟踪控制器将对剩余路径进行修正。文献[66]基于三维目标轮廓感知技术，给出了一种使皮革表面自动粗糙化的策略。当高压喷钢砂处理用于皮革表面粗糙化时，考虑燃烧室的空间约束，一个工件旋转台被引入以最小化机器人的运动，同时满足变速控制、精确路径追踪和方位控制。

文献[67]采用图像处理和统计模式分析对碳光纤增强聚合体(carbon fiber reinforced polymer，CFRP)横向断裂行为的分布进行了量化，从而控制光纤材料的产品质量。文献[68]基于主成分分析，采用多变量图像分析方法提取图像特征构建模型预测产品的外壳成分和外壳分布。彩色数字图像处理系统被用于工业食品生产过程中产品质量的监测、操作诊断和外壳浓度反馈控制。

文献[69]构建了基于数字图像相关性的非接触实时应变力测量和控制系统，用于测试聚合体材料的疲劳度，该系统通过简化计算流程和最优化搜索算法，使样本的张力疲劳范围测试得以实现。

文献[70]采用多变量图像分析、灰度协方差矩阵和小波变换的方法提取锌浮选过程中泡沫图像的特征，采用局部最小二乘方法构建泡沫等级的预测模型，继而设计反馈控制器控制浮选质量指标。文献[71]将在线数字图像系统应用于监视工业锅炉火焰，多变量图像分析和最小二乘方法提取时变火焰图像的特征信息，并预测锅炉状况、NO_x 和 SO_2 气体浓度以及废渣中的能量成分。文献[72]将工业固体废物燃烧室温度的红外图像引入控制回路，采用光线追踪技术模拟能量的辐射，基于能量平衡公式和温度能量图来识别未知的温度。一旦燃烧室壁和物料的温度已知，控制策略就可以被调节。

文献[73]采用 CCD 获取映射后的太阳光柱中心与目标间的距离，仿人对日光反射装置的偏差进行自动矫正，以克服传统的开环控制方法带来的控制系统复杂性。文献[74]基于视觉和力的反馈，控制纳米纺织品生产。其中，纳米控制器由 2 个旋转和 1 个线性纳米电机构成，以达到良好的动力学和自由后冲特性，视觉伺服与力反馈相融合来补偿纳米控制器的位置误差。

文献[75]采用机器视觉系统连续监测物体区域，通过阈值化和像素数量统计图像的绿色平面特征，基于图像特征以及物体干燥的物理参数来监视干燥过程，根据图像监视结果调节控制策略。文献[76]基于水果表面温度分布的红外图像控制水果表面的干燥时间。

受工业对象和外部环境的约束，工业现场存在大量的粉尘、烟雾、水气、光照等干扰，所采集的工业图像往往具有大量的复杂噪声，目标边界模糊，图像质量较低，因而工业图像处理与分析的难度更大。在图像处理技术领域，虽然已涌现了大量的算法,但是,这些算法均基于特定的应用领域,具有很强的针对性。迄今为止,尚不存在一种通用的图像处理方法。

1.3 不确定信息认知对象的认知智能模型研究现状

"人工智能"(artificial intelligence,AI)是对人的意识、思维的信息过程模拟,是一门极富挑战性的科学。人工智能具有三个层次,分别是运算智能、感知智能和认知智能,其中,在前两个层次,机器的能力已经超越人类。因此,认知智能业已成为当下人工智能破局的着力点[77-78]。自 20 世纪 70 年代,我国著名科学家钱学森提出"人脑是开放的巨系统"观点以来,认知智能在国内学术界掀起了一股研究热潮[79]。人脑是迄今为止最高级、最有效的认知器,研究和模拟人脑具有的感知、学习、推理、识别等认知机理和行为功能并以机器来实现,已成为认知智能领域发展最有意义和极具挑战性的课题[80]。当前,人工智能学科已进入认知智能研究浪潮,欧美国家都分别推出了类脑智能研究的战略目标。2013 年,欧盟启动脑计划项目"Human Brain Project",其核心目标就是用计算机模拟人脑工作机理,推动计算系统和机器人技术的变革;2014 年,美国情报高级研究计划局(The Intelligence Advanced Research Projects Activity,IARPA)开始组织并于 2015 年正式启动机器智能项目"Machine Intelligence from Cortical Networks",力图通过研究脑皮层对传统的机器智能进行变革。2010 年以来,学术界将认知智能相关研究推向了新高潮,其中,涉及"认知"和"智能"关键词的获得美国国家自然科学基金资助的项目多达 36 项,获得欧盟科研框架计划资助的项目多达 40 项,获得中国国家自然科学基金资助的项目多达 29 项,国内外主流期刊 *Nature*[81],*Pattern Analysis and Machine Intelligence*[82],*Neurocomputing*[83],以及《计算机学报》[84]《模式识别与人工智能》[85]《中国图象图形学报》[86]等都报道了该领域的研究进展。

认知智能是包含认知心理学、计算智能、信息学等多门学科的交叉科学,模拟人类认知行为方式的意识、思维信息交互过程的仿人认知智能方法研究仍处于起步阶段。认知心理学研究表明,人类认知事物时的信息处理机制是一个根据先验知识有层次有选择地反复推敲比对的信息收集与处理过程[87]。传统的单向开环认知模型如图 1.1 所示,其认知机制难以模拟人类认知事物的思维信息交互处理模式。借鉴控制理论、统计学理论、粗糙集理论、熵理论、知识粒度计算和其他相关理论研究发展和成果,将其融入人工智能的认知智能研究中,无疑对探索不确定信息认知对象的仿反馈认知智能机制与计算模型具有重要意义。

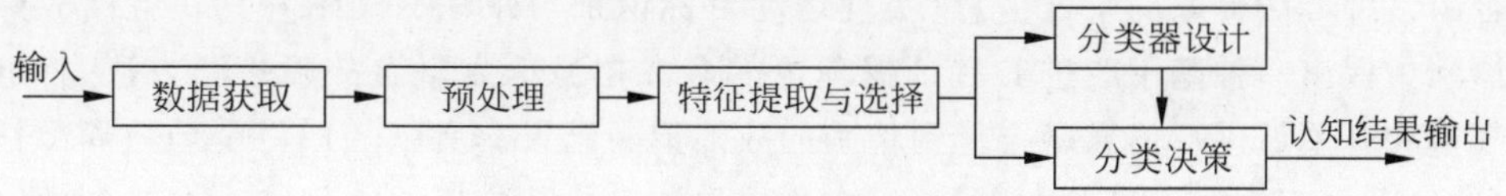

图 1.1 传统单向开环认知模型

在认知智能中,认知知识的可靠获取、精确表征和高效使用是保证认知正确率的关键因素之一。目前学术界普遍认为不存在能够适于各种数据的通用知识获取方法。因此,多特征融合方法作为克服表征认知对象片面性困难的重要手段受到了广泛的关注。对有限论域的不确定信息认知对象而言,高维特征空间中不可避免地存在冗余和相关项,且不同样本具有的各不相同的特征适用度,使同一特征对聚类中心附近的样本与分类面附近的相似样本往往具有不同的分类能力。事实上,特征维数的增加将导致系统认知信息量趋于饱和,这不仅会造成信息"维数灾",而且信息相互间的干扰将使认知过程的可分性混淆。当前,粗糙集理论作为不确定与不完整信息的软计算方法得到了很大发展,采用粗糙集理论研究不确定信息认知对象多特征融合表征的完备性评价度量,建立认知知识空间充分性与可分性评价的模式化结构认知智能决策信息系统具有前沿性的学术研究价值与意义。

在认知智能中,不确定性的认知过程与认知结果的评价度量是保证可识别率与正确率的关键因素之一。目前,学术界普遍采用的极大后验统计评价认知结果可信度的方法无法实现人类动态在线实时反复推敲比对的信息处理过程;传统控制理论的误差计算方法也难以适用不确定信息认知过程与结果的度量评价要求。仿人认知智能运行机制对不确定性认知结果的性能评价不仅需要具有动态在线实时性,而且要具有不确定信息的度量能力。当前,信息熵理论作为度量信息系统不确定性的工具已在人工智能领域得到了广泛的应用,基于熵函数测度指标计算方法研究对不确定认知过程与结果度量评价,建立熵函数形式的认知误差评价体系,实现启发式偏差调节的认知智能仿反馈机制是值得探索发展的研究方向。

在认知智能中,认知知识的层次与精度的可调节是保证认知正确率的关键因素之一。传统单向开环认知方法不符合人类认知事物时反复推敲比对思维信息交互处理模式,经典闭环控制理论方法也难以模拟人类认知事物过程的信息交互处理模式。当前,信息粒度计算作为处理不确定信息的一种新的概念和计算范式成为人工智能领域的研究热点,基于信息粒度计算方法研究多层次变粒度表征认知知识的知识粒度粗细程度可调节的仿反馈认知智能机制,尝试一种模仿人类认知事物反复推敲比对的信息交互过程的仿反馈认知智能调节机制,为认知智能系统的研究拓展了思路。

1.3.1 不确定信息认知对象的认知知识表征方法研究现状

多特征融合是当前认知知识表征方法研究的热点之一[88]。文献[89]通过融合由多种方法提取的特征信息,实现运动目标识别与跟踪。文献[90]在电网故障诊断中提出一种基于改进 D-S 证据理论的多数据源信息融合故障诊断方法,将电气量和开关量进行信息融合得到精确的故障诊断结果。文献[91]将全局与局部信息、纹理与直方图信息等融合起来,在边界检测中成功应用。文献[92]在微创内镜手术中，通过融合电磁传感器和惯性传感器的数据信息，结合系统动力学模型和估计理论，提出了一种新的级联定位估计算法。文献[93]在自动驾驶系统中，提出了一种新的多传感器数据信息矩阵融合的方法跟踪感知汽车的行驶环境。文献[94]将一维特征空间中的加权相似度距离与 n 维特征空间中的模糊集理论、支持向量机等有效结合，提出了一种融合多特征的遥感影像变化检测方法。文献[95]融合火焰图像动态、静态、纹理等特征，实现了基于多特征融合技术的火焰视频探测。文献[96]通过融合激光测距仪和单眼相机的数据，结合运动人体整体轮廓和局部关节的特征信息，提出了一种新的步态识别算法提高识别性能。

近年来，相关技术在知识完备性表征方面有了很大进展。文献[97]从运用知识网络进行问题求解的角度出发，提出了对知识网络所包含的知识完备性测度方法。文献[98]在 DeepWeb 实体识别机制中采用静态分析、动态协调结合的自适应知识维护策略，以适应 Web 数据的动态性并保证表象关联知识的完备性。文献[99]针对描述逻辑知识库构建问题，基于形式概念分析，给出了描述逻辑知识库完备性评价的推理算法。文献[100]针对现复杂系统的智能建模与控制问题，提出了一种具有良好完备性和健壮性的模糊规则提取算法。文献[101]基于不同尺度图像块上的局部不变特征密度谱计算图像熵密度，深入分析了局部不变特征的表征完备性问题。文献[102]针对脱机手写体汉字图像识别问题，采用多特征融合与粗糙集理论，融入粒度计算方法，提出了基于变精度粗糙集的多层次多特征汉字表征模式的脱机手写体汉字图像识别系统。文献[103]基于粗糙集和广义熵理论，提出了一种具有性能测度指标的脱机手写体汉字图像认知决策信息系统建模方法，以解决多特征融合造成的特征空间过饱和与认知对象知识表征片面性问题。文献[104]探索了一种知识充分性和可分性表征的人体健康状态认知方法，实现人体健康状态从整体到局部的多粒度认知智能模式。

1.3.2　不确定认知过程与结果评价体系研究现状

建立仿人反复推敲比对的反馈信息处理过程需要对认知结果性能进行度量评价以获取启发式偏差信息。例如：文献[105]基于统计分析方法，选取距离函数建立误识模型并应用于脱机手写体汉字识别系统可信度评价。文献[106]基于相对邻近度的概念，提出了一种手写汉字识别结果可信度测定方法，并有效应用于银行票据 OCR 系统。文献[107]针对手写中文字符识别，提出一种最大字符精度准则，利用贝叶斯决策评价以实现识别结果的自动校正。文献[108]对车辐式屋盖结构的索力识别结果误差进行了分析研究，力图评价其识别结果的可信度以及改善加载方案的决策性能。文献[109]针对脱机手写体汉字图像识别首次提出认知系统的认知结果广义误差的概念，通过定义三种广义误差建立决策评判机制，实现识别策略的反馈调整以改善识别正确率与拒识率的矛盾指数。文献[110]～[112]通过改进广义误差的定义和计算方法，发展了分层反馈调整策略以提高脱机手写体汉字图像识别系统的性能。

近年来,熵作为信息系统不确定性度量指标在系统可信度评价中得到了广泛的应用。文献[113]提出了可以区分模糊测度的不确定性程度的沙普利熵,并论证了其在动态可信度评估中的有效性。文献[114]基于最小信息熵准则,提出了一种在线估计信息反馈的高机动目标状态估计融合模型。文献[115]针对驾驶员在标志信息判读时获取的脑电信号,运用近似熵实现不同特性驾驶员指路标志认知差异表征。文献[83],[85],[86],[104]基于粗糙集理论方法,针对脱机手写体汉字图像、回转窑烧成状态和人体健康状态等不同认知对象,尝试探索多种认知误差的定义方法,采用广义熵函数形式的测度指标计算,构建多层面多粒度仿反馈认知智能运行机制,提供了一种具有普适性的认知误差定义和计算方法的探索思路。

1.3.3 不确定认知过程的认知智能机制研究现状

在认知智能模型研究方面,文献[116]基于大脑情感回路,模拟人脑情感学习记忆和调节机制建立了一种人工情感智能模型,并有效应用于化学过程控制和倒立摆系统。文献[117]基于特征字典的学习过程,构造了一种高层次的仿真生物视觉认知计算模型,以改进目标识别和场景分类等应用系统性能。文献[118]针对智能体行为认知问题,建立了一种基于小脑模型的自平衡两轮机器人运动神经认知系统,通过与基底神经节相互协调以加快学习速度,改善学习效果。

实现不同于传统前向开环认知系统的仿人反馈认知智能模式,需要仿反馈机制以获得优于开环认知方式的认知智能系统性能。在认知智能系统的仿反馈机制研究方面,文献[119]基于系统反馈机制与人工神经网络及其学习算法,提出了一种手写体字符识别方法,以提高手写体字符识别系统性能。文献[120]提出了一种多级反馈模型,并应用于基于自适应特征的中英文混排文档分割方法中,以改善字符分割与识别的系统性能。文献[121]结合图像区域显著性分析建立人机交互信息反馈机制,实现对图像的闭环检索。文献[122]将相关反馈机制应用于基于关键词的图像检索中,以增强图像注释特征的适用性和系统的健壮性。文献[123]提出了一种有效的相似性度量组合函数,基于相关反馈与遗传算法以改善多通道检索系统性能。文献[124]研究了基于聚类和相关反馈的人脸图像闭环识别。文献[125]采用非线性方法,将用户反馈融入学习过程,实现行为认知分类结构的自适应调节。文献[109]~[112]提出并不断改进基于认知误差的仿反馈调节识别机制以提高脱机手写体汉字识别系统认知精度。

人类认知智能主要体现在人脑能够在不同知识粒度层次上观察和分析问题,并且能够在不同知识粒度层次间求解问题。文献[126]将认知信息论和粒度计算相结合,构建了基于多层知识挖掘的概念学习系统。文献[127]通过多个粒度下分类器的训练,实现了分类系统最优粒度的自适应选取和变粒度学习系统模型的集成。文献[102]和[128]探索了脱机手写体汉字特征多层次表征方法,建立了仿人认知的粗糙集脱机手写体汉字图像识别模型。文献[83]，[85]和[104]以脱机手写体汉字图像识别、回转窑烧成状态识别和人体健康状态评测等为认知对象，模仿人类认知事物过程的反复推敲比对处理信息方式，建立具有仿反馈模式的多层次变粒度认知智能系统，使应用系统的认知性能得到了有效提高。

1.4　工业过程中软测量技术研究现状

通常的软测量(soft sensor)指有机结合自动控制理论与生产过程，通过状态估计的方法对难以在线测量的参数进行在线估计，以软件来替代硬件的功能[129]。基于数据驱动的软测量方法指不需要研究对象的内部规律，通过输入输出数据建立与过程特性等价的模型[130-131]。

软测量技术在本质上是一个建模问题，即通过构造某种数学模型，描述可测量的关键操作变量，被控变量和扰动变量与产品质量之间的函数关系，以过程操作数据为基础，获得产品质量的估计值。软测量的原理如图 1.2 所示。

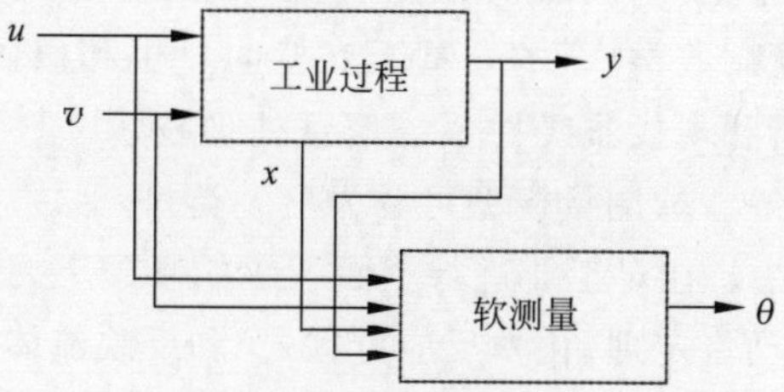

图 1.2　软测量原理图

软测量的目的就是利用所有可以获得的信息$\{x,u,v\}$，求取主导变量 y 的最佳估计值θ，即构造从可测信息集到 y 的映射。可测信息集包括所有的可测主导量 y(y 可能部分可测)、辅助变量 x、控制变量 u 和可测扰动 v。软测量是对传统测量手段的补充，可以解决有关产品质量、生产效益等关键性生产参数难以直接测量的问题，为提高生产效益、保证产品质量提供方法。

文献[132]将软测量的实现方法归结为如下几个步骤。

1) 辅助变量选择

软测量的目的是利用所有易于获取的可测信息，通过计算来实现对被测变量的估计。辅助变量的选择包括：变量数量、变量类型和变量检测点位置的选择。变量数量的选择和过程的自由度、测量噪声和模型的不确定性等有关。变量类型的选择原则包括：灵敏性、过程适用性、特异性、准确性和健壮性等。

2) 数据选择和预处理

为了保证软测量的准确性和有效性，采集数据时应均匀分配采样点，尽量拓宽涵盖范围，减少信息重叠，避免信息冗余。

由于仪表精度及环境噪声等随机因素的影响，对输入数据进行预处理是软测量技术不可缺少的一部分。输入数据预处理包括数值变换和误差处理两方面，其中，数值变换包括标度、转换和全函数三部分，误差分为随机误差和过失误差两大类。随机误差是受随机因素(操作过程的微小扰动和测量信号的噪声等)的影响，一般来讲不可避免，但符合一定统计规律，可采用数字滤波方法消除，如算术平均滤波、中值滤波和阻尼滤波。

对于高维辅助变量，通过维数约简可以降低测量噪声的干扰及模型的复杂度。研究表明，特征的维数同时会影响软测量模型的泛化性能。采用高维数据建立软测量模型，存在着"休斯"现象和"维数灾"问题；解决该问题的方法之一就是维数约简，包括特征提取和特征选择技术[133-134]。常用的特征提取技术包括基于主成分分析[135]和偏最小二乘法(partial least-square method，PLS)[136]；特征选择技术包括各种选择输入变量子集的方法[137]。

3) 软测量模型构建

软测量技术的核心是建立被测量对象的数学模型。文献[138]将软测量建模方法主要分为机理建模[139-141]、回归分析[142]、状态估计[143-144]、模式识别[145]、人工神经网络[146-148]、模糊数学[149-151]、基于支持向量机和核函数[152-155]、过程层析成像[156-157]、相关分析和现代非线性系统信息处理技术[158-161]等方法或者以上几种方法的混合[162-164]等。软测量模型可分为三大类。

(1) 机理建模方法。在对工业进行全面了解的基础上，列写各类平衡方程(如物料平衡、能量守恒、动量定理、化学反应方程式)和反映流体传热介质等基本规律的动力学方程、物理参数方程和设备特性方程等，确定不可测主导变量与可测辅助变量的数学关系，从而建立估计主导变量的精确数学模型[165-166]。对于复杂的工业过程，其内在机理往往不十分清楚，完全依赖机理分析建模比较困难。

(2) 基于数据驱动的建模方法。通过工业过程的输入输出数据建立等价模型。

(3) 混合建模方法。使用机理和数据建模相结合的方法建立软测量模型。

另外，对于小样本高维数据，一般采用数据驱动的建模方法。PCA/KPCA，PLS/KPLS及SVM等被广泛使用。采用集成多个子模型的方法可以提高模型的泛化性、有效性和可信度[167-169]。选择性集成建模方法已成为构建可靠软测量模型的一个重要研究方向。

4) 软测量模型的校正

在使用过程中，随着对象特性的变化和工作点的漂移，需要对软仪表进行校正以适应新的工况。软仪表的在线校正方法通常有多时标法、自适应法和增量法[170]等。然而，对模型结构的修正需要大量的样本数据和较长时间，在线校正存在实时性的困难。对此，文献[171]提出了短期学习和长期学习相结合的思想，较好地解决了校正与实时性之间的矛盾。短期校正计算某时刻软测量对象的真实值与模型的测量值之差，及时修正模型参数，如根据误差、累计误差和误差的增量对基于回归的软测量模型的常数项进行校正的方法。长期校正是在模型运行一段时间并积累了足够多的新样本数据后进行软测量模型系数的重新计算，可以离线进行，也可以在线进行。离线校正就是重新建立软测量模型，需要人工干预；在线校正常采用递推算法。目前，常用的软测量模型在线更新方法是滑动窗口和递推技术，如指数加权移动平均 PCA/PLS[172]、递推 PCA/PLS[173-175] 和滑动窗口 PCA/PLS[176-177]。

1.4.1 模型输入维数约简

基于数据驱动的软测量模型的性能主要取决于建模样本数量、特征个数及软测量模型复杂度间的相互关系[178]。进行维数(特征)约简可以降低测量成本并提高建模精度，但不适当的维数约减会降低模型的建模精度[179]。特征提取和特征选择技术是常用的维数约简方法，两者各有特点。

光谱、近红外谱、图像识别、文本分类、可视化感知等领域出现的大量高维、超高维小样本数据对特征选择问题提出了严峻挑战。冗余特征和特征间的共线性导致学习器泛化能力下降。文献[180]针对分类问题，描述了高维小样本数据的特征选择策略和评估准则，提出了基于 PLS 的高维小样本数据递推特征约简方法，采用不同研究领域的高维数据集进行了方法验证。文献[181]提出了基于蒙特卡罗采样和 PLS 的近红外谱变量选择策略。常用的基于 GA-PLS 的谱数据特征选择算法具有运行效率低，未考虑谱数据特有的谱变量量纲一致、值为正等特点。考虑谱数据这些特点，文献[182]提出了基于 PCA 和球域准则选择高维光谱特征的选择方法。文献[183]提出了基于 PLS 算法和球域准则选择频谱特征的方法，但这些方法提取的特征在深度上难以模拟人脑的深层次特征提取。深度神经网络学习算法能够对图像、语音、文本等高维数据进行深度特征抽取[184-185]。在理论上，深度学习可充分模拟人类大脑的神经连接结构，通过组合低层特征实现数据的分层特征表示[186]，如深层神经网络-隐马尔可夫混合模型的成功应用[187]。针对难以获取足够有标签数据的工业过程，文献[188]用深度学习构建软测量模型，认为深度学习即可作为潜变量模型描述过程变量间的高相关性。文献[189]将深度学习理论用于机械设备故障诊断。文献[190]提出处理不确定性信息的深度学习算法。文献[191]综述深度学习的控制领域研究现状，指出其在特征提取以及模型拟合等方面具有突出的潜力和优势。文献[192]面向干式球磨机，采用深度学习对实验磨机轴承振动频谱进行特征提取。文献[193]综述了面向时间序列建模的非监督特征学习和深度学习。模型驱动和数据驱动相结合进行具有机理知识支撑的深度特征提取更有价值。

大量研究表明，特征的选择和提取与具体问题有很大关系，目前没有理论能给出对任何问题都有效的特征选择与提取方法。如何针对特定问题提出新的组合方法是目前特征提取与选择方法研究的发展方向之一[194]。

1.4.2 神经网络集成建模理论

文献[195]给出了构造集成回归器的通用理论框架，提出了建立在均方误差(mean squared error，MSE)意义下性能优于任何子模型的混合神经网络集成模型，其特点为有效利用了参与集成的全部神经网络；有效利用了全部训练数据并且未造成过拟合；通过平滑函数空间的内在正则化避免了过拟合；利用局部最小构造了改进的估计器；适用于理想情况下的并行计算等。

混合或多个神经网络集成的关键问题是如何设计网络结构、如何合并不同神经网络的最优输出获得最佳估计和如何利用数量有限的建模数据集。通过重新采样技术可以从单个建模数据集中得到多个具有差异的神经网络系统。通常的做法是选择具有最佳预测性能的神经网络，这是非常低效的。通过平均函数空间而非参数空间的集成建模方法可以提高效率并避免局部最小问题。

(1) 基本集成方法(basic ensemble method，BEM)

BEM 合并了一组基回归估计器的估计函数 $f(x)$，其定义为 $f(x)=E[y|x]$。假设有两个独立的有限数据集，训练集 $\boldsymbol{X}^{\text{train}}=\{x_l, y_l\}_{l=1}^{k}$ 和交叉验证数据集 $\boldsymbol{X}^{\text{valid}}=\{x_m, y_m\}_{m=1}^{k_{\text{valid}}}$；进一步假设采用 $\boldsymbol{X}^{\text{train}}$ 产生一系列的函数集，$\Gamma=\{f_j(x)\}_{j=1}^{J}$，目标是采用 Γ 寻求 $f(x)$ 的最好近似。

通常的选择是采用基于最小化 MSE 的估计器 $f_{\text{Naive}}(x)$：

$$f_{\text{Naive}}(x)=\underset{j}{\operatorname{argmin}}\{\text{MSE}[f_j]\} \tag{1.1}$$

其中，

$$\text{MSE}[f_j]=E_{\boldsymbol{X}^{\text{valid}}}[(y_m-f_j(x_m))^2] \tag{1.2}$$

该方法难以得到满意数据模型的原因有两个：一是在所有神经网络中只选择一个网络时，会丢弃其他网络含有的有用信息；二是验证数据集会随机导致其他网络中未建模数据的预测性能好于选择的估计器 $f_{\text{Naive}}(x)$。对未建模数据进行可靠估计的方法是平均 Γ 中所有估计器的性能，即采用 BEM 估计器 $f_{\text{BEM}}(x)$。

定义函数 $f_j(x)$ 偏离真值的偏差为偏差函数，记为 $m_j(x)\equiv f(x)-f_j(x)$，则 MSE 可以改写为 $\text{MSE}[f_j]=E[m_j^2]$。平均 MSE 可表示为

$$\overline{\text{MSE}}=\frac{1}{J}\sum_{j=1}^{J}E[m_j^2] \tag{1.3}$$

将 $f_{\text{BEM}}(x)$ 回归函数定义为

$$f_{\text{BEM}}(x)=\frac{1}{J}\sum_{j=1}^{J}f_j(x)=f(x)-\frac{1}{J}\sum_{j=1}^{J}m_j(x) \tag{1.4}$$

假设 $m_j(x)$ 是零均值互相独立的，采用下式计算 $f_{\text{BEM}}(x)$ 的 MSE：

$$\text{MSE}[f_{\text{BEM}}]=E\left[\left(\frac{1}{J}\sum_{j=1}^{J}{}_{j}\right)^2\right]$$

$$
\begin{aligned}
&=\frac{1}{J^2}E\left[\left(\sum_{j=1}^{J}m_j\right)^2\right]+\frac{1}{J^2}E\left[\sum_{j\neq s}m_jm_s\right]\\
&=\frac{1}{J^2}E\left[\left(\sum_{j=1}^{J}m_j\right)^2\right]+\frac{1}{J^2}\sum_{j\neq s}E[m_j]E[m_s]\\
&=\frac{1}{J^2}E\left[\left(\sum_{j=1}^{J}m_j\right)^2\right]\\
&=\frac{1}{J^2}\overline{\mathrm{MSE}}
\end{aligned}
\tag{1.5}
$$

因此，通过平均若干个基回归估计器，可以有效减小 MSE。这些基回归器或多或少的跟踪真值回归函数。若把偏差函数作为叠加在真值回归函数上的随机噪声函数，并且这些噪声函数是零均值不相关的，则对这些基回归器进行平均就如同对噪声进行平均。在这种意义下，集成方法就是平滑函数空间。

集成方法的另外一个优点就是可以合并不同来源的多个基回归器。因此易于扩展 Jackknife，Bootstrapping 和交叉验证技术，以获得性能更佳的回归函数。

但是，由于 Γ 中的所有偏差函数间不是不相关的，也不是零均值的，上述期望的结果往往难以获得。

(2) 广义集成方法（generalized ensemble method，GEM）

此处介绍 Γ 中基回归器的最佳线性合并方法，即 GEM 方法，可以获得低于最佳基回归器 $f_{\mathrm{Naive}}(x)$ 和 BEM 回归器 $f_{\mathrm{BEM}}(x)$ 的估计误差。定义 GEM 回归器 $f_{\mathrm{GEM}}(x)$ 为

$$
f_{\mathrm{GEM}}(x)\equiv\sum_{j=1}^{J}w_jf_j(x)=f(x)+\sum_{j=1}^{J}w_jm_j(x)
\tag{1.6}
$$

其中，w_j 是实数，并且满足 $\sum w_j=1$。

定义误差函数之间的对称相关系数矩阵 $C_{js}\equiv E[m_j(x)m_s(x)]$。广义集成的目标是选择合适的 w_j 来最小化目标函数 $f(x)$ 的 MSE，即需要最小化：

$$
\begin{aligned}
\boldsymbol{w}_{\mathrm{opt}}&=\operatorname{argmin}(\mathrm{MSE}[f_{\mathrm{GEM}}])\\
&=\operatorname{argmin}\left(\sum_{j,s}w_jw_sC_{js}\right)
\end{aligned}
\tag{1.7}
$$

将 $\boldsymbol{w}_{\mathrm{opt}}$ 的第 j^* 个变量记为 w_{opt,j^*}。采用拉格朗日乘子法求解 $\boldsymbol{w}_{\mathrm{opt}}$：

$$
\partial w_{\mathrm{opt},j^*}\left[\sum_{j,s}w_jw_sC_{js}-2\lambda\left(\sum_{j}w_j-1\right)\right]=0
\tag{1.8}
$$

式(1.8)可简写为

$$
\sum_{j^*}w_{j^*}C_{j^*j}=\lambda
\tag{1.9}
$$

考虑到 $\sum w_j=1$，可得

$$w_{\mathrm{opt},j^*}=\frac{\sum_{j} C_{sj}^{-1}}{\sum_{j^*}\sum_{j} C_{j^*j}^{-1}} \tag{1.10}$$

进一步,可知最优 MSE 为

$$\mathrm{MSE}[f_{\mathrm{GEM}}]=\left[\sum_{js} C_{js}^{-1}\right]^{-1} \tag{1.11}$$

上述结果依赖于两个假设: C 的行与列是线性独立的; 能够可靠估计 C。

实际上,神经网络几乎是在 Γ 中复制的,进而 C 的行与列也几乎都是线性依靠的。这样,求逆的过程会很不稳定,导致 C 的估计是不可靠的。

1.4.3 选择性集成建模

研究表明,集成多个子模型的集成建模方法,可以提高模型的泛化性、有效性和可信度。最初的集成建模方法源于 1990 年由 Hansen 和 Salamon 提出的神经网络集成。神经网络集成的定义由 Sollich 和 Krogh 给出,即用有限个神经网络对同一个问题进行学习,在某输入示例下的输出由构成集成的各神经网络在该示例下的输出共同决定[196]。集成建模的构建可以分为子模型的构建和子模型的合并两步。Krogh 和 Vedelsby 指出,神经网络集成模型的泛化误差可以表示为子模型的平均泛化误差和子模型的平均奇异度(ambiguilty)(在一定程度上可以理解为个体学习器之间的差异度)的差值[197],并指出子模型的奇异度可以通过采用不同的拓扑结构和不同训练数据集的方式给出。通常采用的获取不同训练集的方法有[198]: 训练样本重新采样(subsampling the training examples,训练样本分为不同的子集)、操纵输入特征(manipulating the input features,将输入特征分为不同的子集)、操纵输出特征(manipulating the output targets,适用于很多类的情况)、注入随机性(injecting randomness,在学习算法中注入随机性,如相同训练集的学习算法采用不同的初始权重),但该文主要针对分类器的集成进行描述。文献[199]评估了集成算法,并研究了如何选择子模型的数量在子模型的建模精度和多样性间取得均衡的问题,给出了 SECA (stepwise ensemble construction algorithm)方法; 该文同时指出子模型的多样性可以通过三种不同的方法获得: 子模型参数的变化(如神经网络模型的初始参数[200])、子模型训练数据集的变化(如采用 bagging 和 boosting 算法产生训练数据集[201])和子模型类型的变化(如子模型采用神经网络、决策树等不同的建模方法[202])。

通过操纵输入特征增加子模型多样性的研究较多,如文献[203]提出了采用随机子空间构造基于决策树的集成分类器,文献[204]提出了集中基于特征提取的集成分类器设计方法(rotation forest,旋转森林),文献[205]则采用 GA 选择特征子集获得子模型的多样性。如何针对特定问题提出新的特征子集选择方法是基于小样本高维数据的集成建模需要解决的问题之一。

集成建模方法用于函数估计时，常用的子模型集成方法有简单平均集成、多元线性回归集成和加权或非加权的集成等方法。针对多变量统计建模方法，集成PLS (ensemble partial least squares，EPLS)方法在高维近红外复杂谱数据建模中成功应用[206]；基于移除非确定性变量的EPLS方法则进一步提高了模型的稳定性和建模精度[207]。针对子模型集成方法，基于信息熵[208]的概念采用建模误差的熵值确定子模型加权系数的方法在铅锌烧结配料过程的集成建模中成功应用[209]；广泛用于多传感器信息融合的基于最小均方差的自适应加权融合(adaptive weighted fusion，AWF)算法[210]在磨机负荷参数集成建模中得到应用[211]。通常认为，采用加权平均可以得到比简单平均更好的泛化能力[212]，但也有研究认为加权平均会降低集成模型的泛化能力，简单平均的效果更佳[213]。

集成建模的预测速度随着子模型的增加而下降，并且对存储空间的要求也迅速增加，而且集成全部子模型的集成模型的复杂度高，不一定具有最佳建模精度。因此，出现了从全部集成子模型中选择部分子模型参与集成的选择性集成(selective ensemble，SEN)建模方法。基于集成模型评估方法，采用基于子模型估计值的相关系数矩阵，文献[214]提出了GASEN(GA based selective ensemble，基于GA的SEN)方法，认为选择集成系统中的部分个体参与集成，可以得到比全部个体都参与集成更好的精度，并将该方法成功应用于人脸识别。文献[215]对集成建模中的偏置-方差困境进行了分析，将集成误差分解为偏置-方差-协方差三项，并结合奇异度分解指出子模型间的协方差代表了子模型间的多样性；同时分析了负相关学习(negative correlation learning，NCL)[216]与多样性-建模精度间均衡的关系，进行了基于多目标优化进化算法的选择性集成建模方法的研究。结合泛化性较强的SVM建模方法，文献[217]提出了基于人工鱼群优化算法的选择性集成SVM模型。文献[218]提出了基于误差向量的选择性集成神经网络模型，给出了基于误差向量的子模型多样性定义并分析集成模型尺寸。文献[219]提出了基于模型基元的智能集成模型六元素描述方法，认为智能集成模型可由$\{O,G,V,S,P,W\}$六元素决定，这些元素分别代表建模对象(object)、建模目标(goal)、模型变量集(variable set)、模型结构形式(structure)、模型参数集(parameter set)、建模方法集(way set)，并将模型基元集成方式分为并联补、加权并、串联、模型嵌套、结构网络化、部分方法替代共六种集成方式，该方法对选择性集成建模研究具有重要意义。文献[220]提出基于遗传算法和模拟退火算法综合考虑子模型多样性、子模型选择及子模型合并策略等因素的选择性集成神经网络模型。文献[221]建立了基于双Stack PLS的选择性集成模型用于分析高维近红外谱数据。文献[222]面向分类问题提出了基于正则化互信息和差异度的迭代循环集成特征选择方法。这些最近提出的集成建模方法未考虑如何同时对特征选择与提取、子模型构造、子模型选择、子模型合并等选择性集成模型不同建模阶段的学习参数进行基于多重优化机制的整体寻优的研究。

文献[223]对SEN建模方法进行了综述，指出现有的SEN学习算法可以大致分为聚类、排序、选择、优化和其他方法；给出了未来研究中需要解决的问题：如何结合具体问题自适应的选择子模型数量、如何选择合适的准则进行SEN的设计以及如何在具体问题中进行实际应用；该文同时指出目前的SEN研究多基于分类问题，而对回归问题的选择性集成相对较少。为了提高仿真元模型的适应性和泛化性，文献[224]深入分析和研究了基于加权平均的仿真元模型集成方法，文献[225]提出了基于SVR仿真元模型的最优SEN方法。

文献[226]指出集成建模的三个基本步骤是集成模型结构的选择(choice of organisation of the ensemble members)、集成子模型的选择(choice of ensemble members)和子模型集成方法的选择(choice of combination methods)。其中，集成模型结构可以分为子模型的串联和并联两种方式，采用哪种结构需要依据具体问题而定。集成子模型是保证集成模型具有较好的泛化能力和建模精度的基础，如何选择最佳的子模型是选择性集成建模中的难点。子模型集成方法的选择是在确定了集成模型结构和集成子模型后，采用有效的方法将子模型的输出进行合并。因此，在集成模型结构和子模型的集成方法确定的情况下，SEN建模的实质就是优选集成子模型的过程。对SEN模型的众多学习参数进行优化选择是一个较难解决的问题。这个过程需要同时确定候选子模型和SEN模型的结构和参数。基于预设定的加权方法和预构造的候选子模型，SEN的建模过程可描述为一个类似于最优特征选择过程的优化问题[227-228]。通常，SEN的泛化性能取决于不同候选子模型的预测精度和相互间差异性的影响；再进一步，预测性能和差异性受到候选子模型的模型结构和模型参数的影响。从另外一个角度讲，只有不同候选子模型的最优化模型结构和模型参数才能保证最优化SEN模型。文献[227]提出了基于双层遗传算法的SEN双层优化策略，即自适应GA(AGA)和GAOT分别用于优化候选子模型和SEN模型的参数。但该方法只是采用传统GA算法对SEN软测量模型的学习参数进行寻优，具有GA难以克服的缺点；需要进一步研究更加有效的智能优化算法或寻优策略和建模参数的深层次演化机理，以及面向SEN模型的双层优化理论框架。文献[229]提出了同时考虑样本空间和特征空间的混合集成建模方法，文献[230]提出了基于深度特征的混合建模方法。从集成学习理论视角出发，文献[231]所采用的方法主要是选择性融合多源特征子集，即采用基于"操纵输入特征"的集成构造策略；基于遗传算法的选择性集成(GASEN)采用"操纵训练样本"策略构造集成、采用BPNN构建候选子模型、采用GA优选集成子模型和简单平均组合集成子模型，但存在BPNN训练时间长、容易过拟合和难以采用高维小样本数据直接建模等缺点。针对BPNN训练时间长、容易过拟合和GASEN难以采用高维小样本数据直接建模等缺点，文献[232]提出了基于"操纵训练样本"集成构造策略的改进SENKPLS算法。文献[233]提出了综合上述两类集成构造策略的SEN模型。

综上，国际上很多研究者都投入到集成建模的研究中，如何有效地进行全局优化选择性集成建模并将其应用到具体的实际问题中，是目前研究需要关注的热点方向之一。

1.4.4 混合集成建模

在复杂工业过程领域，受生产过程的机理复杂性、众多因素的强耦合性的影响，一些与生产产品的质量、安全相关的关键过程参数难以采用仪表直接检测。目前主要依靠优秀的领域专家凭经验估计这些参数来指导生产。基于此，文献[234]提出了面向过程控制的智能集成建模方法；文献[235]提出了基于有限数据信息的吹炼动态过程智能集成建模方法。军事复杂系统是一类复杂巨系统，地理环境、武器装备、对抗规则等多种耦合因素的不确定性导致其作战效能难以评估。从另外一个角度讲，这些工业复杂系统或军事复杂系统的输入输出间存在模糊性映射关系，领域专家依此进行生产效率或作战效能指标的判断和估计。优秀的磨矿领域专家通常依据磨机振声信号的“清脆”“沉闷”等模糊性信息，采用“高”“适中”“低”等模糊性语言描述磨机负荷状态(磨矿生产率的高低)[236-237]。军事领域专家也可以依据众多输入信息和经验对军事复杂系统进行模糊决策，如基于模糊推理的作战效能评估[238-242]。目前，军事复杂系统模拟仿真的结果也需要借助领域专家分析仿真过程数据并提炼相关规则。显然，领域专家“人脑模型”具有较强的推理能力。因此，通过总结优秀专家经验进行知识规则提炼，构建模糊推理模型在理论上是可行的；但领域专家只能对有限数量的输入变量的推理规则进行清晰合理的解释。也就是说，领域专家只能依据经验对采用有限输入变量提取的规则的合理性和完备性进行验证。在难以得到知识规则的情况下，从数据中提取规则进行“军事知识获取自动化”也是解决方案之一。另外，当基于过多的输入变量进行规则提取时，也会造成规则的难以理解和组合爆炸。

通常，数据驱动模型和机理模型能够有效互补，如机理模型能够提高数据驱动模型的推广能力，而数据驱动模型可以提取机理模型无法解释的被建模对象的内部复杂信息[243]。在复杂工业过程应用的机理分析和数据驱动相结合的混合建模方法有：简化机理模型和神经网络[244-249]、简单线性模型与非线性智能模型[250]、模糊规则与非线性智能模型[251]相结合等。

混合建模从结构形式分为串行[252]和并行[253]两种结构。在串行结构中，神经网络的输出作为机理模型的输入，主要是针对子过程中的模型误差或中间某些参数获得较难的情况；在并行结构中，神经网络的输出与机理模型的输出求和作为最终的模型输出，作用是为了补偿机理模型的输出误差。文献[254]针对由机理模型与误差补偿模型组成的并行结构混合模型，提出将椭球定界算法[255]用于构建误差补偿模型的单层神经网络参数的更新。针对模糊规则挖掘时输入输出数据难以在时间序列上对应匹配的问题，文献[256]提出了基于同步聚类的语言规则式模糊推理模型构建混合模型的思路。

集成学习通过对具有差异性的子模型进行集成可获得比单一模型更好的预测性能和稳定性。数据驱动和模糊推理两类模型在建模机理上具有较强的互补性。在过程工业实际中,领域专家识别难以检测的关键变量不仅需要选择来源有效的信息进行融合,还需要利用自身积累的经验,即同时基于有价值的多源特征信息和多工况训练样本进行识别与估计。如何构造仿运行专家认知机制的智能集成软测量模型是值得研究的热点问题。

1.5 回转窑烧成状态识别研究现状和存在的问题

回转窑烧结过程的最终目标是将熟料质量指标控制在预设的范围。然而,由于无法在线测量熟料质量指标,常规的基于质量指标的控制策略难以应用,回转窑生产控制长期处于"人工看火"操作阶段。根据熟料煅烧温度的要求,烧成状态通常可以分为以下三种:在当前温度高于所需温度区间时,烧成状态为"过烧结";在当前温度低于所需温度区间时,烧成状态为"欠烧结";其余为"正烧结"。烧成状态反映了回转窑内烧成带温度场分布和熟料烧结状况,直接决定了熟料质量指标。目前,"人工看火"是回转窑烧结过程常见的控制方式,实践已证明了该人工操作模式的可行性和实用性。由此可见,烧成状态的准确识别对于回转窑烧结过程具有极为重要的意义。但"人工看火"操作模式的效果受不同操作人员经验、责任心、关注程度的制约,如何获得优秀操作人员的看火经验,利用计算机软硬件技术与图像处理技术的研究成果,以"机器看火"取代"人工看火"、消除人为因素,众多的学者对此做了大量深入的研究。

文献[257]在回转窑窑头安装非接触式的红外或光纤比色测温仪测量烧成带温度识别烧成状态,但由于仪器自身缺陷,实际只能检测烧成带某点处的物料温度,且易受窑内烟尘干扰;文献[258]认为水泥回转窑和预热系统的稳定性同冷却机的稳定性密切相关,通过冷却机扫描得到的热量图像,控制二次和三次风温,确保了火焰和燃烧区温度稳定,在南非 Dwaalboom 水泥厂实际应用的效果表明其能够减少 3%~7%的能耗。文献[259]利用模糊技术,选择同窑内温度密切相关的窑头温度、冷却机电流、主电机电流的变化作为输入,以窑内温度作为输出,应用多传感器数据融合技术,建立烧结带温度判断模型。

基于图像处理技术的烧成状态识别方法目前已被广泛研究。文献[260]通过对小型火焰温度分布的测量,推导出图像亮度与火焰温度之间的关系,经由黑体炉标定获得了多项式回归模型,开创了国内火焰图像处理研究的先河。文献[261]和[262]利用 CCD 摄像机、图像采集卡与计算机连续识别火焰图像的烧成状态,并将其作为建立回转窑控制策略的关键环节。文献[263]和[264]采用数字图像处理技术,提取烧成带火焰图像中温度等级和变化信息,作为反馈信号对烧成带温度进行闭环控制。但该方法易受窑内粉尘和烟雾的影响，当窑内烧成状态不正常时，检测正确率较低。文献[265]利用烧成带火焰图像分析窑燃烧状况，在获取烧成带火焰图像后，基于图像处理方法对火焰图像进行分割与特征提取，继而识别相应的火焰强度和熟料烧成等级，为回转窑的自动控制提供科学依据。文献[266]利用工业摄像机、红外扫描仪、视频卡、音频卡、立体声、工业电视等多媒体设备，采用图像处理技术提取烧成带最高(低)温度、烧成带平均温度、物料平均温度、物料高度、物料填充度和火焰长度等特征进行烧成状态分析，利用专家系统和实时数据库进行操作指导和生产管理。文献[267]对烧成带火焰图像进行分析，得到火焰强度和熟料等级两个特征，监控回转窑内部烧成状态，为回转窑的自动控制提供可靠的依据，提高了熟料质量、设备的运转率、降低了生产成本。文献[268]基于 D-S 和模糊推理方法将热电偶检测得到的窑头温度、窑尾温度和火焰图像数据融合起来进行烧成状态识别，提取图像中火焰区域和物料区域的平均灰度特征，结合窑头温度和窑尾温度作为 D-S 和模糊推理模型的输入、烧成状态作为输出，进行烧成状态识别，但该方法仅利用了火焰区域和物料区域的平均灰度两个特征，不能真正表征烧成状态。文献[269]针对火焰图像窗口自相关图像的火焰区域和物料区域具有不同纹理粗糙度的特性，基于改进的 FCM 聚类算法分割上述感兴趣区域。文献[270]利于四种神经网络：多层感知器、径向基神经网络、学习矢量量化神经网络和自组织神经网络对火焰图像中感兴趣区域进行分割。文献[271]基于傅立叶变换提取火焰图像特征，采用神经网络和支持向量机对烧成状态进行识别。文献[272]和[273]利用敏感区域改进快速行进算法分割火焰图像中火焰区域、充分燃烧区域、物料区域和黑把子区域，并且利用能量衰减方程移除分割区别之间的耦合，提取特征表征感兴趣区域，基于支持向量机和神经网络识别烧成状态。

综上所述，“人工看火”的烧成状态识别效果受不同操作人员经验、责任心、关注程度的制约。同时，图像处理技术在回转窑烧成状态的识别中被广泛研究，但已有文献多基于图像分割技术：首先分割烧成带火焰图像的感兴趣区域，继而提取特征对这些区域进行表征，然后将所提取的特征送入模式分类器进行烧成状态识别。对于以煤粉作为燃料、窑体长粉尘量大的回转窑，窑头罩内的冷却机返灰和窑内煤尘烟雾造成窑内浑浊，感兴趣区域之间耦合严重，使采集的烧成带火焰图像质量较差，基于图像分割技术得到的火焰图像感兴趣区域不准确，继而导致表征感兴趣区域的特征提取不理想，烧成状态的结果识别不可靠。此外，当窑内烧成状态不正常时，单凭火焰图像可能会造成误识别，此时看火操作人员会在火焰图像的基础上，辅以过程数据对烧成状态进行识别。因此，如何深入分析“人工看火”操作模式，基于图像处理、数据融合、模式识别等领域的最新成果，避免图像分割技术，仿人从火焰图像中提取表征烧成状态本质属性的图像特征，辅以过程数据特征，对回转窑烧成状态进行更为准确和可靠的识别，是一个亟待解决的复杂难题。

1.6 回转窑熟料质量指标检测研究现状和存在的问题

回转窑烧结过程的终极目标是获取合格的熟料质量指标，但由于回转窑结构的特殊性，熟料质量指标难以在线检测，只能采用间歇性瞬时取样，继而送入实验室进行人工分析化验获取熟料质量指标，检验的频次和间隔时间 1～4h 不等，因此传统的基于熟料质量指标的控制方法难以应用。

软测量[274]是利用可直接观测的过程变量（辅助变量或二次变量）与难以直接测量的待测过程变量（主导变量）之间的数学关系（软测量模型），通过数学估计方法，实现对待测过程数据的测量。其核心问题是建立软测量模型，即构造数学模型来完成由辅助变量构成的可测信息到主导变量估计的非线性映射，以实现辅助变量对主导变量的最佳预测。软测量方法是对传统测量手段的补充，可以解决有关产品质量、生产效益等关键参数无法直接测量的问题，为提高生产效益、保证产品质量提供辅助手段。目前对回转窑熟料质量指标软测量的研究目前报道较少，文献[275]基于多变量图像分析方法（MIA），通过对火焰数字 RGB 图像的分析，构建熟料质量指标的软测量模型，对于已训练的软测量模型还可以预测当前火焰图像中熟料的出窑温度和平均生产周期。烧成状态与熟料质量指标密切相关，适宜的烧成状态意味着合适的熟料质量指标，众多学者因而选择对烧成带温度进行软测量，以间接获取相应的熟料质量指标信息。文献[276]基于三基色理论和普朗克定律，采用 BP 神经网络对输入的火焰图像信息建立烧成带温度软测量模型。文献[277]首先采用大津算法分割火焰图像中的火焰区域和物料区域，提取相应的特征，继而基于支持向量回归构建烧成带温度的预测模型，并采用向前滑动平均滤波方法改进软测量模型的精度。文献[278]基于热辐射原理实现对烧成带温度的软测量。

软测量建模的方法主要包括基于机理建模、基于状态估计建模、基于回归分析建模、基于人工神经网络建模、基于模糊技术建模、基于模式识别建模等。其中，基于机理建模的方法通过对象的机理分析建立被测对象的物料平衡、能量平衡、物理与化学反应等方程，经过合理简化建立不可测主导变量与可测辅助变量之间的关系；基于状态估计建模指利用生产过程的动态数学模型和可测的辅助变量对主导变量进行状态观测或状态估计；基于回归分析建模的方法通过对生产过程历史数据的回归分析建立软测量模型的，通过在线计算不可测变量，得到的是变量间的稳态关系，该方法虽然简单，但需要大量的样本，对测量误差比较敏感，存在的最大问题是只能得到变量间的稳态关系；基于人工神经网络建模的方法指将辅助变量和主导变量分别作为神经网络的输入和输出，通过网络学习解决不可测变量的软测量问题，软测量结果受神经网络的类型、结构、训练样本空间分布、训练方法等影响；基于模糊技术建模指利用过程检测变量的实时数据和领域专家的经验，通过划分输入、输出模糊空间及建立模糊规则进行系统模型辨识，其优势在于可以在对系统缺乏了解的情况下建立软测量模型。但是上述方法均存在难以克服的缺陷，即在学习样本数量有限时，精度难以保证；在样本数量很多时，泛化性能又不高。支持向量机(support vector machines，SVM)是一种以结构风险最小化原理为基础的新算法，具有其他以经验风险最小化原理为基础的算法难以比拟的优越性，同时由于它是一个凸二次优化问题，能够较好地解决小样本、非线性和高维数的问题，保证得到的极值解是全局最优解[279]。支持向量回归(support vector regression，SVR)是用在回归建模方面的支持向量机算法，具有较好的健壮性[280]。近年来，软测量技术在推断控制和过程优化中得到了广泛的应用[281]。在推断控制中，软测量作为控制系统中的反馈环节或预测器，与各类控制器、控制策略结合使用，为之提供快速准确的系统状态信息，构成基于软测量的控制；在过程优化中，软测量为过程优化提供了重要的调优变量估计值或优化目标，建立优化模型，开发优化方法，在线求出最佳操作条件，使系统运行在最优工作点处，实现自适应优化控制。通过软测量预测出的重要过程参数和状态，可以实现生产过程中的报表、参数趋势预报、操作工艺流程、报警信息等在线监视和优化管理。在软测量应用中，软仪表的精度和可靠性成为软测量成功应用的关键。虽然软测量建模方法的研究较多，但是多数方法尚停留在理论研究和计算机仿真阶段，有些软仪表存在抗干扰性差、计算量大以及在线更新和学习能力不够等问题。但是，在一些技术较发达的国家，已有将软测量技术成功应用于工业过程的例子，如美国的TH包装公司、得州MT炼油厂以及比利时的烯烃生产线等。我国软测量技术的应用起步较晚，但也有一些成功的例子，如中国石化石家庄炼化分公司、上海炼油厂等[282]。在软测量模型的实际应用中，要注重建模方法和变量的选择，以及在线修正算法，保证软仪表运行的可靠性。具体到回转窑烧结过程，如何从火焰图像和过程数据中提取与熟料质量指标密切相关的特征，构建适宜的回归器模型，在保证输入信息完备性的同时，尽可能避免高维数特征空间的“维数灾”现象，确保软测量模型泛化性能，降低模型复杂度，提高模型的准确性，是未来的研究方向，并可为基于熟料质量指标的自动控制系统建立打下坚实的基础。

第 2 章

水泥回转窑烧成状态识别及熟料质量测量问题描述

2.1 水泥回转窑烧结过程工艺描述

本书的研究对象是水泥回转窑熟料烧结生产过程[283-284]。水泥生产工艺过程主要包括原料破碎及预均化、生料制备、生料均化、熟料烧结、熟料粉磨、水泥包装等生产工序。其中，水泥熟料烧结的基本工艺流程如图 2.1 所示，由原料制备工序供给的生料浆，经回转筛筛除杂物后进入料浆槽，再由油隔泵经喷枪喷入窑尾，生料在窑内烧结成熟料后，在冷却机内冷却后送至熟料库储存，最后进行粗碎并加入石膏等送入水泥磨磨成符合要求的水泥。

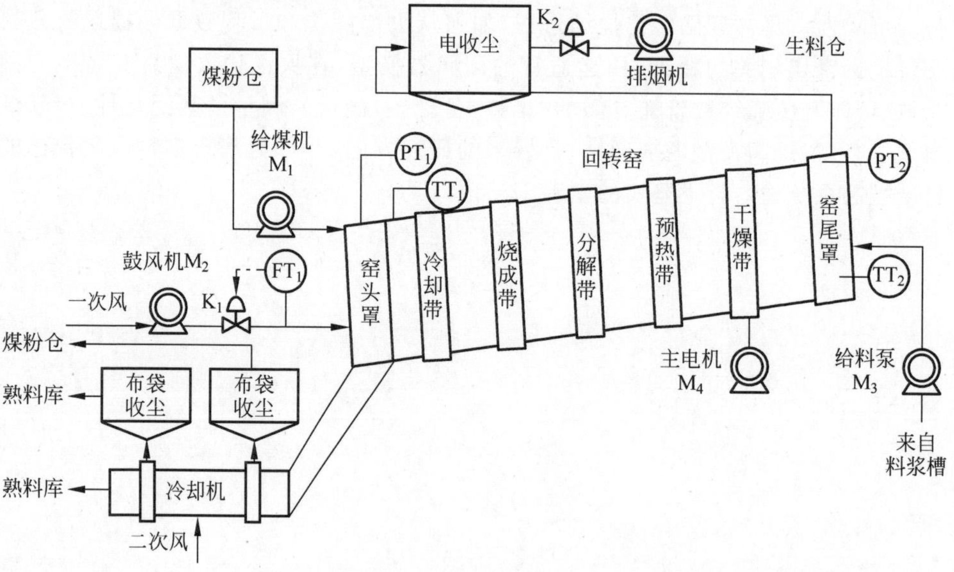

图 2.1　水泥回转窑烧结过程工艺流程示意图

图中，TT_1 和 TT_2 分别表示窑头温度和窑尾温度传感器；PT_1 和 PT_2 分别表示窑头压力、窑尾压力传感器；FT_1 表示鼓风机出口一次风流量传感器；K_1 和 K_2 分别表示一次风门和排烟机入口风门即调节阀；M_1，M_2，M_3，M_4 分别表示给煤电机、鼓风电机、喂料泵电机和回转窑主电机。离线化验分析数据包括水泥熟料 f-CaO 含量人工取样分析(采样周期为 1h)，配料工序的生料浆成分人工取样分析(采样周期为 1h)。

水泥熟料的烧结是水泥生产工艺过程中最重要的一道工序。水泥熟料的产量质量直接影响水泥的产量质量，普通水泥组成中 85%以上是水泥熟料，因此水泥熟料的高产量意味着水泥的高产量。在生产一定标号的矿渣或者火山灰水泥时，如果水泥熟料强度高则能多掺入混合材提高水泥的产量，降低生产水泥的成本和热耗。

整个水泥熟料烧结的工艺流程可分为三个系统。

(1) 喂料系统：由生料浆制备工序制备的料浆经回转筛过滤之后，用高压泥浆泵经喷枪从窑尾喷入窑内，料浆在喷出时雾化为很小的细滴散布于窑尾空间，与窑气充分接触，进行强烈的热交换。烧成的熟料由窑头下料口流入冷却机冷却后，由输送系统运至熟料库储存。

(2) 燃烧系统：由煤粉磨制工序制备的煤粉经给煤机输送与鼓风机吸入的空气混合后喷入窑内，并与由冷却机吸入的助燃风一起燃烧。燃料与空气的混合程度和空气的预热程度决定着燃烧过程。燃烧过程主要靠窑头的鼓风和窑尾的排风调节，前者称为“一次风”；后者称为“二次风”，二次风是由窑尾排风在窑内造成负压，通过冷却机所吸入的空气，这部分空气在冷却机内与出窑熟料换热而得到预热。

(3) 排烟系统：废气由窑尾主烟道经电收尘，分离出的尘粒进入生料仓循环利用；窑头下料口流出的熟料经过布袋收尘收下的尘粒首先进入煤粉仓，继而送至熟料库储存。熟料窑的窑灰循环量达到 120%，这样大量的灰尘必须有良好的收尘设施才能避免灰尘损失和对环境的污染。

水泥熟料的形成过程是对合格的水泥生料进行煅烧，使其连续被加热，经过一系列的物理化学反应，变成规定矿物组成和物理性质的熟料，再进行冷却的过程。硅酸盐水泥生料通常由适当比例的石灰石、黏土及少量铁矿石等配置而成。石灰石的主要组成是碳酸钙($CaCO_3$)和少量碳酸镁($MgCO_3$)，黏土的主要组成是高岭石($2SiO_2 \cdot Al_2O_3 \cdot 2H_2O$)及蒙脱石($4SiO_2 \cdot Al_2O_3 \cdot 9H_2O$)等，铁矿石的主要组成是氧化铁($Fe_2O_3$)。硅酸盐水泥熟料主要由硅酸三钙($C_3S$)、硅酸二钙($C_2S$)、铝酸三钙($C_3A$)、铁铝酸四钙($C_4AF$)等矿物组成。在窑内燃料燃烧产生的烟气携带着热量与生料浆逆向而行，生料在熟料窑中的反应是分阶段进行的。由于熟料窑有一定的斜度和转速，生料在向窑前移动过程中，经过干燥、预热、分解、烧成和冷却几个阶段，熟料窑也大致对应地分为干燥带、预热带、分解带、烧成带和冷却带。水泥熟料烧结过程不仅可完成预期的反应，还能使熟料具有一定粒度和强度。生料在各带的物理化学变化分别叙述如下。

1）干燥带

无论是干法生产还是湿法生产，入窑生料都带有一定量的自由水分，特别是湿法生产，入窑料浆的水分更多。由于加热，物料温度逐渐升高，水分开始缓慢蒸发，该阶段的温度上升较快，称为“升温阶段”。当温度达到一定时(介质的湿球温度)，水分迅速蒸发，进入干燥的等速阶段，此时水的汽化消耗了大量热，因此物料温度上升缓慢。当水分减少到一定程度时，进入降速干燥阶段，物料温度迅速上升，直到150℃左右，水分全部蒸发。这一过程称为“干燥过程”，在设备中所占的空间称为“干燥带”。干燥带内的物料温度为20～200℃，气体温度为250～400℃，出链条带时物料水分波动在0～5%。干燥带所消耗的热量大约占总热耗的30%～35%。

对于湿法窑来说，干燥带比较重要，有大量水分蒸发，要消耗较多的能量。而对于干法窑来说，因其入窑生料水分较少(一般只有1%～2%)，干燥过程比较次要，几乎没有干燥带。

2）预热带

离开干燥带的物料在窑内继续前进，温度很快升高，黏土中的有机物发生干馏和分解，当温度上升到450℃时，黏土的主要组成高岭土($2SiO_2 \cdot Al_2O_3 \cdot 2H_2O$)发生脱水反应：

$$Al_2O_3 \cdot 2SiO_2 \cdot 2H_2O = Al_2O_3 \cdot 2SiO_2 + 2H_2O$$

$$Al_2O_3 \cdot 2SiO_2 = Al_2O_3 + 2SiO_2$$

高岭土脱水后变成偏高岭土，偏高岭土再进一步分解生成无定形的Al_2O_3和SiO_2。此反应吸收热量不多，物料温度上升较快，为碳酸盐的分解创造了条件，做好了预备工作，故取名“预热带”。该带物料温度在450～460℃，气体温度在500～800℃。带悬浮预热器和加热机的窑，预热都在预热器或加热机内进行，回转窑内的预热带很短或者没有。

3）分解带

脱水后的物料在温度继续升至600℃以上时，生料中的碳酸盐开始分解，首先是碳酸镁大量分解，当温度继续升高至900℃时，碳酸钙大量分解，其反应式为

$$MgCO_3 = MgO + CO_2$$

$$CaCO_3 = CaO + CO_2$$

这些反应需要的热量较多，是熟料形成过程中消耗热量最多的一个过程，同时，由于碳酸钙分解后放出了大量的CO_2气体，粉状物料处于流化状态，回转窑内的物料运动速度很快，扬尘较多。碳酸盐分解是吸热反应，需要的反应热很大，因此热负荷大，所需的热量占干法窑总热耗的40%，湿法窑总热耗的30%。

随着温度继续升高，由碳酸盐分解出的大量的CO_2和黏土分解出的Al_2O_3和SiO_2等氧化物发生固相反应，生成C_2S、C_3A和C_4AF等，并放出一定热量，其反应速度随着温度的升高而加快。水泥熟料中的各种矿物并不是经一级固相反应就

形成的，而是经过多次固相反应的结果，反应过程比较复杂，大致如下：

800～900℃，

$$CaO + Al_2O_3 = CaO \cdot Al_2O_3 (CA)$$

$$CaO + Fe_2O_3 = CaO \cdot Fe_2O_3 (CF)$$

900～1100℃，

$$2CaO + SiO_2 = 2CaO \cdot SiO_2 (C_2S)$$

$$7CaO \cdot Al_2O_3 + 5CaO = 12CaO \cdot 7Al_2O_3 (C_{12}A_7)$$

$$CaO \cdot Fe_2O_3 + CaO = 2CaO \cdot Fe_2O_3 (C_2F)$$

1100～1300℃，

$$12CaO \cdot 7Al_2O_3 + 9CaO = 7(3CaO \cdot Al_2O_3)(C_3A)$$

$$7(2CaO \cdot Fe_2O_3) + 2CaO + 12CaO \cdot 7Al_2O_3 = 7(4CaO \cdot 7Al_2O_3 \cdot Fe_2O_3)(C_4AF)$$

以上反应在进行时放出一定的热量，因此在进行这些反应时物料本身温度上升很快。固相反应区域对于看火操作起着重要作用是因为火焰对于物料的加热和本身的放热反应会使固相反应区域的物料温度与之前碳酸盐分解区域物料之间的温度相差较大。物料在高温时发光性较强，而在低温时发光性弱，由于碳酸盐分解区域物料温度较低，因此显得暗些，从窑头看火孔看去，显示出了明显的界线，一般称为“黑影”。看火操作员根据“黑影”的远近判断窑内物料的运动情况和固相反应区域的位置，进而判断和预见窑内的烧成状态。

4）烧成带

当物料加热达到1300℃左右时，熟料中的熔媒矿物 C_4AF，C_3A 等开始熔融出现液相，氧化钙与 C_2S 熔解在其中，C_2S 吸收游离的 CaO，生成 C_3S，因此国外有文献把该带称为“石灰吸收带”，我国一般称为“烧成带”，说明熟料在该带已经完全形成，其反应为

$$2CaO \cdot SiO_2 + CaO = 3CaO \cdot SiO_2 (C_3S)$$

实践证明，C_3S 的生成与生料的化学成分、液相的比例和黏度、烧成带温度和反应时间等因素有关，在配料适当、生料化学成分稳定的条件下，又以烧成带温度最为重要，C_3S 的生成在回转窑的条件下一般为1400℃—1450℃—1400℃，此温度称为熟料的“烧成温度”。

烧成带必须具有一定长度，能够使物料在烧成温度下持续一定时间，使化学反应尽量完全，减少熟料中游离石灰的含量。物料在烧成带需要停留的时间与生料的化学成分、细度、原料的矿物结构、回转窑的操作等因素有关，一般在10～20min。烧成带的长度主要取决于火焰长度，一般为火焰长度的0.6～0.65倍，在实际生产中则以坚固窑皮的长度为烧成带长度。

5）冷却带

当熟料烧成后继续沿窑筒体向前移动，温度降至1300℃以下时，液相开始凝固，C_3S 的生成反应结束，此时凝固体中含有的少量未化合的 CaO 被称为“游离氧

化钙”,以 f-CaO 表示,其含量的多少是水泥熟料质量好坏的重要指标。

在熟料冷却的过程中,一部分熔剂矿物(C_3A 和 C_4AF)形成结晶体析出,另一部分熔剂矿物则因冷却速度较快来不及析晶,以玻璃态存在。C_3S 在高温下是一种不稳定的化合物,在 1250℃时容易分解,所以要求熟料自 1300℃以下要进行快速冷却,使 C_3S 来不及分解,超过 1250℃后,C_3S 就比较稳定了。

冷却带的冷却介质主要来自冷却机的低温二次空气,其入窑温度因冷却机不同而异,一般在 600℃左右。冷却介质在冷却带内和物料进行热交换,本身再进一步被预热至更高的温度,作为二次空气供燃烧使用,熟料被冷却成坚固黑色颗粒后离开回转窑进入冷却机,再进一步冷却。

2.2 水泥回转窑烧成状态特性分析及其识别现状描述

在水泥回转窑熟料烧结过程中,生料浆在干燥带、预热带、分解带、烧成带、冷却带发生了一系列物理化学反应,最后煅烧成水泥熟料。基于上述水泥熟料烧结机理过程的分析,烧成状态是决定水泥熟料质量指标最为关键的工艺参数,在实际生产中,常依据烧成带温度值的高低来评估烧成状态。根据回转窑看火专家的经验,回转窑的烧成状态可分为正常态和异常态。其中,异常态又分为过烧态和欠烧态,即回转窑的烧成状态共分为正常态、过烧态和欠烧态,这三种典型烧成状态的火焰图像如图 2.2 所示。

(a) 典型正常态火焰图像

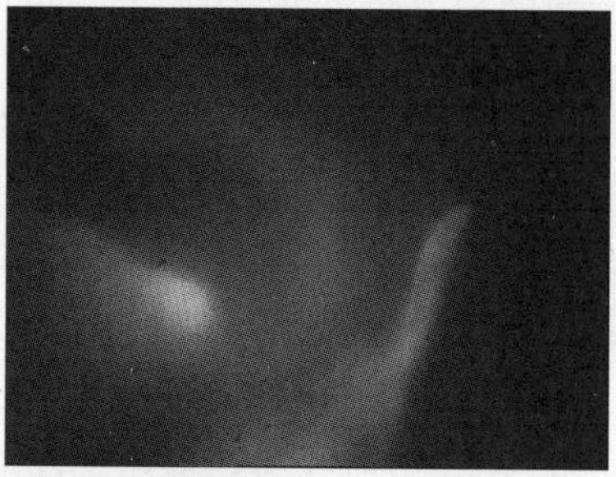

(b) 典型过烧态火焰图像

(c) 典型欠烧态火焰图像

图 2.2　三种烧成状态的火焰图像

当呈现过烧态时，形成过烧态熟料；当呈现欠烧态时，形成欠烧态熟料。正常态熟料热耗较低，煤粉的燃烧效率较理想。过烧态熟料具有热耗较高、颗粒粗大、黏滞密实、容重大、可磨性差等特点，容易导致水泥质量缺乏活性和强度不高、水泥粉磨电耗高等问题。同时还会导致窑内结圈、熟料烧结成块、掉窑皮、"红窑"等故障，损坏回转窑的窑衬，严重时会使窑内耐火砖熔化，破坏窑胴体。此时为避免影响安全生产必须关闭回转窑，从而带来生产损失。欠烧态熟料由于烧结反应不完全，窑内热效率过低，熟料中残存游离态的石灰，会出现颗粒细小、结粒疏松、容重小等问题。因而熟料强度降低，晶体较大，遇水形成很慢，至水泥硬化之后又发生固相体积膨胀，对水泥的强度、安定性均有一定影响。因此，回转窑烧成状态的准确识别对于提高熟料合格率、提高窑内衬使用寿命、降低煤耗等具有重要的研究意义和应用价值，是实现回转窑过程监视的关键，是制约回转窑控制系统的关键性难题。

在回转窑熟料烧结过程中，烧成状态与生料浆成分((石灰饱和系数(KH)、硅酸率(SM)、铝氧率(AM))、生料细度(G_r)、生料浆流量、窑体转速、窑内风压、给煤量、窑头尾温度等过程变量之间有着极为紧密的联系。具有不同成分配比和细度的生料浆成分的烧成状态是不同的；生料浆流量调节通过调整给料泵电机电流(I_m)实现，其与烧成状态之间存在较大的滞后性，生料浆流量通常根据生产车间下达的熟料窑台的产能指标决定，当前的生料浆流量对于未来的烧成状态具有一定的指导作用，其由安装在窑尾的生料浆传感器直接检测；窑体转速调节通过调整窑主电机电流(I_k)实现，由于频繁调整窑体转速会导致窑内料床负荷分布不均匀，生料浆在窑内的停留时间不同，在同等的烧成状态下会获取不同状态的熟料，不利于回转窑的稳定操作，因此窑体转速的调整幅度应较小，以保证物料在窑内所必需的停留时间。窑内风压通常包括窑头压力(P_h)和窑尾压力(P_t)，主要用于调节窑内火焰的位置和形状，减少对局部窑皮和内衬的过烧、防止"红窑"事故的发生，同时确保窑内气流通畅，保持烧成状态的变化尽可能小，使源于烧成带的热量能够较为均匀地分布于回转窑全过程，窑内风压调节通过调整排烟机风门开度(O_d)实现；给煤量(W_c)由给煤机转速控制，给煤量控制不当将会导致烧成状态异常，是决定烧成状态最为关键的因素，其通常根据生料浆流量和烧成状态决定[285]。窑头、窑尾温度与烧成状态之间有着紧密的关联性，其表征了窑内沿长度方向的热力分布情况。窑尾温度(T_t)反映了干燥带的烘干能力，其高低直接影响着生浆料的预烧效果，窑头温度(T_h)反映了窑引入空气所携带热量的能力，适宜的窑头温度将有利于煤粉的爆炸燃烧，形成合适的烧成状态。窑头窑尾温度能否保证稳定直接影响窑操作的稳定性。

由于回转窑窑体封闭且不断旋转的结构特殊性，烧成状态的准确识别变得异常困难，目前，我国对于回转窑烧成状态的识别方式主要包括人工看火、工业电视看火、基于烧成带温度识别烧成状态和基于烧成带火焰图像识别烧成状态四种方式。

1）人工看火

人工看火指看火操作人员频繁地到回转窑窑头看火孔观察窑内煤粉燃烧和物料烧结情况，并结合其他过程变量的数值根据经验判断窑内烧成状态，继而调节被控变量，确保合格稳定的熟料质量，如图 2.3 所示。

图 2.3 回转窑人工看火操作

由于肉眼的分辨率很低，对烟雾和粉尘等干扰均敏感，而且人工看火操作掌握困难，缺乏定量分析，烧成状态识别结果受不同操作员的经验、责任心和关注力的影响。当窑内干扰严重和看火工经验不足时，很难准确判断窑内烧成状态。有时会错误判断烧成状态或无视异常烧成状态，从而进行错误的控制操作而产生过烧或欠烧熟料，影响熟料的质量和窑的正常使用，造成煤粉大量消耗，增加维修成本，降低窑运转率。因此，人工看火操作有时会加重参数调整的滞后性和盲目性，是回转窑控制和降低生产成本的瓶颈。

2）工业电视看火

一些大、中型企业采用工业电视看火系统实现远距离烧成状态的监视。即在回转窑系统中加入一个图像采集系统，通过 CCD 摄像机[286]在窑头采集烧成状态视频，将视频信息送到回转窑控制室，看火工在控制室通过观察窑内烧成状态视频判断窑内烧成状态，如图 2.4 所示。

图 2.4 回转窑控制室

工业电视看火并没有从根本上改变人工看火的模式，看火过程仍然是看火操作人员主观判断的过程，缺乏对图像的定量分析，错误地判断烧成状态和对异常烧成状态的无视现象时有发生，导致熟料能耗大、质量不稳定。

3）基于烧成带温度识别烧结状态

目前，某些生产企业通过在回转窑上安装测温热电偶检测烧成带温度值对烧成状态进行表征，但热电偶的末端易受窑内污垢的影响，使所检测的温度值不能真实反映当前的烧成状态。国内外目前也有采用红外光学测量方法对回转窑筒体表面温度进行非接触检测，继而判断当前烧成状态。但红外测温仪的检测效果易受天气、灰尘等外界因素的影响，且其测量结果只能反映筒体表面温度，即只能间接表征烧成状态。此外还有相当一部分文献是采用回转窑过程其他可检测过程变量的数值间接判断窑内烧成带温度对烧成状态进行表征，但由于回转窑机理结构的复杂性，可检测过程变量与烧成带温度之间精确的数学模型尚未建立，该间接判断法的精度不高。

当前，一些大型生产企业采用安装在回转窑窑头罩位置的比色测温仪测量烧成带温度对烧成状态进行表征，其测量烧成带温度的过程如下。

（1）比色测温仪的光纤探头将回转窑烧成带区域的某物料点辐射的光信号聚焦给传输光纤；

（2）光分路接收系统首先将传输光纤输出的这个光信号分成不同波长的两路光信号，然后由光电探测器接收；

（3）信号处理系统根据两个波长的光谱辐射亮度之比测量烧成带温度。

虽然比色测温仪的测温结果在某段时期能够保持稳定，但是其检测值仅能反映物料区域某单点处的温度值，而且易受窑内烟尘干扰，烧成带温度检测值 T_{BZ} 时常会发生大波动，如图 2.5 所示，如果以此作为回转窑控制系统的反馈信号，会降低系统的可靠性和控制器性能[287]。

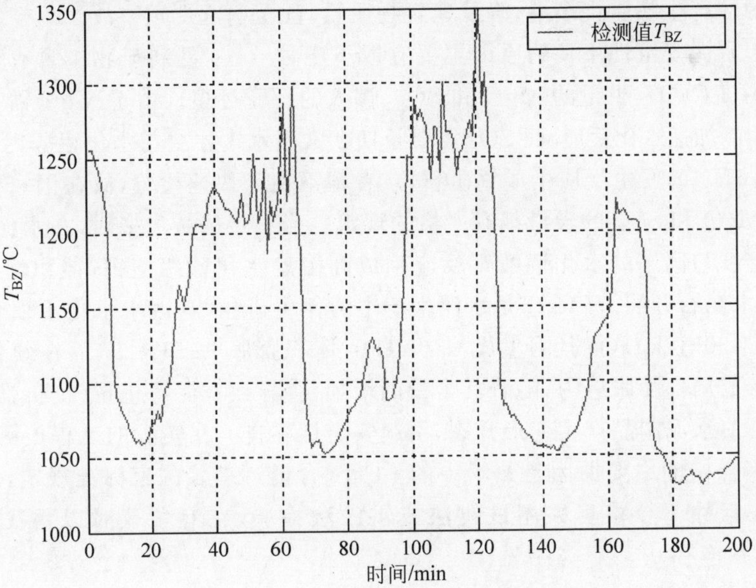

图 2.5 烧成带温度检测值

4）基于烧成带火焰图像识别烧成状态

通过观察和分析发现：当火焰红而发亮、火焰区域的面积较大、物料区域颗粒粗大且被带起高度很高时，形成过烧态；当火焰昏暗无光、火焰区域的面积较小、物料颗粒细小、结粒疏松呈细粉状、被带起高度较低时，形成欠烧态；当火焰颜色为红色、物料颗粒均匀，被带起高度适中时，形成正常态[288-290]。烧成状态与火焰区域和物料区域的色彩、火焰区域和物料区域的形态、物料区域的高度有着密切的关联性。近几年来，一些学者提出了利用图像处理技术来识别烧成状态的方法，这些方法首先基于图像分割技术获取火焰图像感兴趣区域（火焰区域和物料区域），继而提取一些表征感兴趣区域的特征，将所提取的特征送入模式分类器中进行烧成状态的识别。但对于以煤粉作为燃料，窑体长、粉尘量大的回转窑，窑内烟尘易干扰所采集的烧成带火焰图像，火焰图像感兴趣区域之间耦合严重，之前基于图像分割技术得到的火焰图像感兴趣区域不准确，继而导致表征感兴趣区域的特征提取不理想，烧成状态的结果识别不可靠。

2.3 水泥回转窑熟料质量测量现状描述

水泥的安定性是衡量水泥质量是否合格的主要指标之一，指水泥在加水后，硬化过程中体积变化均匀，保持一定性状、不开裂、不变形、不溃散的性质。如果水泥的安定性不合格，即水泥中某些成分的化学反应不在硬化前完成而在硬化后发生，并伴随有体积变化，便会使已经硬化的水泥石内部产生有害的内应力。如果这种内应力大到足以使水泥石的强度明显降低，甚至使水泥石开裂，就导致水泥制品或混凝土构件产生膨胀性裂缝，降低建筑物质量，甚至引起严重事故。

引起水泥安定性不良的原因主要有以下三种[291]：熟料矿物中含有过多的游离氧化钙（f-CaO）、少量的 MgO 和 SO_3、掺入的石膏过多。由于 MgO 需要在蒸压条件下才能加速水化反应，而 SO_3 需要长期在常温水中才会与水化铝酸钙（$3CaO \cdot Al_2O_3 \cdot 6H_2O$）发生反应生成钙矾石，二者都不便于快速检验，故在国家标准中对水泥中 MgO 和 SO_3 的含量都有严格的规定。当石膏掺量过多时，在水泥硬化后，它还会继续与固态的水化铝酸钙反应生成高硫型水化硫铝酸钙，体积增大约 1.5 倍，引起水泥石开裂。f-CaO 是水泥生产中的伴生矿相，其遇水水化不仅释放出大量的热（1150kJ/kg），而且因生成 $Ca(OH)_2$ 体积膨胀 97.9%，从而在硬化的水泥石内部形成局部膨胀应力，随着其含量的增加，会导致水泥石抗拉、抗折强度降低，严重时会使水泥制品产生变形开裂，引起安定性不良。在实际的工程检测中，出现安定性不合格的主要原因是熟料中的 f-CaO 含量过多。国家标准规定，由 f-CaO 引起的安定性不合格可采用试饼法或雷氏法检验，在有争议时以雷氏法为准，f-CaO 含量应在 0.5%～2.0%。

在检测水泥熟料中的 f-CaO 含量之前，需要对水泥熟料进行取样。水泥熟料的取样位置大多定在从篦冷机到熟料库的输送线上的某一点,不能定在出窑口下部,这时熟料取出后的冷却条件完全不同于篦冷机的冷却条件,无法反映它的真实状况。由于熟料的取样是间歇性瞬时取样,检验的频次和间隔时间值得推敲,现各企业取样间隔时间 1～4h 不等。如果从检验的实效性出发,只要能反映出生产中熟料的波动情况,就没有必要无效地增加频次。但如果生产出现异常而没有检验出来,即便是每小时 1 次也不为过。具体来说,对于运转正常的窑,只要配料与燃料成分没有变化,4h 做 1 次取样并不算少,一旦窑内工艺参数有变化,应在变化的 30min 后取样,这样的取样检验结果对操作人员具有指导意义。

在获取水泥熟料取样后,即可对 f-CaO 的含量进行实验室检验,对熟料中 f-CaO 含量的检验方法有如下几种:

1) 乙二醇法[292]

f-CaO 与乙二醇在无水乙醇溶液中,在 65～70℃下反应生成乙二醇钙,使溴钾酚绿-甲基红指示剂呈蓝色,然后用盐酸标准溶液滴定至橙色。乙二醇离子和钙离子在溶液中导电,溶液的电导率与 f-CaO 的含量成一定的比例关系,通过对溶液导电率的测量可间接测量出水泥熟料中的 f-CaO 的含量。化学反应式如式(2.1)所示:

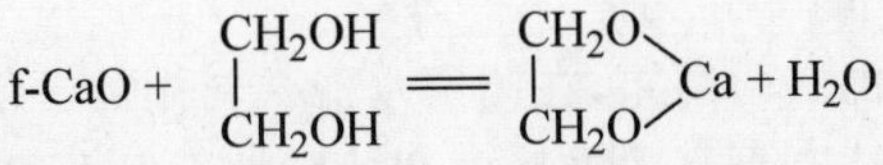

$$\text{f-CaO} + \begin{array}{c} \text{CH}_2\text{OH} \\ | \\ \text{CH}_2\text{OH} \end{array} = \begin{array}{c} \text{CH}_2\text{O} \\ | \\ \text{CH}_2\text{O} \end{array}\text{Ca} + \text{H}_2\text{O} \tag{2.1}$$

根据滴定乙二醇钙时消耗的盐酸标准溶液的量和滴定度求得样品中 f-CaO 的百分含量,计算公式如下:

$$\text{f-CaO} = T_{\text{CaO}} \times V/(m \times 1000) \times 100\% \tag{2.2}$$

其中,T_{CaO} 为 CaO 滴定度,单位为 mg/mL;V 为 HCl 体积,单位为 mL;m 为试样质量,单位为 g。

2) 无水甘油-乙醇法[293]

在无水甘油-乙醇混合液中,加入氯化锶作为催化剂。在加热煮沸的条件下,甘油乙醇与水泥熟料中 f-CaO 作用形成甘油酸钙。由于甘油酸钙呈弱碱性并溶于溶液,使酚酞变红,用苯甲酸滴定至红色消失。根据滴定时消耗的苯甲酸标准溶液的体积,计算 f-CaO 的含量。化学反应式如式(2.3)和式(2.4):

$$\begin{array}{c} \text{CH}_2\text{O} \\ | \\ \text{CHOH} \\ | \\ \text{CH}_2\text{O} \end{array}\text{Ca} + 2\text{C}_6\text{H}_5\text{COOH} = \text{Ca}(\text{C}_6\text{H}_5\text{COOH})_2 + \begin{array}{c} \text{CH}_2\text{OH} \\ | \\ \text{CHOH} \\ | \\ \text{CH}_2\text{OH} \end{array} \tag{2.3}$$

$$\text{f-CaO} + \begin{array}{c} \text{CH}_2\text{OH} \\ | \\ \text{CHOH} \\ | \\ \text{CH}_2\text{OH} \end{array} = \begin{array}{c} \text{CH}_2\text{O} \\ | \\ \text{CHOH} \\ | \\ \text{CH}_2\text{O} \end{array}\text{Ca} + \text{H}_2\text{O} \tag{2.4}$$

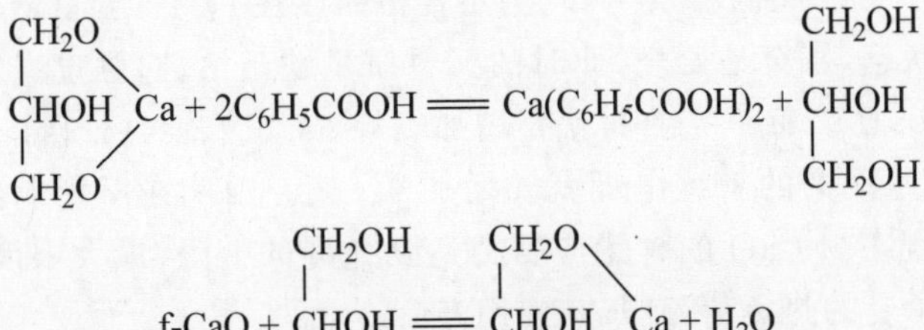

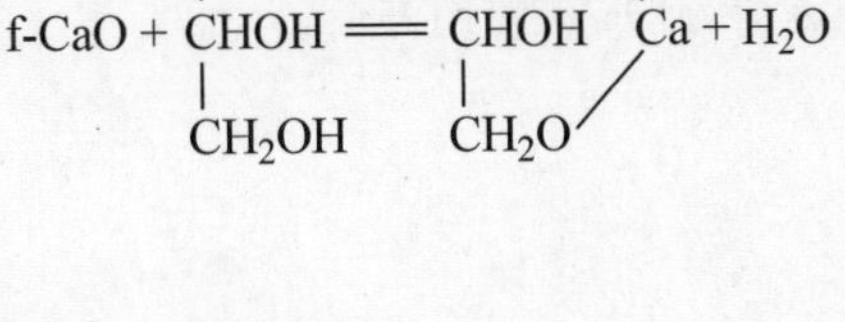

f-CaO 百分含量的计算公式如下：

$$\text{f-CaO}=T_{\text{CaO}}\times V/(m\times 1000)\times 100\% \tag{2.5}$$

其中，T_{CaO} 为每毫升苯甲酸无水乙醇标准溶液相当于 CaO 的毫克数，单位为 mg/mL；V 为滴定时消耗 0.1 mol/L 苯甲酸无水乙醇标准溶液总体积，单位为 mL；m 为试样质量，单位为 g。

3）直接电导法[294]

用乙二醇作提取剂可在一定条件下选择提取水泥熟料中 f-CaO，其反应见式(2.1)。

反应生成的乙二醇钙在乙二醇溶液中进一步解离，生成钙离子和乙二醇离子在溶液中导电。导电程度基本上与 f-CaO 浓度成正比，故通过电导测量方法便可定量测定 f-CaO 含量。

首先测定若干不同含量的 f-CaO 的水泥熟料样品的电导率。以 CaO 的浓度为横坐标，以电导率为纵坐标，绘制 CaO 浓度与电导率的关系图。然后再测定实际样品的电导率。根据查得的 CaO 浓度按式(2.6)计算样品中 f-CaO 的含量[295]。

$$\text{f-CaO}=C\times V/m\times 10^{-4} \tag{2.6}$$

其中，C 为曲线上查得的 CaO 浓度，单位为 mg/mL；V 为所用的乙二醇含量，单位为 mL；m 为样品的质量，单位为 g。

根据文献[296]中的实验结果，在测定水泥熟料中的 f-CaO 含量时，相对于另外两种方法，直接电导法有更高的准确度和稳定性。但上述三种方法均只能在实验室离线进行，f-CaO 含量的在线实时检测目前尚未实现，继而基于回转窑熟料质量指标 f-CaO 含量的闭环控制尚未实现。因此，熟料 f-CaO 含量的软测量是回转窑烧结过程控制中亟待解决的问题。

2.4 影响水泥回转窑熟料产品质量的因素分析

熟料 f-CaO 的含量是关系到水泥质量的重要指标，它表示生料烧结中氧化钙与氧化硅、氧化铝、氧化铁结合后剩余的程度，它的高低直接影响水泥的安定性和熟料强度。合理的 f-CaO 含量控制范围应当为 0.5%～2.0%，加权平均值为 1.1%左右，高于 2.0%、低于 0.5%均为不合格品。在 f-CaO 含量低于 0.5%时，熟料往往呈过烧状态，甚至是死烧，此时的熟料质量缺乏活性，强度并不高。熟料中的 f-CaO 每低 0.1%，每千克熟料就要增加热耗 58.5 千焦(14 千卡)，当用此种熟料磨制水泥时，水泥磨的系统电耗就要增加 0.5%。因此在不影响熟料强度和水泥安定性的情况下，f-CaO 的含量应努力达到允许的上限，最大限度地节约热耗，降低窑耐火砖承受的热负荷，延长其使用寿命。

熟料中 f-CaO 的产生主要可以分为以下几类：

1）轻烧 f-CaO

来料量不稳、塌料、掉窑皮、燃料成分变化或火焰形状不好等因素会使部分乃至局部生料的煅烧温度不足，在 1100～1200℃ 的低温下形成轻烧 f-CaO。轻烧 f-CaO 主要存在于黄粉和包裹着生料粉的夹心熟料中，它们对水泥安定性危害不大，但会使熟料强度降低。

2）一次 f-CaO

一次 f-CaO 在配料 CaO 成分过高、生料过粗或煅烧不良时，熟料中存在的未与 SiO_2，Al_2O_3，Fe_2O_3 进行化学反应的 CaO。这些 CaO 经高温煅烧呈“死烧状态”，结构致密，晶体较大（10～20μm），遇水形成很慢，通常需要三天才反应明显，至水泥硬化之后又发生固相体积膨胀（97.9%），在水泥石的内部形成局部膨胀应力，使其变形或开裂崩溃。

3）二次 f-CaO

当刚烧成的熟料冷却速度较慢或在还原气氛下，C_3S 分解成为 CaO 和 C_2S，或由熟料中的碱等取代 C_3S 和 C_3A 中的 CaO。由于它们是重新游离出来的，故称为“二次 f-CaO”，这类 f-CaO 水化较慢，对水泥强度、安定性均有一定影响。

所以，当生产中出现的高 f-CaO 含量的结果时，所采取的对策不能一概而论。对于大于 2.0% 的 f-CaO，不要都由中控操作人员负责，对于小于 0.5% 的 f-CaO，除了配料过低的情况应由配料人员负责外，其余要由中控操作人员负全责。

影响熟料中 f-CaO 含量的因素主要有以下四方面：

1）生料的化学成分

在生料的制备过程中，生料的各组分主要为 CaO，SiO_2，Al_2O_3，Fe_2O_3 四种氧化物，熟料是由生料各组分经过一系列的物理化学变化形成的，因此熟料中 f-CaO 的含量与生料的化学成分密切相关。在生产上，生料的化学成分常用熟料的石灰饱和系数（KH）、硅酸率（SM）、铝氧率（AM）三个率值表示[297]。

石灰饱和系数（KH）：

$$KH=(m(CaO)-1.65m(Al_2O_3)-0.35m(Fe_2O_3))/(2.8m(SiO_2)) \tag{2.7}$$

硅酸率（SM）：

$$SM=m(SiO_2)/(m(Al_2O_3)+m(Fe_2O_3)) \tag{2.8}$$

铝氧率（AM）：

$$AM=m(Al_2O_3)/m(Fe_2O_3) \tag{2.9}$$

文献[298]按照 GB 9965—88 对常用的几种水泥生料进行了 f-CaO 含量的测试，部分测试结果的分类统计见表 2.1。

表 2.1 水泥生料测试结果统计

编号	统计样数	熟料样化学成分/%				熟料 f-CaO /%	率值		
		SiO_2	Al_2O_3	$Al_2O_3+Fe_2O_3$	CaO		KH	SM	AM
W1.1	4	19.94	5.47	10.03	65.33	6.06	0.98	2.00	1.20
W1.2	3	20.38	5.56	10.19	65.03	5.41	0.95	2.00	1.20
W1.3	4	20.76	5.66	10.38	64.47	4.68	0.92	2.00	1.20
W1.4	3	21.16	5.76	10.57	63.94	3.93	0.89	2.00	1.20
W2.1	4	19.78	6.35	11.64	64.38	3.98	0.94	1.70	1.20
W2.2	3	20.55	5.60	10.27	64.96	4.99	0.94	2.00	1.20
W2.3	3	21.22	5.04	9.23	65.65	6.39	0.94	2.30	1.20
W2.4	2	21.86	4.58	8.40	66.42	7.69	0.94	2.60	1.20
W3.1	3	20.92	4.95	10.46	63.98	3.47	0.92	2.00	0.90
W3.2	3	20.74	5.66	10.37	64.42	4.73	0.92	2.00	1.20
W3.3	2	20.60	6.18	10.30	64.70	5.20	0.92	2.00	1.50
W3.4	2	20.43	6.57	10.22	64.75	5.86	0.92	2.00	1.80
F1.1	2	19.56	5.34	9.78	64.02	3.93	0.98	2.00	1.20
F1.2	3	19.92	5.44	9.96	63.55	3.24	0.95	2.00	1.20
F1.3	4	20.30	5.54	10.15	63.05	2.55	0.92	2.00	1.20
F1.4	3	20.68	5.66	10.26	62.53	1.85	0.89	2.00	1.20
F2.1	4	19.40	6.25	11.64	63.20	1.43	0.94	1.70	1.20
F2.2	3	20.17	5.51	10.09	63.78	2.65	0.94	2.00	1.20
F2.3	3	20.80	4.93	9.04	64.32	3.76	0.94	2.30	1.20
F2.4	2	21.24	4.46	8.18	64.57	4.95	0.94	2.60	1.20
F3.1	3	21.01	4.87	10.28	62.86	0.85	0.92	2.00	0.90
F3.2	4	20.40	5.56	10.20	63.34	1.99	0.92	2.00	1.20
F3.3	3	20.19	6.06	10.10	63.42	3.04	0.92	2.00	1.50
F3.4	2	20.14	6.47	10.07	63.81	4.26	0.92	2.00	1.80

文献[299]分别给出了不同温度条件下 KH,SM,AM 对熟料 f-CaO 含量的影响曲线,如图 2.6～图 2.8 所示。

根据表 2.1 和文献[297]～[299]中的实验结果,我们可以得到如下结论:

(1) KH 的大小说明了熟料中 CaO 含量的高低,即生料中 $CaCO_3$ 含量的高低。$CaCO_3$ 含量高,分解时吸收的热量多,相对来说其他形成液相的成分少,这种生料需要的烧成温度高,比较难烧,熟料中的 f-CaO 含量高。因此 KH 不宜过高,否则熟料很难形成;但 KH 也不宜过低,否则会使液相成分过多,易结大块,导致"红窑"、结圈等,不利于烧成,获得的熟料的质量差。一般硅酸盐水泥熟料的 KH 值控制在 0.9～0.98。

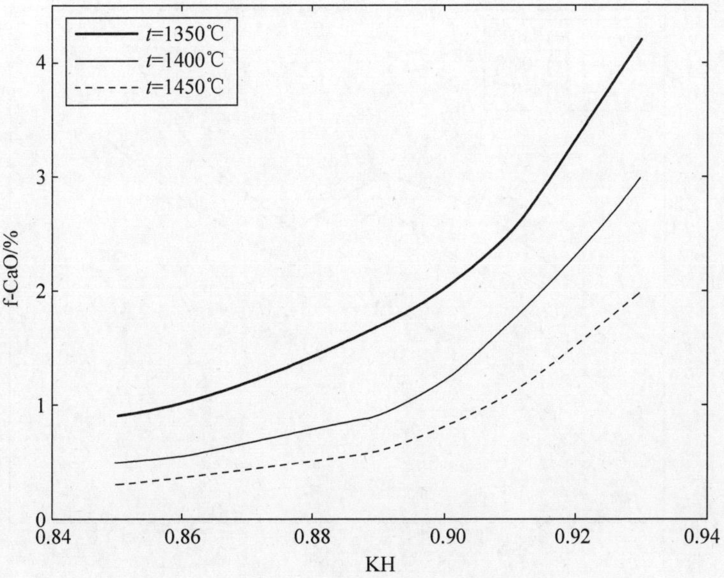

图 2.6　KH 对 f-CaO 的影响

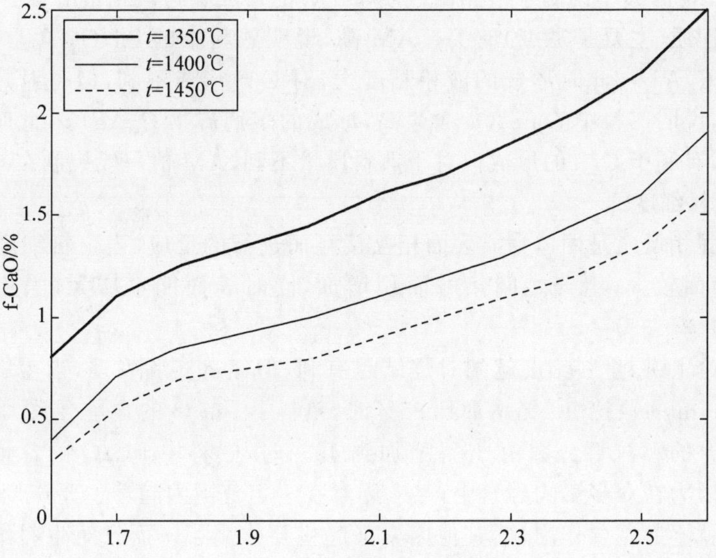

图 2.7　SM 对 f-CaO 的影响

(2) SM 的大小说明了熟料中能形成液相成分的多少，即在烧结时液相量的多少。液相量的主要成分是 Al_2O_3 和 Fe_2O_3，增加两者含量即降低 SM，才能使液相量增加，有利于 C_3S 的生成；但液相量也不宜过多，一般硅酸盐水泥熟料液相量控制在 20%～30%，即 SM 值一般控制在 1.8～2.4。

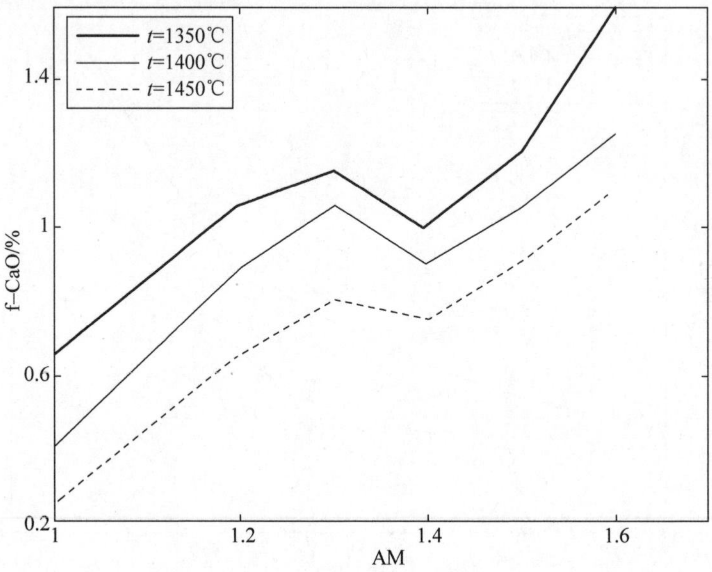

图 2.8 AM 对 f-CaO 的影响

(3) AM 的大小说明了液相的性质。C_3S 的形成除与液相量的多少有关外，还与液相的性质(主要是黏度)有关。AM 高，说明熟料中的 Al_2O_3 含量高，形成的熔剂矿物 C_3A 多，此时形成的液相黏度大，对 C_3S 形成不利，但是对熟料质量有利。反之，说明熟料中的 Fe_2O_3 含量高，形成的熔剂矿物 C_4AF 多，此时形成的液相黏度小，有利于 C_3S 的形成但对于熟料质量不利，AM 值一般控制在 0.9～1.4。

2) 生料细度

由于固相反应是固体物质表面相互接触而进行的反应，当生料细度(G_r)较细时，颗粒表面较大，组分之间接触面积增加，同时表面能也增大，固相反应速度加快。

从理论上讲，生料细度越细对烧结越有利，但经过实验发现，当生料颗粒组成中小于 10μm 的颗粒由 7%增加到 25%时，熟料中 f-CaO 的含量会大大减少，但当小于 10μm 的颗粒百分数由 25%增加到 45%时，熟料中 f-CaO 的含量减少并不多。这是因为在众多影响因素中，某一因素在一定范围内起着主要作用，但超过一定范围后就不起主要作用，而其他因素又起主要作用了。而且对生料细度要求过高，会使磨机产量大幅降低，同时电耗大幅增加，因此全面考虑，生料细度一般控制在 0.080mm 方孔筛筛余 10%左右为宜[283,300-301]。

3) 烧成状态

适宜的烧成状态可降低液相黏度，并增加液相的百分含量。液相的百分含量增加和液相黏度的减小都有利于 C_3S 的形成，使 f-CaO 的含量减少。若以烧成温度衡量的话，当烧成温度为 1300℃时，熟料中 f-CaO 的含量为 6.4%，当烧成温度提高至 1400℃时，熟料中的 f-CaO 的含量降至 1.3%。

但烧成状态不宜过度，过度的烧成状态会出现窑内结大块、结圈等弊病，而且易使 C_3S 生成大而圆的致密晶体，其与水作用速度很慢，使强度发挥慢[283-284]。

4）熟料的冷却

熟料烧成后就要进行冷却，冷却的目的在于改进熟料质量、提高熟料的易磨性、回收熟料余热、降低热耗、提高热效率、降低熟料温度便于熟料的运输、储存和粉磨。熟料冷却的好坏和冷却速度，对熟料质量影响较大，因为部分熔融的熟料，其中的液相在冷却时，往往还和固相进行反应。

通过实验和生产实践可知，急速冷却熟料可以使液相不能析出晶体成为玻璃体，防止或者减少 β-C_2S 转化成 γ-C_2S，防止或者减少 C_3S 分解成 C_2S 和 f-CaO，防止或者减少 MgO 的破坏作用，使熟料中 C_3A 结晶体减少，提高熟料易磨性，改善熟料质量[283-284]。

2.5　水泥回转窑烧成状态识别和熟料质量预测的难点

水泥回转窑过程是典型的分布参数系统，限于设备旋转的特殊性和窑炉工艺设计的局限性，只能在窑头、窑尾位置安装检测仪表和执行机构，以集中参数控制方式来控制回转窑温度分布参数过程，该过程具有多变量、强耦合、过程大惯性、不确定干扰和强非线性等特性。

水泥回转窑烧成状态的识别具有以下难点：

(1) 已有烧成状态识别方法的不可靠性。人工看火和工业电视看火的烧成状态识别结果受不同操作员的经验、责任心和关注力的影响；测温热电偶的末端易受窑内污垢的影响，使所检测的温度值不能真实反映当前的烧成状态；红外测温仪的检测效果易受天气、灰尘等外界干扰因素的影响，且其测量结果只能反映筒体表面温度；其他可检测的过程变量只能在一定程度上间接反映烧成带温度的变化趋势，很难确定其应该达到的稳定范围从而保证烧成带温度满足工艺要求；由于回转窑内粉尘烟雾的干扰和火焰在窑内的窜动，非接触式比色测温装置测量的温度值时常不能真实反映烧成状态；已有的基于图像分割技术的烧成状态识别方法由于窑内返灰和煤尘烟雾造成窑内浑浊，对烧成带火焰图像感兴趣区域的分割效果较差，继而导致表征感兴趣区域的特征提取不理想，烧成状态识别结果的不可靠。

(2) 烧成带火焰图像中蕴含丰富的烧成带温度场信息和熟料烧结状况信息，具有较好的仿优秀操作员看火识别烧成状态的特性。然而，由于受到窑体旋转以及窑内复杂的燃料燃烧、物料烟气对流换热等因素的影响，所采集的火焰图像存在噪声、图像模糊等问题，现有的基于特定领域和成像物理模型的图像处理技术难以应用，如何构建针对工业过程火焰图像的处理方法是目前亟待解决的问题。另一方面，图像特征具有层次化、多样化的特点，不同层次的特征代表了不同的关注层面，不同的特征代表了不同的感兴趣内容。当前对工业图像内容的理解还比较模糊，如何基于图像处理技术将优秀操作员感兴趣的多种火焰图像信息予以定义，提取表征成多个图像特征，构建适宜的模式分类器，并融合多个具有互补特性的火焰图像特征识别烧成状态避免可能出现的"维数灾"现象尚需要进一步深入研究。

（3）由于存在窑内的烟尘干扰，火焰图像有时会呈现昏暗无光的状况，导致烧成状态难以准确识别，此时看火操作员会借助一些过程数据对烧成状态进行识别。这种操作模式表明过程数据与烧成状态之间同样具有相关性，并且与火焰图像特征构成互补关系。水泥回转窑过程数据分别从不同的方面描述了烧成状态，选择适当的过程数据与火焰图像特征进行融合可以提高烧成状态识别的稳健性。水泥回转窑过程可采集的过程数据众多，因此，需要研究可在线连续检测工艺过程数据中与烧成状态密切相关的过程数据的选择问题。并且，如何融合不同源的火焰图像特征和过程数据的烧成状态识别结果，以确保与烧成状态相关的信息抽取的完备性，以及烧成状态识别的可靠性和准确性也是需要重点关注的问题。

水泥回转窑熟料质量指标 f-CaO 含量预测具有以下难点：

（1）已有熟料 f-CaO 含量的检测方法难以实现实时性，因此难以引入控制系统构建基于水泥回转窑熟料质量指标的闭环控制，现有的控制系统均为开环设计，实验室的 f-CaO 含量化验结果具有滞后性，仅对后续的生产过程具有一定的指导意义。

（2）通过之前的分析可知，熟料中 f-CaO 的含量与生料化学成分、生料细度、烧成状态、冷却速度之间有着密切的联系，而烧成状态与火焰图像和过程数据之间又具有紧密的关联性。因此，如何从图像空间中提取与熟料中 f-CaO 含量密切相关的火焰图像特征，辅以过程数据和生料化学成分、生料细度变量数据，构建熟料中 f-CaO 含量软测量模型的输入数据，并消除输入数据之间的共线性，选取适宜的回归器模型模拟输入数据与 f-CaO 含量输出数据之间的非线性关系是目前亟须解决的问题。在避免高维数特征空间的"维数灾"现象的同时，保证软测量模型泛化性能并降低模型复杂度，确保 f-CaO 含量软测量的准确性。

第 3 章

图像处理与软测量预备知识

3.1 引言

不同的模式识别方法或者软测量方法对应着不同的模式识别系统和软测量系统。但不管何种模式，相应的模式识别系统和软测量系统都由信息预处理、特征提取和选择、多特征融合、模式分类器或者回归器设计等几个过程组成。此外，与图像处理相关的模式识别系统和软测量系统中有时还需包括图像分割技术。

本章将分别给出各组成部分的预备知识。其中，信息预处理部分介绍了加博滤波器的设计；图像分割部分介绍了大津算法(Otsu's method，OTSU)、模糊 C 均值聚类(fuzzy C-means，FCM)、基于加博小波去模糊化的聚类算法(FCM and Gabor wavelet，FCMG)、改进的快速行进算法(fast marching method，DFM)、归一化割算法(normalized cut，Ncut)、多阶自适应阈值算法(multistage adaptive thresholding，MAT)；特征提取和选择部分介绍了多变量图像分析算法(multivariate image analysis，MIA)、主成分分析算法(pricipal component analysis，PCA)、尺度不变特征转换算法(scale invariance feature transform，SIFT)、偏最小二乘算法(partial least squares，PLS)、神经网络偏最小二乘算法(neural network partial least squares，NNPLS)、核偏最小二乘算法(kernel partial least squares，KPLS)；信息融合部分介绍了模糊积分算法(fuzzy integral)；模式分类器和回归器设计部分介绍了概率神经网络(probabilistic neural networks，PNN)、BP 神经网络(back propagation neural network，BPNN)、支持向量机(support vector machine，SVM)、随机向量函数功能连接网络算法(random vector functional link network，RVFL)、支持向量回归(support vector regression，SVR)等。

3.2 信息预处理

Tamura 以人的主观心理度量为标准，提出了六个基本的纹理特征[302]，包括粒度、对比度、方向性、线度、周期性、粗糙度，这些特征具有明确的物理意义，因此得到了广泛的应用。从人的感知经验可知，粗糙度、对比度和方向性是区分纹理时所用的三个最主要特征[303]。20 世纪 90 年代初期，在引入小波变换并建立了理论框架后，许多研究者开始在纹理特征表征中使用小波变换，并发现加博小波变换最符合人类的视觉特征[304-305]。

加博小波变换是由丹尼斯·加博(Dennis Gabor)于 1946 年在 *Theory of communication* 一文中提出的著名“窗口”傅里叶变换(也称“短时傅里叶变换”)[306]。他注意到一个在 $L^2(R)$中表示具有有限能量的模拟信号函数 $f(t)$的傅里叶变换：

$$\hat{f}(\omega)=\int_{-\infty}^{+\infty}\mathrm{e}^{-\mathrm{i}\omega t}f(t)\,\mathrm{d}t=\langle \mathrm{e}^{\mathrm{i}\omega t},f(t)\rangle \tag{3.1}$$

由于变换的基函数在时间轴上是无限扩展的，信号的频谱 $\hat{f}(\omega)$只能刻画 $f(t)$在整个时间轴上的频谱特征，而不能反映信号在时间轴上局部区域的频率特征。因此傅里叶变换适用于分析稳定的慢变信号。但是，在很多实际问题中，我们所关心的恰恰是信号的局部特征、信号的突变等。加博通过与量子力学中的海森堡不确定性原理的类比，发现并证明了一维信号的不确定性原理，即一个同时用时间和频率来刻画的信号特征受它的带宽和持续时间乘积的下限限制；其研究进一步发现：对于一般的信号来说，都存在这种最优化的折中，即任意可以用高斯函数调制的复正弦形式表示的信号都可以达到时域和频域联合不确定关系的下限，可以同时在时域和频域获得最佳的分辨率，这种表示就是加博函数的最初形式。对 $f(t)$的加博变换定义为

$$\hat{G}(\omega,b)=\int_{-\infty}^{+\infty}g_a(t-b)\,\mathrm{d}t \tag{3.2}$$

其中，$g_a(t-b)$是一个适当的窗口函数，如高斯函数。由式(3.2)可知，对信号的加博变换就是用平移了的窗函数去乘信号再作傅里叶变换。由于高斯函数在时间和频率域中的形式一致性，加博函数一般采用高斯函数乘以一个调制函数的形式，因此加博函数具有较好的局域性。

1985 年，Daugman[307]将加博的不确定性原理从一维推广到二维，并从理论上证明二维加博函数达到空间域和频率域的下限。最近对哺乳动物视觉皮层信息处理机制的研究表明：二维加博函数和具有多通道和多分辨率特征的视网膜神经细胞的接收场模型吻合[308]。作为唯一能够取得时间和频率域联合不确定关系下限的函数，其二维加博滤波器基函数的一般形式可以表示为

$$h(x,y,f_m,\sigma_x,\sigma_y)=f_m^2/(\pi\sigma_x\sigma_y)\exp\{-f_m^2[(x'/\sigma_x)^2+(y'/\sigma_y)^2]\}\exp(2\pi f_m ix') \tag{3.3}$$

其中，

$$x' = x\cos\theta + y\sin\theta \tag{3.4}$$

$$y' = -x\sin\theta + y\cos\theta \tag{3.5}$$

f_m 为滤波器的中心频率；σ_x 和 σ_y 分别为高斯包络在 x 和 y 方向上的标准差，它们决定了高斯包络的空间扩展；θ 代表正弦波与 x 轴的夹角，其定义如下：

$$\theta_k = 2\pi k/n_o, \quad k = 0,1,\cdots,n_o - 1 \tag{3.6}$$

其中，θ_k 和 n_o 分别表示第 k 个滤波器方向和加博滤波器方向个数的总和。

加博滤波器基函数的频率定义如下：

$$f_l = a^{-l} f_m, \quad l = 0,1,\cdots,n_f - 1 \tag{3.7}$$

其中，f_l 和 n_f 分别表示第 l 个滤波器频率和加博滤波器频率个数的总和。

式(3.3)～式(3.7)中的参数 f_m, n_f, n_o, σ_x 和 σ_y 共同反映了加博滤波器的多尺度特性。一个二维加博滤波器如图 3.1 所示。

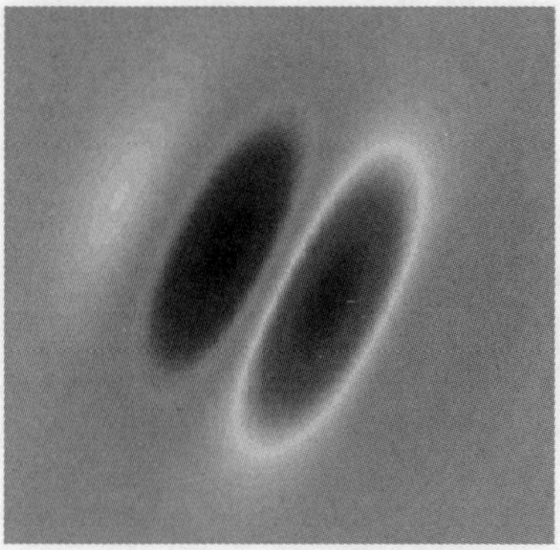

图 3.1 一个二维加博滤波器

由式(3.3)可以看出，加博函数是一个被复正弦函数调制的高斯函数，它是一个 $R^2 \rightarrow C$ 上的复值函数。在自然图像中，$f_m^2/(\sigma_x\sigma_y)$ 用来补偿由频率决定的能量谱衰减。$\exp\{-f_m^2[(x'/\sigma_x)^2 + (y'/\sigma_y)^2]\}$ 是用来约束平面波的高斯包络函数。$\exp(2\pi f_m i x')$ 为复数值平面波，其实部为余弦平面波 $\cos(2\pi f_m i x')$，虚部为正弦平面波 $\sin(2\pi f_m i x')$；由于余弦平面波关于高斯窗口中心偶对称，在高斯包络函数的约束范围内，其积分值不为 0；而正弦平面波关于高斯窗口中心奇对称，在高斯包络函数的约束范围内，其积分值为 0。

图像 $\boldsymbol{I}(x,y)$ 的加博滤波可以通过加博函数与图像 $\boldsymbol{I}$ 的卷积获得。给定图像中的一点 (x_0, y_0)，加博小波变换描述了点 (x_0, y_0) 附近区域的图像特征，其卷积过程如下：

$$\boldsymbol{I}_{f_m,n_f,n_o,\sigma_x,\sigma_y}(x_0,y_0)' = \boldsymbol{I}(x_0,y_0) * h_{f_m,n_f,n_o,\sigma_x,\sigma_y}(x_0,y_0) \tag{3.8}$$

其中，$*$ 表示卷积；$\boldsymbol{I}_{f_m,n_f,n_o,\sigma_x,\sigma_y}(x_0,y_0)'$ 表示点 (x_0,y_0) 处的卷积值。

为了获得图像多方向及多频率下的局部显著特征，通常选取一组加博基函数，

它们具有不同的 θ_k，f_l，σ_x 和 σ_y。因此，集合 $F_{\text{Gabor}}=\{\boldsymbol{I}_{f_m,n_f,n_o,\sigma_x,\sigma_y}(x_0,y_0)'\}$ 形成了图像 $\boldsymbol{I}$ 的加博小波特征表示。

3.3 图像分割方法

图像分割是指根据图像的色彩、空间纹理、几何形状等特征把图像划分成若干个互不相交的区域，使这些特征在同一区域内表现出一致性或相似性，而在不同区域间表现出明显的不同。

以下简要介绍若干图像分割方法。

3.3.1 大津算法

在图像分割的诸多算法中，阈值分割技术是一种简单有效的算法[309]，日本学者大津展之提出的大津算法(Otsu's method)[310]是一种广受关注的阈值选取方法，也称为"最大类间方差法"或"最小类内方差法"。该方法具有计算简单、运算速度快的优点，适于解决目标与背景的比例适当和信噪比较高的图像分割问题。大津算法的基本思路是最佳阈值 t^* 使不同类间的分离性最好。首先基于灰度直方图得到各分割特性值的发生概率，用 t 将分割特征值分为两类，分别求出每一类的类内方差和类间方差，选取使类间方差最大(类内方差最小)的 t^* 作为最佳阈值，其算法如下。

(1) 计算输入图像灰度级的归一化直方图

$$p(i)=n_i/N_0,\quad p(i)>0 \tag{3.9}$$

其中，$\sum\limits_{i=0}^{L-1}p(i)=1$，$L$ 为图像的灰度级；N_0 为图像的像素数；n_i 为灰度 i 的像素数量。

(2) 计算灰度均值

$$\mu=\sum_{i=0}^{L-1}ip(i) \tag{3.10}$$

用阈值 t 将灰度级划分为 C_0 和 C_1 两类，C_0 包含灰度级[0,t]的像素，C_1 包含灰度级[$t+1$,$L-1$]的像素。C_0 和 C_1 发生的概率 ω_0 和 ω_1 由下式计算：

$$\omega_0(t)=\sum_{i=0}^{t}p(i) \tag{3.11}$$

$$\omega_1(t)=\sum_{i=t+1}^{L-1}p(i) \tag{3.12}$$

(3) 计算类 C_0 和 C_1 的灰度均值 $\mu_0(t)$，$\mu_1(t)$和方差 $\delta_0^2(t)$，$\delta_1^2(t)$：

$$\mu_0(t)=\sum_{i=0}^{t}ip(i)/\omega_0(t) \tag{3.13}$$

$$\mu_1(t)=\sum_{i=t+1}^{L-1} ip(i)/\omega_1(t) \tag{3.14}$$

$$\delta_0^2(t)=\sum_{i=0}^{t}(i-\mu_0(t))^2 p(i)/\omega_0(t) \tag{3.15}$$

$$\delta_1^2(t)=\sum_{i=t+1}^{L-1}(i-\mu_1(t))^2 p(i)/\omega_1(t) \tag{3.16}$$

(4) 计算类间方差

$$\delta_B^2(t)=\omega_0(t)(\mu_0(t)-\mu)^2+\omega_1(t)(\mu_1(t)-\mu)^2 \tag{3.17}$$

$\mu_0(t)$和$\mu_1(t)$分别代表背景和目标的中心灰度，要最佳分割两者，需要寻找大的$\delta_B^2(t)$，因此，以$\delta_B^2(t)$作为衡量不同阈值类别分离性能的测量准则，极大化$\delta_B^2(t)$的过程就是自动确定阈值的过程：

$$t^*=\mathrm{argmax}_{0\leqslant t\leqslant L-1}\delta_B^2(t) \tag{3.18}$$

3.3.2 模糊C均值聚类

模糊C均值聚类(fuzzy C-means，FCM)算法由Bezdek在1973年提出[311]，是用隶属度来描述每个数据点属于某个数据集合程度的一种聚类算法。在使目标函数达到最小驱动的情况下，FCM算法将n个向量$\boldsymbol{x}_i(i=1,2,\cdots,n)$分为$c$个模糊组，并得到分类后每组数据的聚类中心$\varsigma_i$。FCM使用模糊划分，将每个给定数据用隶属度$\mu_{ij}\in[0,1]$来表示其属于各个数据集合的程度：

$$\sum_{i=1}^{c}\mu_{ij}=1,\quad \forall j=1,2,\cdots,n \tag{3.19}$$

FCM算法的目标函数定义为

$$J(\hat{\boldsymbol{U}},\varsigma_1,\cdots,\varsigma_c)=\sum_{i=1}^{c}J_i=\sum_{i=1}^{c}\sum_{j}^{n}\mu_{ij}^m\hat{d}_{ij}^2 \tag{3.20}$$

其中，$\hat{d}_{ij}^2=\left|\left|\varsigma_i-x_j\right|\right|$为第$i$个聚类中心与第$j$个数据间的欧氏距离；$m\in[1,\infty)$是一个加权指数。

构造如下的目标函数，求得使式(3.20)达到最小值的必要条件：

$$J(\hat{U},\varsigma_1,\cdots,\varsigma_c,\hat{\lambda}_1,\cdots,\hat{\lambda}_n)=J(\hat{\boldsymbol{U}},\varsigma_1,\cdots,\varsigma_c)+\sum_{j=1}^{n}\hat{\lambda}_j\left(\sum_{i=1}^{c}\mu_{ij}-1\right) \tag{3.21}$$

其中，$\hat{\lambda}_j(j=1,2,\cdots,n)$，是式(3.19)$n$个约束式的拉格朗日乘子。

对所有变量求导：

$$\mu_{ij}=1\Big/\left(\sum_{k=1}^{c}(\hat{d}_{ij}/\hat{d}_{kj})^{2/(m-1)}\right) \tag{3.22}$$

和

$$\varsigma_i=\left(\sum_{j=1}^{n}\mu_{ij}^{m}x_j\right)\Big/\left(\sum_{j=1}^{n}\mu_{ij}^{m}\right) \tag{3.23}$$

由上述两个必要条件，FCM 算法可用下列步骤确定聚类中心ς_i和隶属度矩阵$\hat{\boldsymbol{U}}$。

步骤 1 用值在 0 和 1 之间的随机数初始化隶属度矩阵$\hat{\boldsymbol{U}}$，使其满足式(3.19)的约束条件。

步骤 2 根据式(3.23)计算 c 个聚类中心$\varsigma_i(i=1,2,\cdots,c)$。

步骤 3 根据式(3.21)计算目标函数的值。如果它小于某个给定的停止阈值 ε，或两次迭代的目标函数值的差值小于某个阈值 ε，则算法停止。

步骤 4 用式(3.22)计算新的$\hat{\boldsymbol{U}}$ 矩阵，返回步骤 2。

3.3.3 基于加博小波去模糊化的聚类算法

去模糊化是针对表征像素模糊归属属性的隶属度矩阵的运算。在基于加博小波去模糊化的聚类算法(fuzzy C-means and Gabor wavelet，FCMG)的图像分割应用中，通常采用最大隶属度归属原则对隶属度矩阵$\hat{\boldsymbol{U}}_{G_T}$ 进行去模糊化的运算：

$$\varsigma_{G_T(i,j)}=\max\{G_T(i,j)/\varsigma_1,\cdots,G_T(i,j)/\varsigma_k,\cdots,G_T(i,j)/\varsigma_c\} \tag{3.24}$$

其中，$\varsigma_{G_T(i,j)}$ 表示某一个像素 $G_T(i,j)$的最终类别归属，$G_T(i,j)/\varsigma_k$表示像素 $G_T(i,j)$相对于类别ς_k的隶属度。

这种去模糊化的方法简单、快速，却在一定程度上与应用模糊方法分割图像的初衷矛盾。

模糊方法是针对不精确、不完备信息的处理困难而提出的一种思想，从概念上讲，FCM 对于处理那些仅通过灰度值不能进行准确分割的灰度图像更具优势。对表征像素归属模糊程度的隶属度矩阵进行去模糊化，就是充分利用图像的其他信息，对已有的模糊分割结果进一步修正的过程。从数据融合的角度来看，对隶属度矩阵的去模糊化就是综合利用多种不精确、不完备的信息通过数据融合的方法对图像进行更进一步精确分割的过程。

文献[312]利用加博滤波器对基于灰度值的 FCM 算法得到的隶属度矩阵进行去模糊化的运算，算法步骤如下。

步骤 1 利用 3×3 的矩形滑动窗 $\hat{W}$ 将待分割区域分为若干子图像，每一帧窗数据可以表示为 $\hat{\omega}_i(i=1,2,\cdots,9)$。为了保持数据的连续性，相邻窗之间交叠 6 个像素。设聚类后的目标区域边缘像素的坐标$\hat{\boldsymbol{T}}_e(i,j)$，找出相对于坐标原点的边缘最大坐标 $i_{\max}$ 与最小坐标 $i_{\min}$，决定窗滑动的方向$\{\hat{\lambda}_u,\hat{\lambda}_d,\hat{\lambda}_l,\hat{\lambda}_r\}$。

步骤 2 对每一帧数据 $\hat{\omega}_i(i=1,2,\cdots,9)$进行加博小波滤波，得到的不同尺度与

方向下的小波系数 $\hat{G}_w$，保存在特征向量 $\hat{\boldsymbol{T}}_s$ 中，用来表征子图像的纹理粗糙度。

步骤 3 设计的矩形窗滑动，重复步骤 2，直到区域边缘。

步骤 4 对子图像的纹理粗糙度特征向量 $\hat{\boldsymbol{T}}_s$ 进行二类聚类，根据聚类结果对待分割区域的隶属度矩阵 $\hat{\boldsymbol{U}}_{G_T}$ 进行去模糊化运算，得到最后的分割区域。

3.3.4 改进的快速行进法

快速行进法(fast marching method，FMM)[313]是一种在曲线演化理论[314]和水平集方法[315]基础上发展起来的一种有效的通过跟踪运动界面的演化进行图像分割的方法。设演化曲线为 $\tau(x,y,t)$，t 是时间变量，$\boldsymbol{F}$ 是决定闭合 τ 上每点运动快慢的速度函数，$\boldsymbol{N}$ 是决定 τ 上各点运动方向的单位法向量，τ 沿其单位法向量方向的演化过程可表示如下[316]：

$$\begin{cases} \dfrac{\partial \tau(x,y,t)}{\partial t} = \boldsymbol{F} \cdot \boldsymbol{N} \\ \tau(x,y,0) = \tau_0(x,y) \end{cases} \tag{3.25}$$

因为曲线切线方向的变形仅影响曲线的参数化，不改变其形状和几何属性，所以沿任意方向运动的曲线都可以重新参数化为式(3.25)的形式[317]。

假设 $T(x,y)$是界面经过一个空间指定点(x,y)的时间函数，则 T 满足以下方程：

$$|\nabla T|\, \boldsymbol{F} = 1 \tag{3.26}$$

当 $\boldsymbol{F}$ 只与位置有关时，上述方程就是著名的程函方程(Eikonal equation)。

从上式可知：到达时间梯度曲面与传播前沿的速度成反比，其稳定解可由以下方程得到：

$$\left[\max(D_{ij}^{-x}T,0)^2 + \min(D_{ij}^{+x}T,0)^2 + \max(D_{ij}^{-y}T,0)^2 + \min(D_{ij}^{+y}T,0)^2\right]^{1/2} = \frac{1}{F_{ij}} \tag{3.27}$$

其中，D^+ 和 D^- 分别是前向差分和后向差分。

由上述方程可知：边界的运动方向是从 T 较小的点流向 T 较大的点。快速行进法终止条件的选取是演化曲线能否精确到达目标区域边界的关键，主要包括以下三种方法。

(1) 基于迭代次数的终止条件。该方法设置一个整数 N 作为迭代次数的阈值，同时设置一个曲线演化计数器 n，当 $n \geqslant N$ 时迭代终止。

(2) 基于曲线到达时间的终止条件。该方法设置一个整数 $T_{\max}$ 作为最大曲线到达时间，设 T 为曲线到达时间，当 $T \geqslant T_{\max}$ 时迭代终止。

(3) 基于能量方程的终止条件。该方法利用下式计算零水平集的能量 E，当 E 最小时演化曲线停止迭代：

$$E=\mu L(\tau)+\nu S(\tau)+\lambda_a\int_{\mathrm{inside}(\tau)}|I-\tau_a|\,\mathrm{d}x\,\mathrm{d}y+\lambda_b\int_{\mathrm{outside}(\tau)}|I-\tau_b|\,\mathrm{d}x\,\mathrm{d}y \tag{3.28}$$

其中，$L(\tau)$是τ的长度；$S(\tau)$是τ包围的内部面积；I是像素灰度；τ_a为C所包含区域内的灰度均值；τ_b为τ所包含区域外部的灰度均值；inside(τ)表示τ包围的内部区域像素集合；outside(τ)表示τ外部区域的像素集合。$\mu\geqslant 0,\nu\geqslant 0,\lambda_a\geqslant 0,\lambda_b\geqslant 0$是权重。

研究表明，该方法较前两种方法的分割效果理想，但缺点是水平集曲线的单向演化，对边界不清的图像，往往出现过分割或欠分割现象。文献[277]对其进行了如下改进。

步骤 1 将内、外初始零水平集所在的内部网格点标记为存活点集合，到达时间均为0。

步骤 2 对所有存活点四个邻域内的点进行标记，如果某点不是存活点，则将其标记为邻接点，对每个点赋予时间。

步骤 3 对于每个存活点，找出其邻域内使其最小的邻接点，并加入到存活点集合。以新加入存活点集合中的点为参照更新邻接点，如果新加入存活点的标识为远离点，则将其加入到邻接点的集合；如果该点的标识为邻接点，则利用新的或更新该点的到达时间。

步骤 4 计算敏感区域中内、外零水平集(存活点集合)的能量。当内、外零水平集的能量均达到最小时，结束；否则，转到步骤3。

3.3.5 归一化割准则法

近几年，基于图论的图像分割方法也是人们感兴趣的领域之一。Shi 和 Malik 将图像分割转化为最优化图的划分问题，提出了归一化割(normalized cut，Ncut)准则[318]作为全局最优准则，将图划分成许多非连接性点集，其中同一点集内的点相似程度高，不同点集之间的相似程度低。

一幅加权无向图$\widehat{G}=(\widehat{V},\widehat{E})$可以通过删去某些边，将其分为两个非连接性点集$\widehat{A}$和$\widehat{B}$，使$\widehat{A}\cup\widehat{B}=\widehat{V}$，$\widehat{A}\cap\widehat{B}=\varnothing$，这两个部分的不相似程度可以定义为原先连接两部分而现在被删去的所有边的权的总和，在图论中称之为“割”(cut)[319]：

$$\mathrm{cut}(\widehat{A},\widehat{B})=\sum_{i\in\widehat{A},j\in\widehat{B}}\widehat{w}(i,j) \tag{3.29}$$

其中，$\widehat{w}(i,j)$即连接点i和点j的边的权，它表示两点之间的相似程度。

一幅图的最优二分法即使割的值最小的方法。但由于割直接和割中边的数目成比例，最小割(minimum cut)往往并不是最优割，如图3.2所示。

Shi 和 Malik 针对这个缺点，提出了一种新的不相似性度量，即归一化割：

$$\mathrm{Ncut}(\widehat{A},\widehat{B})=\mathrm{cut}(\widehat{A},\widehat{B})/\mathrm{assoc}(\widehat{A},\widehat{V})+\mathrm{cut}(\widehat{A},\widehat{B})/\mathrm{assoc}(\widehat{B},\widehat{V}) \tag{3.30}$$

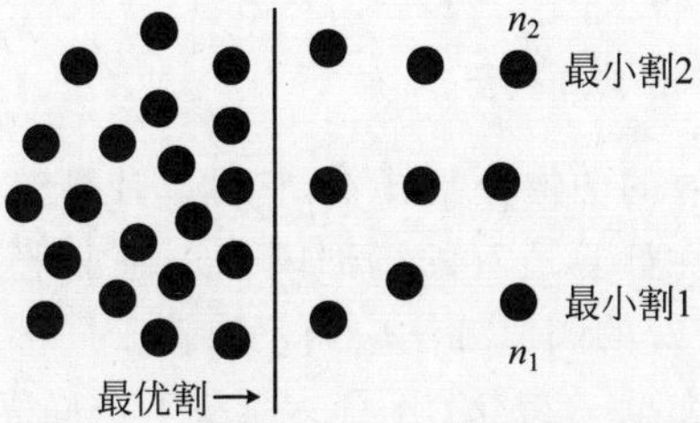

图 3.2　最小割未必就是最优割的示例

其中，$\operatorname{assoc}(\widehat{A},\widehat{V})=\sum_{u\in\widehat{A},v\in\widehat{V}}\widehat{w}(\widehat{u},\widehat{v})$ 表示$\widehat{A}$ 中的点和图中所有点之间总的联系程度，$\operatorname{assoc}(\widehat{B},\widehat{V})$同理。设$\widehat{\boldsymbol{x}}$ 是一个 $\widehat{N}=|\widehat{V}|$ 维向量，当节点 i 在 $\widehat{A}$ 中时，$\widehat{\boldsymbol{x}}_i=1$，反之$\widehat{\boldsymbol{x}}_i=-1$。设$\widehat{\boldsymbol{d}}(i)=\sum_j\widehat{w}(i,j)$ 是节点 i 与其他节点的联系程度，则 $\operatorname{Ncut}(\widehat{A},\widehat{B})$ 可以被改写为

$$\begin{aligned}\operatorname{Ncut}(\widehat{A},\widehat{B})&=\frac{\operatorname{cut}(\widehat{A},\widehat{B})}{\operatorname{assoc}(\widehat{A},\widehat{V})}+\frac{\operatorname{cut}(\widehat{A},\widehat{B})}{\operatorname{assoc}(\widehat{B},\widehat{V})}\\&=\frac{\sum_{(\widehat{x}_i>0,\widehat{x}_j<0)}-\widehat{w}_{i,j}\widehat{x}_i\widehat{x}_j}{\sum_{(\widehat{x}_i>0)}\widehat{\boldsymbol{d}}_i}+\frac{\sum_{(\widehat{x}_i<0,\widehat{x}_j>0)}-\widehat{w}_{i,j}\widehat{x}_i\widehat{x}_j}{\sum_{(\widehat{x}_i<0)}\widehat{\boldsymbol{d}}_i}\end{aligned}\tag{3.31}$$

假设$\widehat{\boldsymbol{D}}$ 为一个 $\widehat{N}\times\widehat{N}$ 的对角矩阵，$\widehat{\boldsymbol{d}}$ 在其对角线之上，$\widehat{\boldsymbol{W}}$ 为一个对称矩阵，$\widehat{\boldsymbol{W}}(i,j)=\widehat{\boldsymbol{w}}_{i,j}$，

$$\widehat{k}=\sum_{\widehat{x}_i>0}\widehat{\boldsymbol{d}}_i\Big/\sum_i\widehat{\boldsymbol{d}}_i\tag{3.32}$$

设$\widehat{\boldsymbol{y}}=(1+\widehat{\boldsymbol{x}})-\widehat{b}(1-\widehat{\boldsymbol{x}})$，并且

$$\widehat{b}=\widehat{k}/(1-\widehat{k})=\sum_{\widehat{x}_i>0}\widehat{\boldsymbol{d}}_i\Big/\sum_{\widehat{x}_i<0}\widehat{\boldsymbol{d}}_i\tag{3.33}$$

这样 $\operatorname{Ncut}(\widehat{A},\widehat{B})$的最小化问题就可以被转化为

$$\min_{\widehat{x}}\operatorname{Ncut}(\widehat{\boldsymbol{x}})=\min_{\widehat{y}}(\widehat{\boldsymbol{y}}^{\mathrm{T}}(\widehat{\boldsymbol{D}}-\widehat{\boldsymbol{W}})\widehat{\boldsymbol{y}})/(\widehat{\boldsymbol{y}}^{\mathrm{T}}\widehat{\boldsymbol{D}}\widehat{\boldsymbol{y}})\tag{3.34}$$

约束条件如下：

$$\begin{cases}\widehat{\boldsymbol{y}}(i)\in\{1,-\widehat{b}\}\\\widehat{\boldsymbol{y}}^{\mathrm{T}}\widehat{\boldsymbol{D}}1=0\end{cases}\tag{3.35}$$

当$\widehat{\boldsymbol{y}}$ 被放松至取实值时，式(3.35)可以转化为式(3.36)的奇异值问题：

$$(\widehat{\boldsymbol{D}}-\widehat{\boldsymbol{W}})\widehat{\boldsymbol{y}}=\lambda\widehat{\boldsymbol{D}}\widehat{\boldsymbol{y}}\tag{3.36}$$

选取第二个最小的特征值来二值化输入图像。

3.3.6 多阶自适应阈值法

阈值是一种简单有效的图像分割技术，它可以计算整幅图像的全局阈值，也可以针对图像子区域的特性计算适宜的局部阈值。通常来说，局部阈值方法优于全局阈值方法。然而，一个好的阈值方法应当不依赖于局部图像特性，同时使用全局图像信息来选取阈值。文献[320]给出了一种基于全局亮度分布和局部图像统计特性的多阶自适应阈值(multistage adaptive thresholding，MAT)方法，该方法可以有效解决噪声和亮度不均匀的问题。

基于局部图像统计特性的阈值函数可以采用局部图像的均值和方差统计度量值表征：

$$\boldsymbol{I}_t(x)=\boldsymbol{I}(x)-\mu_S(x)-k_{\mathrm{MAT}}\cdot\sigma_S(x) \tag{3.37}$$

其中，$\boldsymbol{I}(x)$表示输入图像，$\boldsymbol{I}_t(x)$表示阈值化后的二值图像，

$$\mu_S(x)=1/N_{\mathrm{MAT}}\sum_{x\in S}\boldsymbol{I}(x) \tag{3.38}$$

和

$$\sigma_S(x)=\sqrt{1/(N_{\mathrm{MAT}}-1)\sum_{x\in S}(\boldsymbol{I}(x)-\mu_S(x))^2} \tag{3.39}$$

是 x 的一个 $b_{\mathrm{MAT}}\times b_{\mathrm{MAT}}$ 邻域 S 内的均值和方差，$N_{\mathrm{MAT}}=b_{\mathrm{MAT}}\times b_{\mathrm{MAT}}$，$k_{\mathrm{MAT}}$ 是一个常值系数。

系数 k_{MAT} 决定了像素被分类为目标和背景的比例，k_{MAT} 越小，像素越有可能被归为目标。首先假设整幅图像及其局部邻域的亮度服从正态分布。虽然图像的亮度分布可以是非高斯性和多峰的，但这一假设对于决定 k_{MAT} 是可以接受的。对任意正态分布 $N(\mu,\sigma)$，$\int_{-\infty}^{k_{\mathrm{MAT}}*\sigma+\mu}N_{\mu,\sigma}(x)$ 仅依赖于 k_{MAT}，与 μ 和 σ 无关。当给定背景与目标间的比例 ρ 时，可以根据全局阈值的结果，采用 z 表对经由 $Z=(X-\mu)/\sigma$ 变换的式(3.40)计算得到 k_{MAT}。

$$\int_{-\infty}^{k_{\mathrm{MAT}}*\sigma+\mu}N_{\mu,\sigma}(x)\mathrm{d}x=\rho \tag{3.40}$$

其计算步骤如下。

步骤 1 采用大津算法得到输入图像的全局阈值 T_g

$$T_g=\operatorname{argmax}[P(T)\cdot(1-P(T))\cdot(m_f(T)-m_b(T))^2] \tag{3.41}$$

步骤 2 估计 ρ

$$\rho=\left(\sum_{i=1}^{M\cdot N}c_i\right)/M\cdot N$$

$$c_i=\begin{cases}1, & I(i)<T_g\\ 0, & \text{其他}\end{cases} \tag{3.42}$$

其中，M 和 N 是 $\boldsymbol{I}(x)$的宽度和高度。

步骤 3 采用式(3.40)计算 k_{MAT}。

所有的局部自适应阈值方法都面临着一个局部邻域大小 b_{MAT} 的选择。一个小的邻域导致分割算法对噪声敏感并且过度分割，而一个大的邻域将使分割算法的效果近似于全局阈值方法，丧失局部阈值方法的优越性。边界信息可以间接地测量梯度，这里将被用来决定一个邻域是否足以用来分割。首先累加一个初始大小 $b_{\mathrm{MAT}}=7$ 的邻域内的边界像素的个数，若阈值低于 4，则邻域大小扩展到 $b_{\mathrm{MAT}}/2$，重复之前动作直至边界像素足够被包含入邻域内，以确定最佳的 b_{MAT}。

3.4 特征提取方法

3.4.1 多变量图像分析算法

多变量图像分析(multivariate image analysis，MIA)在化学计量学中得到广泛关注，并被推广至食品分析、工业锅炉监视和回转窑烧成状态监视[321]。MIA 基于多变量图像的化学计量学分析工具构建，其中的多变量图像是指给定的数字图像包含大量的像素，每个像素由一系列谱变量或者谱通道刻画而成。

从光谱的角度来说，多变量图像本质上可以被分为两类。第一类是 RGB 图像，是最简单的多变量图像，每个像素由红(R，$\lambda_R \approx 630$nm)、绿(G，$\lambda_G \approx 545$nm)和蓝(B，$\lambda_B \approx 435$nm)亮度值表征，这些波长被选取以匹配人眼的光谱响应。第二类是多光谱图像，包含多个通道以对应多个波长的反射值(波长个数通常大于 3)。对于一个给定空间分辨率的多光谱图像，其可以提供一个比 RGB 图像更佳的光谱分辨率。然而，多光谱图像的使用也带来了一系列的缺陷。首先，多光谱图像通常较普通 RGB 图像更大，这将会导致图像文件存储以及三维矩阵形式的图像处理问题。此外，多光谱图像的获取时间较普通数码照相机更长，这将会导致多光谱图像获取系统的在线应用困难。除了上述因素，在很多应用场合中，RGB 图像已经可以给出令人满意的结果。

图 3.3 给出了一幅包含三个不同波长的图像，其每幅子图像的尺寸为 512×384。同样地，可以将一幅多变量图像视为一个二维矩阵，其中在图像平面的每个像素位置(x，y)用一个向量表示像素的亮度，如图 3.4 所示。

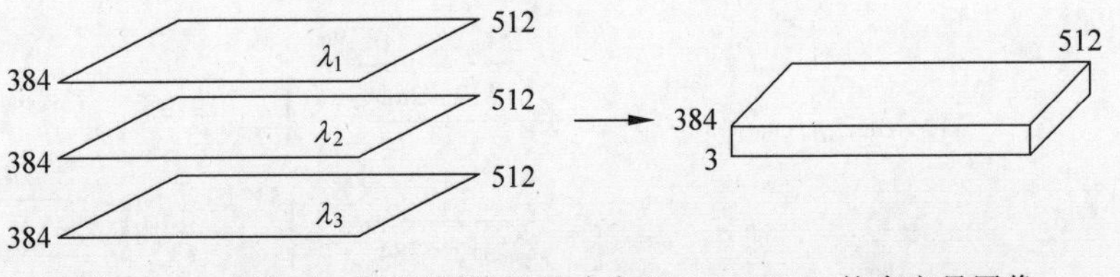

图 3.3 一幅包含三个不同波长尺寸为 512×384×3 的多变量图像

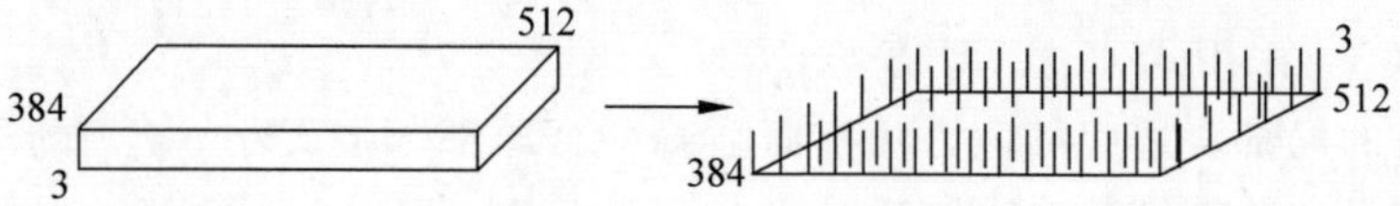

图 3.4　一幅 512×384×3 的多变量图像可被视为一个 3×1 变量的二维矩阵

由于多变量图像中包含多个叠加图像，并且每幅图像中每个变量向量包含高相关性的像素亮度值，因此潜在变量统计方法，例如多维主成分分析（multi-way PCA，MPCA）被成功地应用于 MIA[322-323]。该方法可以有效地压缩具有高相关性的数据并且通过对原始多变量数据的线性合并将其投影至一个压缩维数的子空间。一幅三维数字图像 $\boldsymbol{I}(n_x \times n_y \times n_z)$ 的 MPCA 包含将其分解至 PC（$PC < n_z$）个得分矩阵 $\boldsymbol{T}_a(n_x \times n_y)$ 和加载向量 $\boldsymbol{P}_a(n_z \times 1)$，外加一个残差矩阵 $\underline{\boldsymbol{E}}$，该过程可以表示为

$$\boldsymbol{I} = \sum_{a=1}^{PC} \boldsymbol{T}_a \otimes \boldsymbol{P}_a + \underline{\boldsymbol{E}} \tag{3.43}$$

其中，⊗代表克罗内克积。

第一主成分解释了 $\boldsymbol{I}$ 中最大的变化，第二主成分解释了 $\boldsymbol{I}$ 中次最大的变化，以此类推。

MPCA 等同于展开三维矩阵 $\boldsymbol{I}$ 至一个扩展二维矩阵 $\underline{\boldsymbol{I}}$，如图 3.5 所示，然后对 $\underline{\boldsymbol{I}}$ 进行 PCA 分解：

$$\boldsymbol{I}_{n_x \times n_y \times n_z} \xrightarrow{\text{unfold}} \underline{\boldsymbol{I}}_{(n_x \cdot n_y) \times n_z} = \sum_{a=1}^{PC} \boldsymbol{t}_a \boldsymbol{p}_a^{\mathrm{T}} + \underline{\boldsymbol{E}} \tag{3.44}$$

其中，$\boldsymbol{t}_a$ 是一个 $(n_x \cdot n_y) \times 1$ 的得分向量，$\boldsymbol{p}_a$ 是一个 $(n_z \times 1)$ 的加载向量。

得分向量 $\boldsymbol{t}_a$（$a=1,2,\cdots,PC$）两两正交，加载向量 $\boldsymbol{p}_a$（$a=1,2,\cdots,PC$）同样两两正交。

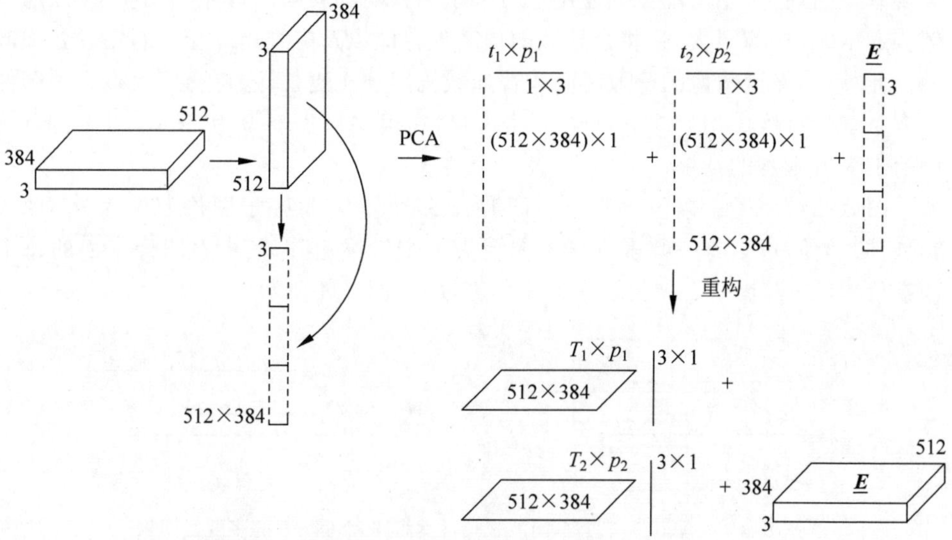

图 3.5　一幅 512×384×3 的多变量图像被重构为一个(512 · 384)×3 的矩阵并对其进行 PCA 分解至维数子空间

由于进行了展开运算，$\underline{I}$ 的行维数非常大(等于 196 608，对于一个 512×384 的图像空间)。因此，针对所有多变量图像的细长展开矩阵，一个核算法被采用[324]。在此算法中，核矩阵 $\underline{I}^{T}\underline{I}$ 被首先构建，然后对该低维矩阵 $(n_z \times n_z)$ 进行奇异值分解(sigular value decomposition，SVD)以获取加载向量 $\boldsymbol{p}_a (a=1,2,\cdots,PC)$。相应的得分向量 $\boldsymbol{t}_a (a=1,2,\cdots,PC)$ 由式(3.45)得到：

$$\boldsymbol{t}_a = \underline{\boldsymbol{I}}\boldsymbol{p}_a \tag{3.45}$$

在完成对矩阵 $\underline{I}$ 的 PCA 运算后，$(n_x \times n_y)\times 1$ 的得分向量 $\boldsymbol{t}_a$ 可以如图 3.5 所示，被重构为 $(n_x \times n_y)$ 的得分矩阵 $\boldsymbol{T}_a (a=1,2,\cdots,PC)$，以表征原始矩阵 $\boldsymbol{I}$。得分矩阵 $\boldsymbol{T}_a (a=1,2,\cdots,PC)$ 可以在原始的 $(n_x \times n_y)$ 场景空间中被用来表示图像，$\boldsymbol{T}_1$ 代表具有最大变化的图像，$\boldsymbol{T}_2$ 代表具有次最大变化的图像，以此类推。采用占主导地位的前 PC 个主成分重构的多变量图像可以从原始图像中消除大部分无结构的噪声：

$$\underline{\hat{\boldsymbol{I}}} = \sum_{a=1}^{PC} \boldsymbol{T}_a \otimes \boldsymbol{P}_a \tag{3.46}$$

其中，残差 $\underline{\boldsymbol{E}}$ 被忽略。

这种 MPCA 方法的优点在于可以在得分空间的某公共区域提取和孤立特定的图像特征，一旦特征被提取，可以揭示其在场景空间的空间位置。

一个更为重要的分析来自主要主成分的得分值 $(\boldsymbol{t}_1,\boldsymbol{t}_2,\cdots)$ 对应的每个像素亮度信息的压缩表征。这些得分值概括了图像中每个像素位置的主要谱特征。在图像中的不同像素位置处，如果相同的特征被表征，那么这些像素的得分值组合 $(\boldsymbol{t}_1,\boldsymbol{t}_2)$ 也近似一致。忽略图像空间中相同特征的不同位置，MPCA 应当采用相同的得分值组合 $(\boldsymbol{t}_1,\boldsymbol{t}_2)$ 予以表征。因此，通过采用 $\boldsymbol{t}_1-\boldsymbol{t}_2$ 得分图绘制每个目标主要主成分的得分值 $(\boldsymbol{t}_1,\boldsymbol{t}_2)$，场景空间中具有相同光谱特性(相同色彩)的全体像素的得分组合将被一一累加，或者在得分图的一个相同邻域内，通过得分图中特征的提取即可获取场景空间中具有相同色彩的像素集合。

3.4.2　主成分分析算法

主成分分析(pricipal component analysis，PCA)算法的思想来源于 K-L 变换(Karhunen-Loeve transform)，其目的是通过线性变换寻找一组最优的标准正交向量基，用它们的线性组合来重建原始样本，并使重构误差在均方意义下最小。

设有 T_r 个样本图像 $\{\boldsymbol{I}_1,\boldsymbol{I}_2,\cdots,\boldsymbol{I}_{T_r}\}$，每个样本大小为 $n_x \times n_y$，且包含有 $\{C_1,C_2,\cdots,C_{N_c}\}$ 个类别。PCA 的目的是寻找一组正交投影 $\boldsymbol{a}_1,\boldsymbol{a}_2,\cdots,\boldsymbol{a}_d$ 构成投影矩阵 $\hat{\boldsymbol{A}}$，即 $\hat{\boldsymbol{A}}=[\boldsymbol{a}_1,\boldsymbol{a}_2,\cdots,\boldsymbol{a}_d]$，将由 $\{\boldsymbol{I}_1,\boldsymbol{I}_2,\cdots,\boldsymbol{I}_{T_r}\}$ 变换得到的矩阵 $\hat{\boldsymbol{I}}=[\hat{\boldsymbol{I}}_1,\hat{\boldsymbol{I}}_2,\cdots,\hat{\boldsymbol{I}}_{T_r}]^{T}$(其中，$\hat{\boldsymbol{I}}_i$ 的维数为 $1\times(n_x \times n_y)$)综合成 $d(d\leqslant T_r)$ 个新变量 $\boldsymbol{Y}_1,\boldsymbol{Y}_2,\cdots,\boldsymbol{Y}_d$，以最小化重建样本 $\hat{\boldsymbol{I}}_i (i=1,2,\cdots,T_r)$ 的均方误差。这里 $\boldsymbol{Y}_1$，

$\boldsymbol{Y}_2,\cdots,\boldsymbol{Y}_d$ 被称为“主成分变量”，也可将 $\boldsymbol{Y}_i$ 展成相同尺寸的图像 $\hat{\boldsymbol{Y}}_i(n_x \times n_y)$，称之为“特征图像”。从本质上说，主成分变量从全局的角度刻画了原始数据的变化程度，亦即特征图像可以用来表征原始训练图像的全局特征。

在 PCA 中，变换矩阵 $\hat{\boldsymbol{A}}$ 的系数选择原则如下：

(1) $\boldsymbol{Y}_1$ 和 $\boldsymbol{Y}_2(i \neq j;\ i,j=1,2,\cdots)$互不相关。

(2) $\boldsymbol{Y}_1$ 是 $\hat{\boldsymbol{I}}_1,\hat{\boldsymbol{I}}_2,\cdots,\hat{\boldsymbol{I}}_{T_r}$ 的一切线性组合中方差最大的，即$\boldsymbol{a}_1^{\mathrm{T}}\hat{\boldsymbol{I}}$ 具有最大方差；$\boldsymbol{Y}_2$ 是与$\boldsymbol{Y}_1$ 不相关的、在 $\hat{\boldsymbol{I}}_1,\hat{\boldsymbol{I}}_2,\cdots,\hat{\boldsymbol{I}}_{T_r}$ 的一切线性组合中方差第二大者；$\boldsymbol{Y}_d$ 是与$\boldsymbol{Y}_1,\boldsymbol{Y}_2,\cdots$都不相关的、在 $\hat{\boldsymbol{I}}_1,\hat{\boldsymbol{I}}_2,\cdots,\hat{\boldsymbol{I}}_{T_r}$ 的一切线性组合中方差第 d 个大者。$\boldsymbol{Y}_1,\boldsymbol{Y}_2,\cdots,\boldsymbol{Y}_d$ 被称为“原始随机变量 $\hat{\boldsymbol{I}}_1,\hat{\boldsymbol{I}}_2,\cdots,\hat{\boldsymbol{I}}_{T_r}$ 的第 1 个，第 2 个，…，第 d 个主分量”。

通过对 $\hat{\boldsymbol{I}}$ 作变换后得到新变量$\boldsymbol{Y}_1$，有

$$\begin{aligned}\mathrm{Var}(\boldsymbol{Y}_1) &= \mathrm{Var}(\boldsymbol{a}_1^{\mathrm{T}}\hat{\boldsymbol{I}})\\ &= E(\boldsymbol{a}_1^{\mathrm{T}}\hat{\boldsymbol{I}} - E\boldsymbol{a}_1^{\mathrm{T}}\hat{\boldsymbol{I}})(\boldsymbol{a}_1^{\mathrm{T}}\hat{\boldsymbol{I}} - E\boldsymbol{a}_1^{\mathrm{T}}\hat{\boldsymbol{I}})^{\mathrm{T}}\\ &= \boldsymbol{a}_1^{\mathrm{T}}E(\hat{\boldsymbol{I}} - E\hat{\boldsymbol{I}})(\hat{\boldsymbol{I}} - E\hat{\boldsymbol{I}})^{\mathrm{T}}\boldsymbol{a}_1\\ &= \boldsymbol{a}_1^{\mathrm{T}}\hat{\boldsymbol{C}}\boldsymbol{a}_1\end{aligned} \tag{3.47}$$

其中，$\hat{\boldsymbol{C}}$ 为 $\hat{\boldsymbol{I}}$ 的协方差矩阵。

求第一个主分量$\boldsymbol{Y}_1$，就是在数学上就是寻求向量$\boldsymbol{a}_1$，在$\boldsymbol{a}_1^{\mathrm{T}}\ \boldsymbol{a}_1=1$ 的条件下，使

$$\mathrm{Var}(\boldsymbol{Y}_1) = \mathrm{Var}(\boldsymbol{a}_1^{\mathrm{T}}\hat{\boldsymbol{I}}) = \boldsymbol{a}_1^{\mathrm{T}}\hat{\boldsymbol{C}}\boldsymbol{a}_1 \tag{3.48}$$

达到最大。对于随机向量 $\hat{\boldsymbol{I}}$，设其协方差矩阵为 $\hat{\boldsymbol{C}}$：

$$\hat{\boldsymbol{C}} = E\{(\hat{\boldsymbol{I}}_i - \bar{\boldsymbol{I}})(\hat{\boldsymbol{I}}_i - \bar{\boldsymbol{I}})^{\mathrm{T}}\} = \frac{1}{n}\sum_{i=1}^{n}[(\hat{\boldsymbol{I}}_i - \bar{\boldsymbol{I}})(\hat{\boldsymbol{I}}_i - \bar{\boldsymbol{I}})^{\mathrm{T}}] \tag{3.49}$$

$\hat{\boldsymbol{C}}$ 表示了 $\hat{\boldsymbol{I}}_i$ 和 $\hat{\boldsymbol{I}}_j$ 的协方差，其变化表示了各分量围绕其均值 $\bar{\boldsymbol{I}}$ 偏离的程度。

设 $\hat{\boldsymbol{C}}$ 的 T_r 个特征值为$\lambda_1,\lambda_2,\cdots,\lambda_{T_r}$，再设 $\lambda_1 \geqslant \lambda_2 \geqslant \cdots \geqslant \lambda_{T_r} \geqslant 0$(因为 $\hat{\boldsymbol{C}}$ 为非负定矩阵)，相应的标准正交的特征向量为 $\boldsymbol{u}_1,\boldsymbol{u}_2,\cdots,\boldsymbol{u}_{T_r}$，根据协方差矩阵的性质可知 $\hat{\boldsymbol{C}}$ 为对称矩阵，对于一个对称矩阵，我们可以计算其特征值和特征向量找到其正交基。因此存在正交矩阵 $\boldsymbol{U}=(\boldsymbol{u}_1,\boldsymbol{u}_2,\cdots,\boldsymbol{u}_{T_r})$，其中，$\boldsymbol{u}_i=(\hat{u}_{1,i},\hat{u}_{2,i},\cdots,\hat{u}_{T_r,i})^{\mathrm{T}}$，有

$$\hat{\boldsymbol{C}} = \boldsymbol{U}\begin{bmatrix}\lambda_1 & \cdots & \\ \vdots & \ddots & \vdots \\ & \cdots & \lambda_{T_r}\end{bmatrix}\boldsymbol{U}^{\mathrm{T}} = \sum_{i=1}^{T_r}\lambda_i\boldsymbol{u}_i\boldsymbol{u}_i^{\mathrm{T}} \tag{3.50}$$

若向量 $\boldsymbol{a}$ 为 T_r 维的单位向量，即$\boldsymbol{a}=(a_{1,1},a_{1,2},\cdots,a_{1,T_r})^{\mathrm{T}}$，有

$$\boldsymbol{a}^{\mathrm{T}}\hat{\boldsymbol{C}}\boldsymbol{a}=\sum_{i=1}^{T_r}\lambda_i\boldsymbol{a}^{\mathrm{T}}\boldsymbol{u}_i\boldsymbol{u}_i^{\mathrm{T}}\boldsymbol{a}=\sum_{i=1}^{T_r}\lambda_i(\boldsymbol{a}^{\mathrm{T}}\boldsymbol{u}_i)^2 \tag{3.51}$$

由于 λ_1 为 $\hat{\boldsymbol{C}}$ 的最大特征值，故有

$$\boldsymbol{a}_1^{\mathrm{T}}\hat{\boldsymbol{C}}\boldsymbol{a}_1\leqslant\lambda_1\sum_{i=1}^{T_r}\lambda_i(\boldsymbol{a}^{\mathrm{T}}\boldsymbol{u}_i)^2=\lambda_1\boldsymbol{a}^{\mathrm{T}}\boldsymbol{U}\boldsymbol{U}^{\mathrm{T}}\boldsymbol{a}=\lambda_1\boldsymbol{a}^{\mathrm{T}}\boldsymbol{a}=\lambda_1 \tag{3.52}$$

即有

$$\mathrm{Var}(\boldsymbol{a}_1^{\mathrm{T}}\hat{\boldsymbol{I}})=\boldsymbol{a}_1^{\mathrm{T}}\hat{\boldsymbol{C}}\boldsymbol{a}_1\leqslant\lambda_1 \tag{3.53}$$

当取向量 $\boldsymbol{a}=\boldsymbol{u}_1$ 时，有

$$\boldsymbol{u}_1^{\mathrm{T}}\hat{\boldsymbol{C}}\boldsymbol{u}_1=\boldsymbol{u}_1^{\mathrm{T}}\Big(\sum_{i=1}^{T_r}\lambda_1\boldsymbol{u}_1\boldsymbol{u}_1^{\mathrm{T}}\Big)\boldsymbol{u}_1=\lambda_1(\boldsymbol{u}_1^{\mathrm{T}}\boldsymbol{u}_1)^2=\lambda_1 \tag{3.54}$$

因此，在主分量分析中，选取向量 $\boldsymbol{a}$ 为 $\hat{\boldsymbol{C}}$ 的最大特征值 λ_1 相应的标准正交的特征向量 $\boldsymbol{u}_1$，使 $\boldsymbol{a}^{\mathrm{T}}\hat{\boldsymbol{I}}=\boldsymbol{u}_1^{\mathrm{T}}\hat{\boldsymbol{I}}$ 的方差达到最大，并且最大值为 λ_1，于是取

$$\boldsymbol{Y}_1=\boldsymbol{u}_1^{\mathrm{T}}\hat{\boldsymbol{I}}=(\hat{u}_{1,1},\hat{u}_{2,1},\cdots,\hat{u}_{T_r,1})\begin{bmatrix}\hat{\boldsymbol{I}}_1\\ \vdots\\ \hat{\boldsymbol{I}}_{T_r}\end{bmatrix} \tag{3.55}$$

即为 $\boldsymbol{I}$ 的第一个主分量。

类似地，其他主成分可以依次求出，$\boldsymbol{Y}_2,\boldsymbol{Y}_3,\cdots,\boldsymbol{Y}_{T_r}$ 依次被称为“第 2，3，…，T_r 个主分量”，并且互不相关。

在实际应用中，往往不是取全部 T_r 个主分量，而是只取前 $d(d\leqslant T_r)$ 个主分量。d 的选取往往根据设定的贡献率(阈值)来选取，其定义为

$$g=\sum_{i=1}^{d}\lambda_i\Big/\sum_{i=1}^{T_r}\lambda_i \tag{3.56}$$

其中，g 为贡献率，一般取 $g\geqslant 0.8$。

于是，原来的 T_r 个变量就转化为 d 个变量，用这少数几个综合性变量可足够精确地描述原来 T_r 个变量所描述的信息，实现了样本的维数压缩，更重要的是消除了样本之间的相关性。通过根据特征值的大小按照从大到小的次序为特征向量排序，可以得到这组数据按照能量最大化的排列方式所指示的方向。

3.4.3　尺度不变特征转换算法

通常来说，局部特征提取技术作为图像特征抽取的关键技术，由于包含了更多的细节信息，是全局特征的重要补充。局部特征就是从图像的局部结构出发，用局部信息来构造具有光照、几何变换不变性的描述子。由于局部特征不依赖图像分割的结果，因而具有良好的健壮性。像素点是构成图像的最基本单位，图像

的关键点可以被提取以获取图像的局部特征。图像关键点是指图像局部信息中不会随着图像的投影、旋转、仿射和缩放等操作而改变的点。由于关键点仅是图像的一小部分，通过提取关键点来标识图像的局部信息，可以很大程度减少存储整幅图像所需的存储量。关键点在物体识别、运动跟踪、机器人导航、三维重建等很多领域都有很大的用途。在目前已有的多种基于描述局部不变量的关键点提取方法中，Schmi 选择了尺度不变特征转换(scale invariance feature transform, SIFT)、矩不变量、方向可调滤波器(steerable filter)等十种算法，在不同的场景中对于光照变化、几何形变、解析度、旋转、模糊化和图像压缩等六种情况进行了实验和性能比较。结果显示在不同的情况下，SIFT 算法表现出来的效果最好[325]。

SIFT 算法是大卫·罗威(David Lowe)[326]在总结了现有的基于不变量技术的局部特征检测方法的基础上，提出的一种基于尺度空间的对图像缩放、旋转和仿射变换保持不变性的关键点提取算法。一幅图像的尺度空间可以由函数 $\acute{L}(x, y, \delta)$表征：

$$\acute{L}(x, y, \delta) = \acute{G}(x, y, \delta) \otimes \boldsymbol{I}(x, y) \tag{3.57}$$

其中，$\otimes$表示卷积运算；$\boldsymbol{I}(x, y)$表示输入图像；$\acute{G}(x, y, \delta)$为二维高斯函数：

$$\acute{G}(x, y, \delta) = 1/2\pi\delta^2 \mathrm{e}^{-(x^2+y^2)/2\delta^2} \tag{3.58}$$

其中，δ 表示尺度因子。

图像的尺度空间 $\acute{L}(x, y, \delta)$由不同大小尺度因子 δ 的高斯核 $\acute{G}(x, y, \delta)$与图像 $\boldsymbol{I}(x, y)$的卷积产生，可以用图像高斯金字塔来表示，如图 3.6 所示。

高斯金字塔是一个图像序列结构的表征模型，共有 $\acute{n}$ 级，每级都有 $\acute{m}$ 层。每一级的第一层都由其上一级的最上一层重采样得到；同级金字塔的各层图像之间的尺度因子相差 $\acute{k}$ 倍，即在金字塔的同一级中，如果第一层图像的尺度因子为 δ，则第二层的尺度因子为 $\acute{k}\delta$，第三层的尺度因子为 $\acute{k}^2\delta$，以此类推。

Mikolajczyk 发现，特征描述因子 $\delta^2 \nabla^2 \acute{G}$ 的最大值或最小值能够代表图像的最稳定特征[327]。这里稳定的含义是指该特征对图像的旋转变换、尺度缩放、仿射变换、视角变化、光照变化等保持一定的稳定特性。$\delta^2 \nabla^2 \acute{G}$ 中的∇表示向量微分算子：

$$\nabla = \frac{\partial}{\partial x}\boldsymbol{i} + \frac{\partial}{\partial y}\boldsymbol{j} + \frac{\partial}{\partial \delta}\boldsymbol{k} \tag{3.59}$$

其中，$\boldsymbol{i}$, $\boldsymbol{j}$ 和 $\boldsymbol{k}$ 为向量空间中的单位向量。

也就是说，归一化拉普拉斯函数的极值点是具有尺度不变性的稳定图像关键点。

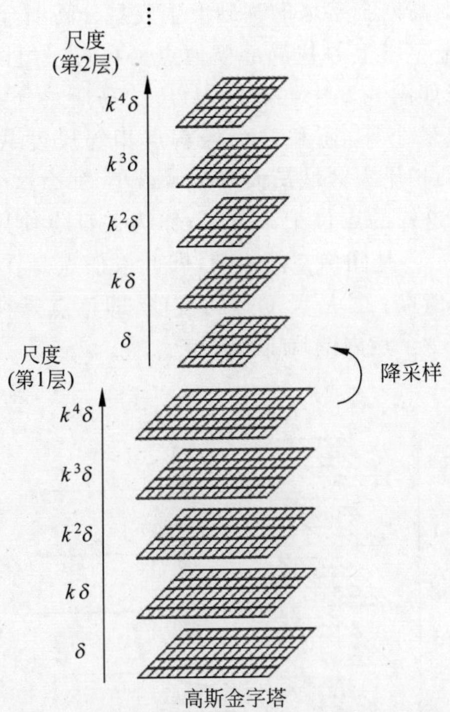

图 3.6　高斯金字塔示意图

SIFT 算子用尺度归一化拉普拉斯函数的近似函数——差分高斯函数 $\acute{D}(x,y,\delta)$来提取图像稳定的关键点，如式(3.60)所示：

$$\acute{D}(x,y,\delta)=(\acute{G}(x,y,\acute{k}\delta)-\acute{G}(x,y,\delta))*\boldsymbol{I}(x,y)=\acute{L}(x,y,\acute{k}\delta)-\acute{L}(x,y,\delta) \tag{3.60}$$

其中，$\acute{k}$ 为常数，表示两个相邻尺度之间的间隔；$\acute{L}$ 为对应图像的尺度空间。$\acute{D}(x,y,\delta)$与 $\acute{D}(x,y,\acute{k}\delta)$之间的关系可以由下面的描述表明：

$$\delta^2\nabla^2\acute{G}=\frac{\partial\acute{G}}{\partial\delta}\approx\frac{\acute{G}(x,y,\acute{k}\delta)-\acute{G}(x,y,\delta)}{\acute{k}\delta-\delta} \tag{3.61}$$

那么，

$$\acute{G}(x,y,\acute{k}\delta)-\acute{G}(x,y,\delta)\approx(\acute{k}-1)\delta^2\nabla^2\acute{G} \tag{3.62}$$

式(3.62)表明，$\acute{D}(x,y,\delta)$包含了具有尺度不变性的因子 δ^2，也包含了最稳定的图像特征因子 $\delta^2\nabla^2\acute{G}$。

等式中的($\acute{k}-1$)在所有尺度下为常数，不会对极值位置的提取造成影响。因此函数 $\acute{D}(x,y,\delta)$可用于检测具有尺度不变性的关键点。

如图 3.7 所示，在高斯金字塔的基础上生成差分高斯金字塔，即层数相邻的图像相减，然后在差分金字塔上寻找局部极值点。在每一组图像集合的高斯差分图像中，若某个像素点(如图 3.8 中红点标记点)的高斯差分值除了与其周围的 8 个点相比为区域最大或最小外，还和这个像素点相邻尺度共 26 个相邻像素点(如图 3.8 中蓝点标记点)相比为区域最大或区域最小，那么这个像素点就被视为区域极值所在点。将所有这样的点位记录下来，作为关键点使用。该局部极值点的概念包含了两方面含义：一是图像空间极值，即此极值点是在与其同层的 3×3 邻域的 9 个点内的局部极值点；二是尺度空间极值，即该点是在与其两个相邻层内对应点的 3×3 邻域共 27 个点内的局部极值点。

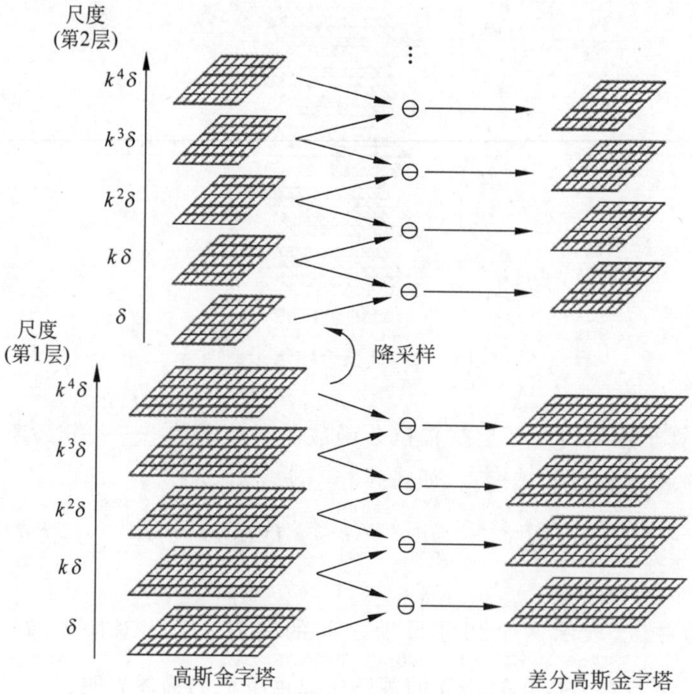

图 3.7 差分高斯金字塔生成示意图

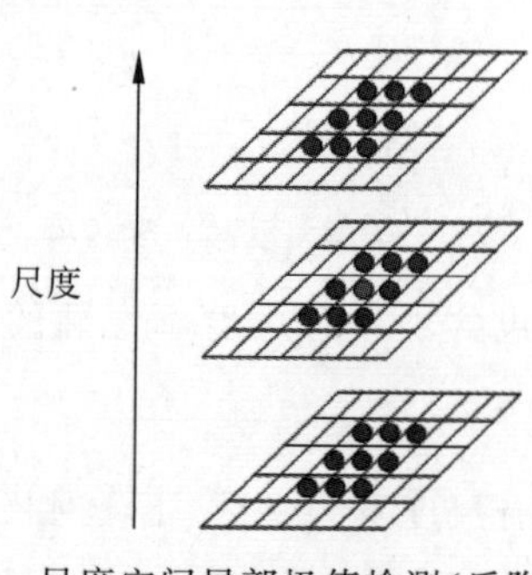

图 3.8 尺度空间局部极值检测(后附彩图)

在获取关键点后，需要将此点邻域内的所有像素用局部不变量描述子进行描述。

首先，计算该点 16×16 的邻域内所有点的梯度模值 $\acute{m}(x,y)$ 和梯度方向 $\acute{\theta}(x,y)$：

$$\acute{m}(x,y)=\sqrt{(\acute{L}(x+1,y)-\acute{L}(x-1,y))^2+(\acute{L}(x,y+1)-\acute{L}(x,y-1))^2} \tag{3.63}$$

$$\acute{\theta}(x,y)=\arctan((\acute{L}(x,y+1)-\acute{L}(x,y-1))/(\acute{L}(x+1,y)-\acute{L}(x-1,y))) \tag{3.64}$$

然后，对这 16×16 邻域内所有点的梯度做梯度直方图。直方图的横轴表示梯度方向，其范围为 0°～360°，每 10°为一段；纵轴表示加权梯度模值 $\acute{m}_1$。这里选取高斯函数 $\acute{G}(x,y,3\delta/2)$ 作为加权函数 $\acute{w}_1$：

$$\acute{m}_1=\acute{w}_1\acute{m}(x,y)=\acute{G}(x,y,3\delta/2)\acute{m}(x,y) \tag{3.65}$$

在梯度直方图中找到最大模值对应的方向值，并将其作为关键点的主方向。计算主方向的目的是实现描述子的旋转不变性，即将邻域内所有像素点的梯度方向值减去主方向值，作为它们新的梯度方向值。如果新的梯度方向值为负值，则加上 2π；如果新的梯度方向值大于 2π，则减去 2π。在获取关键点的主方向后，旋转图像主轴，使其方向和主方向相同。将极值点的邻域平均分为 16 个大小为 4×4 的子区域。在每个子区域中，再生成一个梯度直方图。该直方图的横轴表示梯度方向，其范围为 0～2π，共分为 8 段，每 45°为一段；纵轴表示加权梯度模值 $\acute{m}_2$。选取高斯函数 $\acute{G}(x,y,\delta/2)$ 为加权 $\acute{w}_2$：

$$\acute{m}_2=\acute{w}_2\acute{m}(x,y)=\acute{G}(x,y,\delta/2)\acute{m}(x,y) \tag{3.66}$$

这样，每个子区域可由一个表征直方图方向的八维向量来表示。对 4×4 个子区域的八方向直方图根据位置排序，就形成了一个 4×4×8=128 维的表征关键点的特征向量，该向量就是 SIFT 关键点的描述符。此时 SIFT 特征向量对每一个关键点生成了一个去除了尺度变化、旋转等几何变形因素影响的 128 维向量。为了使该描述子具有光照不变性，再对其进行向量归一化操作。该描述符的生成过程如图 3.9 所示。

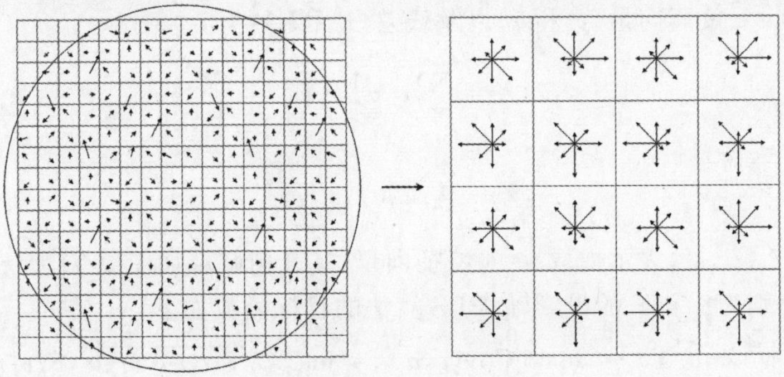

图 3.9　关键点描述符的表示

3.4.4 偏最小二乘算法

偏最小二乘(partial least squares，PLS)是一种新型的多元统计数据分析方法，它是 Wold 和 Albano 等人于 1983 年首次提出的[328]。PLS 是一种多因变量对多自变量的回归建模方法，特别是当各变量集合内部存在较高程度的相关性时，用 PLS 进行回归建模分析，比对逐个因变量做多元回归更加有效，其结论更加可靠，整体性更强。在普通多元线性回归的应用中常受到许多限制，最典型的问题就是自变量之间的多重相关性。如果采用普通最小二乘方法，这种变量的多重相关性就会严重危害参数估计，扩大模型误差，并破坏模型的稳健性。而 PLS 开辟了一种有效的技术途径，它利用对系统中的数据信息进行分解和筛选的方式，提取对因变量解释性最强的综合变量，辨识系统中的信息与噪声，从而更好地克服变量多重相关性在系统建模中的不良影响[329]。

使用普通多元回归时经常受到的另一个限制是样本点数量太少。一般来说该数目应是变量个数的两倍以上[330]。然而，在一些试验性的科学研究中，常常会有许多必须考虑的重要变量，但由于费用、时间等条件的限制，所能得到的样本点个数远少于变量的个数。普通多元回归对在样本点数量小于变量个数时的建模分析是无能为力的，而这个问题的数学本质与变量多重相关性十分类似。因此，采用 PLS 方法也可较好地解决此类问题。

PLS 方法是建立在多元线性回归和主成分分析基础上的一种基于高维投影思想的回归方法，也可用于数据的特征提取。当用于特征提取时，它以协方差最大为准则提取输入输出空间相互正交的特征向量，所提取的特征向量不仅尽可能地描述了输入空间的变化，而且对输出变量具有最好的解释作用，适用于样本数较少，变量数较多且相关严重的过程。与主元回归相比，PLS 在选取特征向量时强调输入对输出的解释作用，去除了对回归无益的噪声，使特征集合包含最少的特征数，因此具有更好的健壮性和预测稳定性，已广泛地应用于过程建模和监控领域。基于 PLS 方法的结构如图 3.10 所示。

假设 $\underline{\boldsymbol{X}}$ 和 $\underline{\boldsymbol{Y}}$ 分别为输入输出数据矩阵，首先将输入输出矩阵 $\underline{\boldsymbol{X}}$ 和 $\underline{\boldsymbol{Y}}$ 分解为特征向量($\underline{\boldsymbol{t}}$ 和 $\underline{\boldsymbol{u}}$)、负荷向量($\underline{\boldsymbol{p}}$ 和 $\underline{\boldsymbol{q}}$)以及残差($\underline{\boldsymbol{E}}$ 和 $\underline{\boldsymbol{F}}$)：

$$\underline{\boldsymbol{X}} = \sum_{h=1}^{m} \underline{\boldsymbol{t}}_h \underline{\boldsymbol{p}}_h^{\mathrm{T}} + \underline{\boldsymbol{E}} \tag{3.67}$$

$$\underline{\boldsymbol{Y}} = \sum_{h=1}^{m} \underline{\boldsymbol{u}}_h \underline{\boldsymbol{q}}_h^{\mathrm{T}} + \underline{\boldsymbol{F}} \tag{3.68}$$

式中，$h=1,2,\cdots,m$，表示提取 m 对特征向量，其几何解释如图 3.11 所示[331]。图中，$\underline{\boldsymbol{w}}$ 和 $\underline{\boldsymbol{c}}$ 分别为 $\underline{\boldsymbol{X}}$ 和 $\underline{\boldsymbol{Y}}$ 的投影轴，PLS 算法的目标函数如下：

$$\max[\mathrm{Cov}(\underline{\boldsymbol{w}}^{\mathrm{T}}\underline{\boldsymbol{X}}, \underline{\boldsymbol{c}}^{\mathrm{T}}\underline{\boldsymbol{Y}})] = \max[\mathrm{Cov}(\underline{\boldsymbol{t}}, \underline{\boldsymbol{u}})] = \max(\sqrt{\mathrm{var}(\underline{\boldsymbol{t}})\mathrm{var}(\underline{\boldsymbol{u}})}\, \underline{\boldsymbol{r}}(\underline{\boldsymbol{t}}, \underline{\boldsymbol{u}})) \tag{3.69}$$

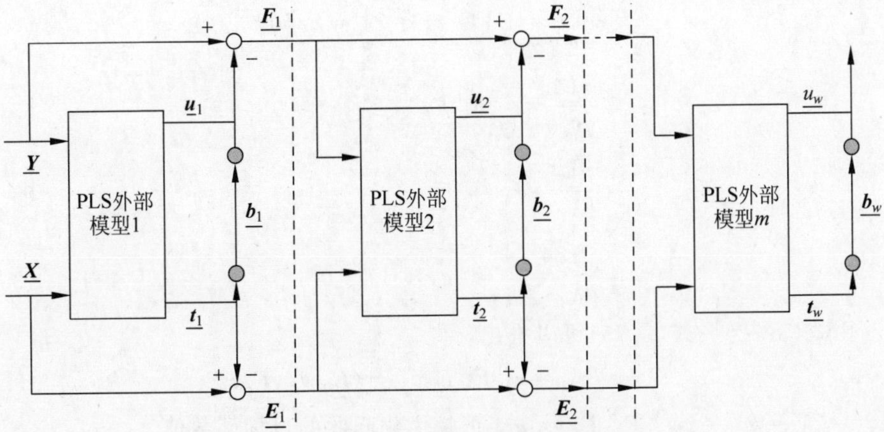

图 3.10 基于 PLS 方法的结构

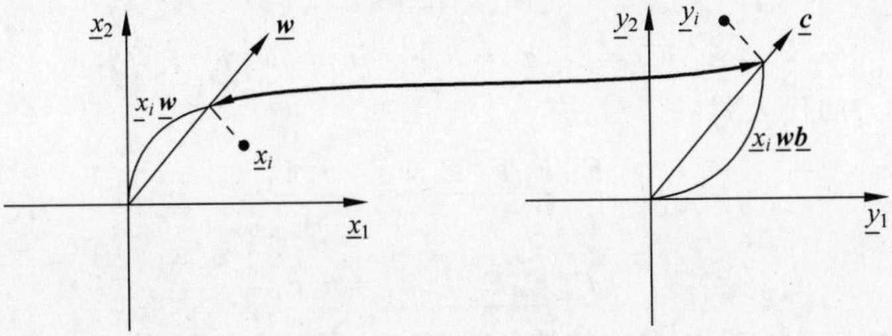

图 3.11 偏最小二乘回归算法几何示意图

由此可见，输入变量$\underline{\boldsymbol{X}}$的特征向量$\underline{\boldsymbol{t}}$与输出变量的特征向量$\underline{\boldsymbol{u}}$之间的协方差，实质上可以分成三部分：一是$\underline{\boldsymbol{X}}$空间特征向量$\underline{\boldsymbol{t}}$的方差；二是$\underline{\boldsymbol{Y}}$空间特征向量$\underline{\boldsymbol{u}}$的方差；三是特征向量$\underline{\boldsymbol{t}}$与特征向量$\underline{\boldsymbol{u}}$之间的相关系数$\underline{\boldsymbol{r}}$。因此，协方差的极大化就是上述三部分极大化的折中。

首先将数据做标准化处理，目的是使样本点集合的重心与坐标原点重合，并可以消除由量纲引起的虚假变异信息，使分析结果更合理。将$\underline{\boldsymbol{X}}$经过标准化处理后的数据矩阵记为$\underline{\boldsymbol{E}}_0$，将$\underline{\boldsymbol{Y}}$经过标准化处理后的数据矩阵记为$\underline{\boldsymbol{F}}_0$，以第一对主成分$\underline{\boldsymbol{t}}_1$和$\underline{\boldsymbol{u}}_1$为例，PLS 算法的目标函数可以写成求解如下优化问题：

$$\max\langle \underline{\boldsymbol{E}}_0\underline{\boldsymbol{w}}_1, \underline{\boldsymbol{F}}_0\underline{\boldsymbol{c}}_1\rangle$$

$$\text{s.t.}\begin{cases}\underline{\boldsymbol{w}}_1^{\mathrm{T}}\underline{\boldsymbol{w}}_1=1\\ \underline{\boldsymbol{c}}_1^{\mathrm{T}}\underline{\boldsymbol{c}}_1=1\end{cases}\tag{3.70}$$

采用拉格朗日算法，有

$$\underline{L}=\underline{\boldsymbol{w}}_1^{\mathrm{T}}\underline{\boldsymbol{E}}_0^{\mathrm{T}}\underline{\boldsymbol{F}}_0\underline{\boldsymbol{c}}_1-\underline{\lambda}_1(\underline{\boldsymbol{w}}_1^{\mathrm{T}}\underline{\boldsymbol{w}}_1-1)-\underline{\lambda}_2(\underline{\boldsymbol{c}}_1^{\mathrm{T}}\underline{\boldsymbol{c}}_1-1)\tag{3.71}$$

对$\underline{L}$分别求关于$\underline{\boldsymbol{w}}_1$，$\underline{\boldsymbol{c}}_1$，$\underline{\lambda}_1$，$\underline{\lambda}_2$的偏导，并令之为零，有

$$\frac{\partial L}{\partial \underline{\boldsymbol{w}}_1}=\underline{\boldsymbol{E}}_0^{\mathrm T}\underline{\boldsymbol{F}}_0\underline{\boldsymbol{c}}_1-2\underline{\lambda}_1\underline{\boldsymbol{w}}_1=0 \tag{3.72}$$

$$\frac{\partial L}{\partial \underline{\boldsymbol{c}}_1}=\underline{\boldsymbol{w}}_1^{\mathrm T}\underline{\boldsymbol{E}}_0^{\mathrm T}\underline{\boldsymbol{F}}_0-2\underline{\lambda}_2\underline{\boldsymbol{c}}_1=0 \tag{3.73}$$

$$\frac{\partial L}{\partial \underline{\lambda}_1}=-(\underline{\boldsymbol{w}}_1^{\mathrm T}\underline{\boldsymbol{w}}_1-1)=0 \tag{3.74}$$

$$\frac{\partial L}{\partial \underline{\lambda}_2}=-(\underline{\boldsymbol{c}}_1^{\mathrm T}\underline{\boldsymbol{c}}_1-1)=0 \tag{3.75}$$

由式(3.72)～式(3.75)可以推出：

$$2\underline{\lambda}_1=2\underline{\lambda}_2=\underline{\boldsymbol{w}}_1^{\mathrm T}\underline{\boldsymbol{E}}_0^{\mathrm T}\underline{\boldsymbol{F}}_0\underline{\boldsymbol{c}}_1=\langle \underline{\boldsymbol{E}}_0\underline{\boldsymbol{w}}_1,\underline{\boldsymbol{F}}_0\underline{\boldsymbol{c}}_1\rangle \tag{3.76}$$

令 $\underline{\theta}_1=2\underline{\lambda}_1=2\underline{\lambda}_2=\underline{\boldsymbol{w}}_1^{\mathrm T}\underline{\boldsymbol{E}}_0^{\mathrm T}\underline{\boldsymbol{F}}_0\underline{\boldsymbol{c}}_1$，$\underline{\theta}_1$ 正是优化问题的目标函数值。

由式(3.73)和式(3.74)有

$$\underline{\boldsymbol{E}}_0^{\mathrm T}\underline{\boldsymbol{F}}_0\underline{\boldsymbol{c}}_1=2\underline{\lambda}_1\underline{\boldsymbol{w}}_1=\underline{\theta}_1\underline{\boldsymbol{w}}_1 \tag{3.77}$$

$$\underline{\boldsymbol{w}}_1^{\mathrm T}\underline{\boldsymbol{E}}_0^{\mathrm T}\underline{\boldsymbol{F}}_0=2\underline{\lambda}_2\underline{\boldsymbol{c}}_1=\underline{\theta}_1\underline{\boldsymbol{c}}_1\Rightarrow\underline{\boldsymbol{c}}_1=\underline{\boldsymbol{w}}_1^{\mathrm T}\underline{\boldsymbol{E}}_0^{\mathrm T}\underline{\boldsymbol{F}}_0/\underline{\theta}_1 \tag{3.78}$$

将式(3.78)代入式(3.77)，有

$$\underline{\boldsymbol{E}}_0^{\mathrm T}\underline{\boldsymbol{F}}_0\underline{\boldsymbol{F}}_0^{\mathrm T}\underline{\boldsymbol{E}}_0\underline{\boldsymbol{w}}_1=\underline{\theta}_1^2\underline{\boldsymbol{w}}_1 \tag{3.79}$$

同理可得

$$\underline{\boldsymbol{F}}_0^{\mathrm T}\underline{\boldsymbol{E}}_0\underline{\boldsymbol{E}}_0^{\mathrm T}\underline{\boldsymbol{F}}_0\underline{\boldsymbol{c}}_1=\underline{\theta}_1^2\underline{\boldsymbol{c}}_1 \tag{3.80}$$

因此，$\underline{\boldsymbol{w}}_1$ 是矩阵$\underline{\boldsymbol{E}}_0^{\mathrm T}\underline{\boldsymbol{F}}_0\underline{\boldsymbol{F}}_0^{\mathrm T}\underline{\boldsymbol{E}}_0$ 的特征向量，$\underline{\theta}_1^2$ 为对应的特征值，目标函数值 $\underline{\theta}_1$ 要求最大，则$\underline{\boldsymbol{w}}_1$ 为对应于矩阵$\underline{\boldsymbol{E}}_0^{\mathrm T}\underline{\boldsymbol{F}}_0\underline{\boldsymbol{F}}_0^{\mathrm T}\underline{\boldsymbol{E}}_0$ 的最大特征值的单位特征向量。同理，$\underline{\boldsymbol{c}}_1$ 是对应于矩阵$\underline{\boldsymbol{F}}_0^{\mathrm T}\underline{\boldsymbol{E}}_0\underline{\boldsymbol{E}}_0^{\mathrm T}\underline{\boldsymbol{F}}_0$ 的最大特征值的单位特征向量[332]。PLS 算法的计算步骤如下。

步骤 1 令$\underline{\boldsymbol{E}}_0=\underline{\boldsymbol{X}}$，$\underline{\boldsymbol{F}}_0=\underline{\boldsymbol{Y}}$，求得轴$\underline{\boldsymbol{w}}_1$ 和$\underline{\boldsymbol{c}}_1$ 后，即可得到第一对主成分

$$\underline{\boldsymbol{t}}_1=\underline{\boldsymbol{E}}_0\underline{\boldsymbol{w}}_1 \tag{3.81}$$

$$\underline{\boldsymbol{u}}_1=\underline{\boldsymbol{F}}_0\underline{\boldsymbol{c}}_1 \tag{3.82}$$

步骤 2 分别求$\underline{\boldsymbol{E}}_0$ 和$\underline{\boldsymbol{F}}_0$ 对$\underline{\boldsymbol{t}}_1$ 和$\underline{\boldsymbol{u}}_1$ 的三个方程

$$\underline{\boldsymbol{E}}_0=\underline{\boldsymbol{t}}_1\underline{\boldsymbol{p}}_1^{\mathrm T}+\underline{\boldsymbol{E}}_1 \tag{3.83}$$

$$\underline{\boldsymbol{F}}_0=\underline{\boldsymbol{u}}_1\underline{\boldsymbol{q}}_1^{\mathrm T}+\underline{\boldsymbol{F}}_0^{\mathrm T} \tag{3.84}$$

$$\underline{\boldsymbol{F}}_0=\underline{\boldsymbol{t}}_1\underline{\boldsymbol{r}}_1^{\mathrm T}+\underline{\boldsymbol{F}}_1 \tag{3.85}$$

其中，系数向量是

$$\underline{\boldsymbol{p}}_1=\underline{\boldsymbol{E}}_0^{\mathrm T}\underline{\boldsymbol{t}}_1/||\underline{\boldsymbol{t}}_1||^2 \tag{3.86}$$

$$\underline{\boldsymbol{q}}_1=\underline{\boldsymbol{F}}_0^{\mathrm T}\underline{\boldsymbol{u}}_1/||\underline{\boldsymbol{u}}_1||^2 \tag{3.87}$$

$$\underline{\boldsymbol{r}}_1=\underline{\boldsymbol{F}}_0^{\mathrm T}\underline{\boldsymbol{t}}_1/||\underline{\boldsymbol{t}}_1||^2 \tag{3.88}$$

而$\underline{\boldsymbol{E}}_1$，$\underline{\boldsymbol{F}}_0^{\mathrm T}$，$\underline{\boldsymbol{F}}_1$ 分别是三个方程的残差矩阵。

步骤 3　用残差矩阵$\underline{\boldsymbol{E}}_1$ 和$\underline{\boldsymbol{F}}_1$ 取代$\underline{\boldsymbol{E}}_0$ 和$\underline{\boldsymbol{F}}_0$，然后求第二个轴$\underline{\boldsymbol{w}}_2$ 和$\underline{\boldsymbol{c}}_2$，以及第二对主成分，如此计算下去，直至提取的 m 对特征向量使残差矩阵$\underline{\boldsymbol{E}}_m$ 和$\underline{\boldsymbol{F}}_m$ 中几乎不再包含有用的信息，一般通过交叉验证方选择法主元个数，以避免训练数据的过拟合问题。

3.4.5　神经网络偏最小二乘算法

尽管 PLS 方法为输入变量共线性和样本量少等问题提供了解决方案，但它的主要局限性在于只能提取数据中的线性特征。许多数据实际上是非线性的，需要能够提取非线性关系的特征。因此，为了处理非线性问题，PLS 方法被推广到非线性领域。目前大致可分为两类：一类是保留 PLS 方法的线性外部模型，内部采用非线性模型进行拟合，即首先采用线性 PLS 方法，通常利用 NIPALS 算法得到输入和输出矩阵的特征向量，然后采用非线性函数拟合特征向量之间的关系。如基于神经网络的 NNPLS 方法[333-334]，即内部采用神经网络拟合非线性。另一类将在 3.4.6 节中进行介绍。

神经网络偏最小二乘(neural network partial least squares，NNPLS)算法继承了神经网络逼近非线性的能力，其结构如图 3.12 所示。NNPLS 算法中的外部 PLS 模型与之前所述线性 PLS 方法一致，这里不再叙述。对于基于外部 PLS 模型得到的输入输出特征向量$\underline{\boldsymbol{t}}$ 和$\underline{\boldsymbol{u}}$，内部神经网络模型使用如下的 Sigmoid 函数：

$$\sigma(\underline{z})=(1-\mathrm{e}^{-\underline{z}})/(1+\mathrm{e}^{-\underline{z}}) \tag{3.89}$$

作为激励函数的三层神经网络来表述输入输出向量间的非线性关系，每一对特征向量间的关系用一个神经网络来描述，其中，神经网络的学习算法采用共轭梯度法(conjugate gradient)，隐层节点个数可以采用交叉验证的方法获取。文献[333]表明 NNPLS 模型等价于一个多层前向神经网络，只是采用 NNPLS 自身独特的训练方式。

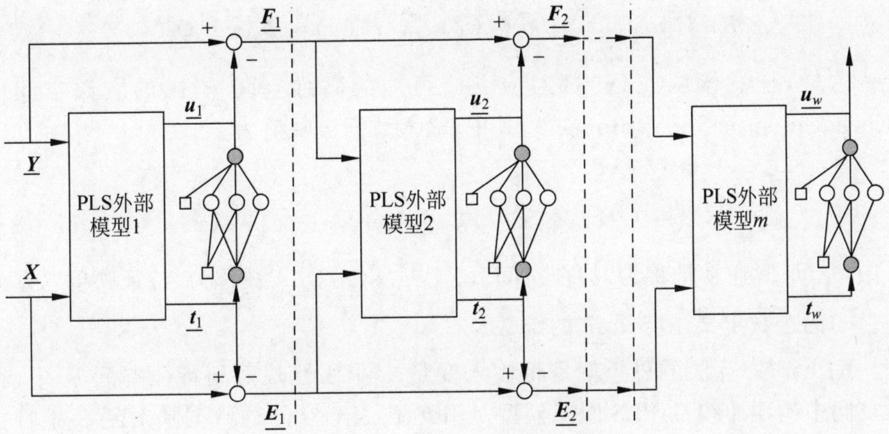

图 3.12　NNPLS 方法结构示意图

NNPLS 与一般神经网络的不同之处在于：数据首先经过 PLS 的外部特征投影再用于训练神经网络。NNPLS 的外部线性变换将多元建模问题分解为若干个单入单出(SISO)的神经网络训练问题，不仅去除了数据间的相关信息，而且简化了网络结构，减少了网络参数，使网络的设计和训练趋于简单，从而避免了一般神经网络训练的过拟合问题(预测方差大，对噪声敏感等)，并使网络训练不易陷入局部极小点。

3.4.6 核偏最小二乘算法

3.4.5 节提到的另一类非线性 PLS 算法是在外部对样本(输入矩阵)进行变换，从而在高维特征空间中执行线性的 PLS 算法，最终得到原始输入空间的非线性模型。如通过将原始数据映射到高维的再生核希尔伯特空间(reproducing kernel Hilbert space，RKHS)的核偏最小二乘(kernel partial least squares，KPLS)算法[335]。一个 RKHS 可以被一个唯一的正定核函数$\boldsymbol{K}(\boldsymbol{x},\boldsymbol{y})$定义，$\boldsymbol{K}(\boldsymbol{x},\boldsymbol{y})$是一个满足默瑟定理(Mercer's theorem)条件的两变量对称函数。设$\boldsymbol{K}(\boldsymbol{x},\boldsymbol{y})$被定义在一个紧域 $\chi\times\chi$，$\chi\subset\mathbf{R}^N$ 上。任意正定核存在唯一 RKHS 的事实由 Moore-Aronszjan 理论证明得到。$\boldsymbol{K}(\boldsymbol{x},\boldsymbol{y})$具有如下的再生特性：

$$f(\boldsymbol{x})=\langle f(\boldsymbol{y}),\boldsymbol{K}(\boldsymbol{x},\boldsymbol{y})\rangle_H,\quad \forall f\in H \tag{3.90}$$

其中，$\langle\cdots,\cdots\rangle_H$ 是 H 上的一个标积。函数$\boldsymbol{K}(\boldsymbol{x},\boldsymbol{y})$被称为一个关于 H 的“再生核”。

根据默瑟定理，每个正定核$\boldsymbol{K}(\boldsymbol{x},\boldsymbol{y})$可以被写成

$$\boldsymbol{K}(\boldsymbol{x},\boldsymbol{y})=\sum_{i=1}^{S}\lambda_i\phi_i(x)\phi_i(\boldsymbol{y}),\quad S\leqslant\infty \tag{3.91}$$

其中，$\{\phi_i(\cdot)\}_{i=1}^{S}$ 是积分算子 $\Gamma_{\boldsymbol{K}}:L_2(\chi)\rightarrow L_2(\chi)$的特征函数：

$$(\Gamma_{\boldsymbol{K}}f)(\boldsymbol{x})\int_{\chi}f(\boldsymbol{y})\boldsymbol{K}(\boldsymbol{x},\boldsymbol{y})\mathrm{d}\boldsymbol{y},\quad \forall f\in L_2(\chi) \tag{3.92}$$

并且$\{\lambda_i>0\}_{i=1}^{S}$ 是相应的正特征值。公式(3.91)可被重写为

$$\boldsymbol{K}(\boldsymbol{x},\boldsymbol{y})=\sum_{i=1}^{S}\sqrt{\lambda_i}\phi_i(x)\sqrt{\lambda_i}\phi_i(\boldsymbol{y})=\boldsymbol{\Phi}(\boldsymbol{x})^{\mathrm{T}}\boldsymbol{\Phi}(\boldsymbol{y}) \tag{3.93}$$

这样，任意核$\boldsymbol{K}(\boldsymbol{x},\boldsymbol{y})$都对应一个可能的高维空间 F' 内的欧氏空间内积(Euclidean space inner product)，其中，输入数据被映射为

$$\begin{aligned}&\boldsymbol{\Phi}:\chi\rightarrow F',\\&\boldsymbol{x}\rightarrow(\sqrt{\lambda_1}\phi_1(\boldsymbol{x}),\sqrt{\lambda_2}\phi_2(\boldsymbol{x}),\cdots,\sqrt{\lambda_S}\phi_S(\boldsymbol{x}))\end{aligned} \tag{3.94}$$

其中，空间 F'通常被称为“特征空间”，$\{\sqrt{\lambda_i}\phi_i(\boldsymbol{x})\}_{i=1}^{S}$ 被称为“特征映射”，基函数$\phi_i(\cdot)$的个数定义了空间 F'的维数。

KPLS[336]算法的思想就是将输入变量$\boldsymbol{X}$ 非线性映射到特征空间 F'中，在特征空间中构建非线性 PLS 回归模型。用$\boldsymbol{\Phi}$ 代表$\boldsymbol{X}$ 空间的数据映射到 S 维特征空间 F'所得的 $n\times S$ 矩阵。通过非线性变换，特征空间可以是高维空间，如果用高斯

核函数，甚至可以是无限维空间。基于 NIPALS 算法和 RKHS 理论，可以得到如下形式的 KPLS 算法。

步骤 1　随机初始化 $\boldsymbol{u}$；

步骤 2　$\boldsymbol{t}=\boldsymbol{\Phi}\boldsymbol{\Phi}^{\mathrm{T}}\boldsymbol{u}, \boldsymbol{t}\leftarrow\boldsymbol{t}/||\boldsymbol{t}||$；

步骤 3　$\boldsymbol{c}=\boldsymbol{Y}^{\mathrm{T}}\boldsymbol{t}$；

步骤 4　$\boldsymbol{u}=\boldsymbol{Y}\boldsymbol{c}, \boldsymbol{u}=\boldsymbol{u}/||\boldsymbol{u}||$；

步骤 5　重复步骤 2 到步骤 4，直至收敛；

步骤 6　压缩矩阵$\boldsymbol{\Phi}\boldsymbol{\Phi}^{\mathrm{T}}, \boldsymbol{Y}$：$\boldsymbol{\Phi}\boldsymbol{\Phi}^{\mathrm{T}}\leftarrow(\boldsymbol{\Phi}-\boldsymbol{t}\boldsymbol{t}^{\mathrm{T}}\boldsymbol{\Phi})(\boldsymbol{\Phi}-\boldsymbol{t}\boldsymbol{t}^{\mathrm{T}}\boldsymbol{\Phi})^{\mathrm{T}}, \boldsymbol{Y}\leftarrow\boldsymbol{Y}-\boldsymbol{t}\boldsymbol{t}^{\mathrm{T}}\boldsymbol{Y}$；

步骤 7　如果残差满足收敛条件，则结束，否则转步骤 2。

为避免显式的非线性映射，采用核技巧$\boldsymbol{K}=\boldsymbol{\Phi}\boldsymbol{\Phi}^{\mathrm{T}}$将训练样本$\boldsymbol{X}$映射到高维特征空间，$\boldsymbol{K}_{ij}=\boldsymbol{K}(\boldsymbol{x}_i, \boldsymbol{y}_j)$是 $n\times n$ 的格拉姆矩阵(Gram matrix)。抽取特征向量 $\boldsymbol{t}$ 后，步骤 6 的矩阵变为下式：

$$\boldsymbol{K}\leftarrow(\boldsymbol{I}-\boldsymbol{t}\boldsymbol{t}^{\mathrm{T}})(\boldsymbol{I}-\boldsymbol{t}\boldsymbol{t}^{\mathrm{T}})^{\mathrm{T}},\quad \boldsymbol{Y}\leftarrow\boldsymbol{Y}-\boldsymbol{t}\boldsymbol{t}^{\mathrm{T}}\boldsymbol{Y} \tag{3.95}$$

类似于线性 PLS，假设一个零均值非线性核 PLS。为了中心化特征空间 F' 中的被映射后的输入数据，如下步骤必须被使用：

$$\boldsymbol{K}=\left(\boldsymbol{I}-\frac{1}{n}1_n1_n^{\mathrm{T}}\right)\boldsymbol{K}\left(\boldsymbol{I}-\frac{1}{n}1_n1_n^{\mathrm{T}}\right) \tag{3.96}$$

其中，$\boldsymbol{I}$ 是 n 维的单位矩阵；1_n 是值为 1，长度为 n 维的向量。对于 $\boldsymbol{Y}$ 的中心化步骤一致。

最终训练数据$\boldsymbol{X}$基于 KPLS 的预测值可表示为

$$\hat{\boldsymbol{Y}}=\boldsymbol{\Phi}\boldsymbol{B}=\boldsymbol{K}\boldsymbol{U}(\boldsymbol{T}^{\mathrm{T}}\boldsymbol{K}\boldsymbol{U})^{-1}\boldsymbol{T}^{\mathrm{T}}\boldsymbol{Y}=\boldsymbol{T}^{\mathrm{T}}\boldsymbol{T}\boldsymbol{Y} \tag{3.97}$$

对于测试样本$\boldsymbol{X}_{\text{test}}$，则要首先对测试样本按下式进行标度处理：

$$\boldsymbol{K}_{\text{test}}=\left(\boldsymbol{K}_{\text{test}}\boldsymbol{I}-\frac{1}{n}1_{\text{tn}}1_n^{\mathrm{T}}\right)\boldsymbol{K}\left(\boldsymbol{I}-\frac{1}{n}1_n1_n^{\mathrm{T}}\right) \tag{3.98}$$

其中，$\boldsymbol{K}_{\text{test}}$ 是测试样本的核矩阵，$\boldsymbol{K}_{\text{test}}=\boldsymbol{K}_{\text{test}}(\boldsymbol{X}_{\text{test}}, \boldsymbol{X})$；tn 是测试样本的个数；$1_{\text{tn}}$ 是值为 1，长度为tn 的向量。

测试样本$\boldsymbol{X}_{\text{test}}$ 基于 KPLS 的预测值为

$$\hat{\boldsymbol{Y}}_{\text{test}}=\boldsymbol{\Phi}\boldsymbol{B}=\boldsymbol{K}_{\text{test}}\boldsymbol{U}(\boldsymbol{T}^{\mathrm{T}}\boldsymbol{K}\boldsymbol{U})^{-1}\boldsymbol{T}^{\mathrm{T}}\boldsymbol{Y} \tag{3.99}$$

3.5　多特征融合方法

近年来，多传感器数据融合技术在各领域受到极大关注。数据融合指对来自多个具有互补性传感器的数据进行多级别、多方面、多层次的处理，从而得到更加完备、更有意义的新信息[337-338]。根据对象层次的不同，数据融合可分为：数据级融合、特征级融合和决策级融合。数据级融合是直接在原始数据(如图像)层上的融合；特征级融合是对传感器的原始数据进行特征（如不变矩）提取后的融合；决策级融合是一种提供决策依据的高层次融合（如探测概率）。

数据融合方法应用在多分类器中，即多分类器融合，可以利用多种分类方法之间具有的互补性达到改善或改进单一分类器性能的目的，从而降低分类的不确定性。随着研究的深入，分类器不确定性的数据融合方法开始由基于数据的方法向基于知识的方法转变[339-340]。以模糊积分理论[341-342]、贝叶斯推理[343]、证据推理[344]为代表的智能化融合方法在分类器融合的研究中占有很大比重，体现了其在多分类器融合领域的独特优势。与模糊积分方法相比，贝叶斯推理需要先验信息，但当有多个可能的假设和多个条件相关时，先验信息通常难以准确获得，要求对立的假设彼此不相容，并且贝叶斯推理也未考虑到分类器的可靠性问题。证据推理要求所使用的证据必须相互独立，这使得问题复杂化，而且计算复杂度随着测量维数的增加以指数形式递增，容易出现“维数灾”。同样，证据推理也未考虑分类器的可靠性问题。

基于模糊集理论的模糊积分方法可以很好地表达和处理不确定性问题，在决策级融合中起到非常重要的作用。该方法通过综合考虑客观证据与人的主观评判，将主客观之间的信息进行最佳的匹配，由此获得问题的最优解，既避免了需要给定先验信息，又充分考虑了由分类器间差异导致的不同可靠性。模糊积分是与勒贝格积分相类似的新积分理论，是定义在模糊测度上的非线性函数。它利用了非负单调的模糊测度来取代加权值，综合考虑了多个分类器在融合系统中的重要程度，从多个分类器的一致和相互冲突的结果中找出最大一致性的结果，是在不确定条件下进行强有力推理的方法。

设 $\grave{X}$ 是一个有限元素集合，集合函数 $\grave{g}:2^{\grave{X}}\rightarrow[0,1]$是一个 $\grave{g}_{\grave{\lambda}}$ 模糊测度，如果满足以下四条：

(1) $\grave{g}(\varnothing)=0,\ \grave{g}(\grave{X})=1$；

(2) $\grave{g}(\grave{A})<\grave{g}(\grave{B})$，若 $\grave{A}\subseteq\grave{B}$；

(3) 如果$\{\grave{A}\}_{i=1}^{\infty}$是测度集合的一个递增序列，则$\lim\limits_{i\rightarrow\infty}\grave{g}(\grave{A}_i)=\grave{g}(\lim\limits_{i\rightarrow\infty}(\grave{A}_i))$；

(4) $\grave{g}(\grave{A}\cup\grave{B})=\grave{g}(\grave{A})+\grave{g}(\grave{B})+\grave{\lambda}\,\grave{g}(\grave{A})\grave{g}(\grave{B}),\ \grave{A},\grave{B}\subset\grave{X}$ and $\grave{A}\cap\grave{B}=\varnothing,\ \grave{\lambda}>-1$。

那么当 $\grave{X}$ 是一个σ代数时，$\grave{g}_{\grave{\lambda}}$ 就被称为“菅野模糊测度”。

在模糊测度定义的基础上，菅野道夫于1974年提出了模糊积分的概念，也称为“菅野模糊积分”。设 $\grave{X}$ 是一个非空集合，$\grave{h}$ 是从 $\grave{X}$ 到[0,1]的非负可测函数，$\grave{g}$ 是 $\grave{X}$ 上的模糊测度，$\grave{A}\in\grave{X}$，则 $\grave{h}$ 关于模糊测度 $\grave{g}$ 在集合 $\grave{A}$ 上的菅野模糊积分定义为

$$\int_{\grave{A}} \grave{h}(\grave{X}) \circ \grave{g}(\cdot) = \sup_{\grave{\alpha} \in [0,1]} [\grave{\alpha} \wedge \grave{g}(\grave{A} \cap \grave{F}_{\grave{\alpha}})]$$
$$= \sup_{\grave{E} \subseteq \grave{X}} [\inf_{\grave{x} \subseteq \grave{E}} \grave{h}(\grave{x}) \wedge \grave{g}(\grave{A} \cap \grave{E})] \quad (3.100)$$

其中，$\grave{F}_{\grave{\alpha}} = \{\grave{x} \mid \grave{h}(\grave{x}) > \grave{\alpha}\}$。

设$\{C_1, C_2, \cdots, C_{N_c}\}$是 N_c 个目标类别集合，$\grave{X} = \{\grave{x}_1, \grave{x}_2, \cdots, \grave{x}_{\grave{m}}\}$是 $\grave{m}$ 个分类器集合。$\grave{\boldsymbol{O}}^*_{\grave{k}}$ 是第 $\grave{k}$ 个被识别目标的特征向量。$\grave{\boldsymbol{O}}^*_{\grave{k}}$ 经过各分类器识别后，可以得到一个决策样板中的决策剖面矩阵，这里将其记为DP($\grave{\boldsymbol{O}}^*_{\grave{k}}$)：

$$\mathrm{DP}(\grave{\boldsymbol{O}}^*_{\grave{k}}) = \begin{bmatrix} \grave{h}^{\grave{k}}_{11} & \grave{h}^{\grave{k}}_{12} & \cdots & \grave{h}^{\grave{k}}_{1N_c} \\ \vdots & \vdots & & \vdots \\ \grave{h}^{\grave{k}}_{i1} & \grave{h}^{\grave{k}}_{i2} & \cdots & \grave{h}^{\grave{k}}_{iN_c} \\ \vdots & \vdots & & \vdots \\ \grave{h}^{\grave{k}}_{\grave{m}1} & \grave{h}^{\grave{k}}_{\grave{m}2} & \cdots & \grave{h}^{\grave{k}}_{\grave{m}N_c} \end{bmatrix} \quad (3.101)$$

其中，$\grave{h}^{\grave{k}}_{ij}$ 表示分类器 $\grave{x}_i$ 将样本$\grave{\boldsymbol{O}}^*_{\grave{k}}$ 分到 C_j 类的确定程度，亦即 $\grave{x}_i$ 对$\grave{\boldsymbol{O}}^*_{\grave{k}}$属于$C_j$ 的客观估计；当 $\grave{h}^{\grave{k}}_{ij} = 1$ 时，$\grave{x}_i$ 确定$\grave{\boldsymbol{O}}^*_{\grave{k}}$ 属于 C_j 类；反之，$\grave{x}_i$ 认为$\grave{\boldsymbol{O}}^*_{\grave{k}}$ 不属于 C_j 类。模糊积分将各分类器对$\grave{\boldsymbol{O}}^*_{\grave{k}}$ 属于 C_j 的客观估计和分类器的可信程度进行融合，得出的积分值即系统对$\grave{\boldsymbol{O}}^*_{\grave{k}}$ 属于 C_j 的总客观估计。选取最大积分值所对应的类别作为系统对$\grave{\boldsymbol{O}}^*_{\grave{k}}$ 的判别类别。该过程可由图 3.13 描述。

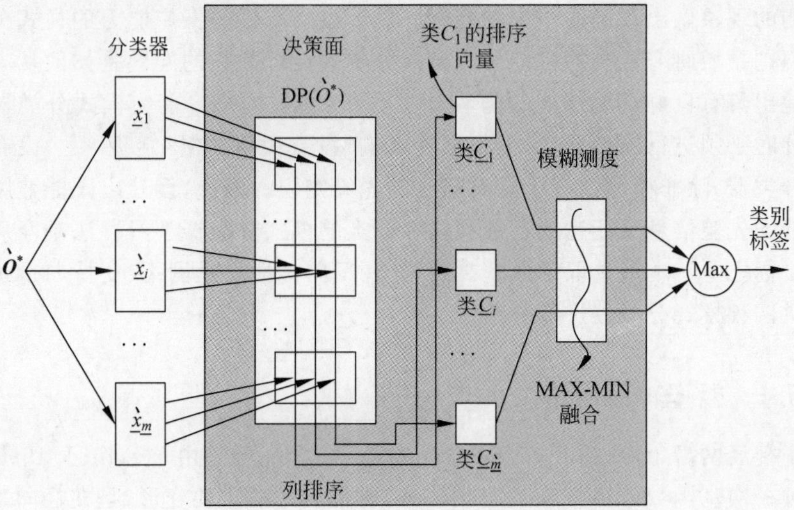

图 3.13　模糊积分过程示意图

菅野模糊积分的具体步骤如下[345]：

首先，计算分类器 $\grave{X}$子集 $\grave{A}=\{\grave{x}_1,\grave{x}_2,\cdots,\grave{x}_i\}$上的模糊测度，$\grave{g}(\grave{A}_i)$表示局部决策的可靠程度。$\grave{g}(\grave{A}_i)$可通过迭代的方式求出：

$$\grave{g}(\grave{A}_1)=\grave{g}(\{\grave{x}_1\})=\grave{g}^1 \tag{3.102}$$

$$\grave{g}(\grave{A}_i)=\grave{g}^i+\grave{g}(\grave{A}_{i-1})+\grave{\lambda}\,\grave{g}^i\,\grave{g}(\grave{A}_{i-1}),\quad 1<i<N_c \tag{3.103}$$

其中，在[−1,∞]上是唯一的 $\grave{\lambda}$ 值可以通过下式求得：

$$\grave{\lambda}+1=\prod_{i=1}^{N_c}1+\grave{\lambda}\,\grave{g}^i \tag{3.104}$$

然后，对 $\grave{X}$ 的元素根据函数值的大小按降序排列，使之满足 $\grave{h}(\grave{x}_1)\geqslant\grave{h}(\grave{x}_2)\geqslant\cdots\geqslant\grave{h}(\grave{x}_{N_c})$，则模糊积分值为

$$\int\grave{h}(\grave{x})\circ\grave{g}(\cdot)=\max_{i=1,2,\cdots,N_c}\min[\grave{h}(\grave{x}_i),\grave{g}(\grave{A}_i)] \tag{3.105}$$

3.6 模式分类器设计方法

模式分类器设计作为模式分类中的重要组成部分，其设计方法无疑是最广泛的研究内容之一。模式分类器的作用是根据被测对象的信息给该对象赋以一个类别标记，其应用涉及光学字符识别、生物身份认证、药物分子识别、人脸识别、表情识别、语音识别、医学诊断和文本分类等领域[346-353]。模式分类器的推广能力被定义为利用学习得到的方法，不但可较好地解释已知模式对象，而且能对未来现象或无法观测的现象做出正确的预测和判断。设计出具有好的推广能力的模式分类器是模式识别领域研究人员的目标。但模式分类器设计面临的问题是如何从有限的样本构建出具有良好泛化性能的健壮分类算法(即好的推广能力模式分类器)，为此在设计时必须进行模型选择，但根据著名的“没有免费午餐”定理[354]，没有天生优越的分类器，除非模型结合了已有问题的先验知识。因此，设计出既能兼顾模式自身所带的先验信息又能达成有效和健壮分类的模式分类器学习算法是今后的重要研究目标之一。本节选取了概率神经网络、反向传播神经网络、支持向量机和超级学习机四种模式分类器进行介绍。

3.6.1 概率神经网络

概率神经网络(probabilistic neural networks，PNN)是由 Specht 于 1990 年提出的一种径向基函数(radial basic function)神经网络的重要变形，是在径向基函数神经网络的基础上发展而来的一种前馈神经网络[55]。其主要思想是应用贝叶斯

决策规则，即错误分类的可期望风险最小，在多维输入空间内最优分离决策空间。PNN 是将具有帕尔逊窗口(Parzen window)估计的贝叶斯决策分析放置于一个前馈神经网络中，它根据概率密度函数的无参估计来进行贝叶斯决策，从而得到分类结果。

PNN 主要有以下几方面的优点：

(1) 快速运算。由于 PNN 对于隐层到输出层的权系数无须训练，其学习过程就是网络的搭建过程，因而其训练时间略大于读取数据的时间。

(2) 只要有足够多的训练样本，PNN 都能保证获得贝叶斯准则下的最优解。

(3) 网络结构设计简单、灵活，可以随时增加或者减少训练样本，不需要重新进行训练。

(4) PNN 可以给出一个标识决策可信度大小的结果。

贝叶斯决策分类方法已成为模式分类方面广为接受的决策标准。对于一个包含$\{C_1,C_2,\cdots,C_{N_c}\}$类别的多类别问题来说，一个 $\tilde{q}$ 维向量$\boldsymbol{O}^*=[o_1^*,o_2^*,\cdots,o_{\tilde{q}}^*]$的测量集，基于贝叶斯决策准则来判断 $C\in C_i$ 的状态，可以表述为

$$\tilde{d}(\boldsymbol{O}^*)\in C_i,\quad \tilde{h}_i\tilde{l}_i\tilde{f}_i(\boldsymbol{O}^*)>\tilde{h}_k\tilde{l}_k\tilde{f}_k(\boldsymbol{O}^*),\quad k\neq i \tag{3.106}$$

其中，$\tilde{d}(\boldsymbol{O}^*)$是向量$\boldsymbol{O}^*$的贝叶斯决策；$\tilde{h}_i$ 和 $\tilde{h}_k$ 分别为$C\in C_i$ 和 $C\in C_k$ 的先验概率；$\tilde{l}_i$ 是 C 本属于 C_i 而被错分为其他类的损失，$\tilde{l}_k$ 是 C 本属于 C_k 而被错分为其他类的损失；$\tilde{f}_i(\boldsymbol{O})^*$ 和 $\tilde{f}_k(\boldsymbol{O}^*)$分别为 C_i 和 C_k 类的概率密度函数。

图 3.14 是一个多分类问题的概率神经网络构造示意图。PNN 为四层前向网络，包括：输入层、模式层、累加层和输出层。输入层节点对输入的特征向量$\boldsymbol{O}^*$不进行任何处理，仅是简单的将其传递给模式层中的各节点。

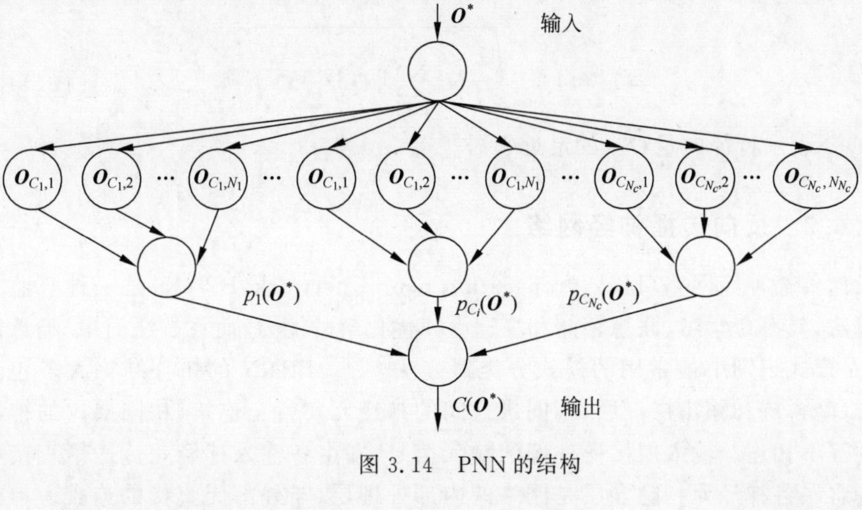

图 3.14 PNN 的结构

模式层神经元节点的数量与训练样本的个数一致。每一个模式层节点，其功能是将输入节点传来的输入进行加权求和，然后经过一个非线性算子运算后，传给

累加层,每个神经元 $\boldsymbol{O}_{ij}$ 的输出为

$$\varphi_{ij}(\boldsymbol{O}^*)=1/((2\pi)^{\frac{\tilde{q}}{2}}\tilde{\sigma}^{\tilde{q}})\exp\left[-\frac{(\boldsymbol{O}^*-\boldsymbol{O}_{ij})^{\mathrm{T}}(\boldsymbol{O}^*-\boldsymbol{O}_{ij})}{2\tilde{\sigma}^2}\right] \tag{3.107}$$

其中,$\boldsymbol{O}^*$ 为输入的待分类的样本向量;$\boldsymbol{O}_{ij}$ 为属于类别 C_i 的第 j 个训练样本向量,在概率神经网络中作为权值;$\tilde{q}$ 是输入特征向量 $\boldsymbol{O}^*$ 的维数;$\tilde{\sigma}$ 是平滑因子。

累加层节点通过累加和平均同类模式层节点的输出而得到输入特征向量 $\boldsymbol{O}^*$ 属于类别 C_i 的最大可能性:

$$\tilde{p}_i(\boldsymbol{O}^*)=1/((2\pi)^{\frac{\tilde{q}}{2}}\tilde{\sigma}^{\tilde{q}}\tilde{N}_i)\sum_{j=1}^{\tilde{N}_i}\exp\left[-\frac{(\boldsymbol{O}^*-\boldsymbol{O}_{ij})^{\mathrm{T}}(\boldsymbol{O}^*-\boldsymbol{O}_{ij})}{2\tilde{\sigma}^2}\right] \tag{3.108}$$

其中,$\tilde{N}_i$ 为类别 C_i 的训练样本数量。

决策层神经元是一种竞争神经元,通过比较累加层节点的输出最终实现对输入特征向量 $\boldsymbol{O}^*$ 的分类:

$$C(\boldsymbol{O}^*)=\operatorname{argmax}\{p_i(\boldsymbol{O}^*)\},\quad i=1,2,\cdots,C_{N_c} \tag{3.109}$$

其中,$C(\boldsymbol{O}^*)$表示输入 $\boldsymbol{O}^*$ 的被估计类别;N_c 是输入样本类别的总数量。

上述的概率神经网络完全等效于采用高斯核的多变量概率密度函数 $f_i(\boldsymbol{O}^*)$ 的贝叶斯模式分类方法。

平滑因子 $\tilde{\sigma}$ 的大小对各样本点的条件概率影响巨大,若 $\tilde{\sigma}$ 较小会导致密度函数的估计出现尖峰,而 $\tilde{\sigma}$ 较大将使密度估计之间的点变得圆滑,因此,需要正确估计 $\tilde{\sigma}$ 的大小。目前对于 $\tilde{\sigma}$ 的选取依然是一个开放的问题,本书将采用下式选取 $\tilde{\sigma}$[355]:

$$\tilde{\sigma}_{\mathrm{opt}}=1.444*\sqrt{1/\tilde{N}_i\sum_{j=1}^{\tilde{N}_i}|\boldsymbol{O}_{ij}^*-\boldsymbol{O}_{ij}|^2} \tag{3.110}$$

其中,$\boldsymbol{O}_{ij}^*$ 表示特征向量 $\boldsymbol{O}_{ij}$ 的最近邻居。

3.6.2 反向传播神经网络

反向传播神经网络(back propagation neural network,BPNN)是一种有监督学习算法,具有自学习、联想存储和高速寻找优化解的能力,而且方法简单、逼近能力强,是模式识别中最常用的模式分类器方法[356]。BPNN 的拓扑结构大多包含输入层、隐含层和输出层三层,不同层之间的神经元实行全连接,相同层内的神经元之间互不相连。输入层接受外部的输入信号,并由各输入神经元传送给直接相连的隐含层各神经元。隐含层是网络的内部处理层,与外部无直接的连接。神经网络的模式变换能力主要应用于隐含层。根据处理功能的不同,隐含层的层数可以不同。输出层是网络输出运行结果并与显示设备或执行机构相连接的部分。

BPNN 的自学习功能是通过使误差函数的最小化过程实现的，它由信息的正向传递与误差的反向传播两部分组成。在正向传递过程中，输入信息从输入层经隐含层逐层计算传向输出层，每一层神经元的输出作用于下一层神经元的输入。如果输出层没有得到期望的输出，则计算输出层的误差变化值，然后转向反向传播，通过网络将误差信号沿原来的连接通路反传回来，通过修改各层神经元的权重和阈值来减少误差函数值。反复进行上述正向和反向传播过程，直到达到预先设定的期望目标要求。一般以误差函数小于某一相当小的正值或进行迭代运算时误差函数不再减小时完成网络的训练。

一个三层结构的 BPNN 分类器如图 3.15 所示。其中，BPNN 的输入是待分类的特征向量 $\boldsymbol{O}^*$，输出是所属类别 $\hat{y}$，激励函数为 Sigmoid 函数，其函数表达式为

$$\breve{f}(\breve{\mu})=1/(1+\mathrm{e}^{-\breve{\mu}}),\quad -\infty<\breve{\mu}<+\infty, 0<\breve{f}(\breve{\mu})<1 \tag{3.111}$$

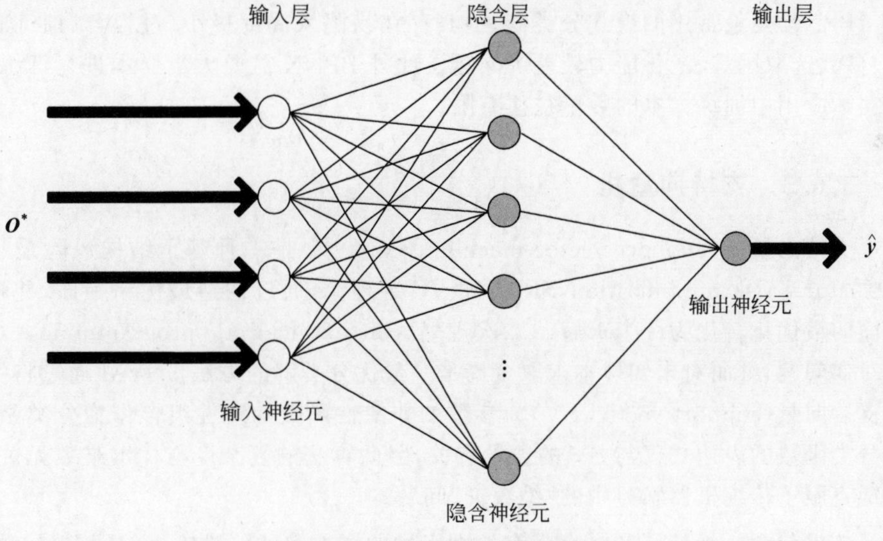

图 3.15　BPNN 分类器结构

利用下式计算 $\hat{y}(t)$：

$$\hat{y}=\sum_{i=1}^{\breve{N}_h}(\breve{w}_i\cdot\breve{h}_i)+\breve{\gamma} \tag{3.112}$$

$$\breve{h}_i=1/\left(1+\exp\left(-\left[\sum_{i=1}^{\breve{N}_h}(\breve{w}'_{ij}\cdot o_j^*)+\breve{\theta}_i\right]\right)\right) \tag{3.113}$$

其中，$\breve{h}_i$ 为隐含层节点输出；$\breve{w}_i$ 为隐含节点层和输出层节点之间的权值；$\breve{w}'_{ij}$ 为输入层节点和隐含层节点之间的权值；$\breve{N}_h$ 为隐含层节点个数；$\breve{\gamma}$ 和 $\breve{\theta}_i$ 为相应的阈值。

权重和阈值的修改采用梯度下降法(gradient descent method)，使网络的权重

和阈值按误差函数的负梯度方向修正，保证权值和阈值的调整方向是误差函数的减小方向。权值和阈值的调整量计算公式[357]为

$$\Delta\breve{w}_i=\breve{\alpha}\breve{\delta}\breve{h}_i,\quad i=\{1,2,\cdots,\breve{N}_h\}\tag{3.114}$$

$$\Delta\breve{w}'_{ij}=\breve{\alpha}\breve{\sigma}_i o_j^*,\quad i=\{1,2,\cdots,\breve{N}_h\}\tag{3.115}$$

$$\breve{\gamma}=\breve{\beta}\breve{\delta}\tag{3.116}$$

$$\breve{\theta}_i=\breve{\beta}\breve{\sigma}_i,\quad i=\{1,2,\cdots,\breve{N}_h\}\tag{3.117}$$

其中，$\breve{\alpha}$ 和 $\breve{\beta}$ 分别为学习参数，一般取 0.1～0.9；$\breve{\delta}$ 和 $\breve{\sigma}_i$ 分别为输出层节点和隐含层节点 i 的误差信号：

$$\breve{\delta}=(\hat{y}'-\hat{y})\hat{y}(1-\hat{y})\tag{3.118}$$

$$\breve{\sigma}_i=\breve{\delta}\breve{w}_i\breve{h}_i(1-\breve{h}_i),\quad i=\{1,2,\cdots,\breve{N}_h\}\tag{3.119}$$

当网络输出值 $\hat{y}$(估计值)与期望值 $\hat{y}'$ 的误差 $\breve{E}<\breve{\varepsilon}$ 时，停止更新权值和阈值；$\breve{\varepsilon}$ 为预先设定的精度。

BPNN 是最常用的模式分类器，但其存在易陷入局部极小、过拟合、训练时间长、参数选取困难、泛化能力较差等问题。此外 BPNN 需要大量样本进行训练，而在实际应用中训练样本的数量往往有限。

3.6.3 支持向量机

支持向量机(support vector machine，SVM)[59]是一种基于结构风险最小化(structural risk minimization，SRM)和 VC 维理论，通过构造最优超平面，并将超平面的最优化转化为一个求解凸二次规划(convex quadratic programming，CQP)的对偶问题，继而对未知样本求取全局唯一最优分类解的方法。SVM 通过将一组以支持向量(support vector，SV)为参数的非线性函数的线性组合作为分类函数，使分类函数的表达式仅与 SV 的数量有关，因此算法的复杂度与样本维数无关，巧妙地克服了传统机器学习中的“维数灾”问题。

考虑包含 $\tilde{q}$ 维特征和 $\breve{n}$ 个带有类别标号的样本点的 $\tilde{q}$ 维输入空间 $R^{\tilde{q}}$ 上的两类分类问题，将这 $\breve{n}$ 个样本点的集合记为 $\breve{T}=\{(\breve{\boldsymbol{x}}_1,\breve{\boldsymbol{y}}_1),(\breve{\boldsymbol{x}}_2,\breve{\boldsymbol{y}}_2),\cdots,(\breve{\boldsymbol{x}}_{\breve{n}},\breve{\boldsymbol{y}}_{\breve{n}})\}$，其中，$\breve{\boldsymbol{x}}_i$ 表示输入向量(特征)，$\breve{\boldsymbol{y}}_i$ 表示输出向量(类别)，$\breve{\boldsymbol{x}}_i\in\mathbf{R}^{\tilde{q}}$，$\breve{\boldsymbol{y}}_i\in\{-1,1\}$。对两类线性可分问题，设分类面的方程为 $\breve{\boldsymbol{x}}\cdot\breve{\boldsymbol{w}}+\breve{b}=0$，约束条件为 $\breve{\boldsymbol{y}}(\breve{\boldsymbol{x}}\cdot\breve{\boldsymbol{w}}+\breve{b})\geqslant 1$，则分类间隔为 $2/||\breve{\boldsymbol{w}}||$。为了增强分类推广能力，使分类间隔最大化，令 $||\breve{\boldsymbol{w}}||^2$ 最小。设满足方程 $\breve{\boldsymbol{y}}_i(\breve{\boldsymbol{x}}\cdot\breve{\boldsymbol{w}}+\breve{b})-1=0$ 的样本为支持向量，则称满足上述约束条件且使 $||\breve{\boldsymbol{w}}||^2$ 最小的分类面为“最优分类面”。由于直接求解最优分类面很困难，所以基于拉格朗日优化方法将其转化为对偶问题，其目标函数如下：

$$\breve{Q}(\breve{\alpha})=\sum_{i=1}^{\breve{n}}\breve{\alpha}_i-\frac{1}{2}\sum_{i,j=1}^{\breve{n}}\breve{\alpha}_i\breve{\alpha}_j\breve{\boldsymbol{y}}_i\breve{\boldsymbol{y}}_j(\breve{\boldsymbol{x}}_i\cdot\breve{\boldsymbol{x}}_j)\tag{3.120}$$

约束条件如下：

$$\begin{cases}\sum_{i=1}^{\check{n}}\check{\alpha}_i\check{\boldsymbol{y}}_i=0\\ \check{\alpha}_i\geqslant 0,\quad i=1,2,\cdots,\check{n}\end{cases}\tag{3.121}$$

最优分类函数如下：

$$\check{f}(\check{\boldsymbol{x}})=\mathrm{sgn}\left(\sum_{i=1}^{\check{s}}\check{\alpha}_i^{\ *}\check{\boldsymbol{y}}_i(\check{\boldsymbol{x}}_i\cdot\check{\boldsymbol{x}})+\check{b}^{\ *}\right)\tag{3.122}$$

其中，$\check{Q}(\check{\alpha})$是目标函数；$\check{f}(\check{\boldsymbol{x}})$是最优分类函数；$\check{s}$ 是支持向量数量；$\check{\alpha}_i^{\ *}$是第 i 个支持向量对应的拉格朗日乘子；$\check{b}^{\ *}$ 是分类阈值；sgn(·)是符号函数。

对非线性(线性不可分)问题，由核空间理论可知：SVM 通过满足默瑟定理的内积核函数 $\check{K}=(\check{\boldsymbol{x}}_i,\check{\boldsymbol{y}}_j)$定义的非线性变换将输入空间$\mathbf{R}^{\tilde{q}}$ 变换到一个高维特征空间 $\tilde{Z}$，然后在高维空间 $\tilde{Z}$ 中求最优分类面。即通过选择合适的核函数和计算使目标函数最大化的参数来确定最优分类函数。为了增强推广能力，SVM 通过引入松弛变量 $\hat{\xi}_i>0$ 和惩罚因子 $\hat{C}>0$，使原问题的目标函数$||\check{\boldsymbol{w}}||^2/2+\hat{C}\sum\hat{\xi}_i$ 最小，其约束条件为$\check{\boldsymbol{y}}_i(\check{\boldsymbol{x}}\cdot\check{\boldsymbol{w}}+\check{b})\geqslant 1-\hat{\xi}_i$。此时得到的最优分类面称为"广义最优分类面"，允许存在一定的分类错误(软间隔)，如图 3.16 所示。

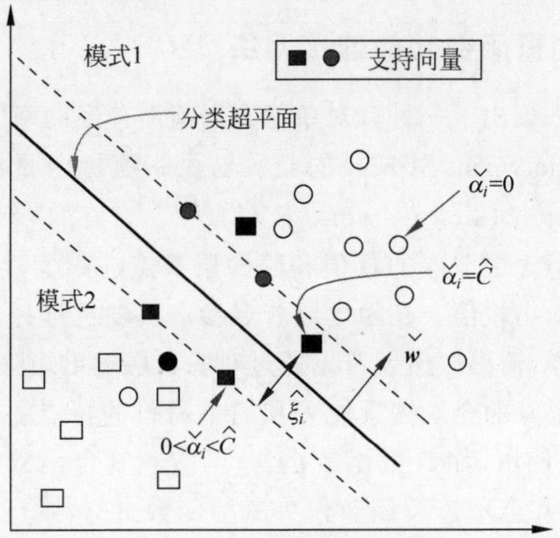

图 3.16　C-SVC 示意图(后附彩图)

根据拉格朗日优化方法，将上述约束最优问题转化为对偶问题，其目标函数如下：

$$\check{Q}(\check{\alpha})=\sum_{i=1}^{\check{n}}\check{\alpha}_i-\frac{1}{2}\sum_{i,j=1}^{\check{n}}\check{\alpha}_i\check{\alpha}_j\check{\boldsymbol{y}}_i\check{\boldsymbol{y}}_j\check{K}(\check{\boldsymbol{x}}_i\cdot\check{\boldsymbol{x}}_j)\tag{3.123}$$

约束条件如下：

$$\begin{cases}\sum_{i=1}^{\breve{n}} \breve{\alpha}_i \breve{\boldsymbol{y}}_i = 0 \\ 0 \leqslant \breve{\alpha}_i \leqslant \hat{C}, \quad i = 1, 2, \cdots, \breve{n}\end{cases} \tag{3.124}$$

最优分类函数如下：

$$\breve{f}(\breve{\boldsymbol{x}}) = \operatorname{sgn}\left(\sum_{i=1}^{\breve{s}} \breve{\alpha}_i^* \breve{\boldsymbol{y}}_i \breve{K}(\breve{\boldsymbol{x}}_i \cdot \breve{\boldsymbol{x}}) + \breve{b}^*\right) \tag{3.125}$$

常用的内积核函数主要有：多项式函数、径向基函数和感知器核函数等。其中，每个径向基核函数 $\breve{K}(\breve{\boldsymbol{x}}_i \cdot \breve{\boldsymbol{x}}) = \exp(-\hat{\gamma} \left| |\breve{\boldsymbol{x}}_i - \breve{\boldsymbol{x}}| \right|^2)$，$\hat{\gamma} > 0$ 的中心对应一个支持向量，通过参数的选择可以适用于任意分布的样本，是目前在 SVM 中应用最广泛的核函数。

常规 SVM 算法源于两类别分类问题，在解决多类别模式分类问题方面存在一定的局限性。在利用 SVM 处理多类问题时，主要包括一对一（one-versus-another，OVA）、一对多（one-versus-rest，OVR）等将多类问题转化为两类问题进行训练学习的分类方法[358]。

此外，SVM 中内积核函数及其相应参数的选取是一个开放的问题，目前主要基于人工经验。

3.6.4 随机向量函数功能连接网络

1994 年，Pao 等人提出了一种针对单隐含层前馈神经网络（single hidden layer feed forward neural network，SLFN）的新算法——随机向量函数功能连接网络（random vector functional link network，RVFL）[359]。在 RVFL 中，隐含层节点参数（连接输入节点和隐含层节点的权值和隐含层节点的阈值）可以随机产生，然后分析确定 SLFNs 的输出权值。在隐含层节点参数被随机选择后，SLFN 可以被视为一个线性系统，这样，输出权值就可以通过对隐含层输出矩阵的广义逆求取。研究表明，RVFL 具有很好的全局搜索能力和简单易行的特点。在 RVFL 中许多非线性激活函数都可以使用，如 S 型函数，正弦函数和复合函数等。在 RVFL 中还可以使用不可微函数甚至不连续函数作为激活函数。与传统的梯度学习算法（如 BP 算法）和 SVM 相比，RVFL 的学习速度更快，可以克服传统梯度算法常有的局部极小、过拟合和学习率选择不合适等问题，并且有更好的泛化能力，同时使用 RVFL 不需要繁琐的确定参数的过程，这样既可以节省前期准备时间也可以很容易地得到合适的参数从而提高精度。

任意选取 $\bar{N}$ 个样本$(\bar{\boldsymbol{x}}_i, \bar{\boldsymbol{y}}_i) \in \mathbf{R}^n \times \mathbf{R}^m$，这里$\bar{\boldsymbol{x}}_i \in \mathbf{R}^n$ 为输入，$\bar{\boldsymbol{y}}_i \in \mathbf{R}^m$ 为目标输出。如果一个有 $\bar{L}$ 个隐含节点的 SLFN 能以零误差来逼近这 $\bar{N}$ 个样本，则存在

$$f(\bar{\boldsymbol{x}}_i)=\sum_{i=1}^{\bar{L}}\bar{\boldsymbol{\beta}}_i\bar{G}(\bar{\boldsymbol{a}}_i,\bar{\boldsymbol{b}}_i,\bar{\boldsymbol{x}}_i)=\bar{\boldsymbol{y}}_i,\quad j=1,2,\cdots,\bar{N} \tag{3.126}$$

其中,$\bar{\boldsymbol{a}}_i$ 表示输入层到第 i 个隐含层节点的连接权值向量;$\bar{\boldsymbol{b}}_i$ 表示第 i 个隐含层节点的阈值;$\bar{\boldsymbol{\beta}}_i$ 表示隐含层第 i 个节点到输出层的连接权值;$\bar{G}(\bar{\boldsymbol{a}}_i,\bar{\boldsymbol{b}}_i,\bar{\boldsymbol{x}}_i)$表示第 i 个隐含层节点与输入$\bar{\boldsymbol{x}}_i$ 的关系。

式(3.126)可以简化为

$$\bar{\boldsymbol{H}}\bar{\boldsymbol{\beta}}=\bar{\boldsymbol{Y}} \tag{3.127}$$

这里

$$\bar{\boldsymbol{H}}(\bar{\boldsymbol{a}}_1,\cdots,\bar{\boldsymbol{a}}_{\bar{L}},\bar{\boldsymbol{b}}_1,\cdots,\bar{\boldsymbol{b}}_{\bar{L}},\bar{\boldsymbol{x}}_1,\cdots,\bar{\boldsymbol{x}}_{\bar{N}})=\begin{bmatrix}\bar{G}(\bar{\boldsymbol{a}}_1,\bar{\boldsymbol{b}}_1,\bar{\boldsymbol{x}}_1) & \cdots & \bar{G}(\bar{\boldsymbol{a}}_{\bar{L}},\bar{\boldsymbol{b}}_{\bar{L}},\bar{\boldsymbol{x}}_1)\\ \vdots & \cdots & \vdots\\ \bar{G}(\bar{\boldsymbol{a}}_1,\bar{\boldsymbol{b}}_1,\bar{\boldsymbol{x}}_{\bar{N}}) & \cdots & \bar{G}(\bar{\boldsymbol{a}}_{\bar{L}},\bar{\boldsymbol{b}}_{\bar{L}},\bar{\boldsymbol{x}}_{\bar{N}})\end{bmatrix}_{\bar{N}\times\bar{L}} \tag{3.128}$$

$$\bar{\boldsymbol{\beta}}=\begin{bmatrix}\bar{\boldsymbol{\beta}}_1^{\mathrm{T}}\\ \vdots\\ \bar{\boldsymbol{\beta}}_{\bar{L}}^{\mathrm{T}}\end{bmatrix}_{\bar{L}\times m},\quad \bar{\boldsymbol{Y}}=\begin{bmatrix}\bar{\boldsymbol{y}}_1^{\mathrm{T}}\\ \vdots\\ \bar{\boldsymbol{y}}_{\bar{N}}^{\mathrm{T}}\end{bmatrix}_{\bar{N}\times m} \tag{3.129}$$

$\bar{\boldsymbol{H}}$ 被称为"网络的隐含层输出矩阵"。在实际应用中,隐含层节点数 $\bar{L}$ 通常比训练样本数 $\bar{N}$ 小,因此训练误差不能精确到零,但是可以逼近一个非零的训练误差 $\bar{\varepsilon}$。由于 SLFN 的参数$\bar{\boldsymbol{a}}_i$,$\bar{\boldsymbol{b}}_i$ 在训练过程中可以简单地取随机值,这样式(3.127)就变成了一个线性系统,输出权值$\boldsymbol{\beta}$_可以由下式得到:

$$\bar{\boldsymbol{\beta}}=\bar{\boldsymbol{H}}^{\dagger}\bar{\boldsymbol{Y}} \tag{3.130}$$

其中,$\bar{\boldsymbol{H}}^{\dagger}$ 表示隐含层输出矩阵 $\bar{\boldsymbol{H}}$ 的 Moore-Penrose 广义逆。

RVFL 是一种针对单隐含层前馈神经网络的简单有效的学习算法,这种方法与传统针对前馈神经网络的基于梯度下降的学习算法相比有着很大的不同。

(1) RVFL 的学习速度非常快。

(2) RVFL 与基于梯度下降的学习算法(如 BP 算法等)相比,具有更好的泛化能力,这使得 RVFL 具有更好的实用性。

(3) 传统基于梯度下降的学习算法通常要面对诸如陷入局部极小、学习率调整不合适以及过拟合等问题,通常需要采用一些特殊的方法避免这些问题的发生。RVFL 则不需要考虑这些细小的问题,能够直接得到问题的解。

(4) 传统学习算法中通常只能使用可微的激活函数,而在 RVFL 中除了可以使用可微的非线性激活函数外,还可以使用不可微的激活函数。

(5) RVFL 中隐含层节点个数、激活函数及其相应参数的选取是一个开放的问题，目前主要基于人工经验。

3.7 软测量回归器设计方法

由于期望风险无法通过样本计算，传统机器学习方法用经验风险（用损失函数计算）估计期望风险，并设计学习算法使之最小化，即所谓的经验风险最小化(empirical risk minimization，ERM)原则。根据大数定律，只有当样本数趋于无穷大且函数集足够小时，才能保证经验风险最小化。因此，经验风险最小并不一定意味着期望风险最小，这是由于将拟合误差最小作为建模的最佳判据而导致算法拟合能力过强（过拟合），从而降低了预报能力。在有限样本的情况下，经验风险过小往往导致模型的过拟合现象，并不能保证实际风险最小，此时模型的泛化能力较低。

支持向量回归(support vector regression，SVR)是一种适合小样本情况的机器学习方法[360-363]。该算法以结构风险最小化原则取代传统机器学习方法中的经验风险最小化原则，同时最小化经验风险和模型复杂度，既考虑了训练样本的拟合性，又考虑了训练样本的复杂性，保证了在有限样本情况下，模型的最佳推广能力和输出函数的平滑性，在机器学习中显示出优异的性能。其在线性可分情况下，通过在特征空间构造线性决策函数进行线性回归函数 $\overleftrightarrow{f}(\overleftrightarrow{x})$，使其经过调整参数等训练后，对于训练样本集以外的 $\overleftrightarrow{x}'$，$\overleftrightarrow{f}(\overleftrightarrow{x}')$ 与其实测值间 $\overleftrightarrow{y}'$ 间的期望风险最小。

为了增强回归的健壮性，选择 $\overleftrightarrow{\varepsilon}$-不敏感支持向量回归机($\overleftrightarrow{\varepsilon}$-ISVR)[280]进行建模，即忽略小于 $\overleftrightarrow{\varepsilon}$($\overleftrightarrow{\varepsilon}$ 为精度，$\overleftrightarrow{\varepsilon}>0$)的拟合误差，综合考虑拟合误差与函数复杂度，用 $\overleftrightarrow{\varepsilon}$-不敏感函数计算的经验风险代替期望风险。

$\overleftrightarrow{\varepsilon}$-不敏感函数的定义如下：

$$\overleftrightarrow{L}(\overleftrightarrow{f}(\overleftrightarrow{x}_i)-\overleftrightarrow{y}_i)=||\overleftrightarrow{y}-\overleftrightarrow{f}(\overleftrightarrow{x})||_{\overleftrightarrow{\varepsilon}}=\begin{cases}0, & |\overleftrightarrow{y}-\overleftrightarrow{f}(\overleftrightarrow{x})|<\overleftrightarrow{\varepsilon}\\ |\overleftrightarrow{y}-\overleftrightarrow{f}(\overleftrightarrow{x})|-\overleftrightarrow{\varepsilon}, & |\overleftrightarrow{y}-\overleftrightarrow{f}(\overleftrightarrow{x})|\geqslant\overleftrightarrow{\varepsilon}\end{cases} \tag{3.131}$$

$\overleftrightarrow{\varepsilon}$-ISVR 的示意图如图 3.17 所示。

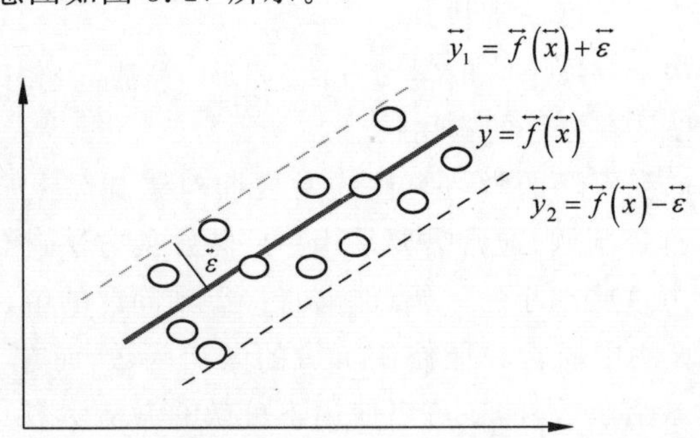

图 3.17 $\overleftrightarrow{\varepsilon}$-ISVR 示意图

其中，两条虚线间的样本点具有最小的损失，两条虚线间的中心线（实线）即所求的回归曲线，其垂直方向上的长度为 $2\overleftrightarrow{\varepsilon}$，$\overleftrightarrow{\varepsilon}$ 为管状区域宽度。$\overleftrightarrow{\varepsilon}$-ISVR 的几何解释就是使尽可能多的样本点落在两条虚线之间，即寻找一个函数 $\overleftrightarrow{f}(\overleftrightarrow{x})$，用 $\overleftrightarrow{f}(\overleftrightarrow{x})$ 拟合待预测响应变量，使所有训练样本的测量值 $\overleftrightarrow{f}(\overleftrightarrow{x}_i)$ 与实测值 $\overleftrightarrow{y}_i$ 的偏差 $|\overleftrightarrow{y}_i-\overleftrightarrow{f}(\overleftrightarrow{x}_i)|\leqslant\overleftrightarrow{\varepsilon}$，同时使函数 $\overleftrightarrow{f}(\overleftrightarrow{x})$ 尽可能地平坦。这样拟合得到的不是唯一解，而是一组包含无限多个解的解集。两条虚线一般要与若干个数据点接触，只有这些数据点才可能是支持向量。随着 $\overleftrightarrow{\varepsilon}$ 值的增加，支持向量的个数会减少，回归曲线也变得平坦。

对于非线性关系问题，SVR 通过引入核函数对特征空间进行“升维”，然后在“升维”后的高维特征空间中构造线性决策函数进行线性回归，即通过非线性变换将非线性问题转化为某个高维特征空间中的线性问题，然后在高维特征空间中进行线性回归。根据凸二次规划理论和 KKT（Karush-Kuhn-Tucker）条件，回归问题转化为求解以下带约束的优化问题：

$$
\begin{aligned}
\max_{\overleftrightarrow{\alpha}_i,\overleftrightarrow{\alpha}_i^*}\overleftrightarrow{W}(\overleftrightarrow{\alpha}_i,\overleftrightarrow{\alpha}_i^*)=&-\overleftrightarrow{\varepsilon}\sum_{i=1}^{\overleftrightarrow{l}}(\overleftrightarrow{\alpha}_i+\overleftrightarrow{\alpha}_i^*)+\sum_{i=1}^{\overleftrightarrow{l}}\overleftrightarrow{y}_i(\overleftrightarrow{\alpha}_i-\overleftrightarrow{\alpha}_i^*)-\\
&\frac{1}{2}\sum_{i,j=1}^{\overleftrightarrow{l}}(\overleftrightarrow{\alpha}_i+\overleftrightarrow{\alpha}_i^*)(\overleftrightarrow{\alpha}_i-\overleftrightarrow{\alpha}_i^*)\overleftrightarrow{K}(\overleftrightarrow{x}_i,\overleftrightarrow{x}_j)\\
\text{s.t.}\ &\sum_{i=1}^{\overleftrightarrow{l}}(\overleftrightarrow{\alpha}_i+\overleftrightarrow{\alpha}_i^*)=0\quad 和\quad \overleftrightarrow{\alpha}_i,\overleftrightarrow{\alpha}_i^*\in\left[0,\frac{\hat{C}}{\overleftrightarrow{l}}\right]
\end{aligned}
\tag{3.132}
$$

其中，$\overleftrightarrow{l}$ 是样本数；$\hat{C}$ 是惩罚因子，表示实验风险与结构风险间的平衡，$\hat{C}$ 值越大表示越重视实验风险，反之则表示越重视结构风险；$\overleftrightarrow{\alpha}_i$ 和 $\overleftrightarrow{\alpha}_i^*$ 是拉格朗日乘子；$\overleftrightarrow{K}(\overleftrightarrow{x}_i,\overleftrightarrow{x}_j)$ 是核函数，$\overleftrightarrow{K}(\overleftrightarrow{x}_i,\overleftrightarrow{x}_j)=\overleftrightarrow{\phi}(\overleftrightarrow{x}_i)\cdot\overleftrightarrow{\phi}(\overleftrightarrow{x}_j)$。$\overleftrightarrow{\phi}(\overleftrightarrow{x}_i)$ 的作用是使训练输入数据 $\overleftrightarrow{x}_i$ 通过 $\overleftrightarrow{\phi}(\cdot)$ 从特征空间 R^N 映射到更高维的特征空间 $\overleftrightarrow{F}$。

求解式(3.132)可以得到最优参数 $\widehat{\overleftrightarrow{\alpha}}_i$ 和 $\widehat{\overleftrightarrow{\alpha}}_i^*$ $(i=1,2,\cdots,\overleftrightarrow{l})$，然后利用任何训练样本数据 $(\overleftrightarrow{x}_j,\overleftrightarrow{y}_j)$ 计算参数 $\overleftrightarrow{b}=\overleftrightarrow{y}_j-\sum_{i=1}^{\overleftrightarrow{l}}(\widehat{\overleftrightarrow{\alpha}}_i-\widehat{\overleftrightarrow{\alpha}}_i^*)\overleftrightarrow{K}(\overleftrightarrow{x}_i,\overleftrightarrow{x}_j)+\overleftrightarrow{\varepsilon}$，其非线性回归模型如下：

$$
\overleftrightarrow{f}(\overleftrightarrow{x})=\sum_{i=1}^{\overleftrightarrow{l}}(\widehat{\overleftrightarrow{\alpha}}_i-\widehat{\overleftrightarrow{\alpha}}_i^*)\overleftrightarrow{K}(\overleftrightarrow{x}_i,\overleftrightarrow{x})+\overleftrightarrow{b}
\tag{3.133}
$$

核函数 $\overleftrightarrow{K}(\overleftrightarrow{x},\overleftrightarrow{y})$ 应满足默瑟定理：若 $\int\overleftrightarrow{K}(\overleftrightarrow{x},\overleftrightarrow{y})\overleftrightarrow{g}(\overleftrightarrow{x})\overleftrightarrow{g}(\overleftrightarrow{y})\mathrm{d}\overleftrightarrow{x}\mathrm{d}\overleftrightarrow{y}\geqslant 0$ 和 $\int\overleftrightarrow{g}(\overleftrightarrow{x})^2\mathrm{d}\overleftrightarrow{x}<\infty$，则函数 $\overleftrightarrow{K}(\overleftrightarrow{x},\overleftrightarrow{y})$ 是核函数，即 $\overleftrightarrow{K}(\overleftrightarrow{x},\overleftrightarrow{y})=\overleftrightarrow{\phi}(\overleftrightarrow{x})\cdot\overleftrightarrow{\phi}(\overleftrightarrow{y})$。

选用的核函数不仅要满足默瑟定理，而且要在实际应用中反映训练样本的分布特性。因此，核函数的选择至关重要，它决定了特征空间的结构。但是目前尚没有一种针对具体问题构造出合适的核函数的有效方法。核函数的选择需要一定的先验知识。常用的核函数有

线性核函数：

$$\overleftrightarrow{K}(\overleftrightarrow{x}_i,\overleftrightarrow{x}_j)=\overleftrightarrow{x}_i^{\mathrm{T}}\overleftrightarrow{x}_j \tag{3.134}$$

多项式核函数：

$$\overleftrightarrow{K}(\overleftrightarrow{x}_i,\overleftrightarrow{x}_j)=(\hat{\gamma}\overleftrightarrow{x}_i^{\mathrm{T}}\overleftrightarrow{x}_j+\overleftrightarrow{r})^{\overleftrightarrow{d}},\quad \hat{\gamma}>0 \tag{3.135}$$

高斯径向基核函数(RBF)：

$$\overleftrightarrow{K}(\overleftrightarrow{x}_i,\overleftrightarrow{x}_j)=\exp\left(-\hat{\gamma}\|\overleftrightarrow{x}_i-\overleftrightarrow{x}_j\|^2\right),\quad \hat{\gamma}>0 \tag{3.136}$$

感知器核函数：

$$\overleftrightarrow{K}(\overleftrightarrow{x}_i,\overleftrightarrow{x}_j)=\tanh(\hat{\gamma}\overleftrightarrow{x}_i^{\mathrm{T}}\overleftrightarrow{x}_j+\overleftrightarrow{r}) \tag{3.137}$$

其中，$\hat{\gamma}$，$\overleftrightarrow{r}$，$\overleftrightarrow{d}$ 是核函数的参数，反映模型选择的复杂度。

在设计回归器时，需要选取适宜的惩罚因子 $\hat{C}$、不敏感损失系数 $\overleftrightarrow{\varepsilon}$、核函数及其参数。上述参数对于回归模型的学习精度和泛化性起着决定性作用，但至今还没有形成有效通用的理论指导原则和方法。

不敏感损失参数 $\overleftrightarrow{\varepsilon}$ 控制着回归函数对样本数据的不敏感区域的宽度，影响着支持向量的数目。如果 $\overleftrightarrow{\varepsilon}$ 值太小，则支持向量数量过多而导致回归模型过于复杂，回归估计精度较高，降低了泛化性；如果 $\overleftrightarrow{\varepsilon}$ 值太大，则支持向量数量过少而稀疏，使回归模型过于简单，降低了回归模型估计的精度。

惩罚因子 $\hat{C}$ 是模型结构风险和经验风险间的调节系数，反映了算法对超出 $\overleftrightarrow{\varepsilon}$-不敏感带的样本数据的惩罚程度，影响回归模型的复杂性和稳定性。如果参数 $\hat{C}$ 太小，则对样本数据中超出 $\overleftrightarrow{\varepsilon}$-不敏感带的样本惩罚过小，训练误差变大，模型的泛化能力变差；如果 $\hat{C}$ 太大，相应的结构风险的权重减小，学习精度提高，但回归模型的泛化能力变差。此外，$\hat{C}$ 的取值还影响对样本中“离群点”(噪声影响下非正常数据点)的处理结果，选取合适的 $\hat{C}$ 就能在一定程度上降低干扰，从而获取比较精确、稳定的回归模型。

核函数及其参数对回归模型的拟合效果也有影响。高斯径向基核函数是一个普适的核函数，它可以适用于任意分布的样本。RBF 中的参数 $\hat{\gamma}$ 反映了训练样本的分布或范围特性，决定了局部邻域的宽度。如果 $\hat{\gamma}$ 值过大，支持向量间的影响过强，可能导致训练数据的拟合不足；如果 $\hat{\gamma}$ 值过小，支持向量间的联系比较松弛，学习机器相对复杂，泛化能力得不到保证，此时 $\hat{C}$ 取稍小即可，以保证模型的泛化能力。

由上述分析可见，选择具有最佳拟合效果的回归模型参数十分必要。主要的回归模型参数选择方法如下。

(1) 利用先验知识或使用者的经验选择和试凑回归模型的参数，该方法具有一定的主观性与随机性。

(2) 利用不敏感参数 $\overleftrightarrow{\varepsilon}$ 值与噪声方差成比例的特性选择参数[364]，但该方法不能反映训练样本集的大小。

(3) 选择训练样本值的范围作为模型参数 $\hat{C}$ 的取值[365]，但该方法没有考虑到训练样本以外的点对模型带来的影响。

(4) 从训练样本数据中以数学表达式选择模型的参数 $\hat{C}$ 值[366]，通过训练样本个数和样本的噪声水平求取 $\overleftrightarrow{\varepsilon}$ 值。参数 $\hat{C}$ 的计算公式如下：

$$\hat{C} = \max\left(\left|\widehat{\overleftrightarrow{y}} - 3\overleftrightarrow{\sigma}_{\overleftrightarrow{y}}\right|, \left|\widehat{\overleftrightarrow{y}} + 3\overleftrightarrow{\sigma}_{\overleftrightarrow{y}}\right|\right) \tag{3.138}$$

其中，$\widehat{\overleftrightarrow{y}}$ 是训练样本的 f-CaO 含量实测值的平均值，$\overleftrightarrow{\sigma}_{\overleftrightarrow{y}}$ 是训练样本的标准差。

参数 $\overleftrightarrow{\varepsilon}$ 的计算公式如下：

$$\overleftrightarrow{\varepsilon} = 3\overleftrightarrow{\sigma}\sqrt{\ln \overleftrightarrow{l} / \overleftrightarrow{l}} \tag{3.139}$$

其中，$\overleftrightarrow{\sigma}$ 为噪声的标准方差，$\overleftrightarrow{l}$ 为训练样本数。

如果核函数是高斯径向基核函数，参数 $\hat{\gamma}$ 应能反映样本的输入范围。

利用 k-折交叉验证方法(k-fold cross validation)[367]选择模型参数。该方法是将训练样本集随机地分成 k 组大小相等的互不相交的子集。利用($k-1$)个训练子集，对给定的一组参数建立回归模型，利用剩下的一个子集代入模型进行测试，并用测试结果的均方误差评价参数性能。重复以上过程 k 次，使每个子集都有机会进行测试，根据 k 次迭代后得到的均方误差选择一组最优的参数。k-折交叉验证方法能够防止过拟合，但无法确定 k 取何值时能保证最优化和模型的泛化性能。

衡量软测量模型对拟合效果影响的指标包括拟合优度、均方误差等。

(1) 拟合优度的计算公式如下：

$$\overleftrightarrow{R}^2 = 1 - \frac{\mathrm{SSE}}{\mathrm{SST}} = 1 - \left(\sum_{i=1}^{\overleftrightarrow{l}} (\overleftrightarrow{y}_i - \widehat{\overleftrightarrow{y}}_i)^2\right) \Big/ \left(\sum_{i=1}^{\overleftrightarrow{l}} (\overleftrightarrow{y}_i - \widehat{\overleftrightarrow{y}})^2\right) \tag{3.140}$$

其中，SSE 与 SST 分别代表剩余平方和与总离差平方和；$\overleftrightarrow{l}$ 是样本数量；$\overleftrightarrow{y}_i$ 是 f-CaO 含量的实测值；$\widehat{\overleftrightarrow{y}}_i$ 是 f-CaO 含量的估计值；$\widehat{\overleftrightarrow{y}}$ 是 f-CaO 含量实测值的平均值，$\overleftrightarrow{R}^2 \in [0,1]$。拟合优度 $\overleftrightarrow{R}^2$ 越接近 1 说明数据聚集在拟合函数曲线周围的密集程度越高，拟合效果越好；$\overleftrightarrow{R}^2$ 越接近 0 说明对样本数据的拟合效果越差。

（2）均方根误差的计算公式如下：

$$\mathrm{RMSE}=\sqrt{\frac{\mathrm{SSE}}{\overleftrightarrow{l}}}=\sqrt{\left(\sum_{i=1}^{\overleftrightarrow{l}}(\overleftrightarrow{y}_i-\widehat{\overleftrightarrow{y}}_i)^2\right)/\overleftrightarrow{l}} \tag{3.141}$$

均方根误差 RMSE 表示拟合结果与实测值之间的平均误差。均方根误差越小说明利用回归模型进行拟合的平均误差越小，测量的可靠性越大，拟合效果越好。训练样本在不同的参数条件下，其训练的回归模型的拟合优度和均方根误差都显著不同。一般均方根误差小的回归模型拟合优度都较大。

第4章

基于火焰图像多特征的烧成状态识别方法

4.1 引言

根据回转窑操作专家的经验，回转窑烧成状态可被分为正常态、欠烧态和过烧态。烧成带的火焰图像蕴含了丰富的窑内温度场分布和熟料烧结状况信息，被认为可以真实、全面地反映回转窑内部烧结状态。火焰图像作为回转窑内烧成带三维分布的一个二维截面图，其感兴趣区域(即火焰区域和物料区域)的色彩特征是现场看火操作员判别当前烧成状态的一个关键因素。火焰是等离子状态的物质。在正常状态下，原子总是处在能量最低的基态，当原子被火焰、电弧、电火花激发时，核外电子吸收能量被激发跃迁到较高的能级。处于激发态的电子不稳定，当它跃迁到能量较低的能级时就会发出具有一定能量、一定波长的光，我们通常看到的火焰就是这些光。由于不同原子的激发态和基态能量不同，光就会有不同的能量，呈现出不同的色彩。由于色彩与光的能量一一对应，而光的能量又和窑内烧成状态紧密关联，所以，感兴趣区域的色彩特征表明了燃烧区域和温度场的分布，合适的色彩特征意味着适宜的烧成带温度分布和正常的烧成状态。

感兴趣区域的形态特征是现场看火操作人员判别当前烧成状态的另一个关键因素。形态特征是物体最基本的有感官意义的特征之一。对形态的表示通常可以分为编码方式和简化方式。其中，编码方式包括链码、游程码等，简化方式包括样条、插值、多项式和特征点检测等。形态通过一些方法生成数值的描述数据来表示。在尽可能区别不同目标的基础上，描述子应对目标的平移、旋转和尺度变化不敏感。感兴趣区域的形态特征表征了窑内热源、源自烟尘的干扰和熟料烧结状况。具有良好的圆度和近似月牙形的火焰区域形态加之适宜的物料区域高度意味着合适的窑内热量供给、良好的通风条件和满意的熟料质量，亦即正常的烧成状态。

回转窑内煤粉不断燃烧爆炸，窑内生料发生物理化学变化时产生大量的水汽和粉尘，安装在窑头的CCD摄像头长时间工作在高温环境下难免产生图像畸变，以及工业现场存在着大量的工频干扰等因素，共同导致回转窑烧成带的火焰图像质量不高，其中存在大量的噪声干扰，如图4.1所示。

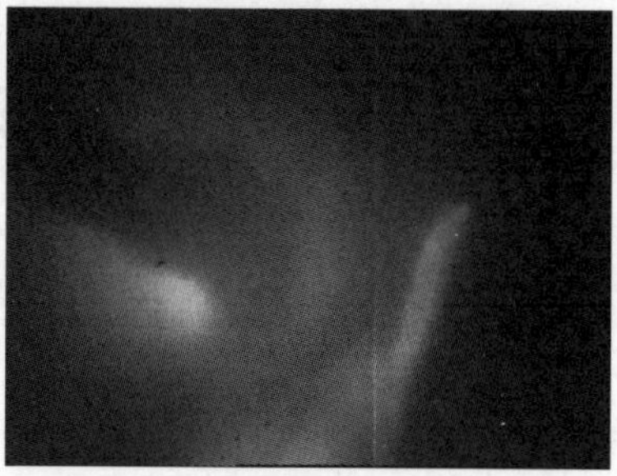

图4.1 回转窑烧成带火焰图像

在回转窑烧结过程中，煤粉、烟尘不断翻腾，使烧成带火焰图像中被看火操作人员特殊关注的区域（感兴趣区域，即火焰区域和物料区域）与背景区域（窑壁区域）之间的界线模糊，且火焰区域和物料区域之间耦合严重，如图4.2所示。

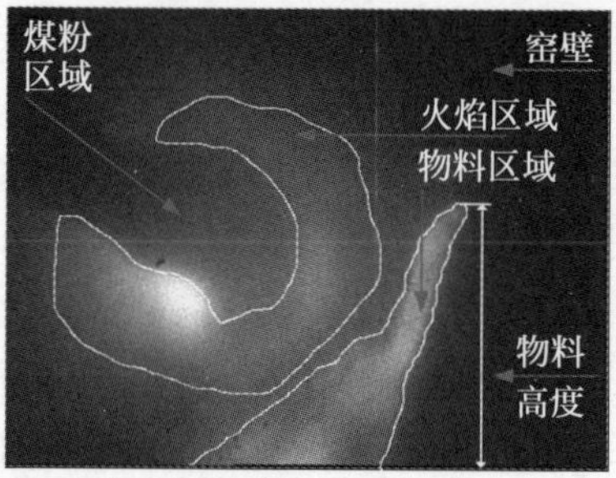

图4.2 烧成带火焰图像的感兴趣区域

背景区域是火焰图像中亮度最低的区域，可以很容易地从图像中判别。喷煤管前端喷出的煤粉形成的煤粉区域（俗称“黑靶子”）是容易与背景区域发生混淆的。在窑内烧成状态正常的情况下，可以将其并入背景区域不予考虑。在窑内烧成状态非正常的情况下，仅凭火焰区域和物料区域不足以准确判别烧成状态，可以将“黑靶子”作为烧成状态判别的一个辅助因素。

火焰区域是位于图像中部亮度较大的区域。从工艺的角度来说，火焰区域是煤粉从喷煤管射出后，与回转窑烧成带的高温热空气混合在一起，瞬间爆炸燃烧形成的一个区域，是为回转窑烧成带提供热量的主要方式，也是保证熟料烧结的重要手段。由于受到CCD摄像机拍摄角度、喷煤管位置、煤粉燃烧充分程度、生料物料化学变化时带来的水汽和粉尘等因素的影响，火焰区域在图像中呈现由若干较小明亮区域构成的一块中心较暗、边缘较亮的月牙形区域。火焰区域的色彩和形态是看火操作人员判断烧成状态的重要依据之一。相对背景区域和物料区域，在正常的热工平衡状态下，火焰区域亮度较大且分布较均匀、形态稳定，看火操作人员常用“火焰茁壮有力”形容正常烧成状态时的火焰区域。当窑内温度较低时，窑头喷煤管射出的煤粉与窑内热空气混合后不能立即爆炸燃烧，导致火焰区域亮度降低、与背景区域和物料区域没有明显边界，且易受未燃烧煤粉影响导致形态紊乱，图像中的火焰区域将呈现模糊昏暗、不规则发散状的形态。当窑内温度较高时，在煤粉从窑头喷煤管喷出之后，还未与窑内热空气充分混合即爆炸燃烧，火焰区域亮度和面积较正常烧成状态时都更大，但这种情况下的煤粉燃烧效率不高。

物料区域位于火焰区域的右下方，其亮度源于火焰区域的辐射，介于背景区域和火焰区域中间。从工艺的角度来看，生料经过预热分解，在烧成带完成最终的熟料烧结过程后，由下料口进入冷却机冷却。物料区域是生料烧结成熟料的主要区域，集中了熟料烧结所需的重要物理化学反应，是决定熟料烧结质量的重要区域。在正常烧成状态下，物料受到回转窑的旋转和倾斜的影响，在烧成带缓慢向前，均匀受热，在物料区域看到的应该是大小适中、具有一定亮度的熟料颗粒，并且具有一定黏度，能够随着回转窑的旋转被带至一定高度。在过烧状态下，物料在高温作用下亮度和黏稠度增大，此刻图像中的物料区域亮度增大、与火焰区域分界更不明显、带料高度明显增加。在欠烧状态下，生料浆没有得到充分烧结直接通过物料区域进入下料口，俗称“跑黄料”，此时图像中的物料区域色彩灰暗，亮度很低，几乎没有带料高度或带料高度很低。烧成状态与火焰、物料区域特征之间的关系见表 4.1。

表 4.1　烧成状态与火焰区域、物料区域特征之间的关系

烧成状态	火焰区域特征	物料区域特征
过烧态	火焰亮度高、面积较正烧态更大	亮度高、物料变黏稠、颗粒变大、带料高度明显增高
正烧态	火焰亮度较高、形态均匀	亮度适中、颗粒大小适中、带料高度适中
欠烧态	火焰亮度较低、形态紊乱	亮度低、颗粒较小、带料高度较低、俗称“跑黄料”

与图 4.1 对应的灰度直方图如图 4.3 所示。从图 4.3 可以看出，回转窑烧成带火焰图像的直方图不存在明显的波峰和波谷。

基于火焰图像的分析技术已经被广泛研究，一幅火焰图像首先被分割成若干个感兴趣区域，表征感兴趣区域的色彩或者形态特征继而被提取，基于提取的特征，烧成状态被识别[368]、未燃烧碳[369]和 NO_x 的含量被鉴别[370]。但由于窑内烟尘的干扰，火焰图像感兴趣区域耦合严重，从图 4.3 可以看出，现有的图像分割方法难以准确分割获取火焰图像的感兴趣区域。下面将给出基于第 3 章中的图像分割方法的火焰图像感兴趣区域的分割结果。

图 4.4 给出了基于 OSTU 算法的火焰图像感兴趣区域的分割结果，可以看出，由于物料区域的亮度源于火焰区域的辐射，两个区域耦合严重，两区域难以准

确区分,并且由于窑内烟尘的干扰,分割得到的感兴趣区域大于真实感兴趣区域。

图 4.5 给出了基于 FCM 算法对图 4.4(a)的感兴趣区域的分割结果,物料区域和火焰区域之间依然难以准确区分,并且分割得到的感兴趣区域失真。

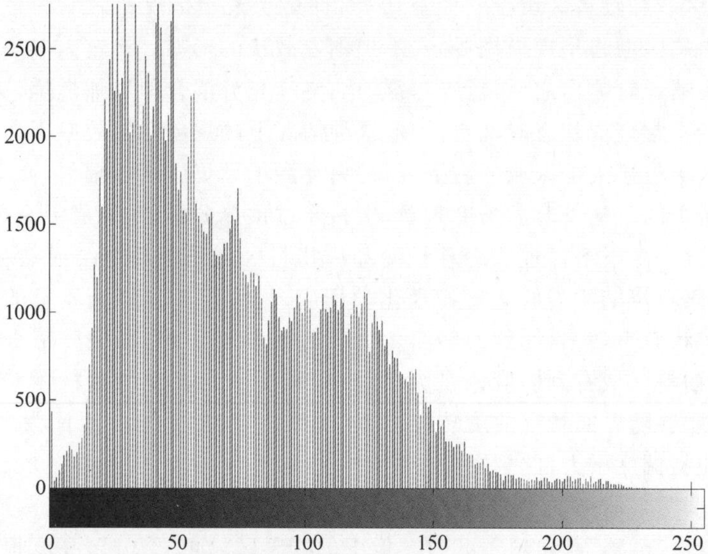

图 4.3 火焰图像的灰度直方图

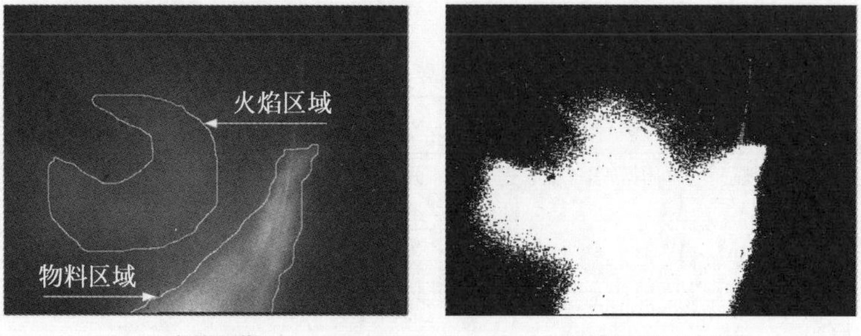

(a) 火焰图像 (b) 感兴趣区域图像

图 4.4 基于 OTSU 算法的感兴趣区域分割结果

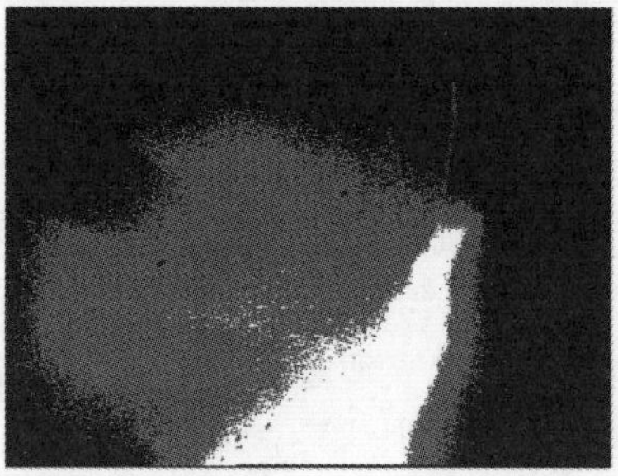

图 4.5 基于 FCM 算法的感兴趣区域分割结果

图 4.6 给出了基于 FCMG 算法的火焰图像感兴趣区域分割结果，从图中可以看出，物料区域和火焰区域之间难以区分。

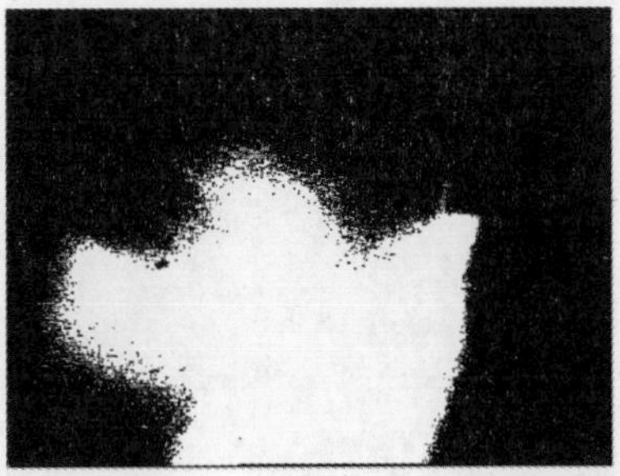

图 4.6　基于 FCMG 算法的感兴趣区域分割结果

图 4.7 给出了基于改进的 DFM 算法的火焰图像感兴趣区域分割结果，从图 4.7(a)中可以看出，当烧成状态正常时，火焰图像的质量相对较高，感兴趣区域的边缘较为清晰，分割结果较好。而当窑内时常出现烟尘干扰时，各区域的边界模糊，导致能量方程的失效，最终获得失真的感兴趣区域，如图 4.7(b)所示。

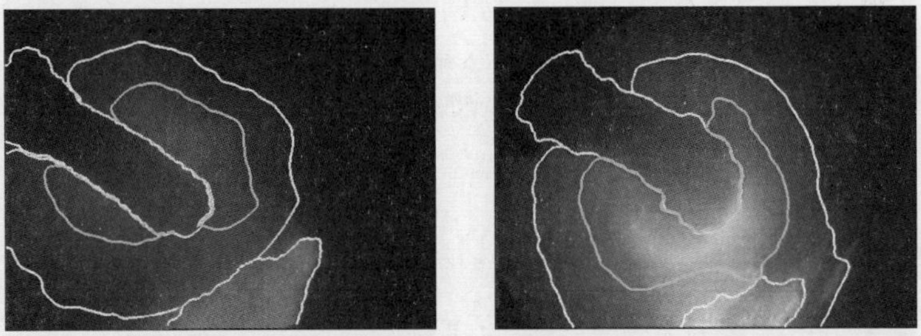

(a) 成功结果　　(b) 失败结果

图 4.7　基于改进 DFM 算法的感兴趣区域分割结果

图 4.8 给出了基于 Ncut 算法的火焰图像感兴趣区域分割结果，从图中可以看出，该方法对于质量不高的烧成带火焰图像感兴趣区域的分割完全失效。

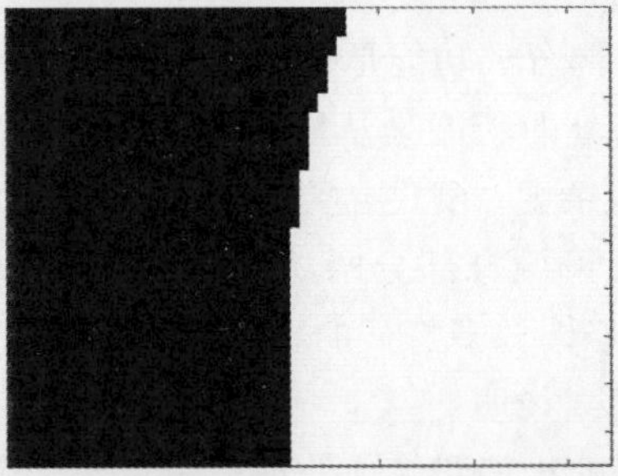

图 4.8　基于 Ncut 的感兴趣区域分割结果

图 4.9 给出了基于 MAT 算法的火焰图像感兴趣区域分割结果，可以看出，当窑内烧成状态较好时，物料区域可以较好地获取，但所获取的火焰区域由若干类似于噪声的小区域组成，不能反映火焰区域的真实形态。当窑内烧成状态不好时，由于烟尘干扰，物料区域的形态与真实形态差别较大。

图 4.9　基于 MAT 算法的感兴趣区域分割结果

从以上基于各种图像分割技术获取的火焰图像感兴趣区域的结果可以看出，尽管到目前为止，已经有很多类型的图像分割算法，但是由于分割效果依赖于图像的具体内容，回转窑中存在烟尘影响，物料区域的亮度源于火焰区域的辐射，使烧成带火焰图像的质量不高，对火焰图像感兴趣区域的精确分割极具挑战性并且结果不可靠。不精确的分割将导致不精确的特征提取和较差的烧成状态识别结果。

4.2　基于火焰图像多特征的烧成状态识别策略

为了避免由于图像分割技术带来的问题，下面将介绍本书采用的不基于图像分割方法提取表征火焰图像感兴趣区域的色彩和形态特征，建立图像特征与烧成状态之间的非线性关系，以改进火焰图像烧成状态识别结果的可靠性和精度。

本书提出的基于火焰图像多特征烧成状态识别方法的策略图如图 4.10 所示，包括火焰图像预处理、特征提取和选择、模式分类器设计和决策融合四部分。其中，火焰图像预处理的功能是尽可能地区分具有不同纹理特性的感兴趣区域以有利于后续步骤；特征提取部分的功能是提取表征火焰图像感兴趣区域的色彩特征和形态特征；特征选择部分的功能是从所提取的特征集合中选取有效特征，以降低烧成状态识别模型的复杂度；模式分类器部分的功能是建立有效特征与烧成状态之间的非线性关系；决策融合部分的功能是综合各子特征的烧成状态识别结果，以给出最终的基于火焰图像多特征的烧成状态识别结果。

下面对各部分进行简要说明。

(1) 基于加博滤波器的火焰图像预处理算法见 3.2 节。针对加博滤波器组设计过程中出现的冗余滤波器现象，提出了一种压缩加博滤波器组设计方法，在降低特征表征维数的同时，增强感兴趣区域之间的可区分程度。

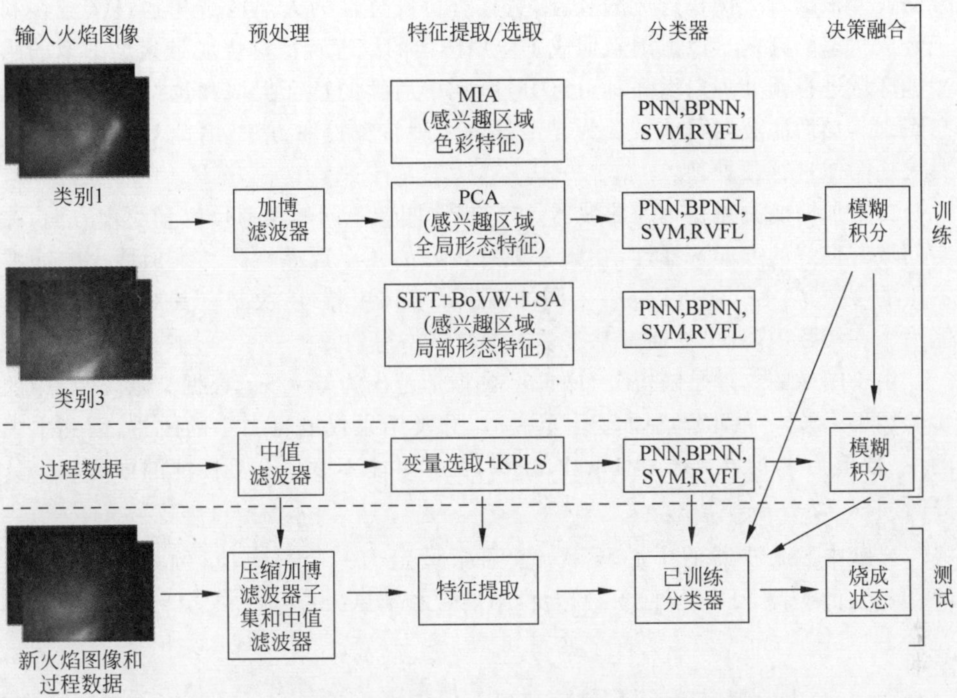

图 4.10　基于火焰图像多特征的回转窑烧成状态识别策略图

(2) 基于多变量图像分析(MIA)提取感兴趣区域色彩特征的方法见 3.4.1 节。

(3) 基于主成分分析(PCA)提取感兴趣区域全局形态特征的方法见 3.4.2 节，提出了一种主成分选取方法，选取具有最大可分性的主成分构建全局形态特征以更好地区分不同烧成状态的火焰图像。

(4) 基于比例不变特征变换(SIFT)提取感兴趣区域局部形态特征的方法见 3.4.3 节，并结合视觉字典本(BoVW)和潜在语义分析(LSA)降低局部形态特征的维数，给出了一种潜在的语义选取方法，选取具有最大可分性的潜在的语义构建局部特征向量，以更好地区分各类别火焰图像。

(5) 基于模糊积分(fuzzy integral)的决策融合步骤和各子分类器的设计见 3.5 节和 3.6 节。

4.3　基于压缩加博滤波器组的火焰图像预处理算法

为了改善火焰图像的质量，为后续的特征提取和选择以及烧成状态识别做必要的准备，首先需要对烧成带火焰图像进行滤波预处理。通过观察烧成带火焰图像可知，由于物料区域由众多熟料颗粒集结而成，其在视觉上相对其他区域具有明显的纹理粗糙感，且由于回转窑自身的旋转会带动物料区域，其还呈现一定的纹理方向性。根据看火操作人员的经验,更具有可区分性的火焰区域和物料区域将利于烧成状态的判别。以上因素促成了应用图像的纹理特征对烧成带火焰图像的感兴趣区域进行预处理以增强其可区分性,利于后续的特征提取和选择以及烧成状态识别。加博滤波器目前被认为是最佳的纹理特征提取方法,因此本书将采用其对火焰图像进行预处理。

二维加博滤波器是带通滤波器,可以提取图像不同的频率尺度和纹理方向,在空间域有良好的方向选择性,在频率域有良好的频率选择性。二维加博小波滤波器组的参数 $f_m, n_f, n_o, \sigma_x, \sigma_y$ 共同体现了其多尺度特性,决定了其对信号的表达能力。在实际中,其设计通常基于多次参数试凑得到。

由于图像的纹理是随机分布的,θ_k 的取值范围为 0～2π。根据文献[371]中的实验结果,当 n_o 的取值由 4 变化至 8 时,分类结果仅取得微小的改进,因此本书的 n_o 取值为 4,即 $\theta_k = 0, \pi/4, \pi/2, 3\pi/2$,在尽可能不改变分类性能的同时减少计算时间。

文献中对滤波器的中心频率 f_m 通常设定为一个固定值,例如 $1/4, \sqrt{2}/4, 0.4, 0.3, 1/5.47$[371]。根据文献[371]中的实验结果,当选取

$$f_m = \sigma_x / (2\sigma_x + 2\sqrt{\lg 2}/\pi) \tag{4.1}$$

并且式(3.7)中的频率比 $a=\sqrt{2}$ 时,可以较固定中心频率 f_m 以及 $a=2$ 时获取更佳的分类结果。此外,当 n_f 的取值从 4 变化至 6 时,分类结果没有明显改进。因此,本书中 $f_m = \sigma_x / (2\sigma_x + 2\sqrt{\lg 2}/\pi)$,$a=\sqrt{2}$ 和 $n_f = 4$。

此外,文献[371]中的实验结果还表明,平滑参数 σ_x 和 σ_y 较 n_o, f_m 和 n_f 对分类的结果具有更为显著的影响,因而在设计时需要格外小心。从文献[371]可以看出,当平滑参数 σ_x 和 σ_y 取较小值时,更佳的分类效果可以被获取。因此,本书中 $\sigma_x = 0.5, 1$ 和 $\sigma_y = 0.5, 1$。

这样,一个包含 $n_G = n_f n_o \sigma_x \sigma_y = 4 \times 4 \times 2 \times 2 = 64$ 个加博滤波器的初始滤波器组被构建。初始滤波器组参数的设定见表 4.2。

表 4.2 初始加博滤波器组参数的设定

参数	f_m	n_f	n_o	σ_x	σ_y
参数值	$\sigma_x / (2\sigma_x + 2\sqrt{\lg 2}/\pi)$	4	4	0.5,1.0	0.5,1.0

由于窑内环境恶劣,火焰区域和物料区域难以精确分割获取。但是由于本书研究背景的特殊性,即经由固定位置的摄像机可以大致确定火焰区域和物料区域的分布范围,因此,如图 4.11 所示,两个固定位置 25×25 像素的窗口被用来分别采样火焰和物料的感兴趣区域,以采样图像表征感兴趣区域的纹理特性。这里,由于已观察了大量烧成带火焰图像样本,可以认为固定窗口所采集的纹理特性近似地表征了该区域的主要纹理特性。

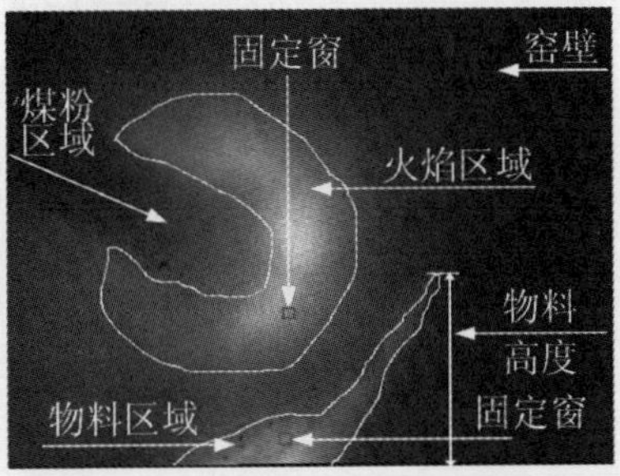

图 4.11　带固定窗的烧成带火焰图像

首先，将 P 幅 RGB 训练火焰图像 $I_1, I_2, \cdots, I_{T_r}$ 分别变换成灰度图像 I'_1，$I'_2, \cdots, I'_{T_r}$。假设 $T_1, T_2, \cdots, T_{2T_r}$ 表示从 T_r 幅灰度火焰图像 $I'_1, I'_2, \cdots, I'_{T_r}$ 中获取的 $2T_r$ 幅火焰和物料感兴趣区域采样图像。采用之前建立的包含 n_G 个加博滤波器的滤波器组分别对这 $2T_r$ 幅采样图像进行卷积运算。图 4.12 和图 4.13 分别给出了 n_G 个加博滤波器组对一幅火焰和物料采样图像的卷积结果。

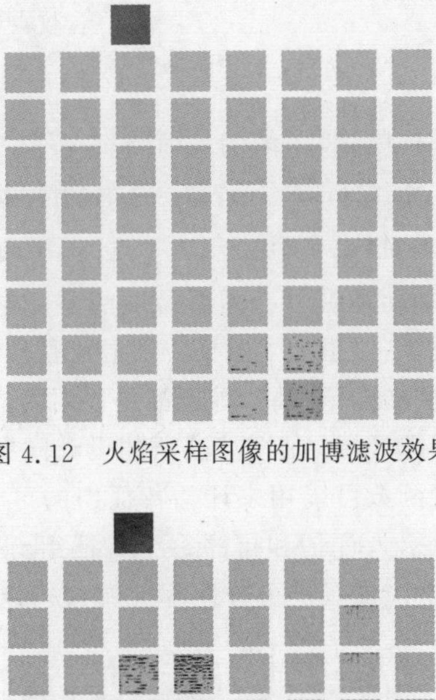

图 4.12　火焰采样图像的加博滤波效果

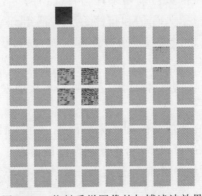

图 4.13　物料采样图像的加博滤波效果

从上述滤波效果可以看出，由于所设计的加博滤波器组紧密相连，相邻滤波器的滤波性能相似，仅有小部分滤波器可能有用，其余皆是冗余的或者相关的。模式识别中存在一个著名的“尖峰”现象[372]，即高维的特征表征将会导致逐步恶化的分类性能，如图 4.14 所示。这里可以理解为冗余的滤波器不能引入显著的特征，反而会导致分类误差率加大。因此，下面将给出一种设计方法以自动生成一个压缩的滤波器组得到低维的纹理特征表征，在消除设计过程中潜在的人为干扰和滤波器组冗余性的同时，尽可能地区分感兴趣区域。

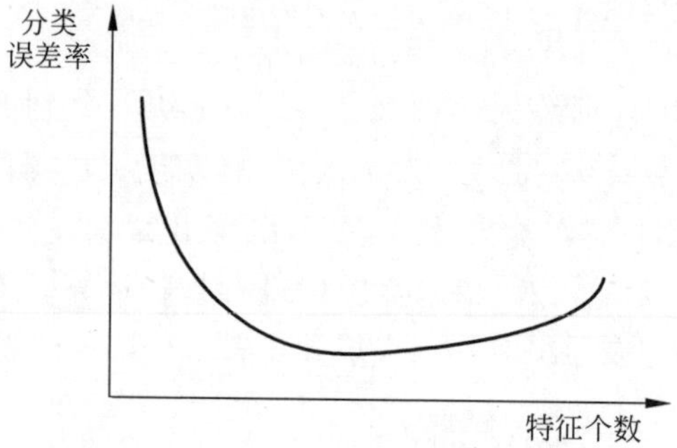

图 4.14 “尖峰”现象

对于每幅滤波后的采样图像，图像的均值特征 μ 和方差特征 σ 被提取来表征该滤波后的采样图像，即 μ。设 $\boldsymbol{z}_1,\boldsymbol{z}_2,\cdots,\boldsymbol{z}_{n_G}$ 表示全体采样图像经由 n_G 个加博滤波器滤波处理后所提取的特征组，其中 $\boldsymbol{z}_k=[z_{1,k},z_{2,k},\cdots,z_{2T_r,k}]^{\mathrm{T}}$，$k=1,2,\cdots,n_G$，这样每个 $\boldsymbol{z}_k$ 就对应一个加博滤波器。需要说明的是，对于采样图像，可以提取众多统计特征来表征原始图像，这里为了验证方法的可行性，仅选取了最简单的均值和方差特征，对其他特征例如能量、幅值等也都是适用的。

为了更好地区分感兴趣区域，加博滤波器的设计问题在这里被转化为一个分类问题。马氏可分性度量函数可以用来评估特征组的可分能力，同时消除特征组之间的相关性，因此，这里引入评估和排序每个特征组 $\boldsymbol{z}_k$ 及其对应的加博滤波器的可分能力。特征组 $\boldsymbol{z}_k$ 对应的马氏可分性度量 $J_M(k)$ 定义如下：

$$J_M(k)=(\boldsymbol{m}_{i,k}-\boldsymbol{m}_{j,k})\boldsymbol{C}_k^{-1}(\boldsymbol{m}_{i,k}-\boldsymbol{m}_{j,k})^{\mathrm{T}},\quad i,j=1,2;\ i\neq j \tag{4.2}$$

其中，$\boldsymbol{m}_{i,k}$，$\boldsymbol{m}_{j,k}$ 和 $\boldsymbol{C}_k$ 分别表示特征组 $\boldsymbol{z}_k$ 中物料和火焰采样区域特征的均值向量和协方差矩阵。

对于两类别加博滤波处理后的训练采样图像，每个加博滤波器的马氏可分能力如图 4.15 所示。从图中可以看出，不同加博滤波器对于两类别采样图像的可分能力是不同的，因此需要从中选取具有大可分能力的加博滤波器以增强感兴趣区域之间的可区分程度。

一般来说，多个特征集合较单一特征具有更好的性能。在本书中，马氏可分性度量函数将与前向特征选择技术相结合以自动地选取不相关的特征组 $\boldsymbol{z}_k$ 及其对

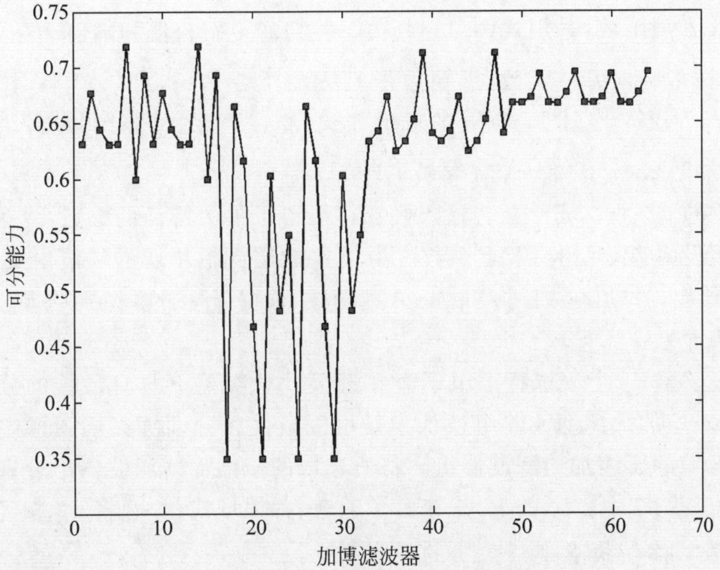

图 4.15　每个加博滤波器的可分能力

应的加博滤波器。需要指出的是，我们的关注点不是特征选择技术，而是采用这一技术辅助加博滤波器设计的可行性。该算法的流程如下：

(1) 对 P 幅灰度火焰图像 $I_1', I_2', \cdots, I_{T_r}'$ 采样，获取 $2T_r$ 幅火焰和物料感兴趣区域采样图像。根据表 4.2 建立初始加博滤波器组，采用式(3.8)分别对采样图像进行卷积运算，并对滤波后的采样图像提取特征组 $z_1, z_2, \cdots, z_{n_G}$。

(2) 对于每个归一化后的特征组$\boldsymbol{z}_k$，用式(4.2)计算其相应的马氏可分性度量 J_k。假设 $J_{k_1} \geqslant J_{k_2} \geqslant \cdots \geqslant J_{k_{n_G}}$ $(k_i \in \{1,2,\cdots,n_G\})$，与 J_{k_1} 相对应的特征组$\boldsymbol{z}_{s_1}$被选为第一个候选特征组子集，并表征为 $f_1 = \{\boldsymbol{z}_{s_1}\}$。

(3) 每个剩余的特征组均与 f_1 组合得到 $n_G - 1$ 个候选特征组子集 $f_2 = \{\boldsymbol{z}_{s_1}, \boldsymbol{z}_j\}(j \in \{1,2,\cdots,n_G\}, j \neq s_1)$。用式(4.2)计算其相应的马氏可分性度量，最大的马氏可分性度量所对应的特征组子集$\{\boldsymbol{z}_{s_1}, \boldsymbol{z}_{s_2}\}(s_2 \in \{1,2,\cdots,n_G\}, s_2 \neq s_1)$被选为第二个候选特征组子集，并表征为 $f_2 = \{\boldsymbol{z}_{s_1}, \boldsymbol{z}_{s_2}\}$。

(4) 在获取全部 n_G 个候选特征组子集后，上述构建过程终止：

$$\{\boldsymbol{z}_{s_1}\}, \{\boldsymbol{z}_{s_1}, \boldsymbol{z}_{s_2}\}, \{\boldsymbol{z}_{s_1}, \boldsymbol{z}_{s_2}, \boldsymbol{z}_{s_3}\}, \cdots, \{\boldsymbol{z}_{s_1}, \boldsymbol{z}_{s_2}, \cdots, \boldsymbol{z}_{s_{n_G}}\} \tag{4.3}$$

按照式(4.3)的顺序将构建的全体候选特征组子集分别送入模式分类器进行分类识别，这里分别采用 PNN，BPNN，SVM 和 RVFL 作为模式分类器。

PNN 的输入层节点个数为候选特征组子集特征变量的个数，隐含层节点个数为训练采样火焰图像的个数，输出层节点个数为 1，由式(3.107)～式(3.109)给出火焰和物料感兴趣区域采样图像的分类识别结果及其所属类别的可能性。

BPNN 的输入层节点个数为输入候选特征组子集中特征的维数，隐含层节点个数根据专家建议设为输入层节点个数×2+1，输出层节点个数设为 1，激励函数选取 Sigmoid 型函数，采用式(3.114)～式(3.119)更新权值和阈值。

SVM 选取径向基核函数，惩罚因子 $\hat{C}\in\{2^{12},2^{11},\cdots,2^{-1},2^{-2}\}$，核函数参数 $\hat{\gamma}\in\{2^{4},2^{3},\cdots,2^{-9},2^{-10}\}$，SVM 的求解如式(3.123)～式(3.125)所示，根据最佳分类识别结果选取适宜的 SVM 参数 $\hat{C}$ 和 $\hat{\gamma}$。

RVFL 的输入层节点个数为输入候选特征组子集中特征的维数，隐含层节点个数的最大值设为 70，输出层节点个数设为 1，隐含层到输出层的权值由式(3.127)～式(3.130)给出，激励函数选取 Sigmoid 型函数，根据最佳分类识别结果选取适宜的隐含层节点个数。

(5) 假设第 n_s 个候选特征组子集在某模式分类器下具有最佳的分类识别效果，则其所对应的加博滤波器组被认为是可以最优区分训练火焰图像中火焰和物料感兴趣区域的压缩加博滤波器组。将所选取的压缩加博滤波器组分别作用于原始 RGB 训练火焰图像 I_i 的 R，G 和 B 子通道，并根据式(4.4)将 n_G 幅经由滤波处理后的 RGB 训练火焰图像 I_i^{Gabor} 的平均图像：

$$I''_i=\frac{1}{n_G}\sum_{i=1}^{n_G} I_i^{\text{Gabor}} \tag{4.4}$$

作为原始训练火焰图像 I_i 的加博滤波器预处理结果。按照相同的步骤，将所选取的压缩加博滤波器组同样应用于 P 幅 RGB 测试火焰图像，以增强火焰和物料感兴趣区域之间的可区分程度。

4.4 基于火焰图像感兴趣区域色彩特征的烧成状态识别算法

感兴趣区域的色彩特征是现场看火操作员判别烧成状态的一个关键因素。相比其他图像分析方法直接在图像空间追踪紊乱的火焰以提取特征表征火焰色彩，MIA 技术展现出了其提取火焰色彩特征的有效性，在避免困难的火焰定位步骤的同时，消除了大多数的无结构噪声。

在获取一幅经由压缩加博滤波器组预处理后的 RGB 火焰图像 $I''_i(n_x\times n_y\times 3)$ 后，可以通过 MIA 技术获取其对应的加载向量 $\boldsymbol{p}_a\,(a=1,\cdots,3)$ 和得分向量 $\boldsymbol{t}_a\,(a=1,\cdots,3)$。这里，将 $\boldsymbol{t}_a$ 中的元素归整至[0,255]的整数后，其可被重构为与原火焰图像 I''_i 相同尺寸大小$(n_x\times n_y)$的得分矩阵 $\boldsymbol{T}_a\,(a=1,\cdots,3)$，并可以在原始的$(n_x\times n_y)$场景空间中被用来表示图像：

$$\boldsymbol{s}_{a,i}=\text{Round}\left(\frac{s_{a,i}-s_{a,\min}}{s_{a,\max}-s_{a,\min}}\times 255\right),\quad i=1,\cdots,n_x\times n_y \tag{4.5}$$

$$(\boldsymbol{s}_a)_{(n_x\times n_y)\times 1}\xrightarrow{\text{refold}}(\boldsymbol{T}_a)_{n_x\times n_y} \tag{4.6}$$

其中，$\boldsymbol{s}_a$ 是一个归整化后的得分向量，$\boldsymbol{s}_a$ 和 $\boldsymbol{T}_a$ 中的元素均为[0,255]的整数。

图 4.16 给出了一幅火焰图像的得分图像。

对于 RGB 图像来说,前两个得分向量通常可以解释 99%的变化。绘制$\boldsymbol{t}_1$-$\boldsymbol{t}_2$得分图是检测聚类或者离群点的一种常用方法。然而,由于图像中包含数量众多的像素点,许多像素将有非常近似的($\boldsymbol{t}_1$,$\boldsymbol{t}_2$)得分值组合,并且将在得分图中被重叠绘制。根据文献[275],描述得分图空间的 256×256 压缩得分柱状图 TT 更有分析价值。TT 可以从归整后的$\boldsymbol{s}_1$ 和$\boldsymbol{s}_2$ 获取,其中每个元素的计算如下:

$$\mathrm{TT}_{i,j}=\sum_{b}1,\quad \forall b, s_{1,b}=i, s_{2,b}=j;\ i,j=0,1,\cdots,255 \tag{4.7}$$

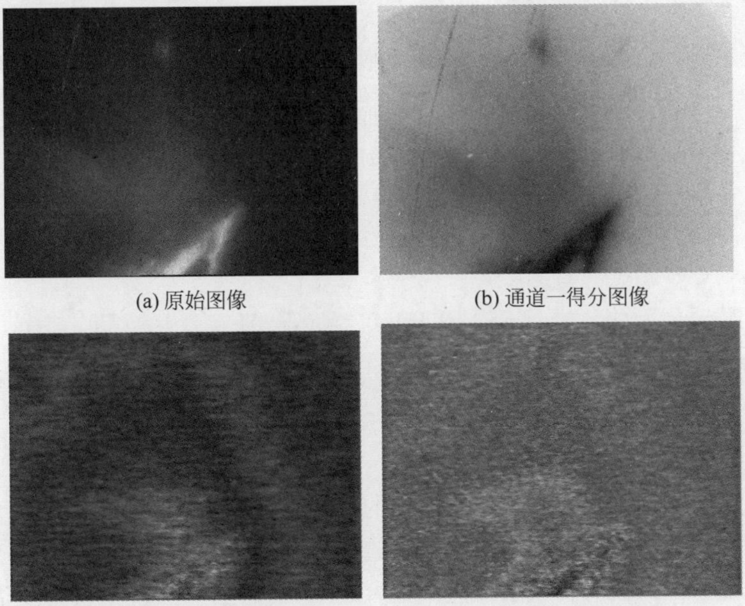

(a) 原始图像　(b) 通道一得分图像

(c) 通道二得分图像　(d) 通道三得分图像

图 4.16　一幅火焰图像的得分图像

在这样一个得分图中,图像空间中具有相似色彩的像素在得分空间中被聚类,即每个位置表征一个特定的色彩,并且较亮的色彩对应图像空间中较高的像素亮度,较暗的色彩则对应较低的像素亮度。通过对不同烧成状态火焰图像的 MIA 可知,当烧成状态变化时,图像空间会有显著不同的色彩状况,相应得分图中的像素位置也会随之发生显著的变化;而当烧成状态属于同种类别时,图像空间的色彩状况有一定的相似性,相应得分图中像素的位置也随之具有相似性。此外,即使在火焰图像受干扰程度较大时,火焰图像的得分空间也相对比较稳定。以上结果构成了采用 MIA 技术来区分不同类别烧成状态火焰图像的主要原因。

直接监视得分空间区分不同烧成状态火焰图像是非常困难的,因此需要在得分空间中提取一些有意义的并且与图像空间紧密联系的特征,以量化不同的得分空间,实现分类不同烧成状态火焰图像的目的。根据文献[275],一个 256×256 的二值屏蔽矩阵$\vec{\boldsymbol{M}}$被构建，其中，当某个元素在得分柱状图中的位置位于屏蔽矩阵之下时，其值为1；当某个元素在得分柱状图中的位置不在屏蔽矩阵之下时，其值为0。$\vec{\boldsymbol{M}}$的设定通常基于“试凑”的原则，这里选取$\vec{\boldsymbol{M}}$所覆盖的得分柱状图对应的图像空间为火焰图像的主要感兴趣区域，该过程如图4.17所示。

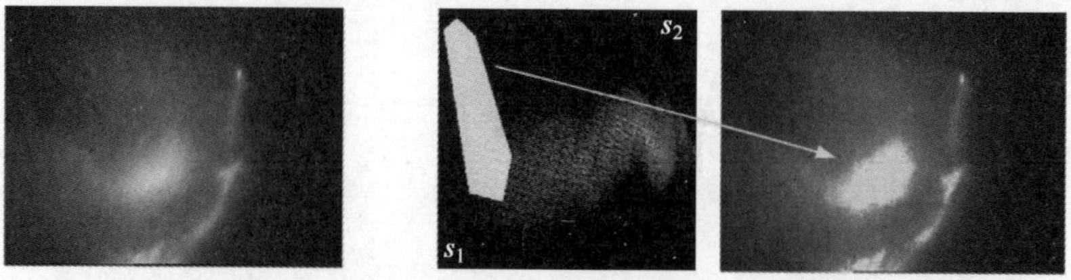

(a) 原始火焰图像　　(b) 带有屏蔽矩阵(黄色)的火焰图像得分图像　　(c) 屏蔽区域对应的感兴趣区域(黄色)

图4.17　火焰图像感兴趣区域获取过程(后附彩图)

然后，计算被屏蔽后的得分图的面积特征Area来表征火焰图像感兴趣区域的色彩特征：

$$\mathrm{Area}=\sum_{i,j}\mathrm{TT}_{i,j},\quad \forall i,j,\vec{M}_{i,j}=1 \tag{4.8}$$

将该色彩特征分别送入PNN，BPNN，SVM和RVFL模式分类器进行分类识别。

PNN的输入层节点个数为候选特征组子集特征变量的个数，隐含层节点个数为训练采样火焰图像的个数，输出层节点个数为1，由式(3.107)～式(3.109)给出火焰图像的分类识别结果及其所属类别的可能性。

BPNN的输入层节点个数为输入候选特征组子集中特征的维数，隐含层节点个数根据专家建议设为输入层节点个数×2+1，输出层节点个数设为1，激励函数选取Sigmoid型函数，采用式(3.114)～式(3.119)更新权值和阈值。

SVM选取径向基核函数，惩罚因子$\hat{C}\in\{2^{12},2^{11},\cdots,2^{-1},2^{-2}\}$，核函数参数$\hat{\gamma}\in\{2^{4},2^{3},\cdots,2^{-9},2^{-10}\}$，采用两级SVM对三类火焰图像进行分类，第一级SVM分类过烧态火焰图像和正常态火焰图像以及欠烧态火焰图像，第二级SVM分类正常态火焰图像和欠烧态火焰图像，每一级SVM的求解如式(3.123)～式(3.125)所示，最终根据交叉验证的结果选取每一级SVM的最佳参数$\hat{C}$和$\hat{\gamma}$。

RVFL的输入层节点个数为输入候选特征组子集中特征的维数，隐含层节点个数的最大值设为70，输出层节点个数设为1，隐含层到输出层的权值由式(3.127)～式(3.130)给出，激励函数选取Sigmoid型函数，根据最佳分类识别结果选取适宜的隐含层节点个数。

在完成对训练样本感兴趣区域色彩特征的提取后，即可按照相同的步骤提取测试样本感兴趣区域的色彩特征，继而基于已训练好的最佳模式分类器获取测试样本的第一个烧成状态识别子结果State_1。

4.5 基于火焰图像感兴趣区域全局形态特征的烧成状态识别算法

感兴趣区域的形态特征是现场看火操作人员判别烧成状态的另一个关键因素。由于窑内烟尘干扰,感兴趣区域分割困难,这里将直接从火焰图像中提取感兴趣区域的形态特征。由于 PCA 可以用来表征图像的全局特征,在此被引入首先提取火焰图像感兴趣区域的全局形态特征以识别烧成状态。

设 $I_1^{\text{gray}''}, I_2^{\text{gray}''}, \cdots, I_{T_r}^{\text{gray}''}$ 表示 T_r 幅经由压缩加博滤波器组预处理后的训练 RGB 火焰图像 $I''_1, I''_2, \cdots, I''_{T_r}$ 的灰度变换图像,$\boldsymbol{Y}''_1, \boldsymbol{Y}''_2, \cdots, \boldsymbol{Y}''_{T_r}$ 表示对上述训练集合采用 PCA 后得到的特征火焰图像集合。图 4.18 给出了所获取的对应于前 8 幅特征值的特征火焰图像。

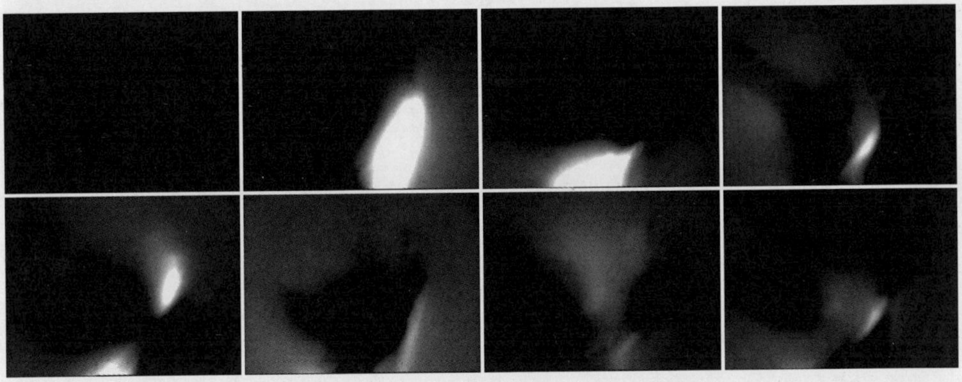

图 4.18 前 8 幅特征火焰图像

一幅训练火焰图像与全体特征火焰图像之间的相关性系数可以被表示为 $\boldsymbol{a}''_i = [a''_1, a''_2, \cdots, a''_{T_r}] (i=1,2,\cdots,T_r)$,$a_i = \{a_1, a_2, \cdots, a_P\} (i=1,2,\cdots,P)$。这里选取$\boldsymbol{a}''_i$作为火焰图像感兴趣区域的全局形态特征向量来表征该火焰图像。由于所构建的全局形态特征向量直接决定了烧成状态的识别结果,候选特征火焰图像的选取准则就显得至关重要。传统的准则是选取具有最大散度的特征图像,即根据特征值的贡献率进行选取,如式(3.56)所示。然而,这种特征图像的选取准则是建立在能量损失最小的基础之上,仅在低维重构意义下最优,而非模式分类意义下最优。如果所选取的特征火焰图像具有大的类别可分性,更优的全局形态特征将被提取,继而更优的烧成状态识别结果较传统准则将被获取。

为了有效地进行模式分类,所选取的特征应具有较小的类内散度和较大的类间可分性。费希尔比率被定义为上述两标准的比值,并且由于特征火焰图像之间两两正交,该比值被视作特征火焰图像的度量函数。假设 $g''_{i,e}, g''_{j,e}, s_{i,l}$ 和 $s_{j,l}$ 分别表示训练火焰图像类别 C_i 和类别 C_j 与第 l 个特征火焰图像 Y''_e之间相关性系数的均值和标准差：

$$g''_{i,e}=\frac{1}{N_{C_i}}\sum_{j=q+1}^{q+N_{C_i}}a''_j \tag{4.9}$$

$$s''_{i,e}=\left[\frac{1}{N_{C_i}}\sum_{j=q+1}^{q+N_{C_i}}(a''_j-g''_{i,e})^2\right]^{1/2} \tag{4.10}$$

其中，N_{C_i} 表示烧成状态类别 C_i 中的火焰图像的个数。

则 Y_l 关于火焰图像类别 C_i 和类别 C_j 的类别可分性度量 $J_{i,j}(e)$ 定义如下：

$$J_{i,j}(e)=\frac{|g''_{i,e}-g''_{j,e}|^2}{{s''_{i,e}}^2+{s''_{j,e}}^2},\quad i,j=1,2,\cdots,N_C;\ e=1,2,\cdots,T_r \tag{4.11}$$

其中，N_C 表示烧成状态的类别总数。

由于面对的是多类别识别问题，因此 Y_l 的平均类别可分性度量定义如下：

$$J_F(e)=\frac{\sum_{i=1}^{N_C}\sum_{j=1}^{N_C}J_{i,j}(e)}{N_C(N_C-1)},\quad i\neq j \tag{4.12}$$

图 4.19 给出了训练样本每幅特征火焰图像对于多类烧成状态的费希尔比可分能力。

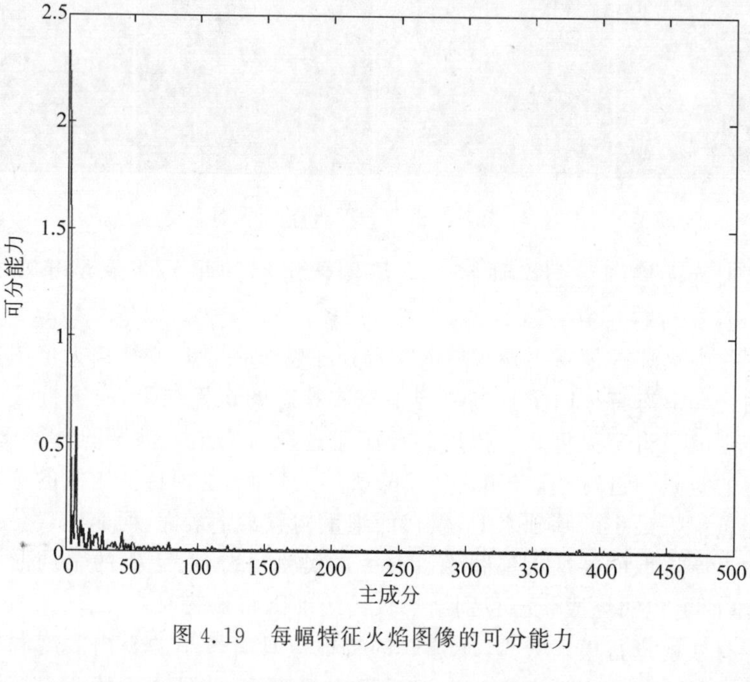

图 4.19　每幅特征火焰图像的可分能力

从图中可以看出，特征火焰图像的分类能力并不是依次递减，因此需要从中选取具有大可分能力的特征火焰图像以构建感兴趣区域全局形态特征向量。最优全局形态特征的选取是一个最优子集搜索问题。一旦全体 Y_l 的 I_l 被评估后，特征火焰图像的选取算法，即最优感兴趣区域全局形态特征向量就可构建，其过程概述如下：

(1) 对经由压缩加博滤波器组预处理后的 T_r 幅训练灰度火焰图像 $I_1^{\text{gray}''}$，$I_2^{\text{gray}''}$，…，$I_{T_r}^{\text{gray}''}$ 进行 PCA，得到特征火焰图像集合 $\boldsymbol{Y}''_1,\boldsymbol{Y}''_2,\cdots,\boldsymbol{Y}''_{T_r}$，继而计算每幅训练火焰图像感兴趣区域的全局形态特征向量 $\boldsymbol{a}''_i$。

(2) 对归一化后的 $\boldsymbol{a}''_i$，根据式(4.9)～式(4.12)计算所有特征火焰图像的费希尔比类别可分性度量：

$$J_F(1) \geqslant J_F(2) \geqslant \cdots \geqslant J_F(T_r) \tag{4.13}$$

根据式(4.13)重新排序全体特征火焰图像为 $Y'_1,Y'_2,\cdots,Y'_P$。

(3) 根据式(4.13)的顺序构建候选特征火焰图像集合，即候选感兴趣区域全局形态特征向量集合，并表征为 $\{\boldsymbol{Y}'''_1\},\{\boldsymbol{Y}'''_1+\boldsymbol{Y}'''_2\},\cdots,\{\boldsymbol{Y}'''_1+\boldsymbol{Y}'''_2+\cdots+\boldsymbol{Y}'''_{T_r}\}$。

(4) 分别对这 P 个候选全局特征向量集合进行模式分类。这里依然分别采用 PNN,BPNN,SVM 和 RVFL 作为模式分类器。

PNN 的输入层节点个数为候选特征火焰图像的个数，隐含层节点个数为训练火焰图像样本个数，输出层节点个数为 1，由式(3.107)～式(3.109)给出火焰图像烧成状态识别结果及其所属类别的可能性。

BPNN 的输入层节点个数为候选全局形态特征向量的维数，隐含层节点个数将根据专家建议设为输入层节点个数×2+1，输出层节点个数设为 1，激励函数选取 Sigmoid 型函数，采用式(3.114)～式(3.119)更新权值和阈值。

SVM 选取径向基核函数，惩罚因子 $\hat{C}\in\{2^{12},2^{11},\cdots,2^{-1},2^{-2}\}$，核函数参数 $\hat{\gamma}\in\{2^4,2^3,\cdots,2^{-9},2^{-10}\}$，采用两级 SVM 对三类火焰图像进行分类，第一级 SVM 分类过烧态火焰图像和正常态火焰图像以及欠烧态火焰图像，第二级 SVM 分类正常态火焰图像和欠烧态火焰图像，每一级 SVM 的求解如式(3.123)～式(3.125)所示，最终根据交叉验证的结果选取每一级 SVM 的最佳参数 $\hat{C}$ 和 $\hat{\gamma}$；

RVFL 输入层节点个数为候选全局形态特征向量的维数，隐含层节点个数的最大值设为 70，输出层节点个数设为 1，隐含层到输出层的权值由式(3.127)～式(3.130)给出，激励函数选取 Sigmoid 型函数，根据最佳分类识别结果选取适宜的隐含层节点个数。

(5) 假设集合 $\{Y'_1+Y'_2+\cdots+Y'_i\}$ 所对应的候选全局形态特征向量集合对于训练样本集合具有最高的识别精度，则其被认为是最优的特征火焰图像集合，即最优的感兴趣区域全局形态特征向量。按照之前相同的步骤，将测试样本集合向最优的特征火焰图像集合方向投影，提取测试样本感兴趣区域的全局形态特征向量，继而基于已训练好的最佳模式分类器识别烧成状态，获取第二个烧成状态识别子结果 State_2。

4.6 基于火焰图像感兴趣区域局部形态特征的烧成状态识别算法

通常来说,局部特征由于包含了更多的细节信息,是全局特征的重要补充。SIFT 算子展现出较其他局部特征提取算子在光照变化、几何形变、解析度、旋转、模糊化和图像压缩等情况下性能的优越性,因此被引入提取火焰图像感兴趣区域的局部形态特征识别烧成状态。

对于 T_r 幅经由压缩加博滤波器组预处理后的训练 RGB 火焰图像 $I''_1, I''_2, \cdots, I''_{T_r}$,采用 SIFT 算子提取火焰图像的关键特征点及其相应的描述符。图 4.20 给出了一幅火焰图像检测得到的 SIFT 关键点,其中箭头的方向和长度分别表示了该关键点的主梯度方向和尺度大小。这样,火焰图像感兴趣区域的局部形态特征就可以由若干 SIFT 关键点的描述符的集合进行表征。

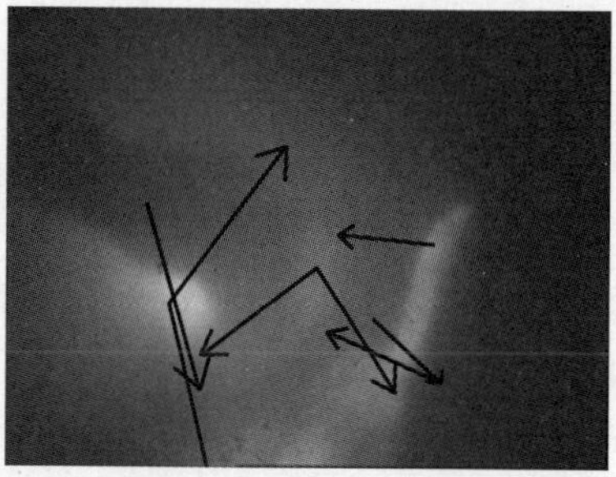

图 4.20 火焰图像的 SIFT 描述符

SIFT 描述符的维数为 1×128,在图像处理中,处理高维的特征向量是有一定困难的。并且随着每幅图像关键点个数的不同和不同火焰图像的局部形态特征维数的不规范、不统一,后续计算的有效性也会因可能出现的“维数灾”现象而降低,因此需要对 SIFT 描述符进行变换以降低维数并统一特征表征。近年来,将特征离散化,把图像表示成离散结构化空间的点,成为模式识别和机器视觉领域广为采纳的方法。这种方法借鉴了文本处理中较为成熟的技术,将图像表示成一个标准单词库中的单词集合(bag of words),用相同维数的权重向量描述不同图像。这种方法结合了特征在表征图像内容方面的良好不变性和离散单词空间的计算高效性,建立了图像的统一规范化描述框架,已在机器人视觉导航中获得广泛应用[373-374]。

用视觉单词包模型(bag of visual words,BoVW)表征图像内容,为图像结构化描述、图像语义分析等提供了新的研究思路和技术手段。BoVW 的基本思想是对图像集的特征点进行无监督聚类,将类中心整合成视觉单词,从而把高维图像特征空间量化成易处理的离散视觉字典本,在实施任务阶段,便可将新的图像特征映射成视觉字典本中最邻近的视觉单词，得到图像在视觉字典本上的直方图表示，从而通过直方图向量完成图像分类、检索等任务。图 4.21 是 Mutch 等在图下方所列文献中描述的基于 BoVW 的目标识别实例。该方法为图像提供了低维、结构化的统一描述框架。

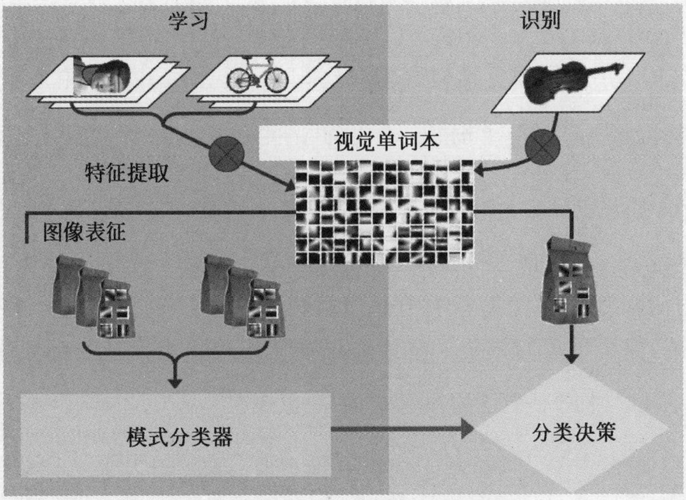

图 4.21　基于 BoVW 的目标识别

假设从 T_r 幅训练图像中提取得到的 $\acute{W}$ 个 SIFT 关键点，这里采用 FCM 对全体关键点进行聚类得到视觉字典本，继而构建一个视觉单词-图像表 $\acute{\boldsymbol{T}}'_{n_{\acute{W}} \times T_r}$，其中，$n_{\acute{W}}$ 表示“视觉字典本”的大小。这样，一幅火焰图像感兴趣区域的局部形态特征就可以用一个 $n_{\acute{W}} \times 1$ 的特征向量表征。其中，每个元素值分别代表视觉单词在该图像中出现的次数。视觉字典本方法有一个基本假设：单词间的独立性假设，即忽略特征在图像中的关系，假设图像是由一个个独立的单词组合而成。这样的假设提升了图像表示的简洁性，但丢失了大量有利于图像分类和识别的固有特征。由于研究的目的是分类不同烧成状态的火焰图像，因而选取具有较大可分能力的视觉单词构成局部形态特征向量就显得至关重要。此外，$N_{K \times T_r}$ 视觉字典本的大小决定了图像投影空间的维数，大的视觉字典本对应高维的视觉单词空间，能够获得较高的图像表征能力，也势必带来计算复杂度的增加，单词概括性的降低；小的视觉字典本对应低维的视觉单词空间，能够获得较高的计算效率，但单词空间的表征能力下降。本书将根据交叉验证的结果选取最佳的视觉字典本大小。

本质上来说，视觉字典本采用词频对图像中的特征进行降维表征。单词的重要性随着它在文件中出现的次数成正比增加，但同时会随着它在语料库中出现的频率成反比下降。TF-IDF(term frequency-inverse document frequency)是一种用于资讯检索与文本挖掘的常用加权技术，用以评估一个单词对于一个文件集或一个语料库中的某一文件的重要程度。TF-IDF 的定义如下：

$$\mathrm{tfidf}_{i,j}=\mathrm{tf}_{i,j}\times \mathrm{idf}_{i,j}=\frac{\acute{n}_{i,j}}{\sum_{k}\acute{n}_{k,j}}\times \lg\frac{|\acute{D}|}{|\{j:\acute{t}_{i}\in \acute{d}_{j}\}|} \tag{4.14}$$

其中，$\mathrm{tf}_{i,j}$ 表示词频(term frequency，TF)，指的是某一个给定单词在一份给定文件中出现的次数，$\mathrm{idf}_{i,j}$ 表示逆向文件频率(inverse document frequency，IDF)，是一个单词普遍重要性的度量，$\acute{n}_{i,j}$ 是单词 $\acute{t}_i$ 在文件 $\acute{d}_j$ 中的出现次数，而 $\sum_{k}\acute{n}_{k,j}$ 是在文件 $\acute{d}_j$ 中所有单词的出现次数之和，$|\acute{D}|$ 是语料库中的文件总数，$|\{j:\acute{t}_i\in\acute{d}_j\}|$ 是包含单词 $\acute{t}_i$ 的文件数目(即 $\acute{n}_{i,j}\neq 0$ 的文件数目)。某一特定文件内的高词语频率，以及该词语在整个文件集合中的低文件频率可以产生高权重的 TF-IDF，过滤掉常见的词语，保留重要的词语。将该加权技术作用于之前建立的视觉单词-图像表 $\acute{\boldsymbol{T}}'_{n_{\acute{W}}\times T_r}$，即可以得到一个新的视觉单词-图像表 $\acute{\boldsymbol{T}}_{n_{\acute{W}}\times T_r}$。

视觉单词-图像表 $\acute{\boldsymbol{T}}_{n_{\acute{W}}\times T_r}$ 基于词频变换得到，考虑到视觉单词可能不在某幅图像中出现所导致的零频问题[375]，即分类性能将会受到具有相似特性的同义视觉单词的影响，借鉴自文本检索的潜在语义分析(latent semantic analysis，LSA)[376]被引入，通过利用视觉单词之间的某些潜在高阶结构，映射原始的视觉单词-图像空间至一个潜在语义空间，缓解零频问题并且进一步降低局部形态特征维数。这样，在潜在语义空间，两幅图像之间的关联性依然可以被发现，即使他们没有共同的视觉单词。对于视觉单词-图像表 $\acute{\boldsymbol{T}}_{n_{\acute{W}}\times T_r}$，LSA 采用奇异值分解生成一个语义空间来概念地表征视觉单词-图像间的关联：

$$\acute{\boldsymbol{T}}_{n_{\acute{W}}\times T_r}=\acute{\boldsymbol{U}}_{n_{\acute{W}}\times n_{\acute{W}}}\acute{\boldsymbol{\Sigma}}_{n_{\acute{W}}\times n_{\acute{W}}}\acute{\boldsymbol{V}}^{\mathrm{T}}_{T_r\times n_{\acute{W}}},\quad n_{\acute{W}}\leqslant T_r \tag{4.15}$$

其中，$\acute{\boldsymbol{U}}$，$\acute{\boldsymbol{V}}$ 和 $\acute{\boldsymbol{\Sigma}}$ 分别代表视觉单词向量矩阵、图像向量矩阵和奇异值矩阵。在之前的研究中，$\acute{\boldsymbol{T}}$ 的秩-l 最佳逼近选取 $\acute{\boldsymbol{\Sigma}}$ 的前 $n_{\acute{s}}$ 个最大特征值及其在 $\acute{\boldsymbol{U}}$ 和 $\acute{\boldsymbol{V}}$ 中分别对应的行向量和列向量：

$$\acute{\boldsymbol{T}}'_{n_{\acute{s}}}=\acute{\boldsymbol{U}}'_{T_r\times n_{\acute{s}}}\acute{\boldsymbol{\Sigma}}'_{n_{\acute{s}}\times n_{\acute{s}}}\acute{\boldsymbol{V}}''^{\mathrm{T}}_{T_r\times n_{\acute{s}}}\approx\acute{\boldsymbol{U}}\acute{\boldsymbol{\Sigma}}\acute{\boldsymbol{V}}^{\mathrm{T}}=\acute{\boldsymbol{T}} \tag{4.16}$$

其中，$\acute{\boldsymbol{U}}'$ 中的每一行表明了某个视觉单词是否出现在某个潜在语义中，$\acute{\boldsymbol{V}}'$ 中的每一列表征了某幅图像与全体潜在语义之间的关联性。

至此，火焰图像感兴趣区域的局部形态特征可以被前 l 个潜在语义构成的语义向量概念地表征。然而，上述潜在语义的选取准则建立在能量损失最小的基础之上，仅在低维重构意义下最优，而非模式分类意义下最优。因此，如果所选取的潜在语义具有大的类别可分性，更优的局部形态特征向量将被提取，继而更优的烧成状态识别结果较传统准则将被获取。我们相信，不同的潜在语义对于烧成状态的识别做出了截然不同的贡献，因而，潜在语义的选取应当考虑其对于烧成状态识别的重要性。马氏可分性度量函数在这里被引入评估和排序每个潜在语义的可分能力。由于是多类别识别问题，在大小为 $n_{\acute{W}}$ 的视觉字典本时，对于 $\acute{\boldsymbol{V}}$ 中的每一列 $\acute{\boldsymbol{v}}'_r$，基于马氏可分性度量的潜在语义 v_s 的重要性可以被定义为

$$J_M(r)=\frac{\sum_{i=1}^{N_c-1}\sum_{j=1}^{N_c}(\acute{\boldsymbol{m}}_{i,r}-\acute{\boldsymbol{m}}_{j,r})\acute{\boldsymbol{C}}_{i,j,r}^{-1}(\acute{\boldsymbol{m}}_{i,r}-\acute{\boldsymbol{m}}_{j,r})^{\mathrm{T}}}{N_c(N_c-1)},\quad r=1,2,\cdots,n_{\acute{W}} \tag{4.17}$$

其中，$\acute{\boldsymbol{m}}_{i,r}$，$\acute{\boldsymbol{m}}_{j,r}$，$\acute{\boldsymbol{C}}_r$ 分别代表在潜在语义空间中沿着 v_s，火焰图像类别 C_i 和 C_j 的均值向量和协方差矩阵。同样地，该度量准则与前向特征选择技术相结合以自动地选取重要的潜在语义，来构建火焰图像感兴趣区域的局部形态特征向量。该算法的步骤如下。

步骤 1　对于 T_r 幅训练图像提取得到的 $\acute{W}$ 个 SIFT 关键点，基于 BoVW 技术构建视觉单词-图像表 $\acute{\boldsymbol{T}}'_{n_{\acute{W}}\times T_r}$，并将 TF-IDF 加权技术作用于 $\acute{\boldsymbol{T}}'_{n_{\acute{W}}\times T_r}$，得到新的视觉单词-图像表 $\acute{\boldsymbol{T}}_{n_{\acute{W}}\times T_r}$。

步骤 2　对于大小为 $n_{\acute{X}}$（$n_{\acute{X}}=2,3,\cdots,n_{\acute{W}}$）$\acute{w}$（$\acute{w}=1,2,\cdots,K$）的视觉字典本所构建的视觉单词-图像表 $N_{\acute{w}}$，获取其奇异值分解 U，V 和 Σ。对 $V_{\acute{w}}$ 中的每个 $v_{\acute{w},s}$，采用式(4.17)计算其马氏可分性度量 $J_M(s_i)$。假设 $J_M(s_1)\geqslant J_M(s_2)\geqslant\cdots\geqslant J_M(s_{\acute{w}})$（$\acute{s}_i\in\{1,2,\cdots,n_{\acute{X}}\}$）。与 $J_M(s_1)$ 对应的 $\acute{\boldsymbol{v}}'_{\acute{t}_1}$ 被选为第一个候选潜在语义子集，并表征为 $g_1=\{\acute{\boldsymbol{v}}'_{\acute{t}_1}\}$。

步骤 3　$\acute{\boldsymbol{V}}'_{n_{\acute{X}}}$ 中剩余的每列均与 $\boldsymbol{g}_1$ 组合得到 $\acute{w}-1$ 潜在语义向量子集 $\{\acute{\boldsymbol{v}}'_{\acute{t}_1},\acute{\boldsymbol{v}}'_j\}$（$j\in\{1,2,\cdots,n_{\acute{X}}\}$，$j\neq\acute{t}_1$）。用公式(4.17)计算其所对应的马氏可分性度量，最大的马氏可分性度量所对应的子集 $\{\acute{\boldsymbol{v}}'_{\acute{t}_1},\acute{\boldsymbol{v}}'_{\acute{t}_2}\}$（$\acute{t}_2\in\{1,2,\cdots,n_{\acute{X}}\}$，$\acute{t}_2\neq\acute{t}_1$）被选为第二个候选潜在语义子集，并表征为 $g_2=\{\acute{\boldsymbol{v}}'_{\acute{t}_1},\acute{\boldsymbol{v}}'_{\acute{t}_2}\}$。

步骤 4　上述构建过程终止直至获取全体 $\acute{w}$ 个视觉字典本所对应的候选潜在语义子集：

$$\{\acute{\boldsymbol{v}}'_{\acute{t}_1}\},\{\acute{\boldsymbol{v}}'_{\acute{t}_1},\acute{\boldsymbol{v}}'_{\acute{t}_2}\},\cdots,\{\acute{\boldsymbol{v}}'_{\acute{t}_1},\acute{\boldsymbol{v}}'_{\acute{t}_2},\cdots,\acute{\boldsymbol{v}}'_{\acute{t}_{\acute{X}}}\} \tag{4.18}$$

按照式(4.18)的顺序对上述构建的候选潜在语义子集分别进行模式分类。这

里依然分别采用 PNN,BPNN,SVM 和 RVFL 作为模式分类器,其中:

PNN 的输入层节点个数为候选潜在语义子集的个数,隐含层节点个数为训练火焰图像样本个数,输出层节点个数为 1,由式(3.107)~式(3.109)给出火焰图像烧成状态识别结果及其所属类别的可能性。

BPNN 的输入层节点个数为候选潜在语义子集的维数,隐含层节点个数将根据专家建议设为输入层节点个数×2+1,输出层节点个数设为 1,激励函数选取 Sigmoid 型函数,采用式(3.114)~式(3.119)更新权值和阈值。

SVM 选取径向基核函数,惩罚因子 $\hat{C}\in\{2^{12},2^{11},\cdots,2^{-1},2^{-2}\}$,核函数参数 $\hat{\gamma}\in\{2^{4},2^{3},\cdots,2^{-9},2^{-10}\}$,采用两级 SVM 对三类火焰图像进行分类,第一级 SVM 分类过烧态火焰图像、正常态火焰图像和欠烧态火焰图像,第二级 SVM 分类正常态火焰图像和欠烧态火焰图像,每一级 SVM 的求解如式(3.123)~式(3.125)所示,最终根据交叉验证的结果选取每一级 SVM 的最佳参数 $\hat{C}$ 和 $\hat{\gamma}$。

RVFL 的输入层节点个数为候选潜在语义子集的维数,隐含层节点个数的最大值设为 70,输出层节点个数设为 1,隐含层到输出层的权值由式(3.127)~式(3.130)给出,激励函数选取 Sigmoid 型函数,根据最佳分类识别结果选取适宜的隐含层节点个数。

步骤 5 假设候选潜在语义子集 $\acute{\boldsymbol{V}}'_{t_i}=\{\acute{\boldsymbol{v}}'_{t_1},\acute{\boldsymbol{v}}'_{t_2},\cdots,\acute{\boldsymbol{v}}'_{t_i}\}$ 具有最佳的分类效果,则其被认为是 w 个视觉字典本意义下的最优潜在语义子集,其相关的单元和对角矩阵分别被选取并表示为 $\acute{\boldsymbol{U}}'_{t_i}=\{\acute{\boldsymbol{u}}'_{t_1},\acute{\boldsymbol{u}}'_{t_2},\cdots,\acute{\boldsymbol{u}}'_{t_i}\}$ 和 $\acute{\boldsymbol{\Sigma}}'_{t_i}=\{\acute{\sigma}'_{t_1},\acute{\sigma}'_{t_2},\cdots,\acute{\sigma}'_{t_i}\}$。

步骤 6 对于 K 种可能的视觉字典本,重复步骤 1~步骤 5,其中步骤 5 中的最佳分类精度被选取来表征每种可能的视觉字典本意义下的分类精度。当改进很少或者没有改进出现在 $n_{\acute{W}}$ 个分类结果中时,N_q 对应的 q 个视觉字典本被选取作为训练样本的最优视觉字典本大小。

步骤 7 一旦最优的视觉字典本大小 q 及其相关的最佳潜在语义子集 $\acute{\boldsymbol{V}}'_{n_{\acute{Q}},t_i}$ V_{q,t_i},单元 U_{q,t_i} 和对角矩阵$\boldsymbol{\Sigma}_{q,t_i}$ 被选取后,一幅测试火焰图像感兴趣区域的局部形态特征向量以相同的方式可以被表征为

$$\acute{\boldsymbol{y}}'=\acute{\boldsymbol{y}}^{\mathrm{T}}\acute{\boldsymbol{U}}'_{n_{\acute{Q}},t_i}\acute{\boldsymbol{\Sigma}}'^{-1}_{n_{\acute{Q}},t_i} \tag{4.19}$$

每幅训练火焰图像感兴趣区域的局部形态特征向量被表征为

$$\acute{\boldsymbol{d}}^{\mathrm{T}}=\acute{\boldsymbol{d}}^{\mathrm{T}}U_{q,t_i}\Sigma^{-1}_{q,t_i} \tag{4.20}$$

其中,$\acute{\boldsymbol{y}}$ 和 $\acute{\boldsymbol{d}}$ 分别代表测试和训练火焰图像的视觉单词-图像表。

最终,$\acute{\boldsymbol{y}}^{\mathrm{T}}$被送入已训练好的模式分类器中得到第三个烧成状态识别子结

果 $State_3$。

4.7 基于模糊积分的火焰图像多特征融合烧成状态识别算法

在火焰图像感兴趣区域色彩特征、全局形态特征和局部形态特征关于PNN，BPNN，SVM和RVFL模式分类器的烧成状态识别子结果被分别获取后，采用模糊积分对上述三类特征进行决策级融合，得到基于火焰图像的烧成状态识别结果。需要说明的是，这里的融合过程是针对同一种模式分类器开展的。下面将给出一个例子来说明基于模糊积分的火焰图像多特征融合的烧成状态识别算法的步骤。

设 $\grave{X}=\{\grave{x}_1,\grave{x}_2,\grave{x}_3\}$ 是三个PNN模式分类器集合，待识别训练图像可被分为两类。对训练图像分别提取不同类型特征，送入三个PNN模式分类器，假设每个PNN对于两类训练图像的分类精度均相同，并且 $\grave{g}^1=\grave{g}(\{\grave{x}_1\})=0.34$，$\grave{g}^2=\grave{g}(\{\grave{x}_2\})=0.32$，$\grave{g}^3=\grave{g}(\{\grave{x}_3\})=0.33$，则根据式(3.104)，菅野模糊测度 $\grave{g}$ 必定有一个参数 $\grave{\lambda}$ 满足 $0.0359\grave{\lambda}^2+0.3266\grave{\lambda}+0.001=0$。该公式中唯一的大于$-1$的根 $\grave{\lambda}=0.0305$ 将生成如下关于 $\grave{X}$ 的子集 $\grave{A}$ 的模糊测度，见表4.3。

表4.3 关于子集 $\grave{A}$ 的模糊测度

子集 $\grave{A}$	$\grave{g}_{0.0305}(\grave{A})$
$\varnothing$	0
$\{\grave{x}_1\}$	0.34
$\{\grave{x}_2\}$	0.32
$\{\grave{x}_3\}$	0.33
$\{\grave{x}_1,\grave{x}_2\}$	0.6633
$\{\grave{x}_2,\grave{x}_3\}$	0.6532
$\{\grave{x}_1,\grave{x}_3\}$	0.6734
$\{\grave{x}_1,\grave{x}_2,\grave{x}_3\}$	1.0

假设三个PNN模式分类器对于一幅训练图像识别结果的概率分别为 $\grave{h}(\grave{x}_1)=0.6$，$\grave{h}(\grave{x}_2)=0.7$，$\grave{h}(\grave{x}_3)=0.1$。对于类别1，$\grave{h}(\grave{x}_1)=0.8$，$\grave{h}(\grave{x}_2)=0.3$，$\grave{h}(\grave{x}_3)=0.4$；对于类别2，则根据式(3.105)，可以得到模糊积分的输出，见表4.4。

表 4.4　模糊积分的输出

类别	$\grave{h}(\grave{x}_i)$	$\grave{g}(\grave{A}_i)$	$\grave{H}(\grave{E})$	$\max[\grave{H}(\grave{E})]$
	0.7	$\grave{g}^2=\grave{g}(\{\grave{x}_2\})=0.32$	0.32	
1	0.6	$\grave{g}(\{\grave{x}_2,\grave{x}_1\})=0.6633$	0.6633	√
	0.1	$\grave{g}(\{\grave{x}_1,\grave{x}_2,\grave{x}_3\})=1$	0.1	
	0.8	$\grave{g}^1=\grave{g}(\{\grave{x}_1\})=0.34$	0.34	
2	0.4	$\grave{g}(\{\grave{x}_1,\grave{x}_3\})=0.6734$	0.4	√
	0.3	$\grave{g}(\{\grave{x}_1,\grave{x}_2,\grave{x}_3\})=1$	0.3	

最终,类别 1 被选择作为输出。当对一幅测试图像进行融合时,仅需要更换表 4.4 中的 $\grave{h}(\grave{x}_i)$ 即可得到最终的融合结果。

上述步骤可以很容易地被推广至本书中的三类别图像分类识别。此外,在 PNN,BPNN,SVM 和 RVFL 四个模式分类器中,由于只有 PNN 能够得到输入火焰图像属于某烧成状态类别的概率,在选取 BPNN,SVM 和 RVFL 模式分类器时,本书将设定输入火焰图像属于输出烧成状态类别的概率 $\grave{h}(\grave{x}_1)=0.9$,属于另外两种烧成状态类别的概率分别为 $\grave{h}(\grave{x}_2)=0.15$,$\grave{h}(\grave{x}_3)=0.15$。

4.8 实验验证

4.8.1 数据描述

为了验证提出的基于火焰图像识别烧成状态方法的可行性,从某水泥厂 2 号回转窑采集了各种烧成状态条件下的火焰图像。火焰图像采集系统包括彩色 CCD 摄像机(Panasonic WV-CP450)、视频分配器、图像采集卡(Matrox Meteor II)和计算机,如图 4.22 所示。CCD 摄像机是 20 世纪 70 年代初发展起来的新型半导体集成光电器件,以其自扫描、高分辨率、易与计算机连接等特点被认为是可见光成像、空间光学、微光夜视等领域最有前途的探测器件。CCD 摄像机的作用是将光信号转化为电信号,将拍摄对象转换成全电视信号。特别地,彩色 CCD 摄像机通过条纹滤波器把来自景物的入射光分解为不同比例的 R,G,B 三原色图案。视频分配器的作用是将 CCD 摄像机得到的标准视频电信号分别送给彩色电视机和经图像采集卡传送到计算机。图像采集卡的任务是将 CCD 输出的模拟信号经过采样、离散后转换成数字信号存储在计算机内,图像采集卡包括数字化仪、缓冲寄存器和显示逻辑,数字化仪对摄像机输出的模拟图像信号进行等时间间隔采样,把每个采样点的 R,G,B 分量均转换成 256 灰度级,并按顺序存入缓冲寄存器,在缓冲寄存器中存储数字图像。这样在计算和处理时,计算机可经缓冲寄存器对每个像素进行访问。每幅数字图像的尺寸为 512×384。火焰图像的采样周期为 10s 一次。

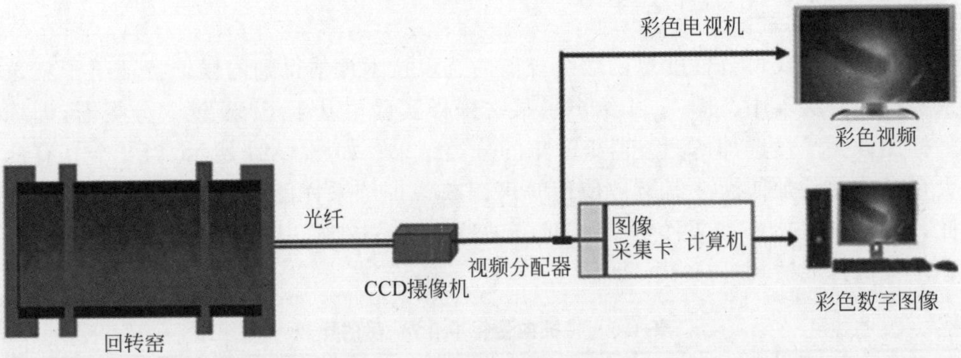

图 4.22　回转窑图像采集系统

共计 482 幅典型火焰图像被选取构建样本数据集合，包括 86 幅过烧态图像、193 幅欠烧态图像和 203 幅正烧态图像。这里，采用 1000 次 bootstrapping[377] 采样方法来估计火焰图像的平均烧成状态识别结果。

Bootstrapping 采样方法考虑了全体样本的分布特性，目前被认为是最佳的交叉验证方法，其主要思想是对样本数据集采用有放回的抽取，所抽取的训练样本集的个数等同于原样本数据集的个数，其中所抽取的全体各不相同的训练样本的个数约占原样本数据个数的 2/3，所有未被抽取到的样本数据被作为测试样本集，最终的识别精度＝训练样本集的识别精度×0.368＋测试样本集的识别精度×0.632。一些样本图像如图 4.23 所示。

所有样本图像的类别均由回转窑操作专家标定完成。

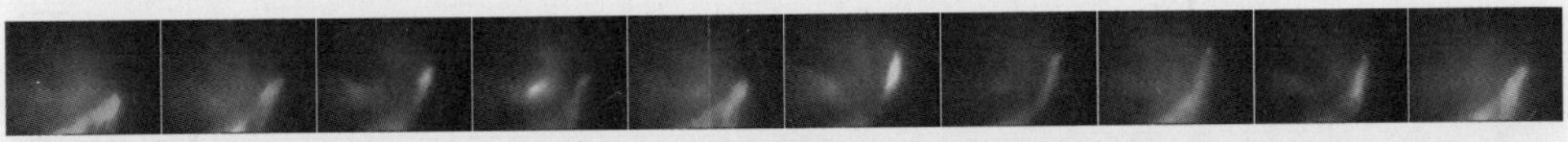

(a) 过烧态

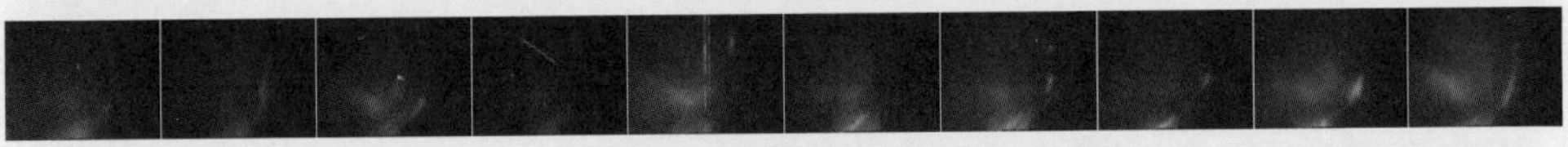

(b) 欠烧态

(c) 正烧态

图 4.23　典型烧成带火焰图像

4.8.2　实验结果与分析

1. 基于改进的加博滤波器组的火焰图像预处理实验结果

首先获取 482 幅火焰图像集合所对应的 482 幅火焰区域采样图像和 482 幅物料区域采样图像。根据 bootstrapping 采样方法和 4.3 节中的算法步骤，表 4.5 给出了某次采样实验中训练采样图像经由加博滤波器预处理后提取的部分标准化前、后的特征向量。

将经由马氏可分性度量函数结合前向选取技术评估得到的候选特征组子集送入各模式分类器中。图 4.24 给出了某次采样实验中基于 PNN 模式分类器，训练采样图像关于候选加博滤波器组子集的分类结果。如图 4.24 所示，当 8 个具有最大可分能力的加博滤波器组被使用时可以获得训练采样图像的最佳分类精度，因此，本次基于 PNN 的采样实验中，该滤波器组将被选取，用来对全体训练和测试火焰图像进行滤波预处理。

表 4.5 特征向量标准化前、后的比较

加博滤波器 1				加博滤波器 2			
均值特征（标准化前）	方差特征（标准化前）	均值特征（标准化后）	方差特征（标准化后）	均值特征（标准化前）	方差特征（标准化前）	均值特征（标准化后）	方差特征（标准化后）
25.3	1.3484	0.9523	−0.2347	34.46	11.184	0.9491	−0.1038
19.911	0.1473	−0.0025	−0.3471	27.14	6.3824	−0.0027	−0.3517
20.555	1.4057	0.1115	−0.2293	28.009	8.6908	0.1102	−0.2325
23.536	0.5581	0.6398	−0.3086	32.097	10.003	0.6418	−0.1648
20.284	1.0976	0.06361	−0.2581	27.626	7.3643	0.0604	−0.3010
22.383	0.8243	0.4354	−0.2837	30.496	8.5435	0.4335	−0.2401
26.669	1.8171	1.195	−0.1908	36.364	14.711	1.1965	0.0781
23.47	0.3342	0.6282	−0.3296	31.978	8.3634	0.6262	−0.2494
25.482	0.557	0.9846	−0.3088	34.726	10.484	0.9836	−0.14
19.175	0.8511	−0.1328	−0.2812	26.124	6.2909	−0.1348	−0.3564

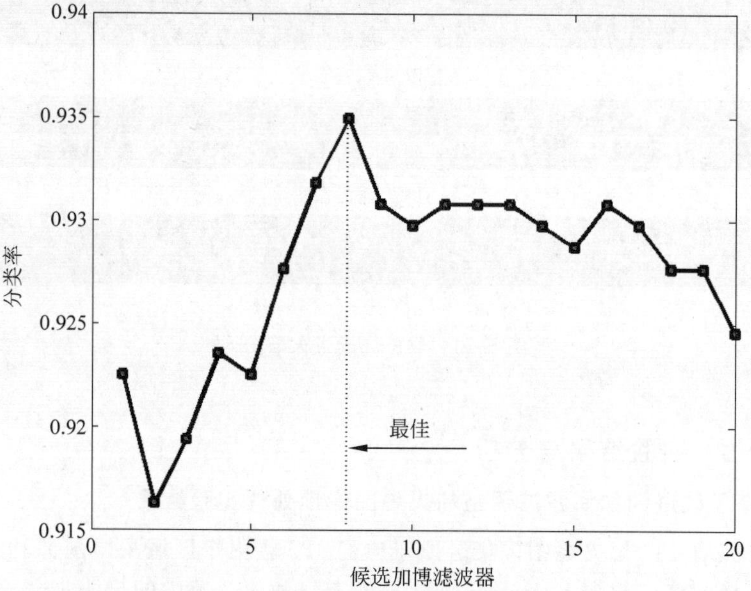

图 4.24 采样图像分类效果：候选加博滤波器组子集(PNN)

图 4.25～图 4.29 分别给出了本次采样实验中基于 BPNN,SVM 和 RVFL 模式分类器,训练采样图像关于相同输入候选特征组子集的分类结果。

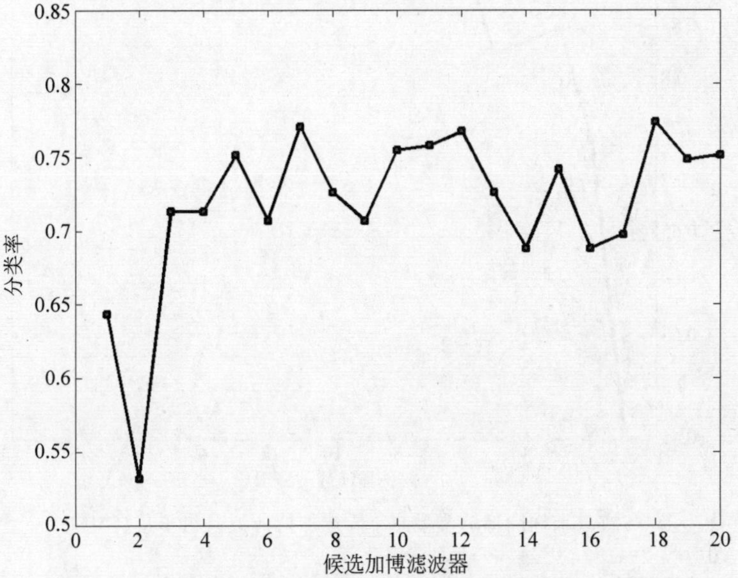

图 4.25　采样图像分类效果：候选加博滤波器组子集(BPNN)

图 4.25 表明,在本次基于 BPNN 模式分类器的采样实验中,训练采样图像的最佳分类精度在 18 个具有最大可分能力的加博滤波器组被使用时获得。因此,本次基于 BPNN 的采样实验中,该滤波器组将被用来对全体训练和测试火焰图像进行滤波预处理。

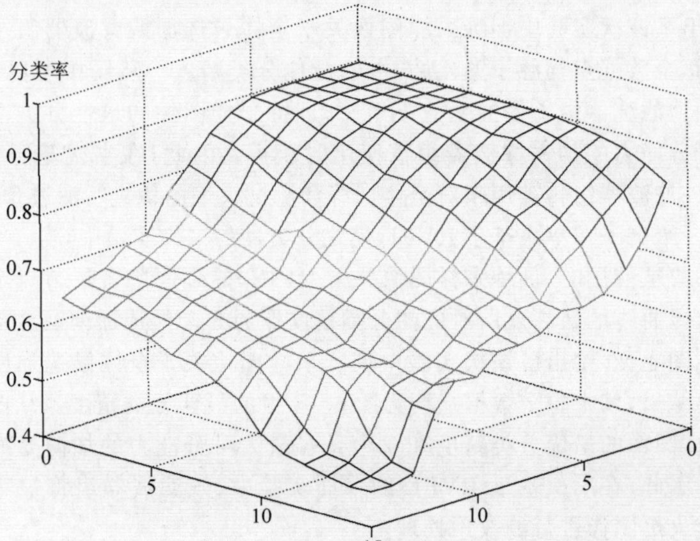

图 4.26　采样图像分类效果：SVM 参数(SVM)(后附彩图)

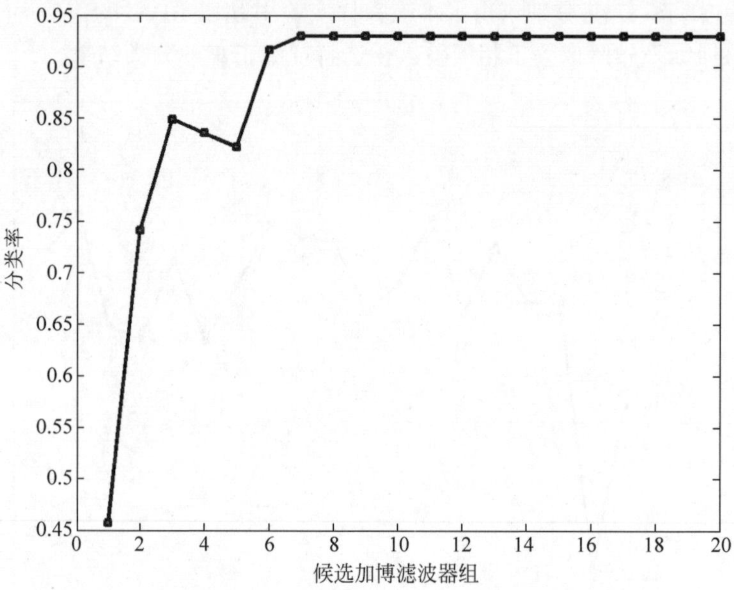

图 4.27　采样图像分类效果：候选加博滤波器组子集(SVM)

图 4.26 给出了在本次基于 SVM 模式分类器的采样实验中，当 5 个候选加博滤波器组子集被使用时，训练采样图像关于 SVM 的不同惩罚因子参数 $\hat{C}$ 和核函数参数 $\hat{\gamma}$ 的分类精度，其中 x 轴的刻度 1～15 分别代表惩罚因子 $\hat{C}\in\{2^{12},2^{11},\cdots,2^{-1},2^{-2}\}$，$y$ 轴的刻度 1～15 代表核函数参数 $\hat{\gamma}\in\{2^{4},2^{3},\cdots,2^{-9},2^{-10}\}$。选取该曲面的最高点所对应的分类精度作为 5 个候选加博滤波器组子集的分类精度。对于全体候选加博滤波器组子集均采用上述步骤获取其所对应的最佳分类精度。图 4.27 给出了该次实验中训练采样图像关于全体候选加博滤波器组子集的分类结果，其中每个数据点均源于图 4.26 中的最佳分类精度。从图中可以看出，SVM 对于候选加博滤波器组子集的个数不敏感，训练采样图像的最佳分类精度在 7 个具有最大可分能力的加博滤波器组被使用时获得。因此，在本次基于 SVM 的采样实验中，该滤波器组将被用来对全体训练和测试火焰图像进行滤波预处理。

图 4.28 给出了在本次基于 RVFL 模式分类器的采样实验中，当 5 个候选加博滤波器组子集被使用时，训练采样图像关于 RVFL 的不同隐含层节点个数的分类精度。选取该曲线的最高点所对应的分类精度作为 5 个候选加博滤波器组子集的分类精度。图 4.29 给出了该次实验中训练采样图像关于全体候选加博滤波器组子集的分类结果，其中每个数据点均为图 4.28 中的最佳分类精度。从图中可以看出，训练采样图像的最优分类精度在 4 个具有最大可分能力的加博滤波器组被使用时获得。因此，在本次基于 RVFL 的采样实验中，该滤波器组将被用来对全体训练和测试火焰图像进行滤波预处理。

值得注意的是，在上述候选加博滤波器组子集的选取过程中，各模式分类器均

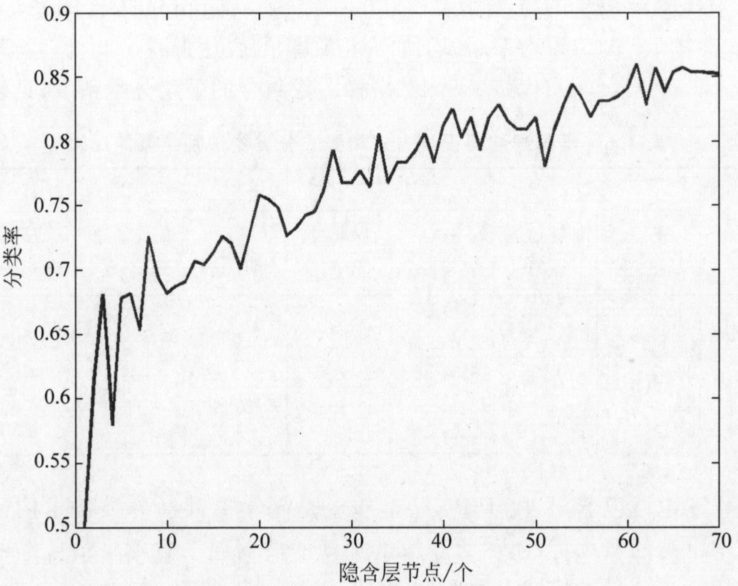

图 4.28　采样图像分类效果：RVFL 隐含层节点个数(RVFL)

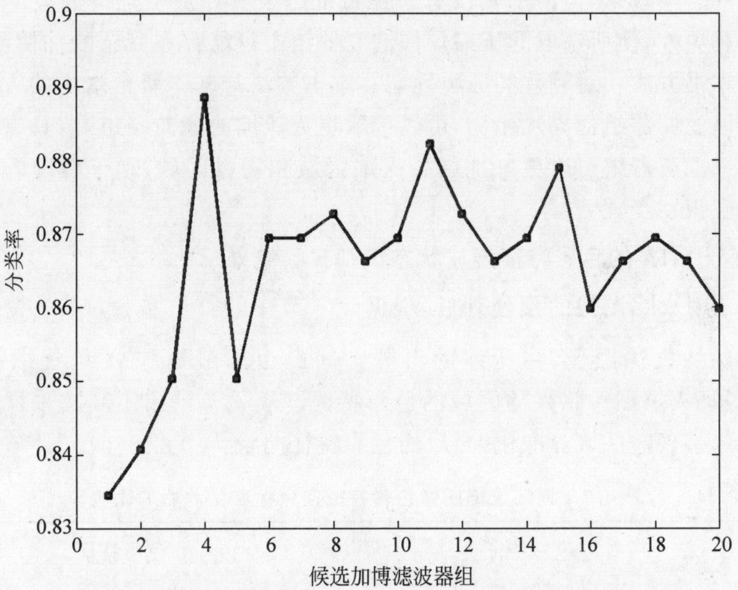

图 4.29　采样图像分类效果：候选加博滤波器组子集(RVFL)

呈现一定程度的“尖峰”现象，这表明在加博滤波器组的设计过程中，高维的特征表征导致逐步降低的分类性能。因此，加博滤波器的设计过程不应是一个主观的“设定和创建”过程，滤波器选取应是设计过程中必不可少的一部分。

在完成上述训练过程设计得到最佳的加博滤波器组和模式分类器后，我们测试了测试采样图像集合的分类精度。1000 次 bootstrapping 采样的平均分类精度见表 4.6，其中所有的结果均采用“均值±标准差”的表达形式。此外，我们还探究了在不同的加博滤波器组设计方法下测试采样图像集合的平均分类精度，见表 4.6。

表 4.6 不同滤波器设计方法和模式分类器识别结果的比较

滤波器设计方法	PNN		BPNN		SVM		RVFL	
	平均精度/%	加博滤波器/个	平均精度/%	加博滤波器/个	平均精度/%	加博滤波器个数	平均精度/%	加博滤波器/个
本书方法	93.69±1.4	5.8±1.9	81.19±3.3	17.2±2.9	93.24±2.3	3.7±2.0	90.59±2.4	4.5±2.5
基于费希尔比	93.21±1.5	6.4±3.0	80.88±3.5	17.4±3.0	93.11±2.5	3.9±2.8	90.22±2.4	5.0±2.7
基于[378]	90.41±1.9	24	78.53±2.9	24	90.40±2.4	24	89.37±2.3	24
基于[379]	89.30±2.1	36	78.20±3.1	36	90.25±2.3	36	88.75±2.3	36
基于[371]	90.65±1.9	288	79.15±2.9	288	89.76±2.6	288	88.65±2.5	288

从表 4.6 中可以看出，由于 PNN 本质上是基于贝叶斯分类技术构建的，并且考虑了样本空间的概率特性，尽管获取的加博滤波器组个数不是最压缩的，但其分类效果仍优于其他三种模式分类器。此外，采用基于费希尔比的可分性度量评估得到特征组及其相应的加博滤波器组具有小的类内散度和大的类间分离度，也取得了较好的分类效果，但由于其没有考虑特征组及其相应的加博滤波器组之间可能存在的相关性，使所选取的压缩加博滤波器组中可能存在冗余的加博滤波器，继而导致较本书方法相对较差的分类性能。本书方法与基于费希尔比的方法和文献中固定加博滤波器组的方法相比，可以选取更为压缩的滤波器组，该具有更大可分能力的压缩滤波器组可以更好地区分火焰区域和物料区域，利于后续的特征提取和烧成状态识别步骤。

2. 基于 MIA 的色彩特征烧成状态识别实验结果

在完成对火焰图像的预处理后，根据 4.4 节中的算法步骤，MIA 技术被首先用于每幅训练火焰图像，在压缩的得分空间经由屏蔽矩阵 $\overleftrightarrow{\boldsymbol{M}}$ 可提取面积特征 Area，以表征火焰图像感兴趣区域的色彩特征。表 4.7 给出了某次采样实验中训练火焰图像感兴趣区域标准化前、后的色彩特征向量。

表 4.7 训练火焰图像色彩特征向量标准化前后的比较

序号	色彩特征（标准化前）	色彩特征（标准化后）
1	913	−0.7045
2	458	−0.8631
3	747	−0.7623
4	982	−0.6804
5	891	−0.7122
6	519	−0.8418

续表

序号	色彩特征（标准化前）	色彩特征（标准化后）
7	682	−0.7852
8	588	−0.8177
⋮	866	−0.7209
477	1145	−0.6237
478	1393	−0.5372
479	691	−0.7818
480	600	−0.8136
481	678	−0.7864
482	1010	−0.6707

将归一化后的色彩特征分别送入 PNN，BPNN，SVM 和 RVFL 模式分类器中进行烧成状态的识别，各模式分类器参数的选取过程与之前基于加博滤波器预处理部分一致。基于训练过程设计得到的各分类器，测试火焰图像的 1000 次 bootstrapping 采样的平均分类精度见表 4.8，这里统计了三种烧成状态类别测试样本的总识别精度，所有结果均采用均值±标准差的表达形式。此外，还测试了直接提取火焰图像亮度均值表征色彩特征的方法识别烧成状态的精度，其结果也列于表 4.8。

表 4.8　基于色彩特征识别烧成状态的结果比较

模式分类器	本书的方法（无加博滤波预处理）	本书的方法（加博滤波预处理）	基于色彩均值的方法
PNN	80.34±3.6	81.25±4.7	76.26±5.4
BPNN	74.35±2.2	75.13±2.0	72.24±2.3
SVM	83.45±1.6	85.55±1.5	81.54±1.5
RVFL	76.62±1.4	77.00±1.2	72.35±1.0

由表 4.8 可知，窑内烟尘的干扰对于基于色彩特征的烧成状态识别方法具有较大的影响。然而，作为烧成状态的一个初步认知，上述结果是可以被接受的。加博滤波器预处理算法可以更好地区分感兴趣区域，有利于后续的步骤。此外，MIA 技术可以消除大部分无结构的噪声，并且可以从火焰图像中提取更有意义的感兴趣区域色彩特征。相对地，基于火焰图像亮度均值表征色彩特征的方法由于包含了一定程度的干扰和冗余信息，其结果较本书方法更差。进一步地，不同的模式分类器对于烧成状态的分类识别提供截然不同的能力，针对色彩特征，SVM 较其他三种模式分类器的性能更佳。

3. 基于 PCA 的全局形态特征烧成状态识别实验结果

根据 4.5 节中的算法步骤，基于 PCA 获取训练火焰图像的全体特征火焰图像后，采用费希尔比可分性度量准则构建候选特征火焰图像集合（候选全局形态特征向量集合），图 4.30 给出了某次采样实验中基于 PNN 模式分类器的训练火焰图像关于候选特征火焰图像集合的烧成状态识别精度。如图 4.30 所示，当使用 6 个具有最大可分能力的特征火焰图像时，训练样本达到100%的识别精度。因而，在本次基于PNN的采样实验中，上述6个特征火焰图像将被选取用于构建测试样本的全局形态特征向量，继而基于已训练好的PNN进行烧成状态识别。

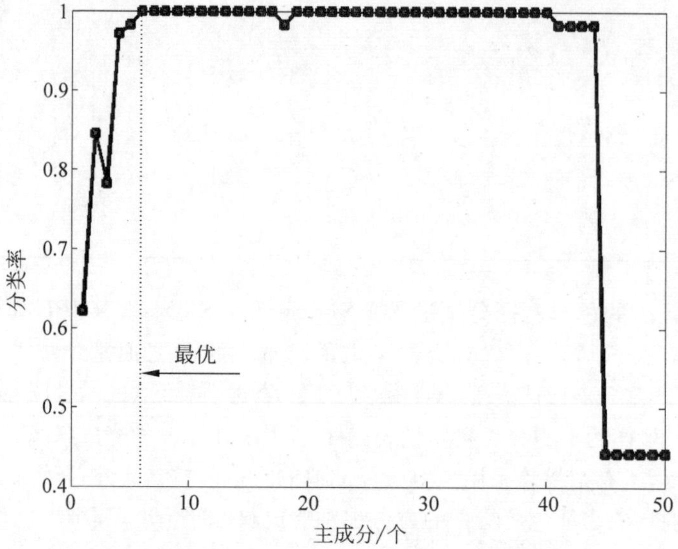

图 4.30　烧成状态识别精度：特征火焰图像集合(PNN)

图4.31给出了在本次采样实验中当基于BPNN模式分类器和相同的输入特征向量时，训练火焰图像关于候选特征火焰图像集合的烧成状态识别精度。

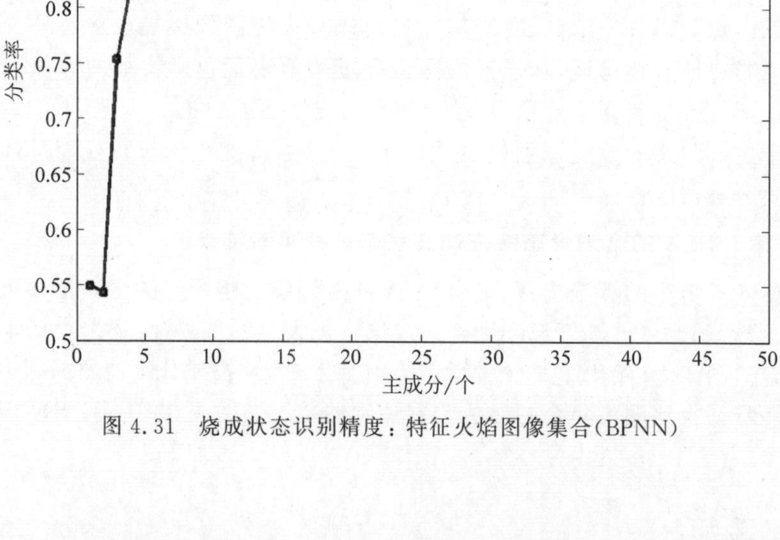

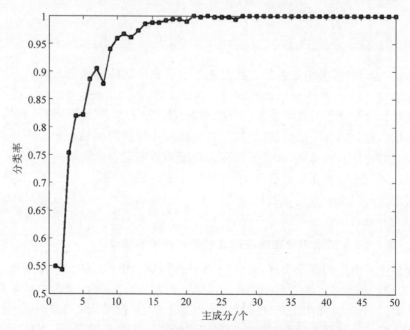

图 4.31　烧成状态识别精度：特征火焰图像集合(BPNN)

图 4.31 表明，在基于 BPNN 模式分类器的采样实验中，训练火焰图像的最佳烧成状态识别精度在 21 个具有最大可分能力的特征火焰图像被使用时获得。因此，在本次基于 BPNN 的采样实验中，该特征火焰图像将被选取用于构建测试样本的全局形态特征向量，继而基于已训练好的 BPNN 进行烧成状态识别。

图 4.32 给出了在本次基于 SVM 模式分类器和相同输入特征向量的采样实验中，当 5 个具有最大可分能力的特征火焰图像被使用时，训练火焰图像中过烧态样本与正常态样本和欠烧态样本之间关于第一级 SVM 的不同惩罚因子参数 $\hat{C}$ 和核函数参数 $\hat{\gamma}$ 的烧成状态识别精度，其中 x 轴的刻度 1～15 代表惩罚因子 $\hat{C}\in\{2^{12},2^{11},\cdots,2^{-1},2^{-2}\}$，$y$ 轴的刻度 1～15 代表核函数参数 $\hat{\gamma}\in\{2^{4},2^{3},\cdots,2^{-9},2^{-10}\}$。从图中可以看出，烧成状态识别精度对于 SVM 的参数不敏感，选取该曲面的最高点作为使用 5 个候选特征火焰图像子集时的第一级 SVM 的烧成状态识别精度，最高点对应的惩罚因子和核函数参数以及所选取的 5 个特征火焰图像子集将被用于测试样本集合中过烧态样本与正常态样本和欠烧态样本的分类识别。针对正常态样本和欠烧态样本之间的第二级 SVM 的参数寻优过程与之类似，这里不再表述。统计两级 SVM 的总体识别精度作为 5 个候选特征火焰图像子集所对应的烧成状态识别结果。对于全体候选特征火焰图像子集，均采用上述步骤获取其所对应的最佳分类精度。

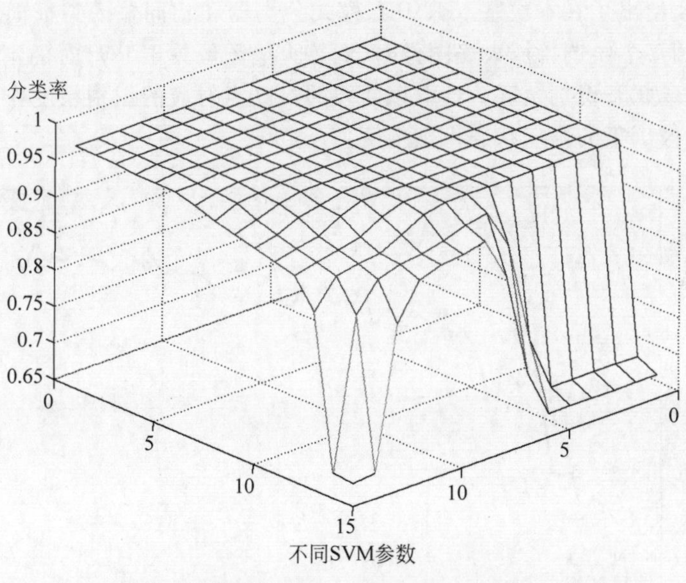

图 4.32　烧成状态识别精度：SVM 参数(SVM)(后附彩图)

图 4.33 给出了本次实验中训练采样图像关于全体候选特征火焰图像子集的烧成状态识别结果。从图中可以看出，训练火焰图像的最佳识别精度在 6 个具有最大可分能力的特征火焰图像被使用时获得。因此，在本次基于 SVM 的采样实验中，该特征火焰图像子集将被用来构建测试样本的全局形态特征，继而基于具有最优参数的两级 SVM 进行烧成状态识别。

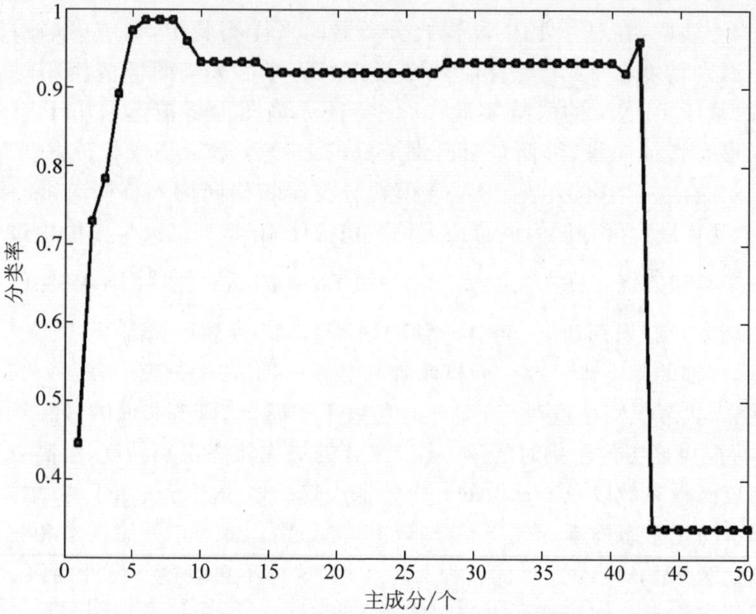

图 4.33 烧成状态识别精度：特征火焰图像集合(SVM)

图 4.34 给出了在本次基于 RVFL 模式分类器和相同输入特征向量的采样实验中，当使用 7 个候选特征火焰图像时，训练火焰图像关于 RVFL 的不同隐含层节点个数的烧成状态识别精度。选取该曲线的最高点对应的识别精度作为 7 个候选特征火焰图像子集的烧成状态识别精度。

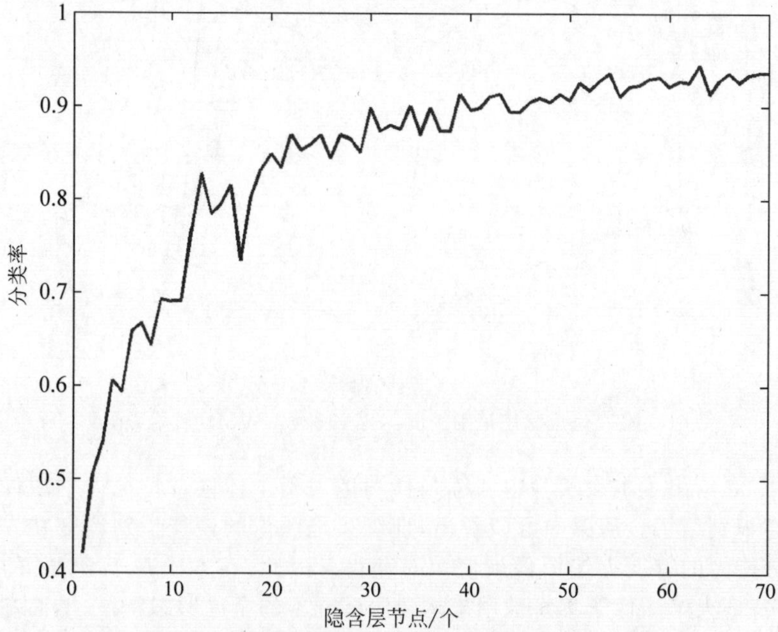

图 4.34 烧成状态识别精度：RVFL 隐含层节点个数(RVFL)

图 4.35 给出了本次实验中训练采样图像关于候选特征火焰图像子集的烧成状态识别结果。其中，每个数据点均为图 4.34 中的最佳识别精度。从图中可以看出，训练火焰图像的最优识别精度在 9 个具有最大可分能力的特征火焰图像被使用时获得。因此，在本次基于 RVFL 的采样实验中，该特征火焰图像子集将被用来构建测试样本的全局形态特征向量，继而基于具有最佳隐含层节点个数的 RVFL 进行烧成状态识别。

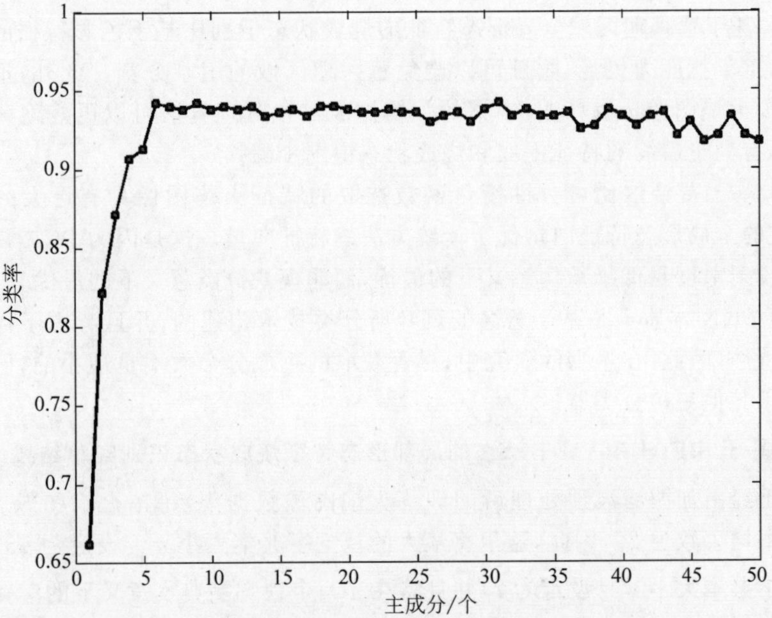

图 4.35 烧成状态识别精度：特征火焰图像集合(RVFL)

从图 4.30～图 4.35 中可以看出，在候选特征火焰图像子集(全局形态特征)的选取过程中，"尖峰"现象存在于各模式分类器的烧成状态识别结果中，这表明特征火焰图像的选取应当是必不可少的一部分。为了验证特征火焰图像选取算法表征全局形态特征的有效性，本书算法与采用传统火焰图像特征选取算法(式(3.56))的烧成状态识别精度进行了对比。以 PNN 为例，1000 次 bootstrapping 采样的平均识别精度见表 4.9。此外，还比较了使用不同模式分类器时，提取的全局形态特征对于烧成状态识别精度的影响，见表 4.10，其中所有结果均采用"均值±标准差"的表达形式。

表 4.9 基于全局形态特征识别精度的比较

识别结果	本书的特征火焰图像选取算法	传统的特征火焰图像选取算法
识别精度 (加博滤波预处理)/%	88.57±2.7	83.88±2.8
识别精度(无加博滤波预处理)/%	83.44±3.1	78.21±3.4
主成分个数 (加博滤波预处理)	6.9±2.3	7.5±2.1
主成分个数(无加博滤波预处理)	7.4±2.2	8.2±2.2

表 4.10 基于不同分类器的全局形态特征识别精度的比较

模式分类器	识别精度/%	主成分/个
PNN	88.57±2.7	6.9±2.3
BPNN	87.72±2.5	9.5±2.1
SVM	86.42±2.1	5.6±1.5
RVFL	88.53±2.0	9.3±2.0

从表 4.9 和表 4.10 可以得到以下结论：

(1) 基于感兴趣区域全局形态特征的烧成状态识别比基于色彩特征的方法更为健壮，抗干扰能力更强，而且可以避免感兴趣区域的困难分割。此外，不依赖本书的特征火焰图像选取算法，本书的加博滤波器预处理算法可以更好地区分感兴趣区域，有利于后续的特征提取和烧成状态识别步骤。

(2) 基于费希尔比可分性度量函数选取的特征火焰图像具有更大的可分能力，相应的全局形态特征向量优于传统方法的特征向量。这是因为 PCA 最大化样本图像投射散度是低维重构意义下的最优，而非模式分类意义下的最优。

(3) PNN 本质上是基于著名的贝叶斯分类技术构建的，并且考虑了样本空间的概率特性，因此，在本书的研究中，尽管获取的主成分个数不是最小的，但其分类效果优于其他三种分类器。

4. 基于 SIFT+BoVW+LSA 的局部形态特征烧成状态识别实验结果

对于经由加博滤波预处理后的训练火焰图像数据集，每幅火焰图像 SIFT 关键点的平均个数为 20，因此，这里将最大的视觉字典本大小 $n_{\hat{W}}$ 设定为 15，将最小的视觉字典本大小 $n_{\hat{W}}$ 设定为 2，并且将在 $n_{\hat{W}}$ 个视觉字典本意义下的潜在语义向量个数 N_s 的选取范围设定为$[2,n_{\hat{W}}]$。如 4.6 节中的算法步骤所述，图 4.36 给出了某次采样实验中基于 PNN 模式分类器，在视觉字典本大小为 10 时，训练火焰图像关于候选潜在语义向量集合的烧成状态识别结果 R_r。在图 4.36 中，当 5 个最具可分性的潜在语义向量被使用时，训练火焰图像可以获得最佳的烧成状态识别结果，因此，这一集合将在 10 个视觉字典本意义下被选取。

根据上述结果，图 4.37 给出了本次采样实验中关于不同大小视觉字典本的训练火焰图像烧成状态识别结果，其中每个数据点均来源于该视觉字典本大小下的候选潜在语义向量集合所对应的最佳识别精度 R_r。从图 4.37 中可以看出，训练样本的最佳烧成状态识别结果在视觉字典本为 6 时获取。因此，该视觉字典本及其相应的最佳潜在语义向量集合将在本次实验中被选取以提取测试样本感兴趣区域的局部形态特征向量，继而基于已训练好的 PNN 进行烧成状态识别。

图 4.38 给出了本次采样实验中基于 BPNN 模式分类器和相同输入特征向量，当选取视觉字典本大小为 14 时，训练火焰图像关于候选潜在语义向量集合的烧成状态识别精度。根据图 4.38，对于该视觉字典本，8 个最具可分性的潜在语义向量将被选取。

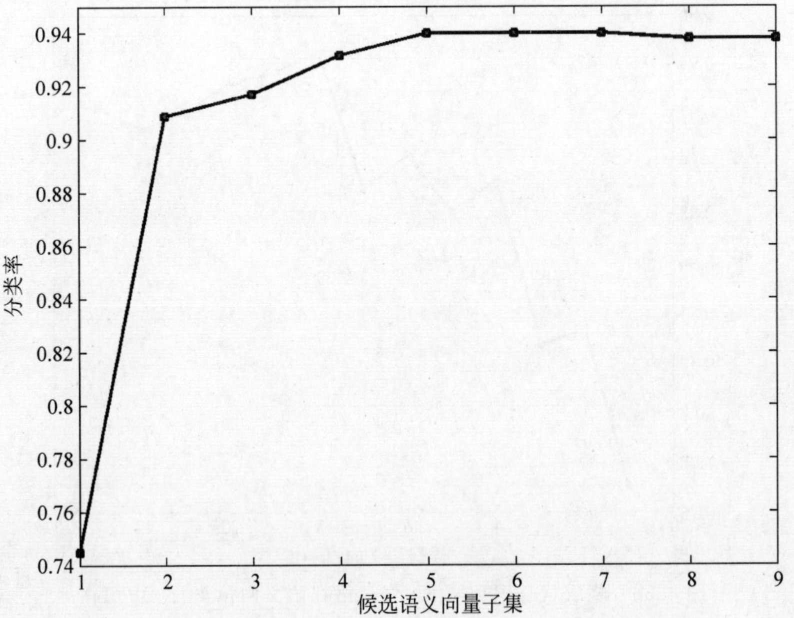

图 4.36　烧成状态识别精度：候选潜在语义向量集合(PNN)

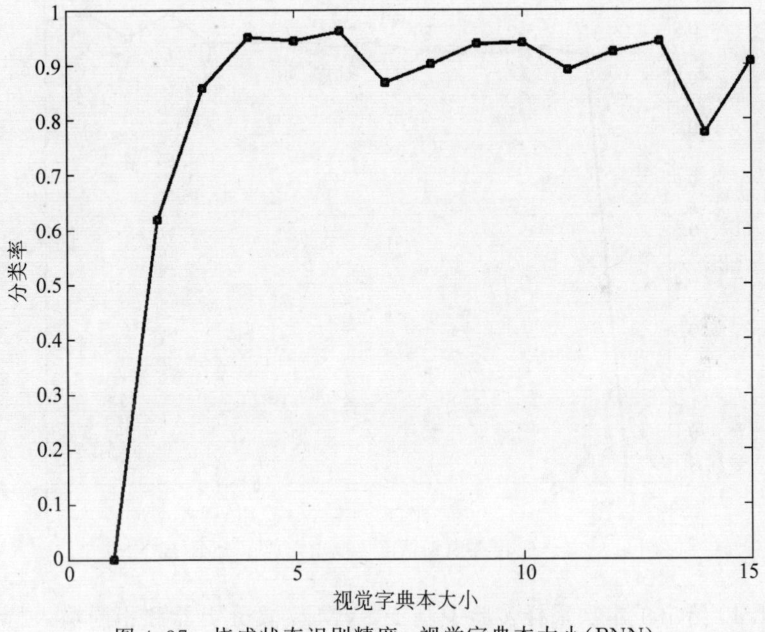

图 4.37　烧成状态识别精度：视觉字典本大小(PNN)

图 4.39 给出了本次采样实验中关于不同大小视觉字典本的训练火焰图像烧成状态识别结果 R_r。从图 4.39 中可以看出，大小为 12 的视觉字典本及其对应的最佳潜在语义向量集合将在本次实验中被选取以提取测试样本感兴趣区域的局部形态特征向量，继而基于已训练好的 BPNN 进行烧成状态识别。

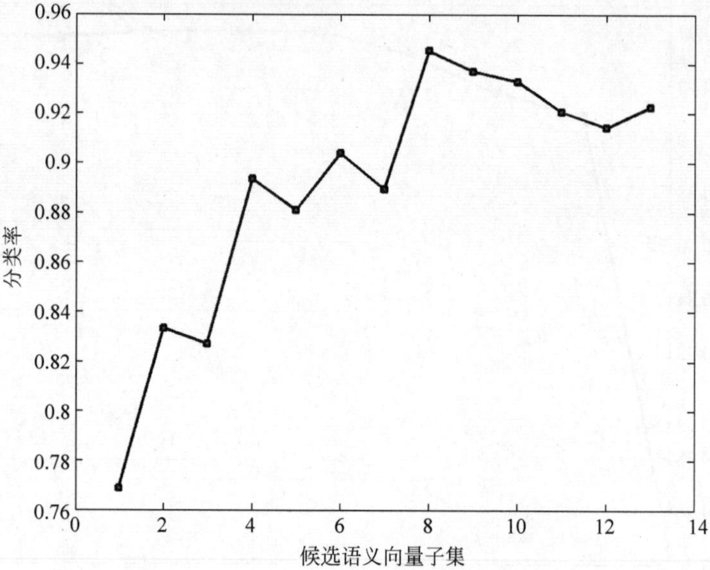

图 4.38 烧成状态识别精度：候选潜在语义向量集合(BPNN)

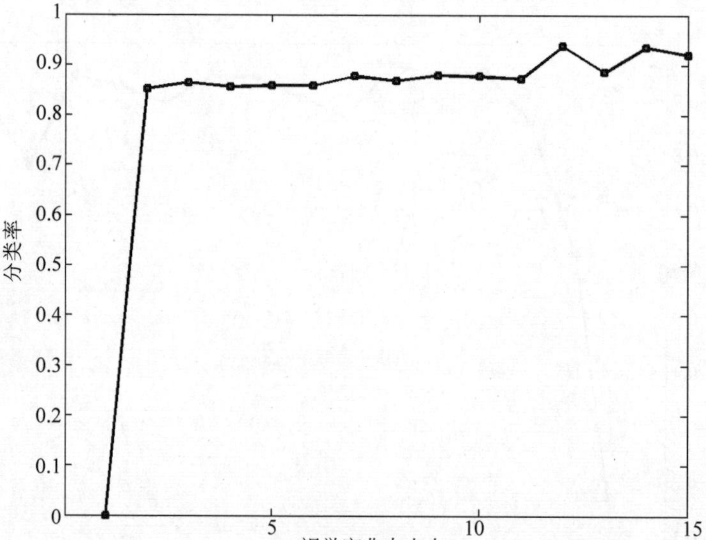

图 4.39 烧成状态识别精度：视觉字典本大小(BPNN)

图 4.40 给出了本次采样实验中基于 SVM 模式分类器和相同输入特征向量，视觉字典本大小为 10，选取 4 个最具可分性的潜在语义向量时，训练火焰图像中过烧态样本与正常态样本和欠烧态样本之间关于第一级 SVM 的不同惩罚因子参数 $\hat{C}$ 和核函数参数 $\hat{\gamma}$ 的烧成状态识别精度，其中 x 轴的刻度 1～15 代表惩罚因子 $\hat{C}\in\{2^{12},2^{11},\cdots,2^{-1},2^{-2}\}$，$y$ 轴的刻度 1～15 代表核函数参数 $\hat{\gamma}\in\{2^{4},2^{3},\cdots,2^{-9},$

2^{-10}}。曲面的最高点被选取作为第一级 SVM 的烧成状态识别精度。针对正常态样本和欠烧态样本之间的第二级 SVM 的参数寻优过程与之类似，统计两级 SVM 的总体识别精度作为 4 个最具可分性的潜在语义向量所对应的烧成状态识别结果。

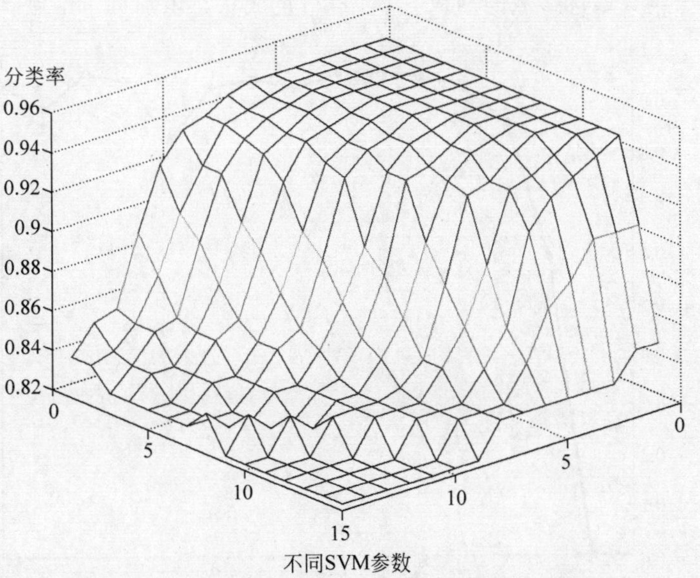

图 4.40 烧成状态识别精度：SVM 参数(SVM)(后附彩图)

按照上述过程，图 4.41 给出了当视觉字典本大小为 10 时，训练火焰图像关于候选潜在语义向量集合的烧成状态识别精度。根据图 4.41，对于该视觉字典本，4 个最具可分性的潜在语义向量将被选取。

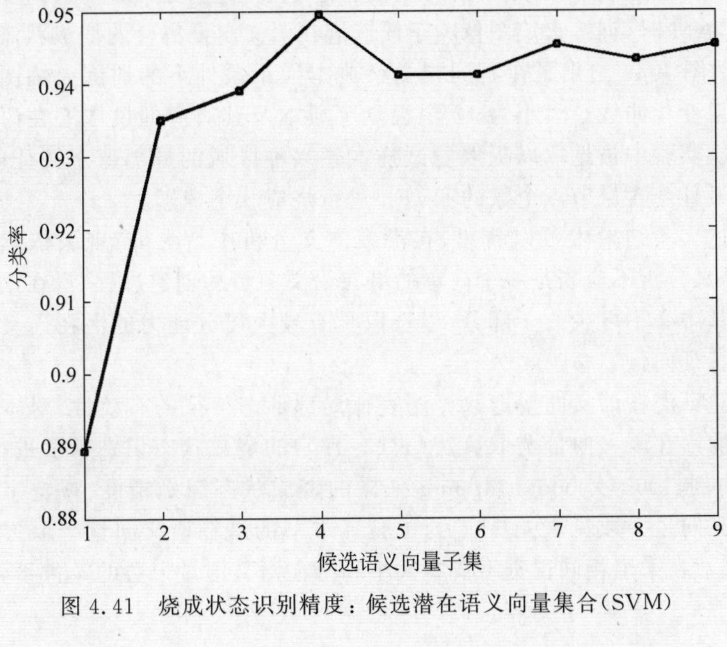

图 4.41 烧成状态识别精度：候选潜在语义向量集合(SVM)

图 4.42 给出了本次采样实验中关于不同视觉字典本大小的训练火焰图像烧成状态识别结果 R_r。可以看出，大小为 7 的视觉字典本及其对应的最佳潜在语义向量集合将在本次实验中被选取以提取测试样本感兴趣区域的局部形态特征向量，继而基于具有最优参数的两级 SVM 进行烧成状态识别。

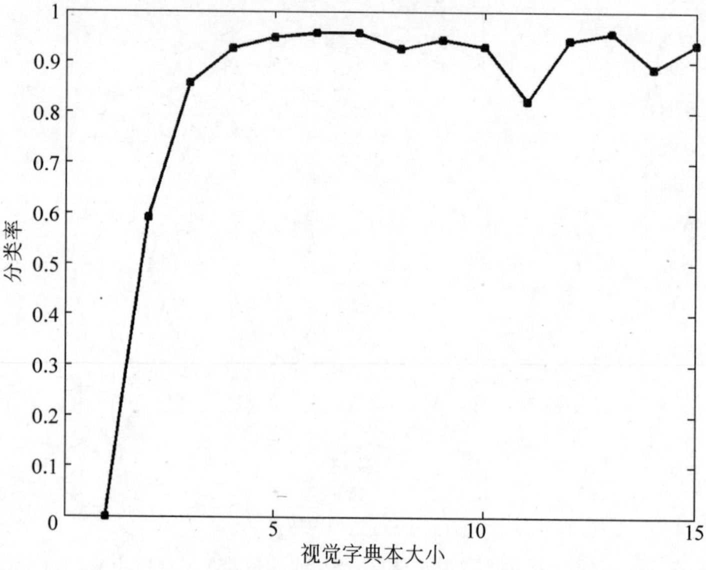

图 4.42 烧成状态识别精度：视觉字典本大小(SVM)

图 4.43 给出了本次采样实验中基于 RVFL 模式分类器和相同输入特征向量，视觉字典本大小为 14，选取 12 个最具可分性的潜在语义向量时，训练火焰图像关于 RVFL 的不同隐含层节点个数的烧成状态识别精度；图 4.44 给出了当视觉字典本大小为 14 时，训练火焰图像关于候选潜在语义向量集合的烧成状态识别精度变化曲线；图 4.45 给出了在不同视觉字典本大小条件下的训练火焰图像烧成状态识别结果变化曲线。大小为 12 个视觉字典本及其对应的最佳潜在语义向量集合将在本次实验中被选取以提取测试样本感兴趣区域的局部形态特征向量，继而基于具有最佳隐含层节点个数的 RVFL 进行烧成状态识别。

从上述实验结果中可以看出，在潜在语义分析中，“尖峰”现象依然存在。由此，潜在语义分析不应当是一个简单的潜在语义向量的创建过程，潜在语义向量选取应当是其中必不可少的一部分，以选取具有较大可分能力的潜在语义向量构建局部形态特征向量。

为了验证潜在语义向量选取算法表征局部形态特征的有效性，对本书算法与使用传统的潜在语义向量选取算法(式(4.16))的烧成状态识别精度进行了比较。以 PNN 为例，1000 次 bootstrapping 采样的烧成状态识别精度、视觉字典本个数和潜在语义向量个数见表 4.11。为了验证本书的潜在语义向量选取方法的有效性，还测试了在采用相同视觉字典本大小和潜在语义向量个数的条件下，基于标准

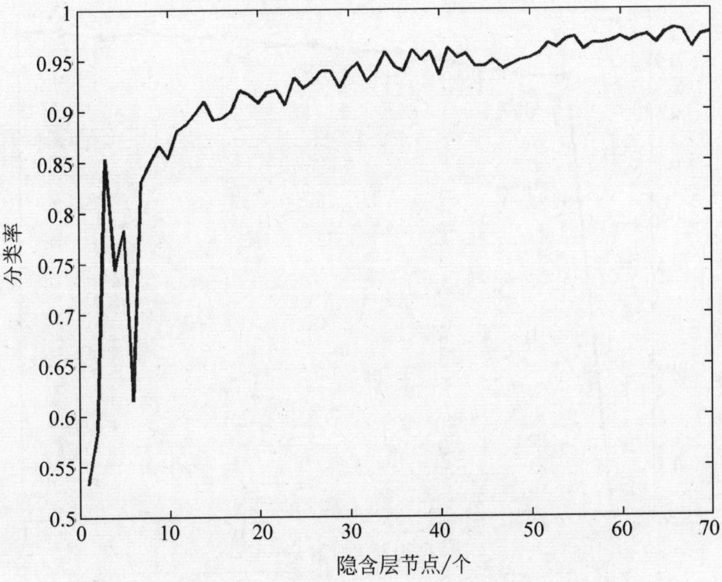

图 4.43 烧成状态识别精度：RVFL 隐含层节点个数(RVFL)

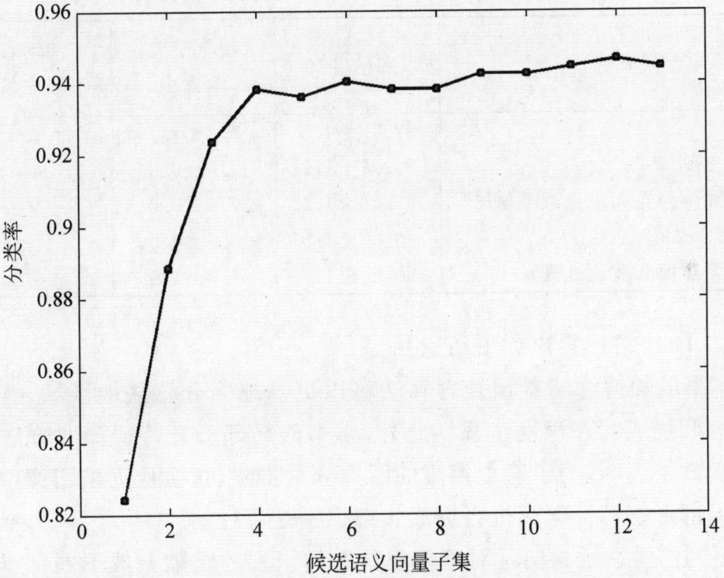

图 4.44 烧成状态识别精度：候选潜在语义向量集合(RVFL)

LSA 方法的烧成状态识别结果。进一步地，对基于停止列出分析准则[380]消除全体火焰图像中频繁出现的视觉单词方法和基于标准 TF-IDF 权值表方法的烧成状态识别结果也进行了测试，所有结果均采用“均值±标准差”的表达形式。

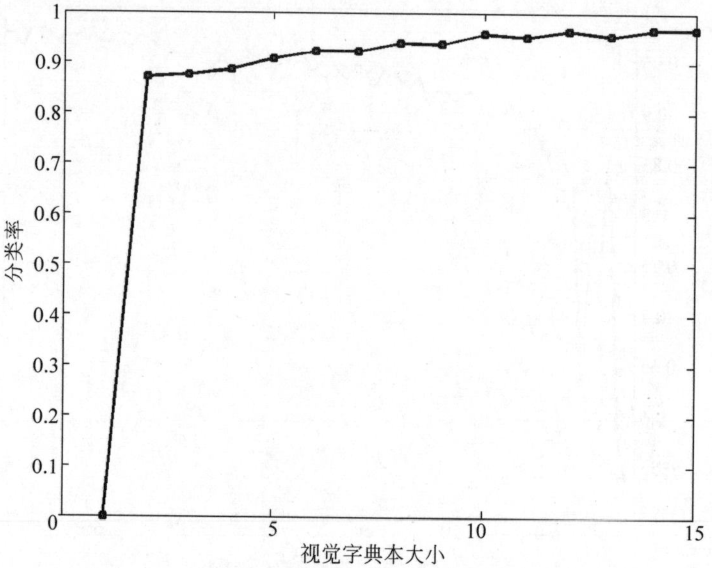

图 4.45 烧成状态识别精度：视觉字典本大小(RVFL)

表 4.11 基于局部形态特征识别精度的比较

不同方法	识别精度/%	视觉字典本大小	潜在语义向量个数
本书方法	92.12±1.3	6.2±1.7	4.0±1.1
基于标准 LSA	89.21±1.2	7.0±0.0	4.0±0.0
基于 TF-IDF+停止列出选取准则[380]	87.46±1.4	7.0±0.0	—
基于 TF-IDF 权值	85.62±1.8	7.0±0.0	—
本书方法(无加博滤波预处理)	90.24±1.7	7.4±1.9	5.1±1.8

从表 4.11 中可以得出如下结论：

(1) 本书的加博滤波器预处理算法可以更好地区分感兴趣区域，有利于后续的特征提取和烧成状态识别步骤。此外，本书的局部形态特征提取方法的最佳烧成状态识别效果表明，为了避免困难的图像分割步骤，直接从火焰图像中提取感兴趣区域的局部形态特征继而进行烧成状态识别是可行的。

(2) 不同的潜在语义向量对于烧成状态的识别的贡献截然不同。本书的方法可以选取更为重要并且具有大可分能力的潜在语义向量构建局部形态特征，因而其效果优于采用相同视觉字典本大小和潜在语义向量个数条件下的标准 LSA 方法。

(3) LSA 方法可以较视觉单词提取更为有意义的潜在语义向量，这不仅能生成更低维的特征表征以缓解同义词的问题，还能改进烧成状态识别的效果。

(4) 在停止列出分析中，频率在一定程度上被用来表征视觉单词的重要性。

最频繁和最不频繁视觉单词的移除可以消除公共和生僻单词以改进烧成状态识别效果。然而,零频问题导致的同义词现象以及视觉单词可分能力评估的缺失,使基于 TF-IDF 权值结合停止列出准则方法的效果差于基于标准 LSA 方法。

进一步地,不同的模式分类器对于烧成状态识别精度、视觉字典本个数潜在语义向量个数的影响也已被研究,其结果见表 4.12。

表 4.12　不同分类器识别结果的比较

模式分类器	识别精度/%	视觉字典本大小	潜在语义向量个数
PNN	92.12±1.3	6.2±1.7	4.0±1.1
BPNN	83.04±2.4	8.5±1.3	7.9±1.3
SVM	88.12±2.8	9.2±1.3	8.2±1.0
RVFL	89.54±1.6	9.1±1.4	8.2±1.2

从表中可以看出,基于火焰图像感兴趣区域的局部形态特征识别烧成状态时,PNN 不仅分类识别效果优于另外三种模式分类器,并且得到了最小数目的视觉字典本个数和潜在语义向量个数。

5. 基于模糊积分的火焰图像多特征融合烧成状态识别实验结果

在分别获取上述基于四种模式分类器的三种图像特征的烧成状态识别结果后,根据 4.7 节中的步骤,基于火焰图像多特征决策级融合的烧成状态识别结果即可被获取。首先,对于训练火焰图像集合,基于每种图像特征的每类火焰图像的烧成状态识别精度被赋予模糊密度 $\grave{g}^{i}$,然后根据式(3.104),唯一的大于-1的根 $\grave{\lambda}$ 将被计算。表 4.13 给出了在某次采样实验下,基于 PNN 模式分类器的 $\grave{\lambda}$ 计算结果。

设一幅测试正常态火焰图像的经由 PNN 分类器输出的概率分别为:对于过烧态,$\grave{h}(\grave{x}_1)=0.0201$,$\grave{h}(\grave{x}_2)=0.1539$,$\grave{h}(\grave{x}_3)=0.0305$;对于欠烧态,$\grave{h}(\grave{x}_1)=0.1005$,$\grave{h}(\grave{x}_2)=0.8595$,$\grave{h}(\grave{x}_3)=0.0712$;对于正烧态,$\grave{h}(\grave{x}_1)=0.9947$,$\grave{h}(\grave{x}_2)=0.4875$,$\grave{h}(\grave{x}_3)=0.9970$。其中,$\grave{x}_1$,$\grave{x}_2$,$\grave{x}_3$分别代表基于色彩特征、全局形态特征、局部形态特征的 PNN 模式分类器。则根据式(3.105),模糊积分的输出见表 4.14。

表 4.13　模糊密度及其相应的$\grave{\lambda}$

类别	$\grave{g}^1$	$\grave{g}^2$	$\grave{g}^3$	$\grave{\lambda}$
过烧态	0.9076	0.5630	0.8824	−0.9988
欠烧态	0.9444	0.7821	0.9701	−0.9996
正烧态	0.8472	0.8210	0.9563	−0.9948

表 4.14 基于模糊积分的分类器输出

类别	$\grave{h}(\grave{x}_i)$	$\grave{g}(\grave{A}_i)$	$\grave{H}(\grave{E})$	$\max[\grave{H}(\grave{E})]$
过烧态	0.1539	$\grave{g}^2=\grave{g}(\{\grave{x}_2\})=0.5630$	0.1539	0.1539
	0.0305	$\grave{g}(\{\grave{x}_2,\grave{x}_3\})=0.9512$	0.0305	
	0.0201	$\grave{g}(\{\grave{x}_1,\grave{x}_2,\grave{x}_3\})=1$	0.0201	
欠烧态	0.8595	$\grave{g}^2=\grave{g}(\{\grave{x}_2\})=0.7821$	0.7821	0.7821
	0.1005	$\grave{g}(\{\grave{x}_2,\grave{x}_1\})=0.9882$	0.1005	
	0.0712	$\grave{g}(\{\grave{x}_1,\grave{x}_2,\grave{x}_3\})=1$	0.0712	
正烧态	0.9970	$\grave{g}^3=\grave{g}(\{\grave{x}_3\})=0.9563$	0.9563	0.9943
	0.9947	$\grave{g}(\{\grave{x}_3,\grave{x}_1\})=0.9943$	0.9943	
	0.4875	$\grave{g}(\{\grave{x}_1,\grave{x}_2,\grave{x}_3\})=1$	0.4875	

最终，正烧态被选取作为在 PNN 模式分类器意义下，测试样本的输出类别。按照上述步骤，基于模糊积分的不同模式分类器融合方法以及不同融合方法的 1000 次 bootstrapping 采样的烧成状态识别精度见表 4.15。此外，我们还将提取三种图像特征直接首尾相连构成一个高维特征向量，送入模式分类器中进行烧成状态的识别[381]，该结果同样列入表 4.15 之内。

表 4.15 基于不同融合方法和不同分类器的识别结果比较 单位：%

方法	PNN	BPNN	SVM	RVFL
投票法	83.14±2.7	79.75±2.6	89.25±1.7	89.83±2.1
波达数	81.58±2.1	78.45±3.7	87.79±1.5	88.23±3.1
平均值	80.24±2.4	76.82±4.2	87.15±1.5	88.32±3.2
文献[381]	90.49±3.3	88.92±4.0	90.12±4.3	92.75±2.8
本书的方法	95.37±2.3	88.41±3.7	91.41±2.8	91.46±3.2

如表 4.15 所示，基于模糊积分的模式分类器融合方法的烧成识别精度优于基于各子图像特征的识别结果、基于其他融合方法的识别结果、基于直接特征级融合方法识别结果。这一结果表明，该方法较好的分类识别性能是建立在不同模式分类器的主观证据和证据的客观希望的重要性之上。此外，对于 PNN，BPNN，SVM 来说，基于直接特征级融合方法的分类识别结果甚至比基于图像各子特征的分类识别结果差，这是由高维特征向量可能存在的“尖峰”现象所致。进一步地，由于 PNN 模式分类器良好的特性，在本书的研究中，基于模糊积分的模式分类器融合方法，PNN 给出了最佳的烧成状态识别结果。

6. 实验结果比较

至此，火焰图像展示了其识别烧成状态的优异性能。下面探究本书的基于火焰图像的烧成状态识别方法较已有烧成状态识别方法的有效性。比较本书的方法与四种可行的基于图像分割技术的烧成状态识别方法的结果，包括 OTSU 算法、FCMG 算法、DFM 算法和 MAT 算法。如下的十六个特征被提取以表征感兴趣区域的色彩特征和形态特征：火焰区域的面积、周长、宽度、圆形度和重心坐标（2 个特征）、物料区域的面积、高度、宽度和重心坐标（2 个特征）、R 子图像的平均亮度、R 子图像火焰区域的平均亮度和方差、R 子图像物料区域的平均亮度和方差，其各自的计算公式如下：

（1）面积。图像中区域 Ω 内的像素个数之和

$$\bar{\bar{f}}_1 = \mathrm{count}(\Omega) \tag{4.21}$$

其中，count 表示对区域内像素进行计数。

（2）周长。区域 Ω 的边界Ω_0 内的像素个数之和

$$\bar{\bar{f}}_2 = \mathrm{count}(\Omega_0) \tag{4.22}$$

（3）宽度。区域 Ω 在水平方向像素个数的最大值

$$\bar{\bar{f}}_3 = \max_{(x,y\in\Omega)}(x) \tag{4.23}$$

（4）圆形度。区域 Ω 接近圆形的程度

$$\bar{\bar{f}}_4 = 4\pi\bar{\bar{f}}_1/\bar{\bar{f}}_2^2 \tag{4.24}$$

（5）重心横坐标和重心纵坐标

$$\bar{\bar{f}}_5 = (1/\bar{\bar{f}}_1)\sum_{(x,y\in\Omega)} x \tag{4.25}$$

$$\bar{\bar{f}}_6 = (1/\bar{\bar{f}}_1)\sum_{(x,y\in\Omega)} y \tag{4.26}$$

（6）高度。区域 Ω 在垂直方向像素个数的最大值

$$\bar{\bar{f}}_7 = \max_{(x,y\in\Omega)}(y) \tag{4.27}$$

（7）平均亮度

$$\bar{\bar{f}}_8 = (1/\bar{\bar{f}}_1)\sum_{(x,y\in\Omega)} \boldsymbol{I}(x,y) \tag{4.28}$$

（8）方差

$$\bar{\bar{f}}_9 = (1/(\bar{\bar{f}}_1 - 1))\sum_{(x,y\in\Omega)} (\boldsymbol{I}(x,y) - \bar{\bar{f}}_8)^2 \tag{4.29}$$

将归一化后的特征向量送入各模式分类器中进行烧成状态的识别，1000 次 bootstrapping 采样的平均烧成状态识别精度见表 4.16。

表 4.16　基于不同图像分割方法和模式分类器的烧成状态识别精度

单位：%

方法	PNN	BPNN	SVM	RVFL
OSTU	42.67±11.4	40.26±11.1	41.79±11.2	42.13±11.2
FCMG	44.72±12.3	41.62±12.5	42.83±12.1	46.45±9.1
DFM	47.23±11.5	44.31±12.3	46.32±13.2	49.63±10.1
MAT	52.19±11.3	49.29±12.3	51.78±11.3	55.79±9.2

相比其他模式分类器，RVFL 给出了除 OTSU 算法以外的最佳烧成状态识别结果。这可能是由于 OTSU 算法是一种通用的图像分割算法，而其他的方法是针

对火焰图像的特殊图像分割方法或者性能更好的图像分割方法。此外，虽然基于图像分割技术的特征提取方法已经被成功地应用于许多图像识别领域，但是在本书的应用中，由于烟尘干扰导致火焰图像质量较差，感兴趣区域的分割和特征提取不精确，基于图像分割技术方法的效果比本书给出的任意一种基于不分割的火焰图像烧成状态识别方法的效果都差，该方法仅能工作在火焰图像质量较好的情况下。

第 5 章

基于过程数据与火焰图像融合的烧成状态识别方法

5.1 引言

回转窑的烧结过程属于典型的复杂工业过程，具有多变量、强耦合、大滞后等控制综合复杂性，与熟料质量指标密切相关的烧成状态难以实现连续、在线、准确识别，生产控制停留在传统的人工看火操作阶段。人工看火操作在回转窑烧结过程控制中已沿用多年，看火操作人员通过安装在窑头的看火孔观察窑内烧成带火焰与物料的烧结状态，判断当前烧成状态。但是，由于回转窑烧结过程的工艺复杂性与工况变化的多样性，加上窑头返灰、二次风以及烧成带复杂物理化学反应产生的烟尘的影响，通过看火孔观察到的火焰图像有时昏暗模糊，导致识别准确的烧成状态具有一定困难。在这种情况下，单一的看火方式已经无法满足烧成状态判别的需要，看火操作人员会在观测火焰图像之外，综合回转窑烧结过程检测仪器仪表获取的过程数据，辅助判别当前烧成状态。受上述人工看火模式的启发，为了提高机器看火的准确性，首先将进行基于回转窑烧结过程数据的烧成状态识别研究，继而融合基于火焰图像多特征的烧成状态识别结果和基于过程数据的烧成状态识别结果，得到最终的基于机器看火的烧成状态识别结果。

回转窑工艺参数众多，分别从不同的方面描述了回转窑烧结过程的烧成状态，根据回转窑工艺过程特点与现场实践经验，过程数据的选取应当满足如下条件：

(1) 过程数据必须满足在线连续检测的要求：对过程数据提出连续在线检测要求是为了满足在回转窑烧结过程中对烧成状态在线监视的需要。因此，为了保证烧成状态识别的在线连续性，必须保证作为输入的过程数据满足在线连续检测的要求。

(2) 过程数据的选择：满足条件(1)的过程数据有很多，但没有必要都用来判别烧成状态。因为在实际生产过程中，各个过程数据对烧成状态的敏感程度不同，应重点选择那些与烧成状态相关性强的过程数据作为输入，达到去粗取精的目的。本书的目的是识别不同类别的烧成状态，即一个模式分类问题，因此如果选择的过程数据具有较好区分不同烧成状态的特性，将更有利于烧成状态的识别结果。

5.2 识别策略

本书提出的基于过程数据烧成状态识别方法的策略图如图 5.1 所示，包括过程数据预处理、过程数据特征提取和模式分类器设计三部分。其中，过程数据预处理的功能是剔除离群点和去除噪声数据；过程数据特征提取部分的功能是提取过程数据中对不同类别烧成状态具有较好区分能力的特征向量；模式分类器部分的功能是建立有效特征向量与烧成状态之间的非线性关系。

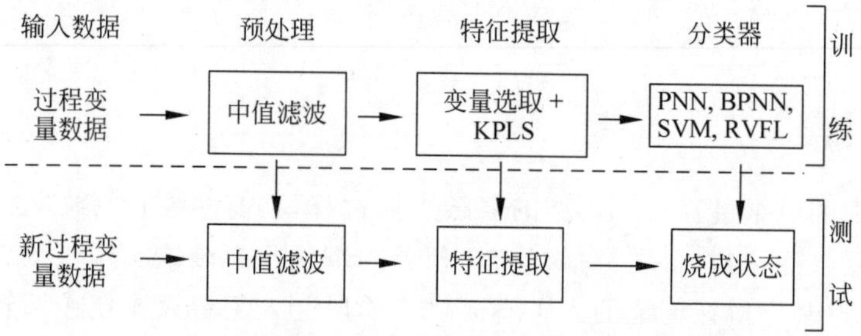

图 5.1 基于过程数据回转窑烧成状态识别策略图

下面对各部分进行简要说明：

(1) 在预处理阶段，提出了一种改进的基于中值数绝对偏差的过程数据滤波器，可以去除过程数据中由于突变性扰动或尖脉冲干扰导致的过失数据，并可去除随机噪声。

(2) 在特征提取阶段，提出了一种最优压缩过程数据特征向量子集的选取方法，以降低特征表征的维数。针对压缩过程数据可能存在的共线性和非线性特性，采用 KPLS 提取压缩过程数据特征向量子集中对不同类别烧成状态具有较好区分能力的特征向量，以改进烧成状态识别的结果。

(3) 模式分类器设计部分依然采用 PNN，BPNN，SVM 和 ELM 四种模式分类器，分别对过程数据提取的特征向量进行烧成状态识别。

在获取基于过程数据的烧成状态识别结果之后，本书提出的基于过程数据和火焰图像融合的烧成状态识别方法的策略图如图 5.2 所示。其中，决策融合部分的功能是综合基于火焰图像的烧成状态识别子结果和基于过程数据的烧成状态识别子结果，基于模糊积分方法，给出最终的基于机器看火的烧成状态识别结果。

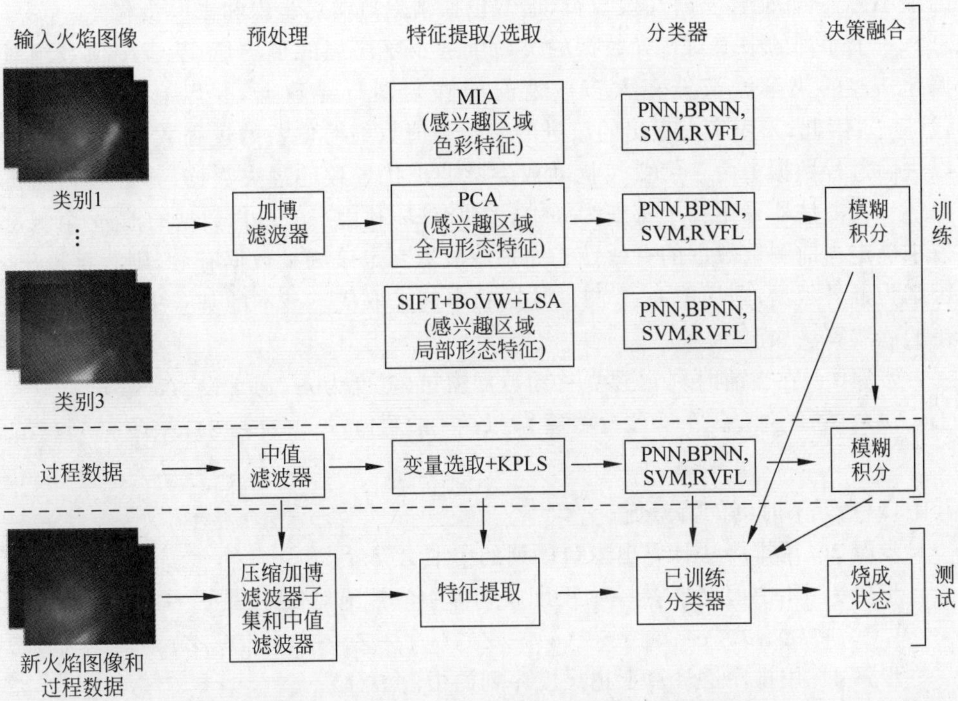

图 5.2　基于过程数据和火焰图像回转窑烧成状态识别策略图

5.3　识别算法

5.3.1　基于改进中值滤波器的过程数据滤波预处理

测量数据的正确性是工业过程实现控制和优化的基础。但过程测量信号往往含有各种噪声,这些噪声有各种来源,如测量仪器、电子设备或过程本身。如果信噪比(SNR)较小,在数据处理的随后阶段,可能会得到错误和有偏差的结果。在去除噪声和离群点后的信号内包含着相关的过程行为,因此从测量数据中消除噪声的过程是十分重要的一个环节[382]。在这方面,过去三十年内提出了许多对一维和二维信号的滤波方法。除了噪声之外,由于过程特征、传感器故障、设备故障、暂态影响等[383],过程数据也可能包含少量偏离数据主体的离群点,而且误差分布也是非正态的。定性地来说,超过标准差 5 倍的测量一般被看作离群点。低质量的数据可能包含大于 10%的离群点[384]。在实时应用中,控制动作依赖于来自传感器的正确的信息,离群数据可能导致不正确的结论,甚至会影响设备安全。因此必须在线发现含过失误差的数据,校正含随机误差的测量数据,并用校正后的可靠数据正确指导生产操作和管理。在存在噪声和离群点情况下的滤波策略应要求信息的最小丢失，并能够实时高效执行，通常包括剔除离群点步骤和去噪步骤。

一个序列的中值对奇异数据的灵敏度远小于序列的平均值，基于中值数绝对偏差估计的决策滤波器在大多数情况能够判别奇异数据，并以有效的数值取代[385]。因此，采用本书提出的改进的基于中值数绝对偏差的过程数据滤波器，可以去除过程数据中由于突变性扰动或尖脉冲干扰导致的过失数据，并可去除随机噪声。设滤波器采用一个宽度为 $\boldsymbol{m}$ 的移动窗口，利用当前过程数据的前 $\boldsymbol{m}$ 个测量值来确定当前测量数据的有效性。如果滤波器判定该测量数据有效，则直接输出，否则为奇异数据，则用前 $\boldsymbol{m}$ 个测量数据的中值来取代。基本的基于中值数绝对偏差的滤波算法如下。

步骤 1　在当前时刻 $\boldsymbol{t}$，建立移动数据窗口(宽度为 $\boldsymbol{m}$，通常设为奇数)：

$$\{\boldsymbol{w}_1,\boldsymbol{w}_2,\cdots,\boldsymbol{w}_{m-1},\boldsymbol{w}_m\}=\{\boldsymbol{x}(\boldsymbol{t}-\boldsymbol{m}),\boldsymbol{x}(\boldsymbol{t}-\boldsymbol{m}+1),\cdots,\boldsymbol{x}(\boldsymbol{t}-2),\boldsymbol{x}(\boldsymbol{t}-1)\}\tag{5.1}$$

其中，$\boldsymbol{x}(\boldsymbol{t})$是 $\boldsymbol{t}$ 时刻的测量值；

步骤 2　用排序法计算出窗口序列的中值 $\boldsymbol{Z}(\boldsymbol{t})$；

步骤 3　用中值 $\boldsymbol{Z}$ 构造一个尺度序列即中值数绝对偏差序列

$$\{\boldsymbol{d}_1,\boldsymbol{d}_2,\cdots,\boldsymbol{d}_m\}=\{(\boldsymbol{w}_1-\boldsymbol{Z}),(\boldsymbol{w}_2-\boldsymbol{Z}),\cdots,(\boldsymbol{w}_m-\boldsymbol{Z})\}\tag{5.2}$$

步骤 4　用排序法计算上述尺度序列的中值 $\boldsymbol{D}(\boldsymbol{t})$；

步骤 5　按式(5.3)计算当前测量值 $\boldsymbol{x}(\boldsymbol{t})$的滤波值

$$\boldsymbol{x}'(\boldsymbol{t})=\begin{cases}\boldsymbol{x}(\boldsymbol{t}), & |\boldsymbol{x}(\boldsymbol{t})-\boldsymbol{Z}(\boldsymbol{t})|<\boldsymbol{L}\times \mathrm{MAD}(\boldsymbol{t})\\ \boldsymbol{Z}(\boldsymbol{t}), & \text{其他}\end{cases}\tag{5.3}$$

其中，$\boldsymbol{L}$ 为门限参数；MAD 是著名的统计学家汉佩尔提出并证明的中值数绝对偏差，$\mathrm{MAD}=1.4826\times\boldsymbol{D}$，一般称为“汉佩尔标识符”[386]。可以用窗口宽度 $\boldsymbol{m}$ 和门限 $\boldsymbol{L}$ 调整滤波器的特性。$\boldsymbol{m}$ 影响滤波器的总一致性。门限参数 $\boldsymbol{L}$ 直接决定滤波器主动进取程度。当 $\boldsymbol{L}$ 取 0 时，该滤波算法与滑动中值滤波器(moving median filter)等价；当 $\boldsymbol{L}$ 无限大时，相当于滤波器不对原信号做任何处理。本非线性滤波器具有因果性、算法快捷等特点，能实时地完成数据净化。

针对上述基本的基于中值数绝对偏差的滤波算法应用于实际的数据滤波时，由于过程检测过程中引入的“大尖峰”扰动，即宽度比较大的大脉冲干扰滤波效果较差的问题，文献[285]在原有基本算法的基础上增加了一个基于数据扰动特征的“大尖峰”滤波环节，改善了滤波效果，适合于在线应用。

改进的基于中值数绝对偏差的滤波算法如下。

步骤 1～步骤 5 与基本的基于中值数绝对偏差的滤波算法相同。

步骤 6　按式(5.4)计算当前测量值 $\boldsymbol{x}(\boldsymbol{t})$的最终滤波值

$$\boldsymbol{x}_f(\boldsymbol{t})=\begin{cases}\boldsymbol{x}_f(\boldsymbol{t}-1), & \mathrm{MAD}(\boldsymbol{t})>\boldsymbol{L}_1\\ \boldsymbol{x}(\boldsymbol{t}), & \text{其他}\end{cases}\tag{5.4}$$

其中，$\boldsymbol{L}_1$ 是阈值参数，根据实际测量数据序列给出。

当存在"大尖峰"扰动时，MAD 值也比较大，反映了测量数据大幅度跳变这一特征。上述改进算法就是根据这一特征，当判断存在"大尖峰"扰动时，当前时刻的滤波器的输出就保持为上一时刻滤波器的输出，否则，输出经基本算法计算得到的值。在本书中，窗口宽度 $\boldsymbol{m}=7$，门限 $\boldsymbol{L}=0.5$，阈值参数$\boldsymbol{L}_1=8$。

由于回转窑过程数据具有不同的量纲和数量级，若直接将原始数据作为烧成状态识别模型的输入进行分类识别时，就可能突显出某些数量级特别大的过程数据对于烧成状态分类识别的作用，而降低甚至排斥某些数量级较小的过程数据。为了体现不同的过程数据对于烧成状态分类识别的作用，需要对数据进行适当的变换。本书采用如下公式做归一化处理：

$$\boldsymbol{x}''(t)=2\times\frac{\boldsymbol{x}_f(\boldsymbol{t})-\min(\boldsymbol{x}_f(\boldsymbol{t}))}{\max(\boldsymbol{x}_f(\boldsymbol{t}))-\min(\boldsymbol{x}_f(\boldsymbol{t}))}-1 \tag{5.5}$$

其中，$\boldsymbol{x}''(t)\in[-1,1]$，表示对过程数据进行归一化后的结果；$\max(\boldsymbol{x}_f(\boldsymbol{t}))$和 $\min(\boldsymbol{x}_f(\boldsymbol{t}))$表示已有历史样本数据中的最大值与最小值。

在获取采样周期为 10s 一次的回转窑过程数据排烟机风门开度(O_{d})、给煤量(W_{c})、窑头压力(P_{h})、给料电机电流(I_{m})、窑主电机电流(I_{k})、窑头温度(T_{h})、窑尾温度(T_{t})的采样值后，采用上述滤波归一化算法对其进行数据滤波预处理。

对于人工化验周期为 1h 的过程数据：石灰饱和系数(KH)、硅酸率(SM)、铝氧率(AM)、生料细度(G_{r})，假设在 1h 内保持恒定，对其进行归一化处理。用于识别烧成状态的过程数据在被预处理和归一化后可表示为$\underline{\boldsymbol{X}}''=[\mathrm{KH};\mathrm{SM};\mathrm{AM};G_{\mathrm{r}};O_{\mathrm{d}};W_{\mathrm{c}};P_{\mathrm{h}};I_{\mathrm{m}};I_{\mathrm{k}};T_{\mathrm{h}};T_{\mathrm{t}}]$。

5.3.2 基于 KPLS 的过程数据烧成状态识别模型

过程数据中可能存在变量共线性，提取的过程数据特征向量在大多数情况下具有非线性特性，加之研究人员希望所提取的特征向量能够很好地诠释输入变量与输出变量之间的非线性关系，这里引入 KPLS 提取过程数据的特征向量。

特征选择为了获取一个小的特征集合，使之具有较好的概化能力或者与原始特征集合具有最大的等价性，其主要的优势在于数据认知和预测性能(更好的健壮性)的增强、测量设备和训练时间的减少以及避免了"维数灾"。通常来说，过程数据矩阵$\underline{\boldsymbol{X}}''$中可能会包含与输出响应(烧成状态)的变化相关性较小的变量。因此，若直接采用输入矩阵$\underline{\boldsymbol{X}}''$构建输入与输出之间的非线性关系，可能会面临得到一个过度适合模型的风险，即一个具有较小训练误差但预测能力较差的模型。

对输入矩阵中有效过程数据的选择需要兼顾以下三个方面：①所选取的过程数据应尽可能代表全体过程数据的特性；②所去除的过程数据应是冗余或者与输出响应的相关性较小；③训练得到模型的快速性。此外，当输入矩阵中保留很少的过程数据时，可能会获取一个欠适合模型，即一个训练误差过度估计的模型。这里的特征选择包含压缩过程数据集合的选取和 KPLS 中潜在变量集合的选取两部分。

基于此，在压缩过程数据集合中选取的潜在变量集合将尽可能地涵盖原始过程数据集合中的信息量、最佳诠释输入变量（过程数据）与输出变量（烧成状态）之间非线性关系，同时具有最小预测误差。将潜在变量作为过程数据的特征向量，送入模式分类器中进行烧成状态的识别。包装器方法较滤波器方法具有更佳的性能，因此，这里选择包装器方法对 KPLS 中潜在变量的个数进行选取。经典的包装器方法通常需要结合序列技术同时使用，即前向选取技术和后向选取技术，这里采用一个基于 KPLS 的后向迭代变量选取算法来选取潜在变量，在建立基于较少潜在变量集合识别烧成状态的模型的同时，改进烧成状态识别的性能。算法的结构图如图 5.3 所示。

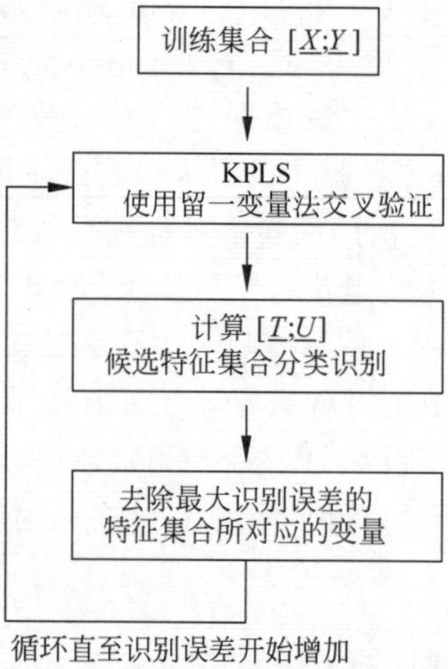

图 5.3 基于 KPLS 的后向迭代过程数据选取算法

上述算法基于 KPLS 和后向选取技术的迭代步骤构建，并且采用最小烧成状态识别误差作为选取潜在变量集合的度量准则，其步骤如下。

步骤 1 对训练输入过程数据集合$\underline{\boldsymbol{X}}''$采用留一法（leave-one-variable-out）构建候选过程数据集合$\hat{\underline{\boldsymbol{X}}}''$，应用 KPLS 算法计算相同时刻下输入过程数据$\hat{\underline{\boldsymbol{X}}}''$和相应的烧成状态输出矩阵 $\underline{\boldsymbol{Y}}$ 的$\underline{\boldsymbol{T}}$ 和$\underline{\boldsymbol{U}}$，作为输入过程数据的特征向量以降低特征维数表征，这里的核函数选择$\underline{\boldsymbol{K}}(\underline{\boldsymbol{x}}_i, \underline{\boldsymbol{x}}_j) = \underline{\boldsymbol{x}}_i^{\mathrm{T}} \underline{\boldsymbol{x}}_j$。将不同候选潜在变量集合$\{\underline{\boldsymbol{t}}_1\}, \{\underline{\boldsymbol{t}}_1, \underline{\boldsymbol{t}}_2\}, \cdots, \{\underline{\boldsymbol{t}}_1, \underline{\boldsymbol{t}}_2, \cdots, \underline{\boldsymbol{t}}_{n_{\mathrm{pv}}-1}\}$送入模式分类器进行烧成状态的识别，其中，$n_{\mathrm{pv}}$ 表示原始过程数据集合的变量个数，在本书中为 11。假设第 n_s 个候选潜在变量子集$\{\underline{\boldsymbol{t}}_1, \underline{\boldsymbol{t}}_2, \cdots, \underline{\boldsymbol{t}}_i\}$具有最佳的烧成状态识别效果，则其被认为是在去除某一个过程数据的情况下的最佳潜在变量集合。

步骤 2 对于全体去除了一个过程数据构建得到的候选过程数据集合，重复步骤 1，分别获取各候选集合对应的最佳烧成状态识别结果和潜在变量集合，与最大烧成状态识别误差相对应的过程数据被认为对于烧成状态识别的贡献最小，将其移除。

步骤 3 为了避免过度适合，每次移除一个过程数据，重复步骤 1 和步骤 2，分别获取其对应的最佳烧成状态识别结果和潜在变量集合。绘制过程数据迭代次数关于烧成状态识别效果的曲线，最小的烧成状态识别误差对应的过程数据个数即最终训练样本的过程数据集合，其所对应的潜在变量集合$\underline{\boldsymbol{T}}_{\text{select}}$即训练样本的特征变量集合。

步骤 4 对于测试过程数据样本，采用如下公式获取其相应的特征向量：

$$\underline{\boldsymbol{T}}_{\text{test}}=\underline{\boldsymbol{K}}_{\text{test}}\underline{\boldsymbol{U}}_{\text{select}}(\underline{\boldsymbol{T}}_{\text{select}}^{\mathrm{T}}\underline{\boldsymbol{K}}\,\underline{\boldsymbol{U}}_{\text{select}})^{-1} \tag{5.6}$$

继而基于已训练好的最佳模式分类器获取测试过程数据样本的烧成状态识别子结果 State_4。

这里选择 PNN，BPNN，SVM 和 RVFL 作为模式分类器。

PNN 的输入层节点个数为候选潜在变量集合的潜在变量个数，隐含层节点个数为训练过程数据的样本个数，输出层节点个数为 1，由式(3.107)～式(3.109)给出火焰图像烧成状态识别结果及其所属烧成状态类别的概率。

BPNN 的输入层节点个数为候选潜在变量集合中潜在变量的维数，专家建议隐含层节点个数设为输入层节点个数×2＋1，输出层节点个数设为 1，激励函数选取 Sigmoid 型函数，采用式(3.114)～式(3.119)更新权值和阈值。

SVM 选取径向基函数作为核函数，惩罚因子 $\hat{C}\in\{2^{12},2^{11},\cdots,2^{-1},2^{-2}\}$，核函数参数 $\hat{\gamma}\in\{2^{4},2^{3},\cdots,2^{-9},2^{-10}\}$，采用两级 SVM 对三种类别过程数据样本进行分类识别，第一级 SVM 区分过烧态过程数据样本、正常态过程数据样本和欠烧态过程数据样本，第二级 SVM 区分正常态过程数据样本和欠烧态过程数据样本，每一级 SVM 的求解如式(3.123)～式(3.125)所示，最终根据交叉验证的结果选取每一级 SVM 的最佳参数 $\hat{C}$ 和 $\hat{\gamma}$。

RVFL 的输入层节点个数为候选潜在变量集合中潜在变量的维数，隐含层节点个数的最大值设为 50，输出层节点个数设为 1，隐含层到输出层的权值由式(3.127)～式(3.130)给出，激励函数选取 Sigmoid 型函数，根据最佳分类识别结果选取适宜的隐含层节点个数。

5.3.3 基于过程数据与火焰图像融合的烧成状态识别模型

基于上述步骤和第 3 章的内容，分别获取过程数据和火焰图像关于 PNN，BPNN，SVM 和 RVFL 模式分类器的烧成状态识别子结果之后，仍采用模糊积分对上述两类特征进行决策级融合，得到基于过程数据和火焰图像融合的烧成状态识别结果。同样地，这里的融合过程是针对同一种模式分类器的识别结果开展的。融合的步骤与 3.4 节一致，这里不再叙述。

由于在 PNN，BPNN，SVM 和 RVFL 四个模式分类器中，只有 PNN 能够得到输入过程数据属于某烧成状态类别的概率。因此，在选取 BPNN，SVM 和 RVFL 模式分类器时，输入过程数据属于输出烧成状态类别的概率被设定为 $\grave{h}(\grave{x}_1)=0.9$，属于另外两烧成状态类别的概率分别为 $\grave{h}(\grave{x}_2)=0.15$，$\grave{h}(\grave{x}_3)=0.15$。此外，对于火焰图像多特征融合后属于某烧成状态类别的概率 $\grave{h}(\grave{x})$，这里将采用由模糊积分中的 $\max[\grave{H}(\grave{E})]$ 计算得到的向量予以表征。

5.4 实验验证

5.4.1 数据描述

为了验证本书提出的基于过程数据及基于过程数据和火焰图像融合的烧成状态识别方法的可行性，从某水泥厂 2 号回转窑采集了过程数据，包括石灰饱和系数(KH)、硅酸率(SM)、铝氧率(AM)、生料细度(G_r)、排烟机风门开度(O_d)、给煤量(W_c)、窑头压力(P_h)、给料电机电流(I_m)、窑主电机电流(I_k)、窑头温度(T_h)、窑尾温度(T_t)，其中 KH，SM，AM，G_r 的人工化验周期为 1h(1h 内上述过程数据假定保持恒定)，O_d，W_c，P_h，I_m，I_k，T_h，T_t 的采样周期为 10s。共计 28 810 个过程数据样本构成了初始数据集合 $\underline{\boldsymbol{X}}=[\text{KH};\text{SM};\text{AM};G_r;O_d;W_c;P_h;I_m;I_k;T_h;T_t]$。这里以某时刻火焰图像烧成状态的回转窑操作专家标定结果为真实背景，仍旧采用 1000 次 bootstrapping 采样方法来估计过程数据的平均烧成状态识别结果，所构建的初始过程数据样本集合见表 5.1。

表 5.1 初始过程数据样本

序号	KH	SM	AM	G_r	O_d	W_c	P_h	I_m	I_k	T_h	T_t
1	0.88	1.75	1.25	14.3	60.42	2.45	−212.8	188.37	91.77	1081.45	1110.42
2	0.94	1.91	1.53	16.1	64.23	2.39	−210.9	213.04	99.42	1049.86	1073.93
3	0.91	2.31	1.48	17.1	64.23	2.43	−197.6	218.51	107.63	1013.37	1006.59
4	0.93	2.13	1.35	16.8	64.23	2.49	−201.8	216.19	103.82	1027.29	1026.91
5	0.92	2.40	1.48	16.2	64.23	2.55	−207.7	213.16	100.03	1049.86	1068.29
6	0.94	2.20	1.36	16.5	64.19	2.48	−203.1	214.86	102.41	1037.44	1047.22
7	0.93	2.33	1.14	16.9	64.19	2.47	−201.3	217.41	105.83	1022.77	1014.49
8	0.92	2.16	1.11	16.8	64.19	2.51	−202.0	215.71	103.62	1029.54	1030.29
⋮	⋮	⋮	⋮	⋮	⋮	⋮	⋮	⋮	⋮	⋮	⋮
28 806	0.93	1.99	1.16	16.6	64.19	2.50	−203.2	215.47	102.61	1035.56	1037.44
28 807	0.90	2.32	1.39	16.9	64.19	2.51	−201.3	217.41	106.03	1020.52	1013.37
28 808	0.92	2.13	1.28	17.0	64.19	2.49	−199.9	218.02	106.03	1019.01	1011.86
28 809	0.94	2.42	1.21	17.6	70.57	2.45	−182.4	220.45	110.45	993.06	987.04
28 810	0.94	2.42	1.39	17.8	70.57	2.41	−178.5	223.25	112.45	987.79	971.61

5.4.2 实验结果与分析

1. 滤波预处理

以窑头温度T_h的测量值为例，应用基本的和本书提出的改进的基于中值数绝对偏差的过程数据滤波器对不同的T_h测量值序列进行滤波预处理，预处理后的结果如图5.4～图5.6所示。图5.4～图5.6表明，基本的中值数决策滤波器可以剔除宽度较小的脉冲干扰，而且对随机噪声也有净化作用，但对于工业现场常出现的"大尖峰"扰动，即宽度较大的脉冲干扰，滤波效果不是很理想。本书提出的改进的中值数滤波算法改善了对"大尖峰"扰动的滤除效果，使最终得到的信号较为平滑。

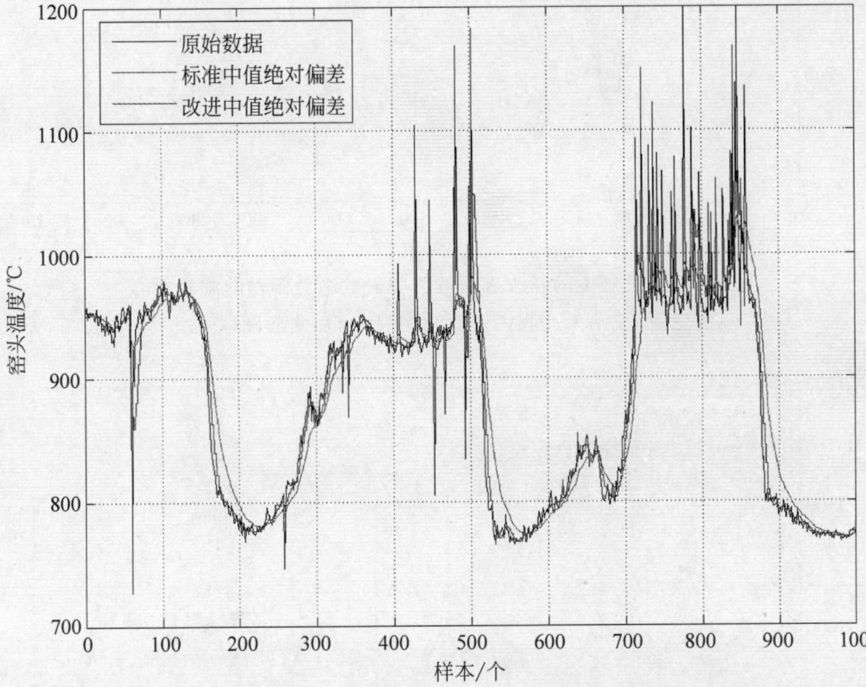

图5.4 应用基本的和改进的基于中值数绝对偏差的滤波器的滤波结果比较（T_h 测量序列1）（后附彩图）

应用本书提出的改进算法，对滤波后的O_d，W_c，P_h，I_m，I_k，T_h，T_t测量值序列和KH，SM，AM，G_r的人工化验值序列，采用归一化算法对其进行处理后，从中选取与第3章482幅典型烧成带火焰图像样本相同时刻对应的过程数据样本，构建用于识别烧成状态预处理后的输入变量矩阵$\underline{\boldsymbol{X}}''$。预处理后的过程数据样本见表5.2。

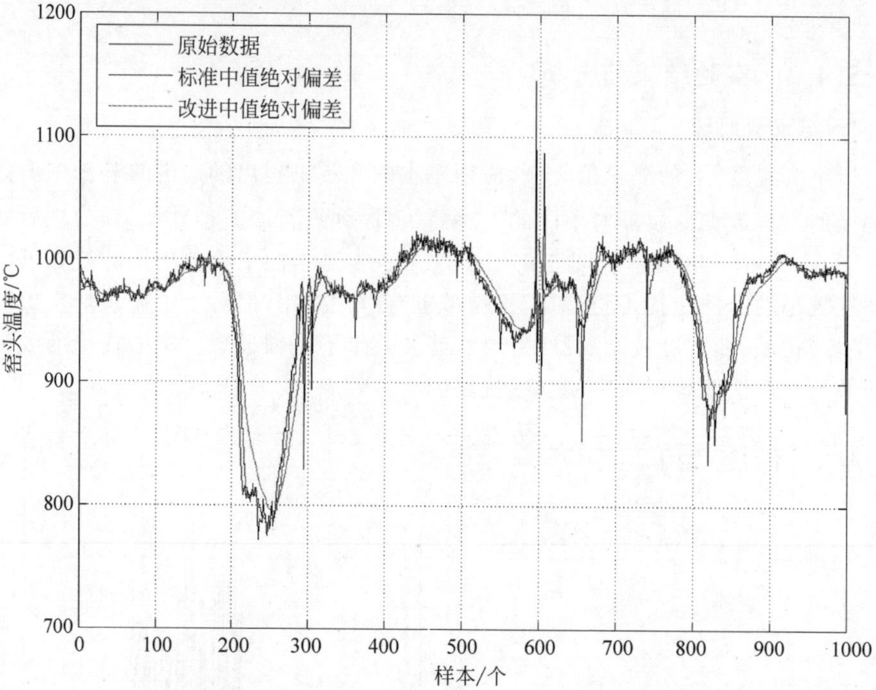

图 5.5 应用基本的和改进的基于中值数绝对偏差的滤波器的滤波结果比较(T_h 测量序列 2)(后附彩图)

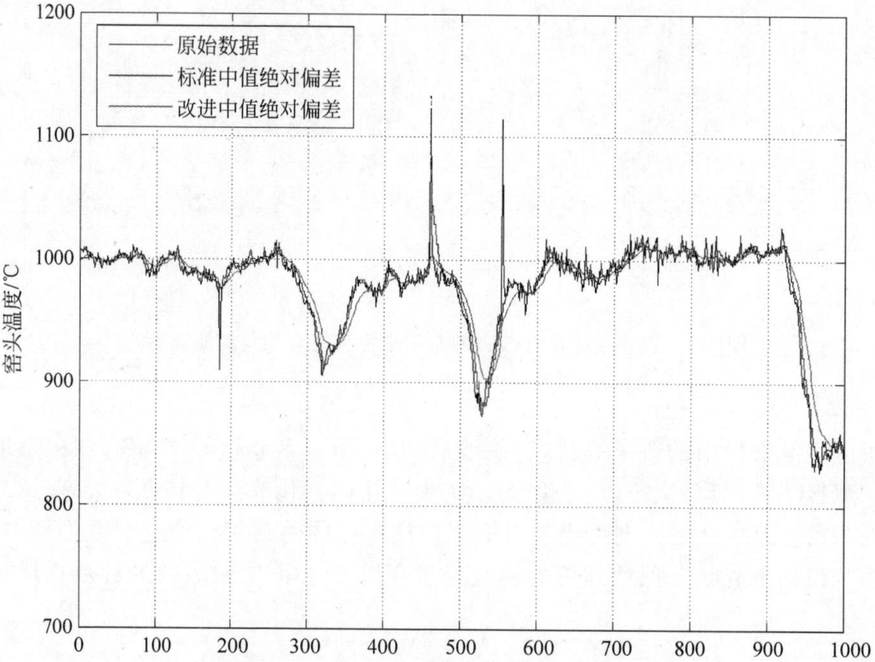

图 5.6 应用基本的和改进的基于中值数绝对偏差的滤波器的滤波结果比较(T_h 测量序列 3)(后附彩图)

表 5.2　预处理后的典型过程数据样本

序号	KH	SM	AM	G_r	O_d	W_c	P_h	I_m	I_k	T_h	T_t
1	0.67	0.65	−0.24	−0.46	−0.67	0.74	−0.49	0.22	−0.57	0.45	0.55
2	−0.89	−0.33	0.98	−0.39	−0.67	0.51	−0.44	0.28	−0.45	0.30	0.44
3	−0.89	−0.63	0.44	−0.29	−0.67	0.48	−0.42	0.38	−0.27	0.11	0.26
4	0.44	0.03	0.56	−0.31	−0.67	0.61	−0.43	0.32	−0.39	0.21	0.35
5	−0.78	−0.58	0.23	−0.39	−0.67	0.69	−0.44	0.28	−0.47	0.31	0.44
6	−0.89	0.15	0.38	−0.46	−0.67	0.77	−0.44	0.27	−0.52	0.37	0.44
7	−0.89	0.98	0.51	−0.45	−0.67	0.74	−0.45	0.26	−0.53	0.44	0.51
8	0.44	−0.08	−0.78	−0.41	−0.67	0.71	−0.45	0.25	−0.53	0.42	0.47
⋮	⋮	⋮	⋮	⋮	⋮	⋮	⋮	⋮	⋮	⋮	⋮
478	0.22	0.28	0.64	−0.27	−0.67	0.58	−0.42	0.38	−0.26	0.09	0.26
479	−0.56	−0.53	−0.65	−0.35	−0.67	0.59	−0.44	0.31	−0.44	0.27	0.38
480	0.11	−0.15	0.91	−0.11	−0.13	0.41	−0.19	0.49	−0.04	−0.25	0.12
481	−0.44	−0.4	−0.36	−0.06	−0.13	0.29	−0.15	0.59	0.06	−0.31	0.03
482	0.78	−0.13	−1	−0.11	−0.13	0.38	−0.18	0.51	−0.01	−0.27	0.08

2. 基于 KPLS 的过程数据烧成状态识别实验结果

如 5.3.2 节所述，图 5.7 给出了在某次采样实验中当过程数据O_d 被移除后，基于 PNN 模式分类器的训练过程数据输入矩阵关于候选潜在变量集合的烧成状态识别结果 R_r。从图 5.7 中可以看出，当选取潜在变量的个数为 22 时，训练过程数据输入矩阵具有最佳的烧成状态识别结果。因此，这一潜在变量集合及其相应的烧成状态识别结果将被选取，以对应于采用 PNN 模式分类器时，过程数据 O_d 被移除后的训练过程数据输入矩阵。

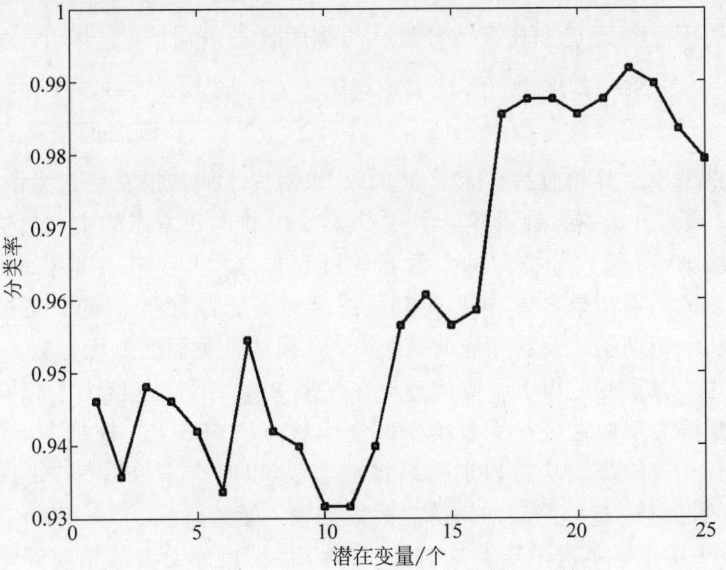

图 5.7　烧成状态识别精度：候选潜在变量集合(PNN)

图5.8给出了本次采样实验中基于BPNN模式分类器的相同训练过程数据输入矩阵关于候选潜在变量集合的烧成状态识别结果。根据图5.8,包含19个潜在变量的集合及其相应的烧成状态识别结果将被选取,以对应于采用BPNN模式分类器时,过程数据 O_d 被移除后的训练过程数据输入矩阵。

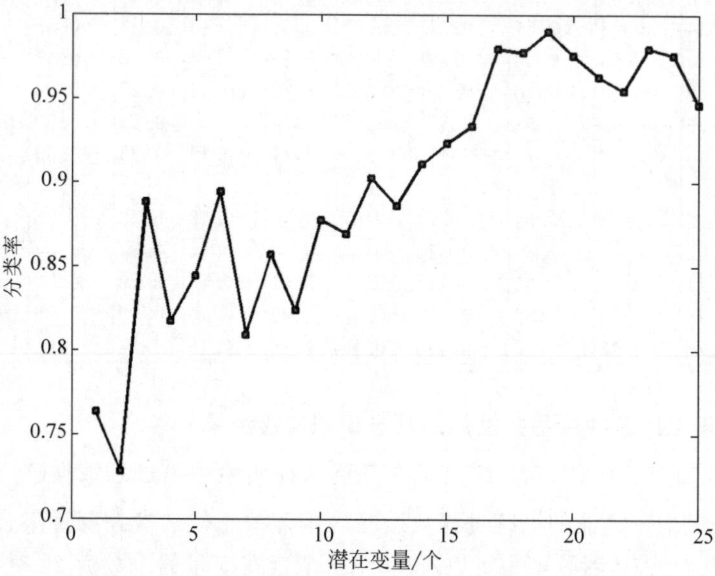

图5.8 烧成状态识别精度：候选潜在变量集合(BPNN)

图5.9给出了本次采样实验中基于SVM模式分类器,相同训练过程数据输入矩阵中过烧态样本与正常态样本和欠烧态样本集合关于第一级SVM模式分类器的不同惩罚因子参数 $\hat{C}$ 和核函数参数 $\hat{\gamma}$ 的烧成状态识别精度。其中,选取候选潜在变量10个,x 轴的刻度1～15代表惩罚因子 $\hat{C}\in\{2^{12},2^{11},\cdots,2^{-1},2^{-2}\}$,$y$ 轴的刻度1～15代表核函数参数 $\hat{\gamma}\in\{2^{4},2^{3},\cdots,2^{-9},2^{-10}\}$。该曲面最高点对应的烧成状态识别结果及其相应的 $\hat{C}$ 和 $\hat{\gamma}$ 被选取,以对应于候选潜在变量为10个时的第一级SVM模式分类器。针对候选潜在变量为10个时正常态样本和欠烧态样本集合的第二级SVM模式分类器的参数寻优过程与之类似。在分别获取两级SVM模式分类器的识别结果之后,可以得到候选潜在变量为10个时的三类过程数据样本的烧成状态识别结果及其相应的两级SVM模式分类器的最优参数。

将上述步骤重复应用于全体候选潜在变量集合,图5.10给出了相同训练过程数据输入矩阵关于候选潜在变量集合的烧成状态识别结果。根据图5.10,6个潜在变量及其相应的烧成状态识别结果将被选取,以对应于采用SVM模式分类器时,当过程数据 O_d 被移除后的训练过程数据输入矩阵。

图5.11给出了本次采样实验中基于RVFL模式分类器的相同训练过程数据输入矩阵关于不同RVFL隐含层节点个数的烧成状态识别结果。此时,选取候选

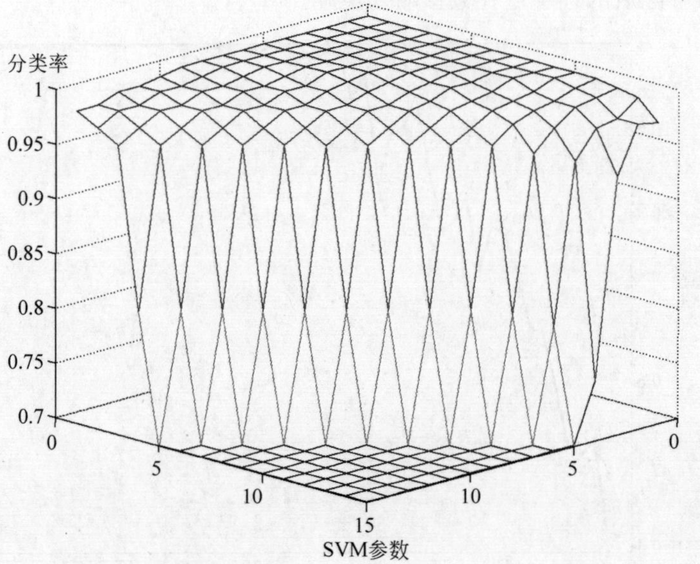

图 5.9 烧成状态识别精度：SVM 参数(SVM)(后附彩图)

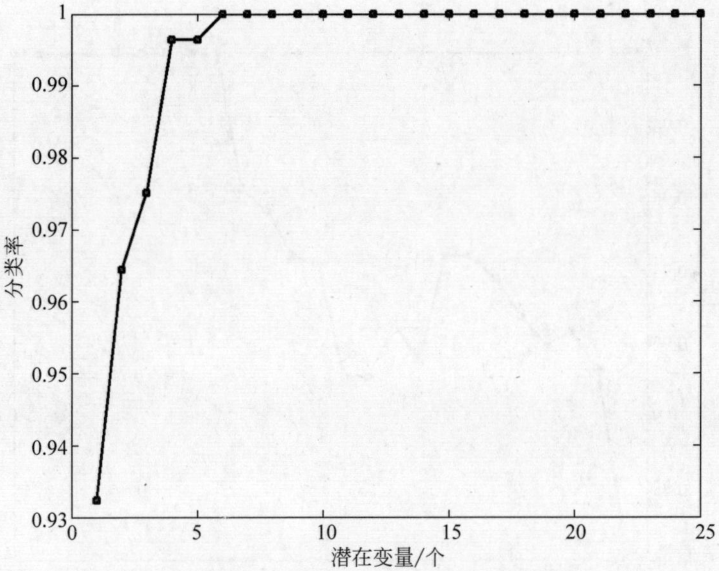

图 5.10 烧成状态识别精度：候选潜在变量集合(SVM)

潜在变量为 20 个。该曲线的最高点及其所对应的隐含层节点个数被选取，以对应于候选潜在变量为 20 个时的烧成状态识别结果。

图 5.12 给出了基于上述步骤时相同训练过程数据输入矩阵关于候选潜在变量集合的烧成状态识别结果。如图所示，在本次采样实验中，17 个潜在变量及其相应的烧成状态识别结果将被选取，以对应于采用 RVFL 模式分类器时，当过程

数据 O_d 被移除后的训练过程数据输入矩阵。

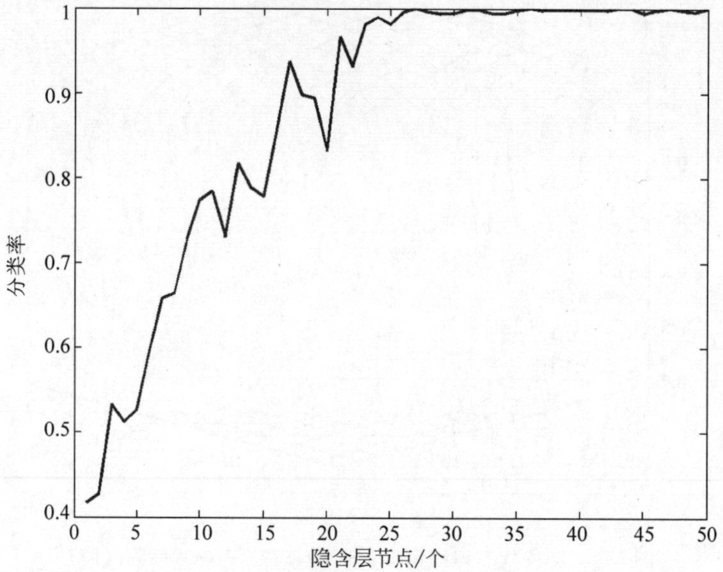

图 5.11　烧成状态识别精度：RVFL 隐含层节点个数(RVFL)

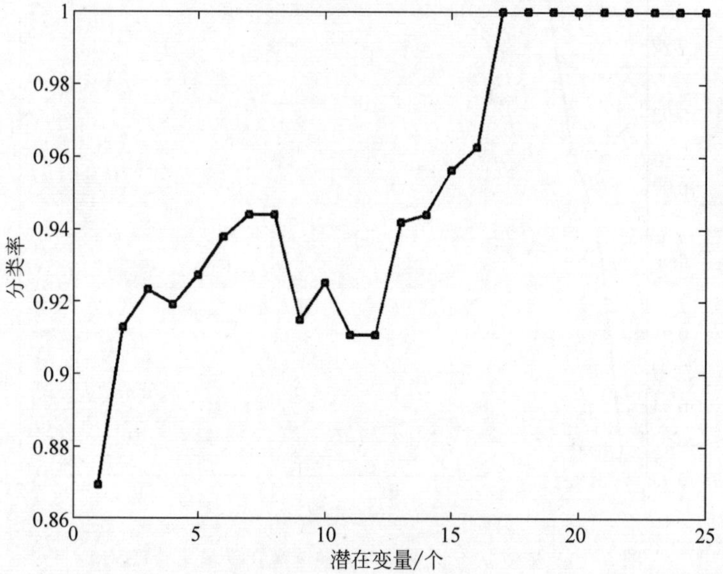

图 5.12　烧成状态识别精度：候选潜在变量集合(RVFL)

将上述步骤应用于过程数据选取过程中，图 5.13～图 5.16 分别给出了基于 5.2.2 节的过程数据选取算法步骤，不同训练过程数据输入矩阵关于不同模式分类器的烧成状态识别结果。其中，横坐标代表被移除的过程数据个数。如图所示，在本次采样实验中,6,4,6 和 6 个最佳的训练过程数据被选取以分别对应 PNN,BPNN,SVM 和 RVFL 模式分类器。在训练得到最佳过程数据集合及其相应的最佳潜在变量集合之后,可以基于式(5.6)提取测试过程数据样本的特征向量,继而基于最佳参数的模式分类器进行烧成状态识别。

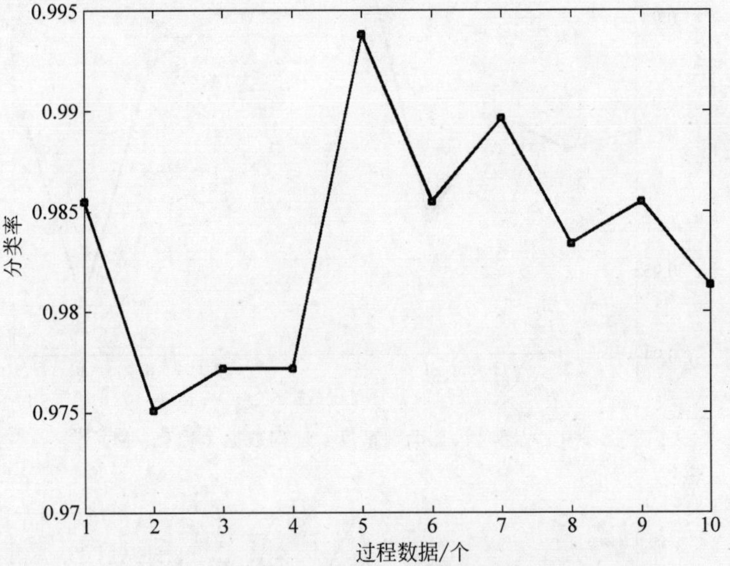

图 5.13 烧成状态识别精度：过程数据个数(PNN)

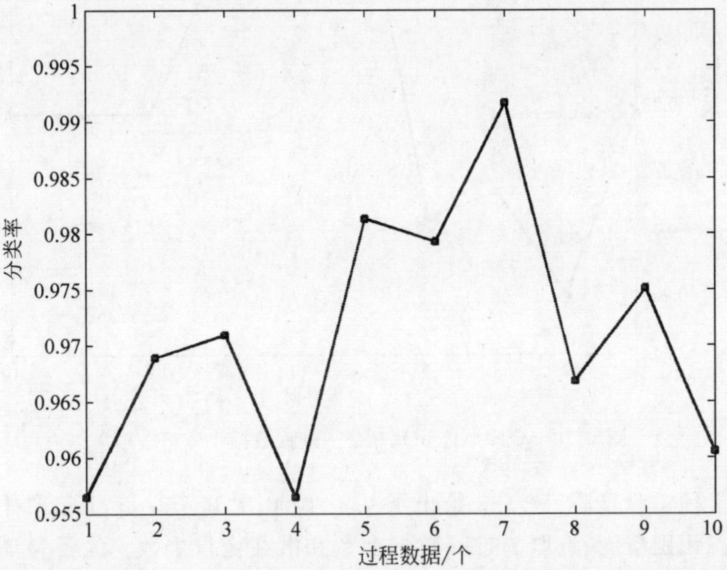

图 5.14 烧成状态识别精度：过程数据个数(BPNN)

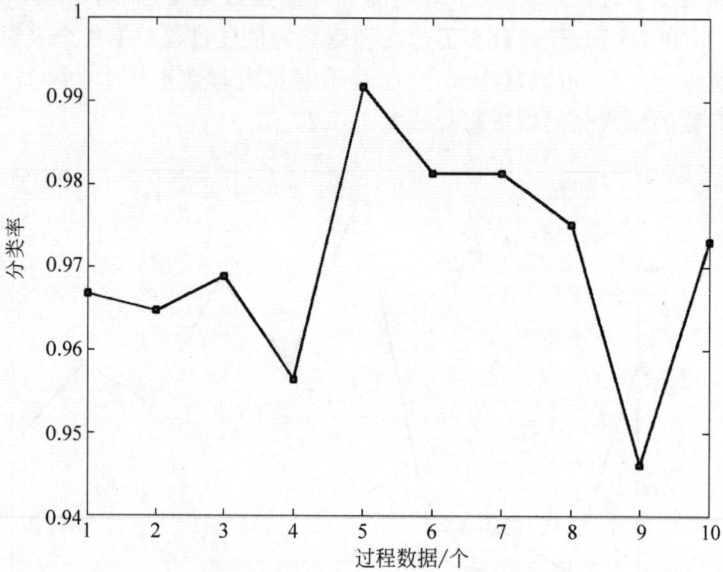

图 5.15 烧成状态识别精度：过程数据个数(SVM)

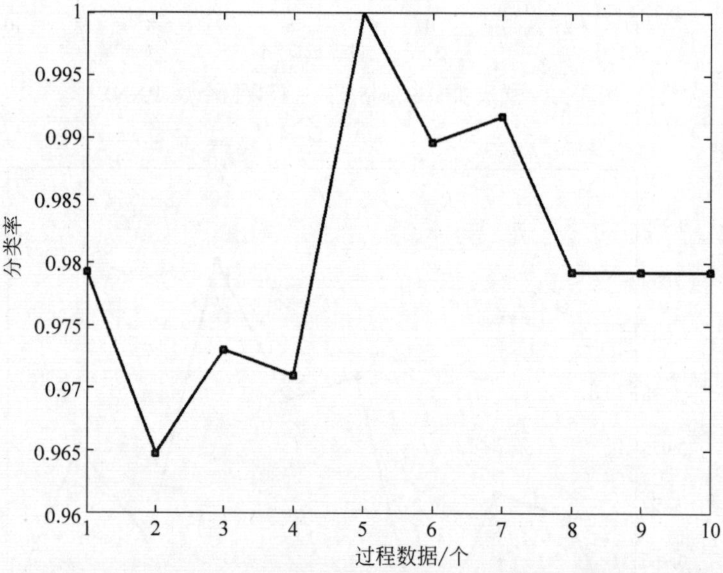

图 5.16 烧成状态识别精度：过程数据个数(RVFL)

重复上述实验步骤，表 5.3 给出了基于 1000 次 bootstrapping 采样方法的平均烧成状态识别精度、选取的过程数据个数和潜在变量个数。为了验证算法的有效性，比较了采用 PLS 和 NNPLS 方法提取输入过程数据的特征向量 $\underline{t}$ 进行烧成状态识别的结果，见表 5.3。此外，还测试了将全体过程数据作为特征向量直接输入不同模式分类器的烧成状态识别结果。所有结果均采用“均值±标准差”的形式表达。

表 5.3 过程数据的不同特征提取方法和模式分类器识别结果的比较

模式分类器	识别结果	PLS	NNPLS	KPLS	全部过程数据
PNN	平均识别精度/%	89.97±2.40	90.16±2.20	92.56±1.30	89.62±2.10
	平均过程数据个数	5.50±2.20	5.30±2.50	5.70±2.80	—
	平均潜在变量个数	19.20±1.70	19.40±1.60	20.20±1.60	—
BPNN	平均识别精度/%	86.47±1.40	86.50±1.90	88.50±1.70	85.12±3.70
	平均过程数据个数	5.60±2.40	6.00±1.80	5.90±2.10	—
	平均潜在变量个数	16.70±1.80	17.80±1.60	17.30±1.70	—
SVM	平均识别精度/%	89.25±0.80	89.69±2.00	92.45±0.80	86.48±1.90
	平均过程数据个数	3.50±0.50	3.40±0.50	3.30±0.50	—
	平均潜在变量个数	6.40±1.00	6.50±1.00	6.20±1.10	—
RVFL	平均识别精度/%	88.75±1.50	89.94±2.60	91.92±1.60	85.97±2.20
	平均过程数据个数	5.90±1.80	6.60±2.20	6.00±2.80	—
	平均潜在变量个数	16.10±1.20	15.80±1.30	16.30±1.10	—

从表 5.3 可以得到以下结论：

(1) 基于本书的过程数据选取方法的最佳烧成状态识别精度为 92.56±1.3，表明所提方法是可行且有效的。通过遍历迭代步骤，在选取最佳压缩过程数据集合的同时，改进烧成状态识别的精度。全体过程数据作为特征向量直接进行烧成状态识别时，可能会面临“尖峰”现象，因而其识别结果较所提方法差。

(2) KPLS 方法通过将原始数据映射到高维空间，在消除输入变量共线性的同时，克服了 PLS 方法只能提取数据中线性信息的缺陷，在压缩过程数据集合的基础上，较 NNPLS 和 PLS 提取了更佳的表征输入过程数据与输出烧成状态之间非线性关系的潜在变量，因而获得了更好的烧成状态识别结果。

(3) PNN 在本质上是基于贝叶斯分类技术构建得到的，并且考虑了样本空间的概率特性，因此，在实验中，尽管所获取的过程数据个数和潜在变量个数不是最小的，但其分类效果优于其他三种模式分类器。

3. 基于过程数据和火焰图像融合的烧成状态识别实验结果

在分别获取基于四种模式分类器下过程数据和火焰图像的烧成状态识别子结果后，根据 3.4 节中的步骤即可获取基于过程数据和火焰图像融合的烧成状态识别结果。同样地，首先，基于训练过程数据和火焰图像集合的每类烧成状态识别精度被赋予模糊密度 $\grave{g}$，然后根据式(3.104)，大于-1的根 $\grave{\lambda}$ 将被计算。表 5.4 给出了某次采样实验下，基于 PNN 模式分类器的 $\grave{\lambda}$ 计算结果。

表 5.4 模糊密度及其相应的$\grave{\lambda}$

类别	$\grave{g}^1$	$\grave{g}^2$	$\grave{\lambda}$
过烧态	0.9241	0.8607	−0.9867
欠烧态	0.8333	0.8667	−0.9692
正烧态	0.9500	0.9500	−0.9972

设一幅测试过烧态火焰图像及其相应的过程数据样本分别经由模糊积分和PNN模式分类器输出的概率为：对于过烧态，$\grave{h}(\grave{x}_1)=0.9915$，$\grave{h}(\grave{x}_2)=0.9929$；对于欠烧态，$\grave{h}(\grave{x}_1)=0.0809$，$\grave{h}(\grave{x}_2)=0.1024$；对于正烧态，$\grave{h}(\grave{x}_1)=0.1012$，$\grave{h}(\grave{x}_2)=0.1012$。其中，$\grave{x}_1$，$\grave{x}_2$分别代表模糊积分和PNN模式分类器。则根据式(3.105)，基于过程数据和火焰图像的模糊积分输出见表5.5。

表 5.5 基于模糊积分的输出

类别	$\grave{h}(\grave{x}_i)$	$\grave{g}(\grave{A}_i)$	$\grave{H}(\grave{E})$	$\max[\grave{H}(\grave{E})]$
过烧态	0.9929 0.9915	$\grave{g}^2=\grave{g}(\{\grave{x}_2\})=0.8607$ $\grave{g}(\{\grave{x}_1,\grave{x}_2\})=1$	0.8607 0.9915	0.9915
欠烧态	0.1024 0.0809	$\grave{g}^2=\grave{g}(\{\grave{x}_2\})=0.8667$ $\grave{g}(\{\grave{x}_1,\grave{x}_2\})=1$	0.1024 0.0809	0.1024
正烧态	0.1012 0.1012	$\grave{g}^1=\grave{g}(\{\grave{x}_1\})=0.9500$ $\grave{g}(\{\grave{x}_1,\grave{x}_2\})=1$	0.1012 0.1012	0.1012

最终，过烧态被选取，以作为PNN模式分类器意义下测试火焰图像及其相应的过程数据样本的输出类别。按照上述步骤，火焰图像及其相应的过程数据样本基于不同模式分类器的模糊积分融合的1000次bootstrapping采样实验的平均烧成状态识别精度见表5.6。

表 5.6 基于不同模式分类器的模糊积分融合的烧成状态识别结果比较

单位：%

方　法	PNN	BPNN	SVM	RVFL
基于火焰图像	95.37±2.3	88.41±3.7	91.41±2.8	91.46±3.2
基于过程数据	92.56±1.3	88.50±1.7	92.45±0.8	91.92±1.6
基于过程数据和火焰图像	96.67±2.8	89.82±2.2	93.15±2.5	93.32±2.3

如表5.6所示，过程数据和火焰图像基于模糊积分融合的烧成状态识别精度优于单独采用过程数据和火焰图像的烧成识别结果。这一结果验证了之前看火操作人员在实际中通常结合火焰图像和过程数据判别烧成状态的先验知识，并且真正实现了以“机器看火”取代“人工看火”。此外，鉴于之前基于火焰图像直接特征级融合方法产生的高维特征向量所导致的“尖峰”现象，若再直接融合过程数据，必然会产生更高维的特征向量，相应的烧成状态识别结果会进一步恶化。进一步地，由于PNN模式分类器良好的特性，这里再次给出了较其他模式分类器更佳的烧成状态识别结果。

第 6 章

面向不确定信息认知对象的仿反馈认知机制及其在烧成状态识别中的研究

6.1 引言

迄今为止，认知智能理论方法尚未有完整的体系、明确的定义以及统一的结构。认知智能方法研究的主要目标就是认知智能系统的研究，使之具有某种“仿人”的智能。事实上，人类是世界上最高级别、最具智能的认知体。人类对事物的认知，可以概括为人类通过感觉器官收集外界输入的信息，通过人脑加工处理信息以转换成内在心理活动，从不同的侧面描述事物特征并在不同的层次中对事物由“不知”到“理解”的层次递进的过程。人脑具有很强的信息分析和处理能力，能从不同的侧面总结和整理事物的共性，在不同的层次中提炼知识以指导对新事物的认知。人类所具备的分层的知识结构决定了人脑对事物的认知是多层次和多粒度的，即人脑总是先从整体、粗略的判断，再进入局部、细节的分析，通过在不同粗细的知识粒度层次中反复感知以实现认知知识的分层表征模式，不断深化对事物的认知水平，从而达到对事物的全面认知。人在参与对不确定信息认知对象的不确定认知过程中，首先根据先验知识对不确定信息认知对象进行初级的定性/定量认识，并依据认知智能系统的状态特征知识，通过学习和经验推理，在线实时决策认知策略，以实现对不确定信息认知对象获得满足性能要求的认知结果。这需要针对不确定信息认知对象的仿反馈认知智能模型结构与机制进行研究。

不确定信息认知对象的仿反馈认知智能不仅需要建立运行机制，而且需要有对应的计算模型。模拟人类认知事物的反复推敲比对的信息交互过程，克服学术界普遍采用后验评价认知结果可信度方法不能满足认知系统中可识别率与正确率在线实时测评的问题,需构建待认知对象的不确定认知过程与结果评价测度指标体系,以获取已确定认知知识粒度层次下待认知对象的不确定认知过程与结果和认知目标之间的偏差比对知识。对有限论域的不确定信息认知对象样本库而言,聚类中心附近的样本认知知识通常能够在较粗的认知知识粒度层次中获得较为精准的表征,而分类面附近的样本在其认知知识表征时不可避免地存在交叉现象。事实上,人类认知事物时对特征明显的对象能够实现快速准确的认知,而对先验知识不足的对象往往通过反复推敲比对以获取认知结果。基于待认知对象的不确定认知过程与结果评价可知,针对传统的单向开环方式与人类认知事物反复推敲比对信息交互过程存在显著差异问题,可通过建立反馈认知机制实现对人类认知事物时反复推敲比对信息交互过程的模拟。然而,目前学术界已有的固定认知知识粒度的反馈认知机制并不能体现人类认知事物时由整体到局部、由粗到精的认知过程。

基于针对上述仿反馈认知的智能模型结构与机制、多类智能计算模型的研究,以脱机手写体汉字图像的机器认知、人体健康状态评测的机器认知、全天候光伏发电智能跟踪控制认知和工业回转窑烧成状态的机器认知等为对象进行应用研究,验证了不确定信息认知对象的仿反馈认知智能机制与计算模型的可行性、有效性与优越性。

6.2 不确定信息认知对象的仿反馈认知智能模型结构与机制研究

6.2.1 构建目标

对于不确定信息认知对象仿反馈认知智能系统的理想目标,一般需要实现如下五个子目标[85]:

(1) 对不确定信息认知对象表征可用不同粗细程度的认知知识粒度集表示。

(2) 对不确定认知过程可在不同认知知识粒度层次内与层次间描述。

(3) 对人类反复推敲比对的模式可通过认知知识粒度调节机制模拟。

(4) 对不确定认知过程的认知水平信息交互可通过不确定认知过程与结果评价机制实现。

(5) 对不确定信息认知对象在包括线性、非线性及各种复杂环境下的不确定认知过程的从整体到局部、从宏观到微观的认知需求可通过认知知识粒度层次间耦合的分层反馈认知智能模式实现。

6.2.2 模型结构与功能要求

构建不确定信息认知对象的仿反馈认知智能系统,采用人工智能、控制论、信息论等学科领域的理论方法，建立一种具有不确定信息认知对象的认知知识充分性与可分性评价的多层次变粒度信息处理机制、不确定认知过程与结果评价和启发式推理机制、认知知识粒度自适应调节优化机制功能特点的认知智能系统。因此，不确定信息认知对象仿反馈认知智能系统应具有以下基本结构：

(1) 具有宏观决策和微观执行的多层次多任务模型的结构形式。

(2) 具有定性、定量和推理的多阶段多模态模型的结构形式。

(3) 具有执行结果评价和决策计算调节的仿反馈结构形式。

不确定信息认知对象仿反馈认知智能系统应具有以下基本功能。

(1) 具有在认知知识粒度层次内对不确定信息认知对象寻优表征和对不确定认知过程与结果寻优获取的功能。

(2) 具有在认知知识粒度层次间对不确定认知过程和结果的寻优调节功能。

人在对不确定信息认知对象的不确定认知过程中的决策基于所获取的认知对象的多类特征信息，通过反复推敲比对的信息交互处理模式，实时调整或确定认知方式与认知知识粗细程度，从而获得满意的认知结果。在研究认知智能系统模型时，主要注意力应放在对不确定认知对象的描述和认知智能机制的研究上。也就是说，不确定信息认知对象仿反馈认知智能系统模型的研究重点并不在认知分类器设计上，而在认知智能模型的结构与机制上。

6.2.3　仿反馈认知智能系统设计

人类认知事物的信息交互过程实际上是一种启发式的逻辑计算推理过程。那么，不确定信息认知对象的仿反馈认知智能系统可以表示为一种具有分层递阶结构的信息处理与决策机制。分层递阶法是 1977 年由 Saridis 等提出的一种针对复杂系统智能控制的分析方法，该方法要求基于层次化结构建立的系统遵循精度随智能降低而增大的原则[80]。因此，为了模拟人类认知事物时反复推敲琢磨的思维信息处理过程，本书基于分层递阶法，构建不确定信息认知对象的三层三段仿反馈认知智能系统，建立能表达人脑的思维方式的实时运行认知智能算法，由整体到局部、由粗到精且有选择有层次地模式化表征认知知识，对不确定信息认知对象获得满足认知性能测度指标要求的认知结果，从而实现对不确定信息认知对象的仿人认知过程。

1. 三层认知智能系统模型结构设计

在分析不确定信息认知对象的不确定认知过程时，必须考虑人类认知思维过程所具有的多层次性的固有特性。不确定信息认知对象的三层次认知智能系统在层次结构上遵循层次间精度递增而智能渐减的分层递阶原则。

因此，本书从认知智能系统模型的结构功能观点出发，将计算机决策、数学建模和语言逻辑推理方法结合，提出一种具有实时性、普适性和可靠性的方法。采用由“决策层-认知层-反馈层”三层递阶的仿人信息处理模式结构，如图 6.1 所示。

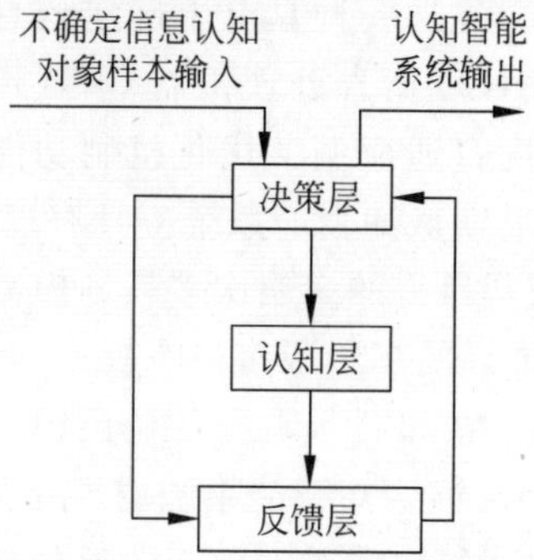

图 6.1 三层认知智能系统模型结构

具有三层结构的认知智能系统的工作原理为针对不确定信息认知对象数据样本输入，首先由决策层向认知层和反馈层宣布决策指令 A，并以此影响认知层的目标函数构造与约束条件规定，从而使认知层在决策指令 A 的限制下获得认知结果 B，并以此指示反馈层的数值计算获取偏差知识 C，随后将反馈层的偏差知识 C 反馈至决策层，使之再次调整决策变量，直至目标函数满足要求并获得认知智能系统输出，该模型被称为“决策层-认知层-反馈层”三层互耦合仿反馈认知智能模型。

决策层的作用主要是对人类宏观思维功能的模拟，基于启发式符号信息处理系统，根据认知需求分析，确定认知策略以解决规则的选择或生成、模态描述以及方法步骤确定等问题，间接影响目标问题求解。

认知层的作用主要是对人类微观感知功能的模拟，基于算法知识的数值信息处理系统，依据决策层确定的认知模式和策略，以模式识别理论方法实现规划目标任务求解。

反馈层的作用主要是对人类推敲比对功能的模拟，监测认知智能系统内部参数变化或外部环境变更，基于来自决策层的决策指令和认知层的认知结果，进行比对偏差数值计算，并以此反馈于决策层，实现目标任务精确求解。

2. 三段认知智能系统模型结构设计

在分析不确定信息认知对象的不确定认知过程时，必须考虑人类认知思维过程所具有的启发式分步骤的特点。不确定信息认知对象的三阶段认知智能系统在分段结构上尽可能优化每个阶段过程的性能效果。不确定信息认知对象的三段认知智能系统应满足以下两个功能要求：

(1) 能进行独立的、自适应的认知行为决策，使之具有连续的可靠性与较强的健壮性；

(2) 能在线获取动态反馈信息，具有使用的灵活性与实时性。

本书从认知智能系统模型的结构功能模块出发，将启发式推理和规则计算方法结合，提出一种具有实时性、灵活性和健壮性的方法。采用由“定性段-定量段-推理段”三段递进的不确定信息运算结构，如图 6.2 所示。

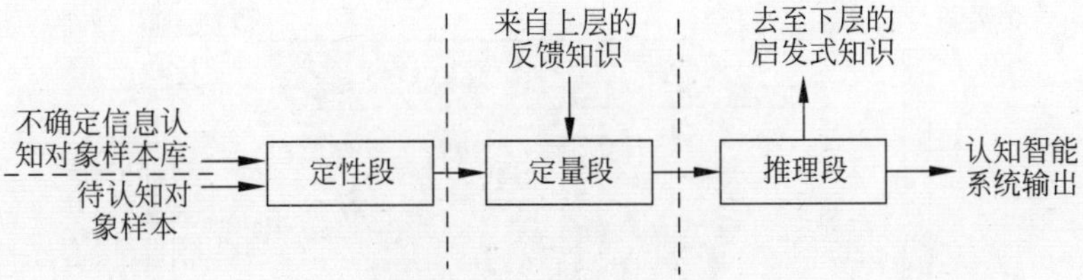

图 6.2　三段认知智能系统模型结构

具有三段结构的认知智能系统的工作原理为针对不确定信息认知对象样本输入，首先由第一段定性段基于先验知识分析向第二段定量段提供其感知结果 A，并以此作为定量段计算分析的前提条件，从而使第二段定量段在感知结果 A 和来自上层的反馈信息的约束下向第三段提供计算结果 B，并以此影响推理段的目标函数和约束集，随后第三段推理段在计算结果 B 的约束下获得执行结果 C，将不满足目标函数要求的执行结果 C 转换成去至下层的启发式信息，并以此影响定量段的目标函数和约束集，直至满足认知智能系统目标函数要求，该模型被称为“定性段-定量段-推理段”三段递进式仿反馈认知智能模型。

定性段主要基于先验知识，分析不确定信息认知对象和不确定认知过程特性，为定量段提供基础的策略和方法感知知识。

定量段主要基于定性段感知知识和来自上层的反馈知识，采用各种数据分析与计算方法，构造多类性能测度指标，获得特定约束条件下的计算结果，为推理段运算提供量化标准。

推理段主要基于认知智能系统记忆的各种数值计算结果，制定推理规则，为仿反馈认知智能系统层次调节提供启发式知识。

3. 设计规范

为模拟人类认知事物时反复推敲比对的信息交互过程，实现不确定信息认知对象的分层分段认知智能模式，本书基于粒度理论，将仿反馈认知智能系统的层次化结构映射到不同的认知知识粒度层次中，以实现在不同认知知识粒度层次中，对模式化优化表征的不确定信息认知对象的不确定认知过程自调节寻优求解。

基于对人脑层次递进思维模式分析，不确定信息认知对象的表征遵循以下多层次变粒度认知知识表征模式，如图 6.3 所示。即当认知知识粒度较粗时，层次化模式表征的认知智能系统的知识粒度表征比较模糊，其对应的推理能力强但推理精度较低；相反，当认知知识粒度较细时，知识粒度的表征较为精确，其对应的推理能力弱但推理精度较高。

不确定信息认知对象的三层三段仿反馈认知智能系统模型的设计规范是结合数学模型与知识模型构建而成的广义知识模型。该系统模型基于知识构建，其广义认知知识模型主要包含如下内容。

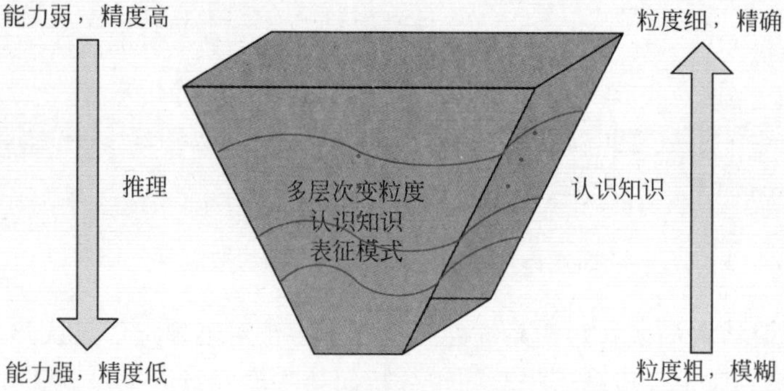

图 6.3　多层次变粒度认知知识表征模式

1）数据库

不确定信息认知对象的三层三段仿反馈认知智能系统广义认知知识模型数据库包括动态与静态数据，是认知智能系统定量计算与定性推理的基础。主要归纳如下：

（1）事实：已知的静态数据。如算法中设定的各种阈值、算法中的各种约束条件、不确定信息认知对象的单元组态等。

（2）证据：获得的动态数据。如传感器的检测值、系统的输入值、不确定认知过程的数据记忆值等。

（3）假设：由事实与证据推导所得，是作为补充的中间状态。如算法运行后所得的各参数估计或信息状态等。

（4）目标：认知智能系统测度指标。如静态目标、动态目标、算法优化或改进的评价标准等。

2）知识库

不确定信息认知对象的三层三段仿反馈认知智能系统广义认知知识模型的知识库包括先验知识、启发式知识、判断性知识等，是认知智能系统定量计算与定性推理的充分条件。主要归纳如下：

（1）经验知识：认知智能系统先验知识。不确定信息认知对象的认知问题中任务的划分，一般依据操作专家的经验和认知对象的特征表达形式及其功能、属性实现，其划分结果即认知智能系统的先验知识。

（2）决策知识：认知智能系统决策知识。包括对数据库内容的更新决策、对知识源的激活或终止决策、约束条件的控制决策等。

（3）定性知识：认知智能系统定性知识。不确定信息认知对象的认知问题中的各种启发式推理决策，一般以“If(条件)Then(决策)”规则的形式表示。

（4）定量知识：认知智能系统推理知识。认知智能系统静/动态目标性能比较分析，输入输出以及输出量的因果分析，算法优化或改进的决策分析等。

3）推理机制

不确定信息认知对象的三层三段仿反馈认知智能模式根据不确定信息认知对象的各种知识进行各项推理，在线确定或变更决策。其推理机制采用启发式直觉推理与逻辑推理联合构建。规则推理的结果是对原有的多源信息知识的更新、各种算法的激活以及某种定量计算的数值。

6.2.4　智能系统模型及其运行机制

1. 智能系统模型构建

为实现仿反馈认知智能系统模型的三层三段信息处理结构功能，对不确定信息认知对象的认知问题模拟人类反复推敲比对思维信息处理过程，本书结合反馈控制理论的思想，构建了一种不确定信息认知对象的多层次变粒度仿反馈认知智能模型，实现层次间的信息交互模式，使多层次变粒度认知智能系统能在不同认知知识粒度层次中模式化表征认知知识从而通过认知知识粒度调节获取不确定信息认知对象的最优认知结果，其模型结构如图 6.4 所示。

不确定信息认知对象的仿反馈认知智能模型是获取各类知识信息的数值算法与规则推理，是人工智能、控制理论、运筹学等技术的基本原则在模式识别问题中的交叉应用。为模拟人类认知事物时反复推敲比对的信息交互过程，本书基于传统的模式识别结构形式，通过广义认知误差计算、不确定认知过程与结果评价和认知知识粒度调节，建立不确定信息认知对象的多层次变粒度仿反馈认知智能机制，实现在不同认知知识粒度层次下的不确定信息认知对象认知知识优化表征与不确定认知过程与结果寻优获取的互耦合运行。

从认知智能系统的功能模块出发，不确定信息认知对象的三层三段仿反馈认知智能系统模型各层的结构功能如下：

1）决策层

决策层模拟人脑的宏观思维功能，通过组织与协调，使认知智能系统能够根据不确定信息认知对象的认知需求做出对认知知识变粒度描述与处理的决策。其具体作用为：基于先验知识分析目标任务模式，向认知层和反馈层下达认知需求决策指令，同时向逻辑推理段下达认知知识粒度决策指令。另外，基于来自反馈层的数值计算知识，获取认知智能系统是否输出和认知知识粒度优化调节的推理结果，向认知层下达认知知识变粒度描述决策指令。

2）认知层

认知层模拟人脑的微观感知功能，使认知智能系统获得模式化分类决策方案，获取待认知对象的不确定认知过程与结果。其具体作用为首先基于决策层下达的认知需求决策指令，获取包含充分认知信息量的不确定信息认知对象多源特征空间；其次基于决策层下达的认知知识变粒度描述决策指令，实现已确定认知知识粒度层次下的不确定信息认知对象认知知识空间的可分性优化表征；最后，基于待

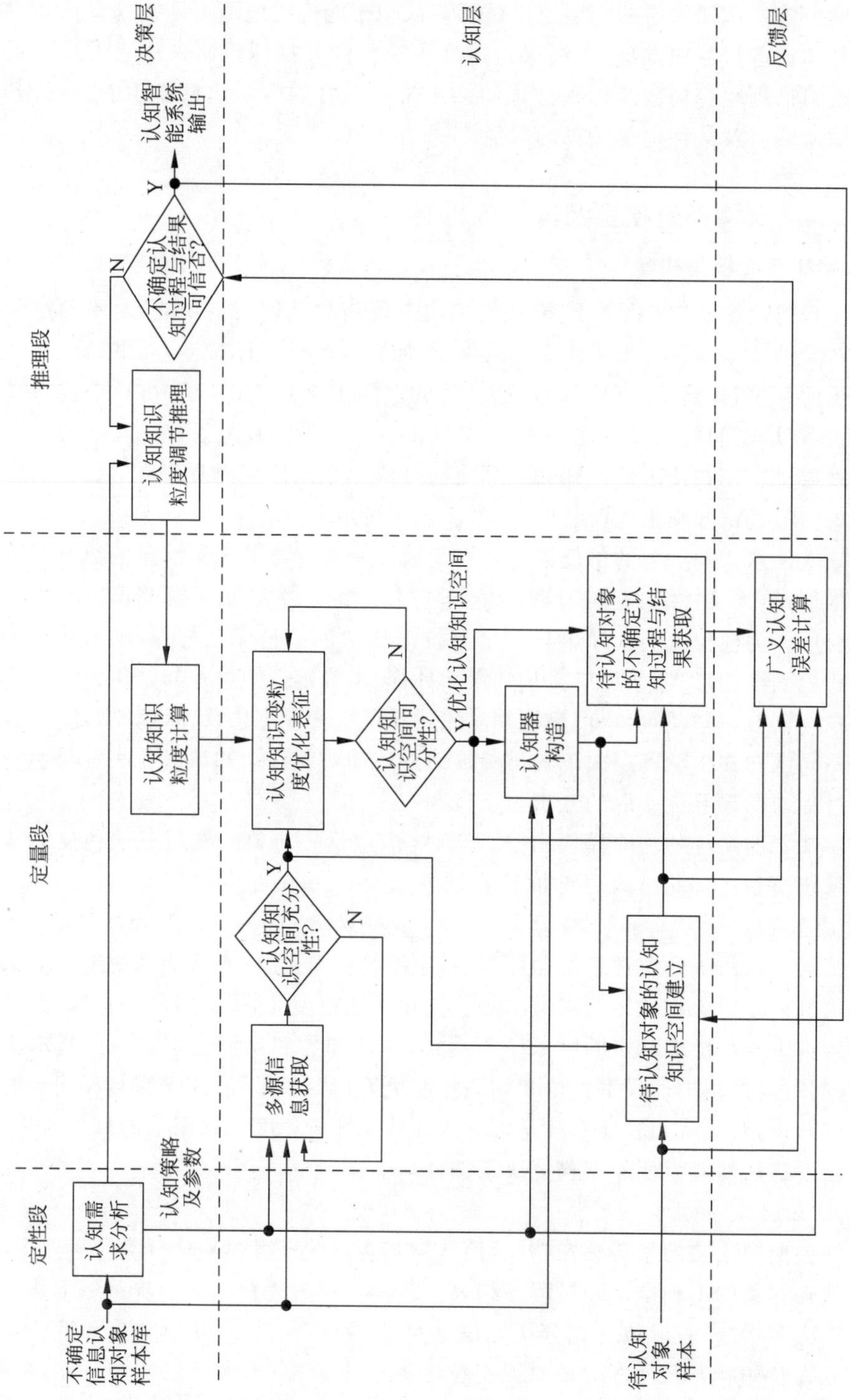

图 6.4 不确定信息认知对象的仿反馈认知智能模型结构

认知对象样本,获取待认知对象的不确定认知过程与结果,为反馈层定量计算提供知识库。

3）反馈层

反馈层模拟人脑的推敲比对信息交互功能,归纳与总结认知智能系统中记忆的各类数据和知识信息,获取认知层目标任务求解结果与认知智能系统目标约束间的偏差知识。其具体作用为基于决策层下达的认知需求决策命令和认知层不确定信息认知对象的不确定认知过程与结果,通过构造测度指标以计算已确定认知知识粒度层次下的广义认知误差信息,为决策层逻辑推理段提供启发式偏差知识。

该模型对聚类中心附近的特征表达清晰且准确的样本能够在较粗的认知知识粒度层次下实现快速准确的认知智能,对分类面附近的质量较差的交叉相似样本,能够通过仿反馈调节机制逐级细化认知知识,从而获得令人满意的认知结果,实现多层次变粒度仿反馈的认知智能。

2. 决策层运行机制

不确定信息认知对象仿反馈认知智能模型的决策层由认知需求分析、不确定认知过程与结果评价、认知知识粒度调节推理和认知知识粒度计算模块构成。决策层的运行机制分别作用于认知层和反馈层的不同环节,实现不确定信息认知对象认知过程、认知策略和认知效果寻优调节,其具体的运行机制如下。

1）认知需求分析

该模块属于定性段。针对不确定信息认知对象样本库,基于先验知识通过决策层认知需求分析,对其特征提取与表达方式、认知方法、测度指标形式进行决策,向认知层和反馈层下达相应的决策指令。该模块影响决策层认知知识粒度调节推理、认知层多源信息获取、认知器构造以及反馈层广义认知误差计算模块的数据与规则表达形式和参数设定方式。

2）不确定认知过程与结果评价

该模块属于推理段。针对反馈层广义认知误差计算所得的待认知对象的不确定认知过程与结果的各类认知误差,建立待认知对象不确定认知过程与结果评价规则,对已确定认知知识粒度层次下的不确定认知过程与结果进行判定决策。即,若不确定认知过程与结果满足可信度评价要求,则认知智能系统做出认知结果输出决策;否则,将不可信评价结果作为反馈调节认知知识粒度的量化标准启发式知识。

3）认知知识粒度调节推理

该模块属于推理段。基于不确定认知过程与评价结果,针对不满足目标约束函数要求的待认知对象的不确定认知过程与结果及其认知知识粒度调节启发式知识,建立认知知识粒度调节推理规则,向决策层定量段下达认知知识粒度计算决策指令。需要指出的是,认知智能系统初始认知知识粒度的决策指令由认知需求分析模块给出。

4）认知知识粒度计算

该模块属于定量段。基于推理段认知知识粒度调节推理给出的认知知识粒度计算决策指令，构造认知知识变粒度调节量的测度指标，获取认知知识粒度调节计算结果，为下层认知层的认知知识变粒度优化表征模块提供仿反馈定量知识，实现不确定信息认知对象的多层次变粒度仿反馈认知智能模式。

3. 认知层运行机制

不确定信息认知对象仿反馈认知智能模型的认知层由多源信息获取、认知知识空间充分性评价、认知知识变粒度优化表征、认知知识空间可分性评价、认知器构造、待认知对象认知知识空间建立和待认知对象的不确定认知过程与结果获取模块构成。认知层的运行机制基于决策层下达的各项决策指令实现，实现认知知识模式化优化表征与已确定认知知识粒度层次下的待认知对象不确定认知过程与结果获取。认知层的运行机制相当于在已确定认知知识粒度层次下的传统模式识别系统结构，其具体的运行机制如下。

1）多源信息获取及认知知识空间充分性评价

在实际应用中，单一特征往往无法全面、准确地描述对象。事实上，人类本能地具备将感官信息（如色彩、触觉、亮度、声线等）与自身存储的先验知识进行综合以认知事物的能力，也就是说人类认知事物的过程采用了多特征融合方法。因此，基于决策层认知需求分析，借助信息数据处理手段进行不确定信息认知对象样本预处理、特征提取等步骤，将不确定信息认知对象样本由实际的物理实体或采样信号经过一定的数据变化抽象成数学模型，并表现为符合认知智能系统要求的特征向量的形式，实现对不确定信息认知对象从样本空间到多方位反映其本质特性的认知知识空间的映射，以增强样本数据所表达的认知知识在认知过程中的有效性与可观测性。一般而言，构建的认知知识空间应尽量满足可分性强、可靠性高、信息损失少和相对独立等原则。针对有限样本论域不确定信息认知对象的认知问题，多特征融合的认知知识空间的认知信息量在一定范围内与空间维数成正比。然而，当认知知识空间维数达到一定值后，其中所包含的认知信息量也趋于饱和，再增加认知知识将会导致恶化认知智能系统性能的“维数灾”现象。因此，针对不确定信息认知对象的多源特征信息，本书构造了认知知识充分性测度指标以建立认知知识空间充分性的评价机制，构建包含充分认知信息量的不确定信息认知对象认知知识空间。

2）认知知识变粒度优化表征和认知知识空间可分性评价

基于决策层下达的认知知识粒度计算决策指令，将所构建的认知知识充分性表征的认知知识空间值域进行粒化分割与归一化映射，即可实现不确定信息认知对象的认知知识在不同认知知识粒度层次下的模式化表征。但粒化变换后的认知知识空间不可避免地存在冗余、相关信息，这些干扰在认知智能系统中不仅不能改善认知性能，而且会增加认知过程的复杂性、耗费机时。因此，为提高认知器性能，本书构造认知知识可分性测度指标来刻画认知知识对认知的重要程度，以建立认知知识空间可分性评价机制，实现不确定信息认知对象认知知识空间的变粒度优化表征。

3）认知器构造

基于决策层认知需求分析，针对不确定信息认知对象变粒度优化表征的认知知识空间，选择相应的一种或多种分类方法，建立认知机制，使不确定信息认知对象认知过程可能造成的误差或引起的损失最小，从而获取在已确定认知知识粒度层次下不确定信息认知对象的认知规则库。

4）待认知对象的认知知识空间建立及其不确定认知过程与结果获取

为实现不确定信息认知对象的认知智能过程，针对待认知对象样本，基于多源信息获取及认知知识空间充分性评价、认知知识变粒度优化表征及认知知识空间可分性评价，选择与不确定信息认知对象样本库相同的数据信息处理方法，建立能够与所构造的认知器规则库中对应维度特征向量可匹配的待认知对象的认知知识空间。基于所构造的不确定信息认知对象认知器，将待认知对象的认知知识空间与不确定信息认知对象样本库认知知识空间进行认知规则匹配，以获取在已确定认知知识粒度层次下的待认知对象的不确定认知过程与结果。

4. 反馈层运行机制

不确定信息认知对象仿反馈认知智能模型的反馈层由广义认知误差计算模块构成。反馈层的运行机制基于认知层获取的已确定认知知识粒度层次下的待认知对象的不确定认知过程与结果、待认知对象样本真实信息之间的偏差实现。人类对相似对象的区分往往通过提取更为细致的特征实现，是由粗到精、由宏观到微观的反复认知。不同认知知识粒度层次下的特征空间对不同样本空间的分类能力是不同的，因此，为模拟人类认知机理，定义多类广义认知误差及其计算方法，建立不确定认知过程与结果的广义认知误差测度指标体系，获取已确定认知知识粒度层次下待认知对象的广义认知误差，为决策层不确定认知过程与结果的可信度评价以及实现认知知识粒度的反馈调节提供量化标准。

6.3 不确定信息认知对象的仿反馈认知智能计算模型研究

6.3.1 基于粗糙集理论的不确定信息认知对象模式化建模

粗糙集是一种新的处理不确定、不精确、不完全数据的数学理论工具和软计算方法，自 1982 年由波兰学者 Pawlak 提出至今，因其实用性，在模式识别、决策支持、预测与控制等众多领域都有着广泛的应用[387-388]。

1. 基于粗糙集理论的不确定信息认知对象认知智能决策信息系统的建立

本书针对不确定信息认知对象的认知知识表征的不确定与不完全性问题，采用粗糙集理论，建立有限论域条件下的不确定信息认知对象有监督学习的认知智能决策信息系统，构建不确定信息认知对象的模式化结构的计算模型。

1）不确定信息认知对象的认知智能信息系统构建

基于粗糙集理论对广义论域信息系统的定义，对不确定信息认知对象的认知智能信息系统可做如下定义。

定义 6.1 不确定信息认知对象认知智能信息系统 $S=(U,C,V,F)$。其中，$U=\{U_1,U_2,\cdots,U_n\}$为不确定信息认知对象样本库中的样本集合，$U_i\ (i\in[1,n])$为样本库中第 i 个样本，n 为样本库中的样本数；$C=\{C_1,C_2,\cdots,C_m\}$为不确定信息认知对象特征条件属性集，$\boldsymbol{C}_j\ (j\in[1,m])$为第 j 维特征向量，m 为特征空间维数，$V_C=\cup V_{C_j}\ (j\in[1,m])$为特征属性条件集 C 的值域，$V_{\boldsymbol{C}_j}$ 为特征向量$\boldsymbol{C}_j$ 的值域；$F=\cup f:U\times C\rightarrow V_C$ 为信息函数(实际上就是特征提取)，即不确定信息认知对象样本集 U 与认知知识空间 C 之间的映射函数。

依据定义 6.1，构建不确定信息认知对象的多维空间认知知识表征的认知智能信息系统模型，即 $S=(U,C,V,F)$，可简写为 $S=(U,C)$。

2）不确定信息认知对象的认知智能决策信息系统构建

模仿人类有导师监督学习的过程，通过将不确定信息认知对象的知识样本库中样本的真实决策属性 $\boldsymbol{D}=\{d\}$以先验知识加入认知智能信息系统 $S=(U,C,V,F)$中进行训练，以构建不确定信息认知对象有监督学习的认知智能决策信息系统。因此，对不确定信息认知对象的认知智能决策信息系统可做如下定义。

定义 6.2 不确定信息认知对象认知智能决策信息系统 $S=(U,A,V,F)$。其中，$U=\{U_1,U_2,\cdots,U_n\}$为不确定信息认知对象样本库中的样本集合，$U_i\ (i\in[1,n])$为样本库中第 i 个样本，n 为样本库中的样本数；$A=\{A_1,A_2,\cdots,A_{m+1}\}$为不确定信息认知对象认知知识集合，$\boldsymbol{A}_j\ (j\in[1,m+1])$为第 j 维认知知识向量。A 可以分为两个不相交的子集，即 $A=C\cup\boldsymbol{D}$ 且 $C\cap\boldsymbol{D}=\varnothing$，其中，$C=\{C_1,C_2,\cdots,C_m\}$为不确定信息认知对象特征条件属性集，$\boldsymbol{C}_j\ (j\in[1,m])$为第 j 维特征向量，m 为特征空间维数。$f_C:U\times C\rightarrow V_C$ 为 U 与 C 之间的映射信息函数；$\boldsymbol{D}=[D_1,D_2,\cdots,D_n]^{\mathrm{T}}$ 为决策属性向量(样本库中样本真实值)，D_i 为样本库中第 i 个样本的决策属性值，$f_D:U\times D\rightarrow V_D$ 为 U 与 D 之间的映射信息函数(先验知识)。

依据定义 6.2，构建不确定信息认知对象有先验知识指导的多维空间认知知识表征的认知智能决策信息系统模型，即 $S=(U,A,V,F)$，可简写为 $S=(U,A)=(U,C\cup\boldsymbol{D})$。

由定义 6.1 和定义 6.2 可知，基于粗糙集理论方法，可将一类不确定信息认知对象表征为模式化结构的认知智能决策信息系统模型。进而通过对认知智能决策信息系统模型的计算对不确定信息认知对象的知识表征性能进行分析。

2. 基于熵理论的认知知识空间充分性评价机制研究

由定义 6.2 所示的认知智能决策信息系统模型结构可知，为克服学术界普遍认为不存在能够适应于各种数据的通用知识获取方法的问题，可通过增加认知对象的认知知识集合实现充分表征不确定信息的认知对象。然而，认知知识增加将会由于冗余相关信息的存在使不确定信息认知对象的认知知识空间存在"维数灾"现象，且使认知知识的信息量趋于饱和。

本书针对构建的不确定信息认知对象的认知智能决策信息系统模型，构造熵函数形式的认知知识空间充分性测度指标，建立认知知识空间充分性评价方法，优化不确定信息认知对象的认知知识空间。

粗糙集理论对数据信息的知识发现基于等价关系实现，因此，不确定信息认知对象认知智能决策信息系统中的等价关系如定义 6.3 所示。

定义 6.3　等价关系。设有基于定义 6.2 的不确定信息认知对象认知智能决策信息系统 $S=(U,A,V,F)$。若 $\exists U_\varsigma, U_\eta \in U(\varsigma,\eta\in[1,n])$，且二者在 $\mathbf{A}$ 上的各特征值相同，即对不确定信息认知对象样本库中任意不同样本特征向量 $\mathbf{A}_\varsigma=[A_{\varsigma,1},A_{\varsigma,2},,\cdots,A_{\varsigma,m+1}]$ 和 $\mathbf{A}_\eta=[A_{\eta,1},A_{\eta,2},\cdots,A_{\eta,m+1}]$，若有 $\mathbf{A}_{\varsigma,j}=\mathbf{A}_{\eta,j}(j=1,2,\cdots,m)$ 且 $A_{\varsigma,m+1}=A_{\eta,m+1}$，则称样本 U_ς 与 U_η 关于 A 是"等价关系"。

对不确定信息认知对象样本库中全体样本 U 关于认知知识空间 A 进行划分可以得到商集 $R_A=\{Z_1,Z_2,\cdots,Z_\theta\}$，其中，$Z_q(q\in[1,\theta])$ 为第 q 个等价类，$\theta(\theta\leqslant n)$ 为商集 R_A 中的等价类数，且 R_A 中的所有元素关于 A 是不可分辨的。

1）认知知识充分性测度指标定义

为度量不确定信息认知对象认知智能决策信息系统中的认知信息量，本书基于熵理论，给出了认知知识信息熵的定义，构造熵函数形式的不确定信息认知对象认知智能决策信息系统认知知识充分性测度指标，以度量多特征认知知识空间所包含的认知信息量，如定义 6.4 所示。

定义 6.4　认知知识信息熵。设有基于定义 6.2 的不确定信息认知对象认知智能决策信息系统 $S=(U,A,V,F)$，以及基于定义 6.3 的等价关系划分而成的商集 $R_A=\{Z_1,Z_2,\cdots,Z_\theta\}$。则当前认知知识粒度层次下的不确定信息认知对象认知智能决策信息系统 $S=(U,A,V,F)$ 的认知知识信息熵可记为 $E(R_A)$，其计算方法为

$$E(R_A)=-\sum_{q=1}^{\theta}G(Z_q)\log_2 G(Z_q) \tag{6.1}$$

其中，$G(Z_q)=\dfrac{|Z_q|}{|U|}\ (q=1,2,\cdots,\theta)$，$\theta\leqslant n$。

2）基于极大信息熵的认知知识空间构建计算方法研究

熵是度量信息系统不确定性的有效工具[389]。对于有限论域条件下的不确定信息认知对象的认知智能决策信息系统 $S=(U,A)$，由定义 6.3 和定义 6.4 可知，

多特征融合方法使认知智能系统基于等价关系对不确定信息认知对象样本库中样本论域 U 关于认知知识空间 A 划分而成的商集 $R_A=\{Z_1,Z_2,\cdots,Z_\theta\}$ 中的元素数 θ 与认知知识空间 A 的维数以及不确定信息认知对象认知智能决策信息系统的认知知识信息熵 $E(R_A)$ 在一定范围内成正比。但认知知识空间 A 中各认知知识向量取值足以将样本库中每一个样本划分成独立的等价类，即当 θ 取最大值 n 时，依据式(6.1)，$G(Z_q)=1/n(q=1,2,\cdots,\theta)$，则不确定信息认知对象认知智能决策信息系统的认知知识信息熵 $E(R_A)_{\max}=\log_2 n$ 达到最大值，此时，再向认知知识空间 A 中添加新的认知知识向量，$S=(U,A)$ 中所包含的认知信息量亦不会再增加。

本书给出了一种基于极大信息熵的认知知识空间构建计算方法，以实现不确定信息认知对象认知知识空间的充分性表征。通过计算增加认知知识空间维数以达到认知知识信息熵的最大值为准则，从而建立有限样本论域条件下不确定信息认知对象认知知识充分性表征的认知智能决策信息系统，并在一定程度上控制了智能认知系统复杂度。算法伪代码如算法 6.1 所示。

算法 6.1 基于极大信息熵的认知知识空间构建算法

输入：不确定信息认知对象样本库论域 $U=\{U_1,U_2,\cdots,U_n\}$，不确定信息认知对象各典型认知知识表征库 $\breve{C}_\delta(\delta=1,2,3,\cdots)$，不确定信息认知对象样本库中样本真实决策属性向量 $\boldsymbol{D}=[D_1,D_2,\cdots,D_n]^{\mathrm{T}}$，认知智能决策信息系统构建算法迭代次数 IT_1，认知智能决策信息系统构建算法迭代次数阈值 Θ_1。

输出：认知知识充分性表征的不确定信息认知对象认知智能决策信息系统 $S=(U,A,V,F)$ 及其充分性表征的认知知识空间 $A=C\cup\boldsymbol{D}$。

```
Begin;
令 E(R_A)_max = log_2 n, 令 C←∅;
For δ from 1 to ∞
    While IT_1 ≤ Θ_1
        令 A = C ∪ D
        计算 E(R_A)
        If E(R_A) ≠ E(R_A)_max, Then
            C←C ∪ C̆_δ
        End If
    End While
End For
Output S = (U,A,V,F) and A = C ∪ D
End
```

该算法以不确定信息认知对象认知智能决策信息系统中认知知识空间的认知知识信息熵最大为终止条件，在有限论域条件下对不确定信息认知对象认知智能决策信息系统的认知知识空间的充分性进行表征。算法中的迭代次数阈值 Θ_1 采用实验试凑法确定，令算法 6.1 基于 Θ_2 不同取值进行多轮实验，记录获得最优算法性能时对应的 Θ_1 取值，并参与执行后续算法。

3. 基于熵理论的认知知识空间可分性评价机制研究

为克服基于算法 6.1 在表征认知知识时存在的同质性问题，可基于决策层下达的认知知识粒度计算决策指令，将所构建的认知知识空间值域进行粒化分割与归一化映射，从而实现对不确定信息认知对象的认知知识在不同认知知识粒度层次下的粒化表征。然而，同一特征在不同认知知识粒度层次中表征不确定信息认知对象时所表现的重要程度截然不同，即在较粗的认知知识粒度层次中，分类性能较好的特征可能在较细的认知知识粒度层次中较为冗余。

本书针对认知知识空间充分性表征的不确定信息认知对象认知智能决策信息系统，构造了熵函数形式的认知知识空间可分性测度指标，建立了认知知识空间可分性评价方法，以构建不确定信息认知对象简约认知智能决策信息系统。

1）认知知识空间的粒化表征

知识粒度计算是一种用于不确定、不完整数据的新的计算范式，是计算机领域未来的主流技术之一[390]。为在不同认知知识粒度层次中实现模式化表征不确定信息认知对象，对于认知知识空间充分性表征的不确定信息认知对象认知智能决策信息系统 $S=(U,C\cup\boldsymbol{D})$，基于由决策层给出的认知知识粒度 G_w 指标，可对不确定信息认知对象的认知知识空间值域 V_C 进行粒化分割，从而获得归一化映射变换的不确定信息认知对象认知智能决策信息系统 $S_w=(U,\widetilde{C}(w)\cup\boldsymbol{D})$，以实现在以 G_w 为认知知识粒度的第 w 次认知过程的认知知识粒化表征。其中，$\widetilde{C}(w)=\{\widetilde{C}_1(w),\widetilde{C}_2(w),\cdots,\widetilde{C}_{\tilde{m}}(w)\}$为在以 G_w 为认知知识粒度的第 w 次粒化变换的不确定信息认知对象粒化认知知识空间，$\widetilde{C}_{\tilde{j}}(w)(\tilde{j}\in[1,\tilde{m}])$为第 w 次粒化变换的第 $\tilde{j}$ 维认知知识向量，$\tilde{m}$ 为第 w 次粒化变换的认知知识空间维数，且 $\tilde{m}=m$（表明粒化变换前后的认知知识空间的维数不变），w 为当前认知智能系统的认知次数。

依据定义 6.3 中给出的等价关系，对不确定信息认知对象样本库中全体样本 U 分别关于 $\widetilde{C}(w)$ 和 $\boldsymbol{D}$ 进行等价划分可以分别得到商集 $R_{\widetilde{C}(w)}=\{X_1,X_2,\cdots,X_p\}$和商集 $R_{\boldsymbol{D}}=\{Q_1,Q_2,\cdots,Q_o\}$。称 $X_s(s\in[1,p],p\leqslant n)$和 $Q_l(l\in[1,o],o\leqslant n)$分别为商集 $R_{\widetilde{C}(w)}$ 和商集 $R_{\boldsymbol{D}}$ 中的一个"等价类"。其中，每一个等价类中的所有元素分别关于 $\widetilde{C}(w)$和 $\boldsymbol{D}$ 具有不可分辨关系，p 为商集 $R_{\widetilde{C}(w)}$ 中的等价类数，o 为商集 $R_{\boldsymbol{D}}$ 中的等价类数（即不确定信息认知对象样本库中样本类数）。设不确定信息认知对象样本库中第 l 类的样本数为 n_l，则有 $\sum n_l=n_1+n_2+\cdots+n_o=n$。商集 $R_{\widetilde{C}(w)}$ 和 $R_{\boldsymbol{D}}$ 分别对不确定信息认知对象样本库中的全体样本论域 U 进行了完全划分。若满足 $R_{\widetilde{C}(w)}\subseteq R_{\boldsymbol{D}}$，表明当前粒化认知知识空间 $\widetilde{C}(w)$对不确定信息认知对象样本论域 U 的划分细于真实决策属性 $\boldsymbol{D}$ 对不确定信息认知对象样本论域 U 的划分，则当前认知知识空间所包含的认知信息量足以将不确定认知对象进行正确分类。

根据认知知识粒度分析理论，对由 n 个样本所构成的不确定信息认知对象认知智能决策信息系统 $S=(U,C\cup \boldsymbol{D})$，当以最粗略的知识描述不确定信息认知对象时，系统认知知识粒度有最大值 $G_{\max}=1$，此时商集 $R_{\widetilde{C}(w)}$ 中的等价类数 $p=1$，即样本库中所有样本被划分为一个等价类；而当以最细致的知识描述不确定信息认知对象时，系统认知知识粒度有最小值 $G_{\min}=1/n$，此时商集 $R_{\widetilde{C}(w)}$ 中的等价类数 $p=n$，即样本库中每一个样本都自成一个等价类。所以，对于粒化变换后的不确定信息认知对象认知智能决策信息系统 $S_w=(U,\widetilde{C}(w)\cup \boldsymbol{D})$，认知知识粒度 G_w 越大，商集 $R_{\widetilde{C}(w)}$ 中的等价类数 p 越小，粒化认知知识空间 $\widetilde{C}(w)$ 中的冗余和相关项越多。为降低认知智能系统计算复杂度，需要获取 $\widetilde{C}(w)$ 中对认知过程贡献大的认知知识，去除 $\widetilde{C}(w)$ 中的冗余和相关项，以为后续的认知器构造及认知规则库获取提供便利。

2）粒化认知知识空间的可分性测度指标定义

为消除认知知识空间中相关的冗余信息，实现不同认知知识粒度层次下的认知知识空间优化表征，对不确定信息认知对象在以 G_w 为认知知识粒度的第 w 次认知过程的简约认知知识空间 $B(w)$ 可做如下定义。

定义 6.5 设在以 G_w 为认知知识粒度的第 w 次认知过程中有粒化变换的不确定信息认知对象认知智能决策信息系统 $S_w=(U,\widetilde{C}(w)\cup \boldsymbol{D})$，$\widetilde{C}(w)\cap \boldsymbol{D}=\varnothing$，则不确定信息认知对象在以 G_w 为认知知识粒度的第 w 次认知过程的简约认知知识空间记为 $B(w)$，那么，$B(w)\subseteq\widetilde{C}(w)$ 应满足下列两个条件：

(1) $R_{B(w)}\subseteq R_{\widetilde{C}(w)}$；

(2) $\forall B'(w)\subset B(w), R_{B'(w)}\nsubseteq R_{\boldsymbol{D}}$。

即不确定信息认知对象在以 G_w 为认知知识粒度的第 w 次认知过程的简约认知知识空间 $B(w)$ 中包含的认知知识信息量足以将不确定信息认知对象正确分类，且 $B(w)$ 中的任意真子集 $B'(w)$ 所包含的认知知识信息量不足以将不确定信息认知对象正确分类。

为度量不确定信息认知对象认知智能决策信息系统中认知知识空间的可分性，本书构造熵函数形式的认知知识条件熵，并以此作为不确定信息认知对象认知智能决策信息系统中认知知识空间的可分性测度指标，如定义 6.6 所示。

定义 6.6 认知知识条件熵。设在以 G_w 为认知知识粒度的第 w 次认知过程中，有粒化变换的不确定信息认知对象认知智能决策信息系统 $S_w=(U,\widetilde{C}(w)\cup \boldsymbol{D})$，且 $\widetilde{C}(w)\cap \boldsymbol{D}=\varnothing$，以及对论域 U 分别关于 $\widetilde{C}(w)$ 与 $\boldsymbol{D}$ 进行划分而成的商集 $R_{\widetilde{C}(w)}=\{X_1,X_2,\cdots,X_p\}$ 和商集 $R_{\boldsymbol{D}}=\{Q_1,Q_2,\cdots,Q_o\}$，则不确定信息认知对象

粒化认知知识空间 $\widetilde{C}(w)$ 的认知知识条件熵可记为 $E(R_{\boldsymbol{D}}|R_{\widetilde{C}(w)})$，其计算方法为

$$E(R_{\boldsymbol{D}} \mid R_{\widetilde{C}(w)}) = -\sum_{s=1}^{p} G(X_s) \sum_{l=1}^{o} G(Q_l \mid X_s) \log_2 G(Q_l \mid X_s) \tag{6.2}$$

其中，$G(X_s)=|X_s|/|U|$；$G(Q_l|X_s)=|Q_l \cap X_s|/|X_s|$，$s=1,2,\cdots,p$；$l=1,2,\cdots,o$。$E(R_{\boldsymbol{D}}|R_{\widetilde{C}(w)})$ 表示在粒化认知知识空间 $\widetilde{C}(w)$ 确定后，不确定信息认知对象认知智能决策信息系统中所残留的平均认知信息量。

同理，若将论域 U 关于 $B(w)$ 进行划分而成的商集记为 $R_{B(w)}$，则 $R_{B(w)}$ 的认知知识条件熵可记为 $E(R_{\boldsymbol{D}}|R_{B(w)})$，其计算方法参照式(6.2)。

为去除冗余特征对系统认知性能的干扰，实现不确定信息认知对象认知知识空间的可分性表征，本书给出了认知知识分辨度和认知知识向量权值的定义，并以此作为不确定信息认知对象认知智能决策信息系统的优化过程指标，如定义 6.7 和定义 6.8 所示。

定义 6.7 认知知识分辨度。设在以 G_w 为认知知识粒度的第 w 次认知过程中，有粒化变换的不确定信息认知对象认知智能决策信息系统 $S_w=(U,\widetilde{C}(w)\cup \boldsymbol{D})$，且 $\widetilde{C}(w)\cap \boldsymbol{D}=\varnothing$，则不确定信息认知对象第 w 次粒化变换的第 $\tilde{j}$ 维粒化认知知识向量 $\widetilde{C}_{\tilde{j}}(w)$ 的认知知识分辨度可记为 $F(\widetilde{C}_{\tilde{j}}(w))$，其计算方法为

$$F(\widetilde{C}_{\tilde{j}}(w)) = \frac{\sum_{l=1}^{o}\left(\overline{\widetilde{C}_{l,\tilde{j}}(w)} - \overline{\widetilde{C}_{\tilde{j}}(w)}\right)^2}{\sum_{l=1}^{o}\frac{1}{n_l-1}\sum_{\xi_l=1}^{n_l}\left(\widetilde{C}_{l,\tilde{j}}^{\xi_l}(w) - \overline{\widetilde{C}_{l,\tilde{j}}(w)}\right)^2} \tag{6.3}$$

其中，$\overline{\widetilde{C}_{\tilde{j}}(w)}$，$\overline{\widetilde{C}_{l,\tilde{j}}(w)}$ 和 $\widetilde{C}_{l,\tilde{j}}^{\xi_l}(w)$ 分别为不确定信息认知对象第 w 次粒化变换的第 $\tilde{j}$ 维认知知识向量的平均值，样本库中第 l 类不确定信息认知对象样本第 w 次粒化变换的第 $\tilde{j}$ 维认知知识向量平均值和样本库中第 l 类不确定信息认知对象的第 ξ_l 个样本点第 w 次粒化变换的第 $\tilde{j}$ 维认知知识向量值。$F(\widetilde{C}_{\tilde{j}}(w))$ 表示不确定信息认知对象第 w 次粒化变换的第 $\tilde{j}$ 维认知知识向量在粒化认知知识空间 $\widetilde{C}(w)$ 中分类能力的大小。

定义 6.8 认知知识向量权值。设在以 G_w 为认知知识粒度的第 w 次认知过程中，有粒化变换的不确定信息认知对象认知智能决策信息系统 $S_w=(U,\widetilde{C}(w)\cup \boldsymbol{D})$，且 $\widetilde{C}(w)\cap \boldsymbol{D}=\varnothing$，以及第 w 次粒化变换的认知知识空间 $\widetilde{C}(w)$ 的简约认知知识空间 $B(w)=\{\boldsymbol{B}_1(w),\boldsymbol{B}_2(w),\cdots,\boldsymbol{B}_r(w)\}(r\leqslant m)$，则不确定信息认知对象的简约认知知识空间 $B(w)$ 中的第 b 维简约认知知识向量的认知知识向量权值可记为 $\omega(\boldsymbol{B}_b(w))$，其计算方法为

$$\omega(\boldsymbol{B}_b(w))=\frac{1-s(\boldsymbol{B}_b(w))}{\sum_{b=1}^{r}(1-s(\boldsymbol{B}_b(w)))} \tag{6.4}$$

$$s(\boldsymbol{B}_b(w))=\begin{cases}0, & d(\boldsymbol{B}_b(w))\geqslant 1\\ 1-d(\boldsymbol{B}_b(w)), & \text{其他}\end{cases} \tag{6.5}$$

$$d(\boldsymbol{B}_b(w))=\min_{\hat{l}=1,2,\cdots,\hat{o}-1}\left\{\frac{\overline{\boldsymbol{B}}_{\hat{l}+1,b}(w)-\overline{\boldsymbol{B}}_{\hat{l},b}(w)}{3(\sigma_{\hat{l}+1,b}+\sigma_{\hat{l},b})}\right\} \tag{6.6}$$

其中，$\boldsymbol{B}_b(w)(b\in[1,r])$为简约认知知识空间 $B(w)$中的第 b 维简约认知知识向量；$d(\boldsymbol{B}_b(w))$表示$\boldsymbol{B}_b(w)$的类间距离；$\overline{\boldsymbol{B}}_{\hat{l},b}(w)$为按升序排列后的简约认知知识向量$\boldsymbol{B}_b(w)$的各类均值；$\hat{l}=1,2,\cdots,\hat{o}-1$，为对应的新类标签；$\sigma_{\hat{l},b}=(\overline{\boldsymbol{B}}_{\hat{l},b}(w)-\overline{\boldsymbol{B}}_{\hat{l},b}^{\min}(w))/6$ 或 $\sigma_{\hat{l},b}=(\overline{\boldsymbol{B}}_{\hat{l},b}^{\max}(w)-\overline{\boldsymbol{B}}_{\hat{l},b}(w))/6$，$\overline{\boldsymbol{B}}_{\hat{l},b}^{\min}(w)$和$\overline{\boldsymbol{B}}_{\hat{l},b}^{\max}(w)$分别为$\overline{\boldsymbol{B}}_{\hat{l},b}(w)$的最小值和最大值；$\omega(\boldsymbol{B}_b(w))$表示第 b 维简约认知知识向量$\boldsymbol{B}_b(w)$在简约认知知识空间 $B(w)$中对认知过程的贡献程度。

基于式(6.4)～式(6.6)计算，不确定信息认知对象的简约认知知识空间 $B(w)$中各简约认知知识向量的认知知识向量权值构建而成的向量即为 $B(w)$的认知知识向量权值 $\omega(B(w))=[\omega(B_1(w)),\omega(B_2(w)),\cdots,\omega(B_r(w))]$。

基于定义 6.6～定义 6.8 对第 w 次粒化变换的不确定信息认知对象认知智能决策信息系统 $S_w=(U,\widetilde{C}(w)\cup\boldsymbol{D})$的粒化认知知识空间 $\widetilde{C}(w)$进行具有认知知识空间可分性评价的约简优化，则可以获取在以 G_w 为认知知识粒度的第 w 次认知过程的不确定信息认知对象简约认知智能决策信息系统 $\overline{S}_w=(U,B(w)\cup\boldsymbol{D})$和简约认知知识空间 $B(w)$及其认知知识向量权值 $\omega(B(w))$。

3）基于认知知识条件熵的认知知识空间约简优化算法

对于由算法 6.1 建立的不确定信息认知对象认知智能决策信息系统 $S=(U,A,V,F)$，基于由决策层给出的认知知识粒度 G_w 指标，可获取第 w 次粒化变换的不确定信息认知对象认知智能决策信息系统 $S_w=(U,\widetilde{C}(w)\cup\boldsymbol{D})$的优化表征。认知智能系统第 w 次认知过程中的认知知识空间粒化变换过程实际上是对不确定信息认知对象的认知知识空间 C 进行值域分割的过程，粒化变换后的认知知识空间 $\widetilde{C}(w)$仍不可避免地有大量冗余相关信息存在。

为实现不确定信息认知对象的认知知识空间的可分性表征，本书给出了基于认知知识条件熵的认知智能决策信息系统优化算法，通过计算认知知识条件熵度量认知知识空间优化时减少认知知识向量造成的认知信息量变化情况，从而剔除对认知过程贡献较小的认知知识向量以构建简约的不确定信息认知对象认知智能决策信息系统 $\overline{S}_w=(U,B(w)\cup\boldsymbol{D})$，实现在已确定认知知识粒度层次下的不确定信息认知对象认知知识空间的变粒度优化表征，从而增强认知智能系统的推理能力。算法伪代码如算法 6.2 所示。

算法 6.2 基于认知知识条件熵的认知知识空间约简优化算法

输入：不确定信息认知对象样本库论域 $U=\{U_1,U_2,\cdots,U_n\}$，以 G_w 为认知知识粒度的第 w 次认知过程的不确定信息认知对象认知智能决策信息系统 $S_w=(U,\widetilde{C}(w)\cup\boldsymbol{D})$，认知智能决策信息系统优化算法迭代次数 IT_2，认知智能决策信息系统优化算法迭代次数阈值 Θ_2。

输出：以 G_w 为认知知识粒度的第 w 认知过程的不确定信息认知对象简约认知智能决策信息系统 $\bar{S}_w=(U,B(w)\cup\boldsymbol{D})$ 和简约认知知识空间 $B(w)$ 的认知知识向量权值 $\omega(B(w))=[\omega(B_1(w)),\omega(B_2(w)),\cdots,\omega(B_r(w))]$。

```
Begin
令 B(w)←∅
For j̃ from 1 to m
    计算 F(C̃_j̃(w))
End For
按 F(C̃_j̃(w))由大到小排序,构造新的 C̃′(w) = {C̃′_ε1(w), …, C̃′_εm(w)}
计算 E(R_D|R_C̃′(w))
For ε_j̃ from ε1 to εm
    While IT2≤Θ2
    计算 E(R_D|R_B(w))
    If E(R_D|R_B(w))≠E(R_D|R_C̃′(w)),Then
        令 B(w)←B(w)∪C̃′_εj̃(w)
    End If
  End While E(R_D|R_B(w))
End For
Output S̄_w = (U,B(w)∪D)
For b from 1 to r
  计算 ω(B(w))
End For
Output ω(B(w)) = [ω(B_1(w)), …,ω(B_r(w))]
End
```

该算法以认知知识分辨度为启发式信息，以优化算法前后的认知智能决策信息系统中的认知知识条件熵相等为终止条件，在表征认知知识空间充分性的前提下最大限度地消除不确定信息认知对象认知知识空间中相关的冗余信息，获取了简约优化的不确定信息认知对象认知智能决策信息系统，实现了不确定信息认知对象认知知识空间充分性与可分性的变粒度优化表征。另外，认知知识向量权值的计算也有利于放大在已确定认知知识粒度层次下的简约认知知识空间中可分性较强的特征对认知结果的影响程度，增强了不确定信息认知对象认知知识空间的推理能力。算法中的迭代次数阈值Θ_2采用实验试凑法确定，令算法6.2基于Θ_2不同取值进行多轮实验，记录获得最优算法性能时对应的Θ_2取值，并参与执行后续算法。

6.3.2 基于广义误差和广义熵理论的不确定认知过程与结果评价测度指标体系建立

本书基于广义误差和广义熵理论，基于待认知对象在G_w认知知识粒度层次下第w次的不确定认知过程与结果，构建不确定认知过程与结果误差信息系统，定义多种广义认知误差及其计算方法，建立不确定认知过程与结果评价测度指标体系，为决策层推理段的不确定认知过程与结果评价提供量化标准。

1. 不确定认知过程与结果误差信息系统构建

基于算法6.1和算法6.2所构建的以G_w为认知知识粒度的第w次认知过程时的不确定信息认知对象的简约认知智能决策信息系统$\overline{S}_w=(U,B(w)\cup \boldsymbol{D})$，针对不确定信息认知对象的认知特性与需求分析，可建立不确定信息认知对象在G_w认知知识粒度层次下第w次认知过程的认知器，根据认知器的认知规则库CM_w，可建立认知匹配所需的待认知对象样本集合$Y=\{Y_1,Y_2,\cdots,Y_d\}(t\in[1,d])$的认知知识空间：

$$\boldsymbol{\Omega}(w)=\begin{bmatrix}\Omega_{11}(w) & \cdots & \Omega_{1,r}(w)\\ \vdots & \ddots & \vdots \\ \Omega_{d,1}(w) & \cdots & \Omega_{d,r}(w)\end{bmatrix}=[\Omega_{*,1}(w),\cdots,\Omega_{*,r}(w)]$$
$$=[\Omega_{1,*}(w),\cdots,\Omega_{d,*}(w)]^{\mathrm{T}} \tag{6.7}$$

其中，$\Omega_{*,b}(w)(b\in[1,r])$为待认知对象样本集合$Y=\{Y_1,Y_2,\cdots,Y_d\}$的第$b$维认知知识向量，$\Omega_{t,*}(w)(t\in[1,d])$为第$t$个待认知对象样本$Y_t(t\in[1,d])$的认知知识向量。

基于不确定信息认知对象的认知规则库CM_w，可将待认知对象的认知知识空间$\boldsymbol{\Omega}(w)$与CM_w进行认知匹配，从而得到待认知对象样本集合$Y=\{Y_1,Y_2,\cdots,Y_d\}$在G_w认知知识粒度层次下的第w次认知过程的不确定认知结果向量$\mathbf{DL}_w=[\mathrm{DL}_{1,w},\mathrm{DL}_{2,w},\cdots,\mathrm{DL}_{d,w}]^{\mathrm{T}}$。其中，$\mathrm{DL}_{t,w}(t\in[1,d])$为第$t$个待认知对象样本$Y_t$在$G_w$认知知识粒度层次下的第$w$次认知过程的不确定认知结果。

为获取不确定认知过程与结果和认知目标之间的偏差比对知识，本书将待认知对象的不确定认知结果与其认知匹配类别对应的样本库中同类样本进行认知知识比对，构造如下所示的待认知对象的G_w为认知知识粒度的第w次认知过程的不确定认知过程与结果误差信息系统。

设有第 t 个待认知对象样本 $Y_t(t\in[1,d])$ 在以 G_w 为认知知识粒度的第 w 次认知过程的不确定认知结果$\mathrm{DL}_{t,w}$ 以及与该认知过程的不确定认知结果$\mathrm{DL}_{t,w}$ 对应的样本库中同类样本的认知知识空间为

$$B^l(w)=\begin{bmatrix} B_{11}^l(w) & \cdots & B_{1,r}^l(w) \\ \vdots & \ddots & \vdots \\ B_{n_l,1}^l(w) & \cdots & B_{n_l,r}^l(w) \end{bmatrix}=\bigcup_{\xi_l=1}^{n_l}\bigcup_{b=1}^{r}B_{\xi_l,b}^l(w),\quad l\in[1,o] \tag{6.8}$$

其中，$B_{\xi_l,b}^l(w)$为与$\mathrm{DL}_{t,w}$ 对应的样本库中第 l 类样本的第 b 维认知知识向量中的第 ξ_l 个认知知识，$b\in[1,r]$且 $\xi_l\in[1,n_l]$；r 为不确定信息认知对象样本库中简约认知知识空间维数；n_l 为与待认知对象样本 Y_t 当前不确定认知过程与结果类别对应的样本库中同类(第 l 类)样本的数量。

将待认知对象样本 Y_t 的认知知识向量 $\boldsymbol{\Omega}_{t,*}(w)=[\Omega_{t,1}(w),\cdots,\Omega_{t,r}(w)]$ $(t\in[1,d])$与 $B^l(w)$中各元素分别进行对应元素相减，可以得到待认知对象样本 Y_t 在以 G_w 为认知知识粒度的第 w 次认知过程的不确定认知过程与结果误差矩阵：

$$\begin{aligned} M(t,w,l)&=\boldsymbol{\Omega}_{t,*}(w)-B^l(w) \\ &=[\Omega_{t,1}(w),\cdots,\Omega_{t,r}(w)]-\begin{bmatrix} B_{11}^l(w) & \cdots & B_{1,r}^l(w) \\ \vdots & \ddots & \vdots \\ B_{n_l,1}^l(w) & \cdots & B_{n_l,r}^l(w) \end{bmatrix} \\ &=[\boldsymbol{M}_1^t,\cdots,\boldsymbol{M}_r^t],\quad t\in[1,d] \end{aligned} \tag{6.9}$$

其中，$t=1,2,\cdots,d$，且不确定认知过程与结果误差矩阵 $M(t,w,l)$中待认知对象样本 Y_t 的第 b 维不确定认知过程与结果的误差向量为

$$\begin{aligned} \boldsymbol{M}_b^t&=\left|\Omega_{t,b}(w)-\begin{bmatrix} B_{1,b}^l(w) \\ \vdots \\ B_{n_l,b}^l(w) \end{bmatrix}\right|,\quad b\in[1,r] \\ &=\bigcup_{\xi_l=1}^{n_l}|\Omega_{t,b}(w)-B_{\xi_l,b}^l(w)|,\quad b\in[1,r] \end{aligned} \tag{6.10}$$

由式(6.9)和式(6.10)可构建第 t 个待认知对象样本 Y_t 在以 G_w 为认知知识粒度的第 w 次认知过程的不确定认知过程与结果误差信息系统：

$$\mathrm{SR}_{t,w}=(U_{t,l},\boldsymbol{M}(t,w,l)) \tag{6.11}$$

其中，$U_{t,l}$ 为第 t 个待认知对象样本 Y_t 与其当前认知过程的不确定认知结果类别相对应的样本库中同类(第 l 类)样本的 n_l 维不确定认知过程与结果误差论域。

对于第 t 个待认知对象样本 Y_t，若基于定义 6.3 的等价关系对其不确定认知过程与结果误差信息系统论域 $U_{t,l}$ 关于不确定认知过程与结果误差矩阵 $\boldsymbol{M}(t,w,l)$进行划分，则可以得到商集 $U_{t,l}/\boldsymbol{M}(t,w,l)=\{E_1,E_2,\cdots,E_h\}$。其中，$E_v(v\in[1,h])$为商集 $U_{t,l}/M(t,w,l)$中的第 v 个等价类，h 为等价类数。由等价关系的定义可知，商集 $U_{t,l}/M(t,w,l)$中的元素越多，则当前不确定认知过程与结果误差信息系统 $\mathrm{SR}_{t,w}$ 的不确定性越大，即待认知对象样本 Y_t 与其当前不确定认知过程与结果对应的样本库中同类样本对应维度的认知误差越大，亦即待认知对象样本 Y_t 与当前认知过程所获取的不确定认知结果$\mathrm{DL}_{t,w}$ 间的偏差越大，其认知过程与结果可信度越低。

2. 不确定认知过程与结果误差 $\boldsymbol{\alpha}$ 熵定义

为度量待认知对象在以 G_w 为认知知识粒度的第 w 次认知过程时的不确定认知过程与结果误差，本书定义了一种不确定认知过程与结果误差 α 熵，并以此作为待认知对象不确定认知过程与结果可信度测度指标，如定义 6.9 所示。

定义 6.9 不确定认知过程与结果误差 α 熵。设有待认知对象样本 $Y_t(t\in[1,d])$在以 G_w 为认知知识粒度的第 w 次认知过程所构建的不确定认知过程与结果误差信息系统$\mathrm{SR}_{t,w}=(U_{t,l},\boldsymbol{M}(t,w,l))$和基于等价关系划分得到的商集 $U_{t,l}/\boldsymbol{M}(t,w,l)$。则待认知对象样本 $Y_t(t\in[1,d])$在以 G_w 为认知知识粒度的第 w 次认知过程的不确定认知过程与结果误差 α 熵可记为 $H_{t,w}^{\alpha}$，其计算方法为

$$H_{t,w}^{\alpha}=\frac{\displaystyle\sum_{v=1}^{h}\frac{|E_v|^{\alpha}}{|U_{t,l}|^{\alpha}}-1}{1-2^{\alpha-1}},\quad t\in[1,d] \tag{6.12}$$

其中，α 为实数，且 $\alpha\neq 1$；$E_v(v\in[1,h])$为商集 $U_{t,l}/M(t,w,l)$中的第 v 个等价类；h 为等价类数。

依据式(6.12)，待认知对象样本集合 $Y=\{Y_1,Y_2,\cdots,Y_d\}$在以 G_w 为认知知识粒度的第 w 次认知过程的不确定认知过程与结果误差 α 熵向量为$\boldsymbol{H}_w^{\alpha}=[H_{1,w}^{\alpha},H_{2,w}^{\alpha},\cdots,H_{d,w}^{\alpha}]^{\mathrm{T}}$。由定义 6.9 可知，对于给定的 α 值，待认知对象的不确定认知过程与结果的误差 α 熵越小，所构建的不确定认知过程与结果误差信息系统的不确定性越小，则当前待认知对象样本 $Y_t(t\in[1,d])$的不确定认知过程与结果误差越小；反之亦然。

3. 不确定认知过程与结果误差 $\boldsymbol{\alpha}$ 熵序列相似度定义

设以 G_w 为认知知识粒度的第 w 次认知过程，由式(6.12)可以获取待认知对象样本集合 $Y=\{Y_1,Y_2,\cdots,Y_d\}$历次认知过程的不确定认知过程与结果误差 α 熵，构造不确定认知过程与结果误差 α 熵矩阵：

$$\boldsymbol{H}=\bigcup_{t=1}^{d}\boldsymbol{H}_{t,w}=\begin{pmatrix} H_{11}^{\alpha} & \cdots & H_{1,w}^{\alpha} \\ \vdots & \ddots & \vdots \\ H_{d,1}^{\alpha} & \cdots & H_{d,w}^{\alpha} \end{pmatrix} \tag{6.13}$$

其中,向量$\boldsymbol{H}_{t,w}=[H_{t,1}^{\alpha},H_{t,2}^{\alpha},\cdots,H_{t,w}^{\alpha}](t\in[1,d])$中的元素依次代表待认知对象样本$Y_t$历次认知过程计算所得的不确定认知过程与结果误差$\alpha$熵。

基于模糊相似度的概念[391],依据式(6.13)可按顺序得到待认知对象样本Y_t的γ维不确定认知过程与结果误差α熵序列:

$$\boldsymbol{H}_{t,w}^{\gamma}=\{(\boldsymbol{H}_{t,w-\gamma+1}^{\alpha}-\overline{\boldsymbol{H}}_{t,w}^{\alpha}),\cdots,(\boldsymbol{H}_{t,w}^{\alpha}-\overline{\boldsymbol{H}}_{t,w}^{\alpha})\} \tag{6.14}$$

其中,$\overline{\boldsymbol{H}}_{t,w}^{\alpha}=\dfrac{1}{\gamma}\sum_{\tau=0}^{\gamma-1}\boldsymbol{H}_{w-\tau+1}^{\alpha}$为待认知对象样本$Y_t$的$\gamma$维不确定认知过程与结果误差$\alpha$熵序列均值。

依据式(6.14),待认知对象样本集合$Y=\{Y_1,Y_2,\cdots,Y_d\}$的γ维不确定认知过程与结果误差α熵序列矩阵为$\boldsymbol{H}_w^{\gamma}=[H_{1,w}^{\gamma},H_{2,w}^{\gamma},\cdots,H_{d,w}^{\gamma}]^{\mathrm{T}}$。

为度量待认知对象的不确定认知过程与结果可信度,本书定义了一种不确定认知过程与结果误差α熵序列相似度,并以此作为不确定认知过程与结果可信度测度指标,如定义6.10所示。

定义6.10　不确定认知过程与结果误差α熵序列相似度。设有基于式(6.14)的待认知对象样本Y_t的两个相邻的γ维不确定认知过程与结果误差α熵序列$\boldsymbol{H}_{t,w}^{\gamma}$和$\boldsymbol{H}_{t,w-1}^{\gamma}$,则待认知对象样本$Y_t$在以$G_w$为认知知识粒度的第$w$次认知过程和以$G_{w-1}$为认知知识粒度的第$(w-1)$次认知过程之间的不确定认知过程与结果误差$\alpha$熵序列相似度记为$\mathrm{SD}_{t,w}$,其计算方法为

$$\mathrm{SD}_{t,w}=\exp\left\{-\left[\frac{d(\boldsymbol{H}_{t,w-1}^{\gamma},\boldsymbol{H}_{t,w}^{\gamma})}{e}\right]^{g}\right\} \tag{6.15}$$

其中,$d(\boldsymbol{H}_{t,w-1}^{\gamma},\boldsymbol{H}_{t,w}^{\gamma})=\max\limits_{\tau\in(1,\gamma-1)}\{|(\boldsymbol{H}_{t,w-1-\tau}^{\alpha}-\overline{\boldsymbol{H}}_{t,w}^{\alpha})-(\boldsymbol{H}_{t,w-\tau}^{\alpha}-\overline{\boldsymbol{H}}_{t,w}^{\alpha})|\}$为待认知对象样本$Y_t$的两个相邻的$\gamma$维不确定认知过程与结果误差$\alpha$熵序列$\boldsymbol{H}_{t,w}^{\gamma}$和$\boldsymbol{H}_{t,w-1}^{\gamma}$间的距离,定义为其对应元素差值的最大值。$\mathrm{SD}_{t,w}$为指数函数,参数变量$g$和$e$分别为该指数函数边界的梯度和宽度,$w=\gamma+1,2,\cdots,\mathrm{Td}_1$($\mathrm{Td}_1$表示认知智能系统认知次数阈值)。

基于式(6.15)可获取待认知对象样本集合$Y=\{Y_1,Y_2,\cdots,Y_d\}$在以G_w为认知知识粒度的第w次认知过程和以G_{w-1}为认知知识粒度的第$w-1$次认知过程之间的不确定认知过程与结果误差α熵序列相似度$\mathbf{SD}_w=(\mathrm{SD}_{1,w},\mathrm{SD}_{2,w},\cdots,\mathrm{SD}_{d,w})^{\mathrm{T}}$。

4. 认知知识粒度误差定义

设以G_w为认知知识粒度的第w次认知过程,基于待认知对象样本集合Y的不确定认知过程与结果误差α熵矩阵H,以$1,2,\cdots,w$为给定节点,分别计算不确

定认知过程与结果误差 α 熵矩阵 H 中向量$\boldsymbol{H}_{t,w}=[H_{t,1}^{\alpha},H_{t,2}^{\alpha},\cdots,H_{t,w}^{\alpha}]$$(t=1,2,\cdots,d)$的三次样条插值函数 $S(w)=[S^1(w),S^2(w),\cdots,S^d(w)]^{\mathrm{T}}$。其中，$S^t(w)(t\in[1,d])$为向量$\boldsymbol{H}_{t,w}$ 的三次样条插值函数。由此，可以分别用连续函数 $S(w)=[S^1(w),S^2(w),\cdots,S^d(w)]^{\mathrm{T}}$ 来等效不确定认知过程与结果误差 α 熵矩阵 $\boldsymbol{H}$。随后，即可按照连续函数的性质来估算待认知对象样本 Y_t 的不确定认知过程与结果 α 熵向量$\boldsymbol{H}_{t,w}$ 在节点 w 处的平均曲率

$$\bar{K}_t(w)=\left|\frac{S^t(w)''}{(1+S^t(w)'^2)^{\frac{3}{2}}}\right|,\quad t\in[1,d] \tag{6.16}$$

由式(6.16)可获取待认知对象样本集合 Y 的不确定认知过程与结果 α 熵向量$\boldsymbol{H}_{t,w}=[H_{t,1}^{\alpha},H_{t,2}^{\alpha},\cdots,H_{t,w}^{\alpha}](t=1,2,\cdots,d)$在节点 w 处的平均曲率估算值$\bar{K}(w)=[\bar{K}_1(w),\bar{K}_2(w),\cdots,\bar{K}_d(w)]^{\mathrm{T}}$。

为实现模拟人类认知事物反复推敲比对的信息交互过程的认知知识粒度调节推理机制，本书给出了一种认知知识粒度误差的定义，并以此作为认知智能系统不确定认知过程与结果评价的认知知识粒度调节决策指标，如定义 6.11 所示。

定义 6.11 认知知识粒度误差。设待认知对象样本集合 Y 历次认知过程的不确定认知过程与结果误差 α 熵向量$\boldsymbol{H}_{t,w}=[H_{t,1}^{\alpha},H_{t,2}^{\alpha},\cdots,H_{t,w}^{\alpha}](t=1,2,\cdots,d)$在第 w 次与第$(w-1)$次认知过程的平均曲率估算值分别为 $\bar{K}(w)$和 $\bar{K}(w-1)$，称 $\bar{K}(w)$与 $\bar{K}(w-1)$中相应元素之差的算数平均值为“认知智能系统在以 G_w 为认知知识粒度的第 w 次认知过程的认知知识粒度误差”，记为EG_w，其计算方法为

$$\mathrm{EG}_w=\frac{1}{d}\sum_{t=1}^{d}\mathrm{EG}_{t,w} \tag{6.17}$$

其中，$\mathrm{EG}_{t,w}=\bar{K}_t(w)-\bar{K}_t(w-1)$为待认知对象样本 Y_t 在以 G_w 为认知知识粒度的第 w 次认知过程的认知知识粒度误差，$\mathrm{EG}_1=0$。

若$\mathrm{EG}_w\leqslant 0$，则认知智能系统当前认知过程的认知知识粒度调节计算结果无超调；反之，则认知智能系统当前认知过程的认知知识粒度调节计算结果有超调。

6.3.3 不确定认知过程与结果评价体系建立

为实现在对容易认知决策的待认知对象样本的快速准确认知以及对难以认知决策的待认知对象样本的多层次变粒度仿反馈认知智能，本书基于由待认知对象不确定认知过程与结果的广义认知误差计算所获取的待认知对象不确定认知过程与结果、样本真实标签间的偏差比对知识，定义了认知知识粒度调节决策指标及其计算方法，建立了已确定认知知识粒度层次下的待认知对象的不确定认知过程与结果评价体系，为认知知识粒度调节推理与计算提供启发式定量知识。

对待认知对象的不确定认知过程与结果进行评价应遵循如下规则：

(1) 将待认知对象样本的认知知识向量与当前认知过程认知匹配所获取的不

确定认知过程与结果所属的样本库中同类样本的认知知识进行比对，若比对结果满足不确定认知过程与结果可信度测度指标要求，表明当前认知知识粒度层次适用于该样本的认知过程，则令当前不确定认知过程与结果作为该待认知对象样本的认知结果并输出。

(2) 若比对结果不满足不确定认知过程与结果可信度测度指标要求，表明当前认知知识粒度层次下优化表征的认知知识空间无法明确决策该样本的所属类别，需要从更细致的角度重新描述该认知对象以进行认知，则以此作为启发式知识送入认知知识粒度调节推理模块以调节认知知识粒度并反馈至认知层。

(3) 为避免认知智能系统陷入死循环，基于认知次数阈值，使当认知智能系统认知次数大于该阈值时，若认知知识比对结果仍无法满足不确定认知过程与结果可信度测度指标要求，则令前一次认知过程获取的不确定认知过程与结果为该样本的认知结果并输出，停止迭代。

针对待认知对象样本集合 Y 在以 G_w 为认知知识粒度的第 w 次认知过程的不确定认知过程与结果$\mathbf{DL}_w=[\mathrm{DL}_{1,w},\mathrm{DL}_{2,w},\cdots,\mathrm{DL}_{d,w}]^{\mathrm{T}}$，由式(6.9)分别计算每一个待认知对象样本 $Y_t(t=1,2,\cdots,d)$在当前认知过程的不确定认知过程与结果误差矩阵 $\boldsymbol{M}(t,w,l)=[M_1^t,M_2^t,\cdots,M_r^t](t=1,2,\cdots,d)$，从而分别构造每一个待认知对象样本 $Y_t(t=1,2,\cdots,d)$当前认知过程的不确定认知过程与结果误差信息系统$\mathrm{SR}_{t,w}=(U_{t,l},M(t,w,l))(t=1,2,\cdots,d)$。基于$\mathrm{SR}_{t,w}$，由式(6.12)分别计算待认知对象样本 $Y_t(t=1,2,\cdots,d)$在以 G_w 为认知知识粒度的第 w 次认知过程的不确定认知过程与结果误差 α 熵 $H_{t,w}^{\alpha}(t=1,2,\cdots,d)$，并获取不确定认知过程与结果误差 α 熵向量 $\boldsymbol{H}_w^{\alpha}=[H_{1,w}^{\alpha},H_{2,w}^{\alpha},\cdots,H_{d,w}^{\alpha}]^{\mathrm{T}}$。由式(6.13)获取待认知对象样本集合 Y 的不确定认知过程与结果误差 α 熵矩阵 $\boldsymbol{H}$。由式(6.15)分别计算待认知对象样本 $Y_t(t=1,2,\cdots,d)$在以 G_w 为认知知识粒度的第 w 次认知过程和以 G_{w-1} 为认知知识粒度的第 $w-1$ 次认知过程之间的不确定认知过程与结果误差 α 熵序列相似度$\mathrm{SD}_{t,w}(t=1,2,\cdots,d)$，并获取向量$\mathbf{SD}_w=[\mathrm{SD}_{1,w},\mathrm{SD}_{2,w},\cdots,\mathrm{SD}_{d,w}]^{\mathrm{T}}$。根据$\mathbf{SD}_w$，可对待认知对象样本集合 Y 在以 G_w 为认知知识粒度的第 w 次认知过程的不确定认知过程与结果进行评价，其具体评价规则如下：

(1) 若 $w\leqslant\gamma$，认知智能系统历史数据无法获得 γ 维不确定认知过程与结果误差 α 熵序列，则由式(6.17)计算认知智能系统以 G_w 为认知知识粒度的第 w 次认知过程的认知知识粒度误差EG_w，并将计算结果送入认知知识粒度调节推理模块。

(2) 若 $\gamma<w\leqslant\mathrm{Td}_1$，由 $t=1,2,\cdots,d$ 依次比较$\mathbf{SD}_w$ 中每个待认知对象样本 Y_t 在以 G_w 为认知知识粒度的第 w 次认知过程和以 G_{w-1} 为认知知识粒度的第 $w-1$ 次认知过程之间的不确定认知过程与结果误差 α 熵序列相似度$\mathrm{SD}_{t,w}(t=1,2,\cdots,d)$是否满足目标要求。

① 若$\mathrm{SD}_{t,w}\geqslant\mathrm{Td}_2$($\mathrm{Td}_2$ 为认知智能系统不确定认知过程与结果可信度阈值)，表明待认知对象样本 Y_t 当前认知过程的不确定认知过程与结果可信度高，则该不确定

认知过程与结果$\mathrm{DL}_{t,w}$为样本Y_t的认知结果DF_t并输出。

② 若$\mathrm{SD}_{t,w}<\mathrm{Td}_2$，表明待认知对象样本$Y_t$在当前认知过程的不确定认知过程与结果不可信，则由式(6.17)计算$\mathrm{EG}_{t,w}$从而获取EG_w，并将计算结果送入认知知识粒度调节推理模块。

③ 若$w>\mathrm{Td}_1$，表明以G_w为认知知识粒度的第w次认知过程在当前认知知识信息量条件下不同认知知识粒度层次中所表征的认知知识空间均无法进一步改善该待认知对象样本的不确定认知过程与结果可信度，则令以G_{w-1}为认知知识粒度的第$w-1$次认知过程的不确定认知结果$\mathrm{DL}_{t,w-1}$为待认知对象样本Y_t的认知结果DF_t并输出。

④ 由$t=1,2,\cdots,d$，依次统计在以G_w为认知知识粒度的第w次认知过程中做出输出决策的所有待认知对象样本，并构造输出样本集合$Y_w=\{y_1,y_2,\cdots,y_\psi\}$并将集合$Y_w$反馈至认知层，其中，$\psi$为输出样本集合$Y_w$中的样本数。

6.3.4 认知知识粒度调节机制研究

本书基于不确定认知过程与结果评价获取的认知知识粒度调节启发式定量知识，定义认知知识粒度调节推理测度指标，建立认知知识粒度调节推理规则与认知知识粒度计算模型，从而实现不确定信息认知对象的多层次变粒度仿反馈认知智能。

1. 认知知识粒度调节推理测度指标定义

由定义6.9可知，对$\forall\alpha>1$，均有$H_{t,w}^{\alpha}\in[1,(1-2^{\alpha-1})^{-1}(n^{1-\alpha}-1)]$，并且$\alpha$越小，$H_{t,w}^{\alpha}$的取值范围越接近区间$[0,1]$。为实现更符合人类认知过程的非均匀层次递进特性的认知知识粒度调节机制，本书以简单的幂函数为基函数，以待认知对象样本集合Y在以G_w为认知知识粒度的第w次认知过程获取的不确定认知过程与结果误差α熵均值$\overline{H}_w^{\alpha}=(H_{1,w}^{\alpha}+H_{2,w}^{\alpha}+\cdots+H_{d,w}^{\alpha})/d$为自变量，构造认知知识粒度变化率函数簇，给出了一种认知知识粒度变化率的定义及其计算方法，并以此作为认知智能系统认知知识粒度调节推理测度指标，如定义6.12所示。

定义6.12 认知知识粒度变化率。设在以G_{w-1}为认知知识粒度的第$w-1$次认知过程中，有待认知对象样本集合Y的不确定认知过程与结果误差α熵均值$\overline{H}_{w-1}^{\alpha}$，则称函数

$$\Delta G_w=(2^w-1)^{-1}[\overline{H}_{w-1}^{\alpha}] \tag{6.18}$$

为"认知智能系统第w次认知过程的认知知识粒度变化率函数"；称ΔG_w为"认知智能系统第w次认知过程的认知知识粒度变化率"。

由式(6.18)可知，ΔG_w与$\overline{H}_{w-1}^{\alpha}$成正比。$\overline{H}_{w-1}^{\alpha}$越大，则当前不确定认知过程与结果误差信息系统的不确定性越大，需要较大程度地调节认知知识粒度反馈至认知层以进行第w次认知过程，反之亦然。另外，ΔG_w随认知次数w的增加而减小，说明对于相同的$\overline{H}_{w-1}^{\alpha}$，随着认知过程的迭代，$\Delta G_w$趋于平稳，即认知知识粒度进入

微调状态,这更加贴近人类认知由宏观到微观的感官特性。

2. 认知知识粒度调节推理规则与认知知识粒度计算模型建立

为模拟人类认知事物反复推敲比对的信息交互过程,基于来自不确定认知过程与结果评价的启发式定量知识,本书建立了包括认知知识粒度调节推理和认知知识粒度计算两个模块的认知知识粒度调节机制。基于认知知识粒度调节推理测度指标计算,认知知识粒度调节机制应遵循如下规则:

(1) 若认知智能系统当前认知过程的认知知识粒度调节结果无超调,则根据当前认知知识粒度调节规律计算下一次认知过程的认知知识粒度,并向下层认知层下达决策指令以指导不确定信息认知对象在下一认知知识粒度层次中的认知知识优化表征。

(2) 若认知智能系统当前认知过程的认知知识粒度调节结果有超调,则更新认知知识粒度调节规律,并基于该规律计算新的认知知识粒度,并向下层认知层下达决策指令以指导不确定信息认知对象在下一认知知识粒度层次中的认知知识优化表征。

对于待认知对象样本集合 $Y=\{Y_1, Y_2, \cdots, Y_d\}$ 及其在以 G_{w-1} 为认知知识粒度的第 $w-1$ 次认知过程的不确定认知过程与结果 $\mathbf{DL}_{w-1}=[\mathrm{DL}_{1,w}, \mathrm{DL}_{2,w}, \cdots, \mathrm{DL}_{d,w-1}]^{\mathrm{T}}$,基于认知知识粒度误差 EG_w 的计算结果,针对以下两种情况调节认知知识粒度并将计算结果 G_w 反馈至认知层以指导认知智能系统第 w 次认知过程的认知知识空间变粒度优化表征:

(1) 对于 $\mathrm{EG}_w \leqslant 0$ 的情况,即认知智能系统当前认知过程的认知知识粒度调节结果无超调,则可以由式(6.18)确定认知智能系统第 w 次认知过程的认知知识粒度为

$$G_w = G_{w-1}(1-\Delta G_w) \tag{6.19}$$

其中,令 $G_1=1$。

(2) 对于 $\mathrm{EG}_w > 0$ 的情况,即认知智能系统当前认知过程的认知知识粒度调节结果有超调,说明当前的 ΔG_w 过大,则规定以 ΔG_w 的中值作为认知智能系统新的认知知识粒度变化率 $\Delta G'_w$,即

$$\Delta G'_w = \frac{\Delta G_w}{2} \tag{6.20}$$

从而以式(6.20)计算所得的 $\Delta G'_w$ 替换原有的认知智能系统认知知识粒度变化率 ΔG_w,进而调节并计算认知知识粒度。

6.3.5 不确定信息认知对象的多层次变粒度仿反馈认知智能算法研究

为实现不确定信息认知对象的三层三段仿反馈认知智能系统模型结构,本书基于不确定信息认知对象认知决策信息系统建立与不确定信息认知对象认知知识模式化表征方法研究、基于广义误差和广义熵理论的不确定认知过程与结果评价测度指

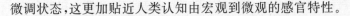

标体系建立、不确定认知过程与结果评价体系建立以及认知知识粒度调节机制研究，给出了不确定信息认知对象的多层次变粒度仿反馈认知智能机制的计算模型，以实现不确定信息认知对象由整体到局部、由粗到精、有层次、有选择的分层反馈认知智能模式。

针对待认知对象样本集合 $Y=\{Y_1,Y_2,\cdots,Y_d\}$，不确定信息认知对象的多层次变粒度仿反馈认知智能机制计算步骤如下：

(1) 认知对象建模：基于认知需求分析和算法 6.1 获得认知知识充分性表征的不确定信息认知对象认知智能决策信息系统 $S=(U,A)=(U,C\cup \boldsymbol{D})$。

(2) 认知知识变粒度优化表征：针对不同粗细程度的认知知识粒度层次 $G_{\max}>\cdots>G_{w-1}>G_w>G_{w+1}>\cdots>G_{\min}$，基于来自决策层给出的认知知识粒度 G_w 和算法 6.2 获得以 G_w 为认知知识粒度的第 w 次认知过程的认知知识空间可分性表征的不确定信息认知对象简约认知智能决策信息系统 $\bar{S}_w=(U,B(w)\cup \boldsymbol{D})$ 及其简约认知知识空间 $B(w)$ 中的认知知识向量权值 $\omega(B(w))$。

(3) 待认知对象的不确定认知过程与结果获取：针对不同认知对象和认知知识表征特性构造认知器，并基于 $\bar{S}_w=(U,B(w)\cup \boldsymbol{D})$ 获取在以 G_w 为认知知识粒度的第 w 次认知过程的认知规则库 CM_w。基于 $\bar{S}_w=(U,B(w)\cup \boldsymbol{D})$ 和 CM_w，获取待认知对象样本集合 $Y=\{Y_1,Y_2,\cdots,Y_d\}$ 的认知知识空间 $\Omega(w)$，并将其与 CM_w 进行认知匹配，获取待认知对象样本集合 Y 在以 G_w 为认知知识粒度的第 w 次认知过程的不确定认知结果 $\mathbf{DL}_w=[\mathrm{DL}_{1,w},\mathrm{DL}_{2,w},\cdots,\mathrm{DL}_{d,w}]^{\mathrm{T}}$，并将该不确定认知过程与结果以及相关知识送入认知智能系统反馈层广义认知误差计算模块。

(4) 广义认知误差计算：基于 $\mathbf{DL}_w=[\mathrm{DL}_{1,w},\mathrm{DL}_{2,w},\cdots,\mathrm{DL}_{d,w}]^{\mathrm{T}}$ 和已建立的不确定认知过程与结果评价测度指标体系，依次计算每个待认知对象样本 $Y_t(t=1,2,\cdots,d)$ 在当前认知过程的不确定认知过程与结果误差 α 熵及其不确定认知过程与结果误差 α 熵序列的相似度，并将计算结果送入决策层推理段。

(5) 不确定认知过程与结果评价：基于计算所得的各类不确定认知过程与结果的广义认知误差，依据建立的评价体系，依次判定每个待认知对象样本 $Y_t(t=1,2,\cdots,d)$ 当前认知过程的不确定认知结果 $\mathrm{DL}_{t,w}(t=1,2,\cdots,d)$ 的可信度，对满足阈值并做出输出决策的待认知对象样本构造输出样本集合 $Y_w=\{y_1,y_2,\cdots,y_\psi\}$，对不满足阈值的待认知对象样本计算认知知识粒度误差 EG_w，并将计算结果作为认知知识粒度调节推理决策指标送入决策层。

(6) 基于 EG_w，进行认知知识粒度调节推理与计算决策：

① 若 $\mathrm{EG}_w\leqslant 0$，则由式(6.18)在认知知识粒度调节结果无超调的情况下，计算认知智能系统第 $w+1$ 次认知过程的认知知识粒度变化率 ΔG_{w+1}，并由式(6.19)计算认知智能系统第 $w+1$ 次认知过程的认知知识粒度 G_{w+1}，从而将计算结果反馈至认知层认知知识变粒度优化表征模块；

② 若 $\mathrm{EG}_w>0$，则由式(6.20)在认知知识粒度调节结果有超调的情况下，重新

计算认知智能系统第 w 次认知过程的认知知识粒度变化率 $\Delta G'_w$ 以替换 ΔG_w，从而由式(6.19)计算 G_w 以确定新的认知智能系统第 w 次认知过程时的认知知识粒度，并将计算结果反馈至认知层认知知识变粒度优化表征模块。

(7) 基于步骤(5)中构造的输出样本集合 $Y_w=\{y_1,y_2,\cdots,y_\psi\}$，构造认知智能系统以 G_{w+1} 为认知知识粒度的第 $w+1$ 次认知过程的待认知对象样本空间 $Y-Y_w$，并替换原有的待认知对象样本集合 Y，即令 $Y\leftarrow Y-Y_w$（此时，Y 中包含 $d-\psi$ 个未做出认知输出决策的待认知对象样本），直至 $d-\psi=0$ 时停止。最后将新的待认知对象样本集合 Y 反馈至认知层，认知智能系统完成以 G_w 为认知知识粒度的第 w 次认知过程。

基于上述不确定信息认知对象的多层次变粒度仿反馈认知智能机制计算步骤，本书以不确定认知对象样本库和待认知对象样本集合为输入，设定认知智能系统模型涉及的各参数和阈值，以遍历搜索的形式确定最优模型参数并以该模型参数意义下的最优认知结果为输出，提出了不确定信息认知对象的多层次变粒度仿反馈认知智能算法，算法伪代码如算法 6.3 所示。

算法 6.3　不确定信息认知对象的多层次变粒度仿反馈认知智能算法

输入：不确定信息认知对象样本库论域 $U=\{U_1,U_2,\cdots,U_n\}$；待认知对象样本集合 $Y=\{Y_1,Y_2,\cdots,Y_d\}$；待认知对象的不确定认知过程与结果误差 α 熵参数 α；待认知对象的不确定认知过程与结果误差 α 熵序列相似度 SD_w 参数 γ, g 和 e；认知智能系统认知次数阈值 Td_1；认知智能系统不确定认知过程与结果可信度阈值 Td_2。

输出：认知智能系统最优模型参数 $\mathrm{PT}_{\mathrm{opt}}$ 以及在 $\mathrm{PT}_{\mathrm{opt}}$ 意义下的待认知对象认知正确率 $\mathrm{CR}_{\mathrm{opt}}$ 和最优认知结果 $\mathrm{DF}_{\mathrm{opt}}$。

```
Begin;
初始化各参数;
对 U = {U_1, … ,U_n}和 Y = {Y_1, … ,Y_d}预处理;
多类多维特征提取
调用算法 6.1,建立 S = (U,C∪D);
令 w←1,G_w←1;
If Y≠∅,Then
    While w≤Td_1;
        粒化映射 S_w = (U, C̃(w)∪D);
        调用算法 6.2,建立 S̄_w = (U,B(w)∪D);
        获取 CM_w;
        For t from 1 to d;
          计算 H^α_{t,w};
        End For;
        If γ<w≤Td_1,Then
          For t from 1 to d;
            计算 SD_{t,w};
```

```
                If SD_{t,w} ≥ Td_2, Then
                    令 DF_t ← DL_{t,w};
                Else 计算 EG_{t,w};
                End If;
            End For;
            计算 EG_w;
        Else 计算 EG_w;
        End If;
        If EG_w ≤ 0, Then
            计算 ΔG_{w+1} 和 G_{w+1};
            w ← w + 1;
        Else 计算 ΔG'_w,
            令 ΔG_w ← ΔG'_w;
            计算 G_w;
        End If;
    End While;
    While w > Td_1;
        For t from 1 to d;
            令 DF_t ← DL_{t,w-1};
        End For;
    End While;
    获取 Y_w;
    令 Y ← Y - Y_w, d ← d - ψ;
End If;
获取当前模型参数下的待认知对象认知正确率 CR_tmp 和
待认知对象样本集合的认知结果向量 DF_tmp = [DF_1, …, DF_d];
针对 tmp = [1, …, n_α × n_g × n_e × n_γ] 种模型参数值组合,重复上述步骤,遍历搜索认知智
能系统最优模型参数 PT_opt,以及基于 PT_opt 的待认知对象样本集合的最优认知结果 DF_opt
及其最优认知正确率 CR_opt;
Output PT_opt, DF_opt 和 CR_opt;
End
```

该算法以待认知对象的不确定认知过程与结果的广义认知误差为启发式定量知识,以待认知对象的不确定认知过程与结果可信度满足目标为输出决策条件,以认知知识粒度调节获取模式分类意义下的最优认知结果,在多层次变粒度仿反馈调节的认知过程中实现了对人类认知事物反复推敲比对的信息交互过程的模拟。算法中 α,γ,g 和 e 等各变量采用可行域内遍历搜索的方法确定,认知次数阈值 Td_1 和不确定认知过程与结果可信度阈值 Td_2 采用实验试凑法确定,令系统在 Td_1 和 Td_2 在不同取值条件下进行多轮实验,记录并确定获得最优系统性能时对应的 Td_1 和 Td_2 取值,从而最终确定不确定信息认知对象的仿反馈认知智能模型参数。

6.4 应用研究

6.4.1 脱机手写体汉字图像的机器认知应用验证研究

1. 背景描述

脱机手写体汉字图像的机器认知技术广泛应用于文献检索、自动阅卷、办公自动化、信息录入等领域，具有深刻的理论意义和实用价值。在20世纪70年代中期，脱机手写体汉字图像的机器认知技术研究起源于日本。随后，中国、美国、加拿大等国家纷纷加入了该研究。其中，中国在该领域具有最高水平，例如，北京汉王科技公司研发的“邮政地址识别系统”、清华大学研发的“四库全书录入系统”和北京邮电大学研发的“银行票据识别系统”等等。但是，受制于汉字笔顺等动态信息的缺乏以及书写风格的随意性和多样性，脱机手写体汉字图像机器的认知水平尚待提高。目前，学术界尚无一个有效、抗干扰能力强且适应性强的脱机手写体汉字图像机器认知方法，该领域的研究尚有许多问题亟待解决。

掌握手写体汉字的特点对其脱机认知结果有决定性作用。从认知的角度来看，手写体汉字具有汉字类别多、字体结构复杂、字体种类多、相似字多、书写风格多且随意性大等特点。经过40余年的深入研究，学术界已经发展了各种各样的认知方法，文献[392]基于支持向量机分类理论，通过设计分类机制构建二叉树分类模型，实现“一对多”的脱机手写体汉字图像识别；文献[393]基于仿生神经元网络模型，模仿人类认字过程构建多权值高阶神经元网络，实现对脱机手写体汉字图像的最佳覆盖；文献[394]基于粗糙集理论建立脱机手写体汉字识别决策支持系统，从大数据样本中挖掘出脱机手写体汉字的分类判别规则；文献[395]融合多种分类器特点，提出了脱机手写体汉字图像多方案集成识别方法。

总体来说，脱机手写体汉字图像机器认知方法可以归纳为基于人工神经网络模型的机器认知方法、基于结构模型的机器认知方法、基于统计模型的机器认知方法和基于结构与统计集成模型的机器认知方法等几大类。基于人工神经网络模型的脱机手写体汉字图像的机器认知方法通过调整模型参数能够实现对目标汉字的近似逼近，然而，其认知过程的复杂性使系统计算量异常庞大。基于结构模型的脱机手写体汉字图像的机器认知方法能够较好地适应多变的字体字形状态和相似字的区分。基于统计模型的脱机手写体汉字图像的机器认知方法具有较强的抗噪能力。然而，这两种机器认知方法都不可避免地存在局限性，因此，研究基于结构与统计集成模型的脱机手写体汉字图像的机器认知方法以使识别系统同时具有较强的区分能力和抗干扰能力已逐渐成为学术界的热点发展方向。

由于手写体汉字具有字量大，种类多、相似字多、书写风格各异等识别难点，脱机手写体汉字图像的机器认知被公认为是模式识别领域的难题之一，其研究涉及了数字信号处理、统计学、信息论、图像处理、应用数学等多个领域。随着现代科学和计算机技术的迅猛发展，脱机手写体汉字图像的机器认知技术的主要研究方向已从原有的认知计算速率性能指标中解放出来，转向了提高认知系统品质的认知正确率性能指标。就提高脱机手写体汉字图像的认知正确率而言，人们在形态学中对汉字的特点及在心理学和生理学中对人脑认字的原理缺乏全面、系统的认识，导致脱机手写体汉字图像的机器认知研究始终缺乏统一严谨的理论指导，具有很大的盲目性。

脱机手写体汉字图像的机器认知问题可以归纳为多目标完全状态认知问题。从理论和技术上看，脱机手写体汉字图像的机器认知系统研究主要围绕手写体汉字图像的表征和认知匹配机制的建立量大等问题进行。在一般情况下，手写体汉字图像的特征提取应满足快速、稳定和高效等原则，然而，现实是无论什么特征，总是存在稳定性和高效性之间的矛盾。多年来，手写体汉字图像特征的表征和提取技术取得了长足的进展，但至今学术界仍然没有完整普适的理论方法来全面表征结构复杂且极易发生形变的手写体汉字。目前，使用手写体汉字结构特征与统计特征相结合，实现各种特征优势互补的识别方法得到了学术界的广泛应用[396-397]。然而，融合的高维手写体汉字特征空间使汉字认知系统因为冗余相关信息多而计算复杂度大大增加，这也将在一定程度上干扰系统，恶化认知性能。目前，许多学者在手写体汉字特征降维方面做了很多研究，但还未提出绝对优化的理论方法及相关评价标准。另外，目前对规范书写的手写体汉字图像样本的认知效果较好，但这限制了脱机手写体汉字图像的机器认知系统的实用性，而单一的分类器或认知匹配方法往往很难获得满意的系统性能。运用多分类器集成的认知方法以实现认知匹配在整体和细节上的双重体现，是当前的主流研究方向，但在广义范围内，目前并没有成熟、稳定的方法能够适用于各类手写体汉字图像的有效认知。

2. 仿反馈认知智能系统

针对多目标完全状态的脱机手写体汉字图像的机器认知问题，基于不确定信息认知对象的仿反馈认知智能机制与计算模型，本书提出了一种脱机手写体汉字图像多层次变粒度仿反馈认知智能系统，实现对各类手写体汉字图像，尤其是相似汉字图像的分层反馈反复认知智能模式，可提高脱机手写体汉字图像的机器认知正确率。基于不确定信息认知对象的三层三段仿反馈认知智能系统模型结构，脱机手写体汉字图像多层次变粒度仿反馈认知的智能模型结构如图 6.5 所示。

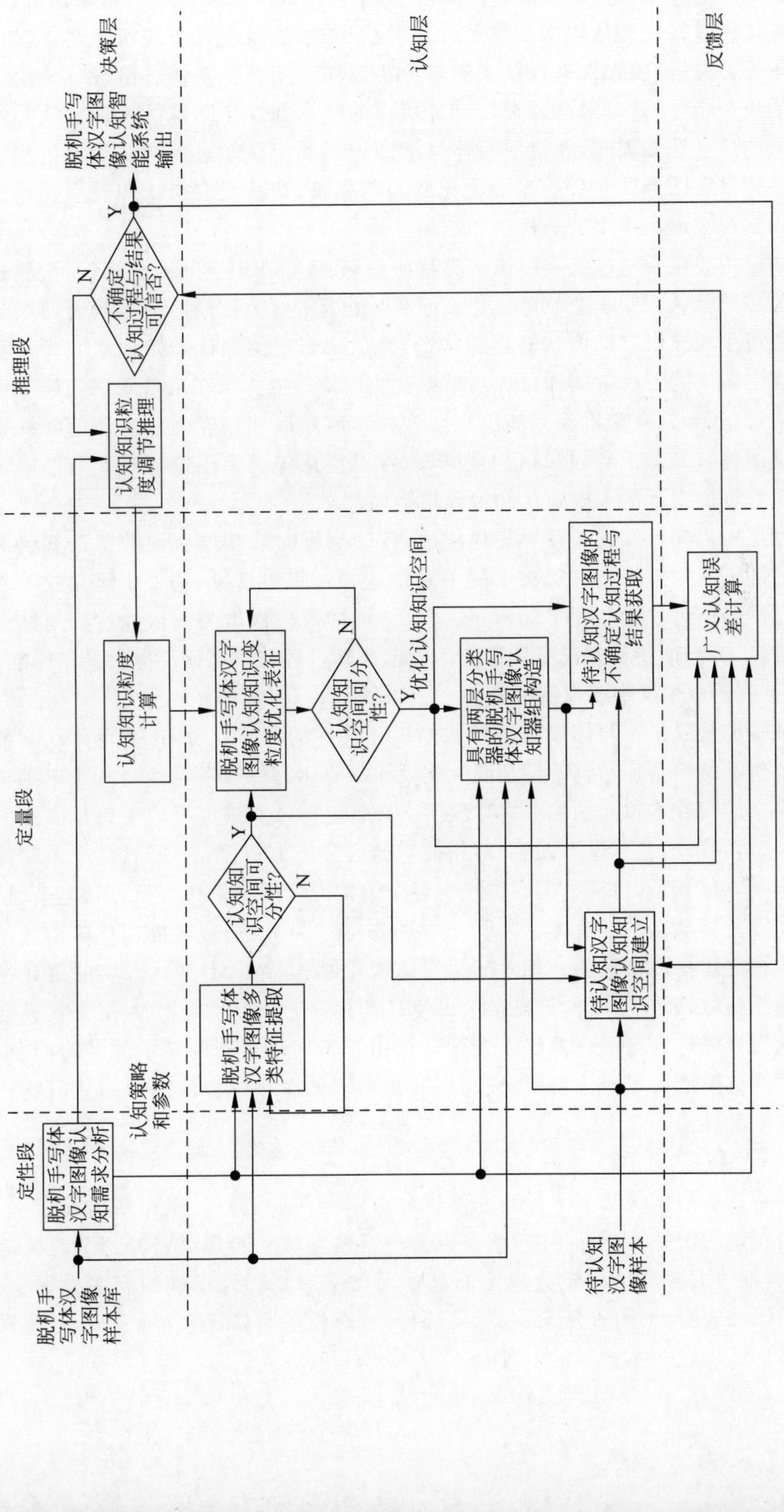

图 6.5　脱机手写体汉字图像多层次变粒度仿反馈认知智能模型结构

决策层由脱机手写体汉字图像认知需求分析、不确定认知过程与结果评价、认知知识粒度调节推理和认知知识粒度计算模块构成,决策层针对脱机手写体汉字图像样本库,通过经验知识进行认知需求分析以向认知智能系统各阶段各模块下达相应的决策指令,针对来自反馈层计算所得的待认知汉字图像的不确定认知过程与结果的广义认知误差,通过手写体汉字图像不确定认知过程与结果评价实现脱机手写体汉字图像认知智能系统优化的调节决策,从而获取待认知汉字图像在最优认知知识粒度层次中的最优认知结果。

认知层由脱机手写体汉字图像多类特征提取、认知知识空间充分性评价、脱机手写体汉字图像认知知识变粒度优化表征、认知知识空间可分性评价、具有两层分类器的脱机手写体汉字图像认知器组构造、待认知汉字图像认知知识空间建立和待认知汉字图像的不确定认知过程与结果获取模块构成。认知层基于决策层下达的各项决策指令,针对脱机手写体汉字图像样本库获取变粒度优化表征的脱机手写体汉字图像认知知识空间和认知规则库,针对待认知汉字图像样本获取已确定认知知识粒度层次下的不确定认知过程与结果。

反馈层由广义认知误差计算模块构成,反馈层针对认知层获取的待认知汉字图像的已确定认知知识粒度层次下的不确定认知过程与结果,基于所建立的不确定认知过程与结果评价测度指标体系,获取待认知对象样本当前认知过程与结果的误差信息,为当前待认知汉字图像的不确定认知过程与结果评价提供量化标准。

1) 脱机手写体汉字图像特征分析

特征提取是脱机手写体汉字图像认知极其关键的环节。目前,手写体汉字的特征主要包括结构特征和统计特征两大类[398-400]。手写体汉字结构特征主要基于手写体汉字结构基本单元的抽取描述汉字。该特征能够直观地反映手写体汉字的本质特性,对字形的变化也不敏感,对相似字的区分能力较强;但同时具有手写体汉字结构基本单元难以提取、手写体汉字各个结构元素间的拓扑关系异常复杂、抗干扰性能较差等缺点。手写体汉字统计特征是对整字的二值或灰度值点阵图像信息进行变换之后提取得到的。相对于手写体汉字结构特征,手写体汉字的统计特征更加易于提取,而汉字结构的复杂性也使其具有更优异的分类能力、抗干扰性能和健壮认知性能等。但手写体汉字统计特征由于不能充分利用汉字的结构信息,对相似字的分类能力较弱。目前,应用在脱机手写体汉字图像认知中的热门统计特征有以下几种:

(1) 汉字特征点

汉字特征点是反映汉字字形特征整体分布情况的关键点。在通常情况下,一旦提取出正确的汉字特征点集合,就可以按一定的策略和步骤(结构匹配、连接笔画等)顺利地将大多数结构较为稳定的汉字图像字形划归到正确的汉字类别中。多年来的研究表明,不同研究人员的不同研究思路使手写体汉字特征点具有多样化的定义。

(2) 汉字笔画

汉字笔画及其在整个汉字网格中的位置是汉字分类的主要特征。其中,“横”“竖”“撇”“捺”是构成汉字的四种基本笔画,不仅在所有汉字中所占比大,而且易于提取,因此,人们经常通过判断汉字中上述四种笔画的类型、数量以及笔画间的相对位置进行认知。然而,人们在书写汉字时的随意性较大,常出现连笔的现象,使手写体汉字笔画特征的稳定性难以保证,从而无法很好地认知连笔书写汉字。

(3) 汉字部件

汉字部件是居于笔画和整字之间的中间层次,若干个部件按照一定的拓扑结构组合在一起就可以构成方块汉字。我国国家语言文字工作委员会对 GB 130001 字符集中的 20902 个汉字逐个进行拆分归纳和统计后指出,共有 560 种可供独立使用的汉字部件。由于这 560 种部件并不一定都适用于手写体汉字图像的认知,通常需要从中选用若干种作为认知特征。

(4) 手写体汉字图像弹性网格特征

手写体汉字图像弹性网格特征根据汉字笔画分布密度确定相应网格的位置坐标,从而将手写体汉字图像分块,继而对每一块内的手写体汉字图像像素进行变换或分析以提取特征向量。这种特征能够有效反映手写体汉字的结构细节和字符的共同特征,从而适应笔画的不规则书写变形、避免因数据采集或非线性变换等因素引起的形变或其他问题。然而,由于弹性网格各块间互不关联,不能体现手写体汉字图像的整体结构信息。

(5) 手写体汉字图像方向线素特征

手写体汉字图像方向线素特征是基于手写体汉字图像轮廓抽取,并统计手写体汉字图像的轮廓点 8 个邻域内的黑像素点在水平、垂直、+45°和-45°等方向上的分布情况提取的。作为一种统计特征,手写体汉字图像方向线素特征在一定程度上也表达了手写体汉字图像的笔画及其位置等结构信息,能够较为全面地表征汉字;但由于手写体汉字图像方向线素特征基于固定网格提取,书写笔画位移等因素都会严重影响提取的稳定性,而且通常该特征维数较高,抗干扰性能也较差。

(6) 手写体汉字图像加博特征

手写体汉字图像加博特征是基于窄带带通的加博滤波器提取的,它能够充分反映汉字笔画在空间中的局域性、方向性及其在频域中与干扰的可分性等重要性质,可达到空域和频域的最佳联合清晰度,对噪声、旋转、尺度变化和小位移不敏感,健壮性和对细节的分辨率较高;但手写体汉字图像加博特征的提取时间较长且容易出现大量的冗余信息,因此,需要利用一些技术手段(例如:主成分分析方法)以进行数据压缩。

(7) 手写体汉字图像矩特征

手写体汉字图像矩特征是一种能够很好地描述手写体汉字的特征量,在实质上它是整个空间特性的集成,具有旋转、尺度不变和平移特性以及较好的抗噪性。

目前,常用的手写体汉字图像矩特征有用几何不变矩、勒让德矩、泽尔尼克矩和小波矩等非正交或正交矩表示的手写体汉字图像特征。不同矩的性能也各不相同。其中,几何不变矩为非正交矩,具有较多的冗余信息。在正交矩中,泽尔尼克矩可以任意构造高价矩,有较强的抗噪性和手写体汉字图像表达能力,且冗余信息较少,所以有较好的认知效果;小波矩将小波变换与矩相结合提取手写体汉字图像特征,既有矩的平移、缩放、旋转不变特性,又有小波的强抗噪性,能够同时得到手写体汉字图像的全局和局部信息,因而在相似字的区分上具有较高的认知准确率。

长期以来的研究成果显示,脱机手写体汉字图像识别是多目标完全状态的超多类模式识别问题,而任何一种单一的手写体汉字图像特征能够利用的信息量都有限,若单独运用某一种结构特征或统计特征,在认知过程中必然会出现盲区。近年来,多特征融合已经成为脱机手写体汉字图像特征提取的热点和主流方法,所以,可以借鉴一些模式识别相关领域的数学理论方法研究成果,以更好地融合到脱机手写体汉字图像识别方法研究中,引入更适用于手写体汉字图像的特征描述方法,从而提高识别系统性能。因此,为从多层面全方位表征手写体汉字,本书采用多特征融合方法提取多种类多维数的手写体汉字多类组合特征,以获取多层次变粒度仿反馈脱机手写体汉字图像认知智能系统的多维手写体汉字认知知识空间,实现各种特征之间的优势互补,从而增强手写体汉字图像认知知识空间的分类性能。

2) 认知知识空间充分性表征的脱机手写体汉字图像认知智能决策信息系统

多特征融合的手写体汉字图像特征空间通常具有较高的维数,增加了系统算法的计算复杂度,因此,在脱机手写体汉字图像的机器认知过程中,普遍采用一些技术手段来对高维的手写体汉字图像特征空间进行降维处理后再进入系统的分类认知阶段。

为度量脱机手写体汉字图像认知知识空间中的认知信息量,本书基于手写体汉字结构与图像统计特征相结合的多维手写体汉字图像特征,以手写体汉字图像的真实决策值为先验知识,依据定义 6.2 所示的不确定信息认知对象的认知智能决策信息系统及算法 6.1 所示的基于极大信息熵的认知知识空间构建计算方法,基于图 6.5 中所示的脱机手写体汉字图像多类组合特征提取与认知知识空间充分性评价模块,建立了多特征融合与有监督学习的认知知识空间充分性表征的脱机手写体汉字图像认知智能决策信息系统 $S=(U,A,V,F)$。其中,$U=\{U_1,U_2,\cdots,U_n\}$为手写体汉字图像样本库论域,$U_i(i\in[1,n])$为样本库中第 i 个手写体汉字图像样本,n 为样本库中手写体汉字图像样本的数量;$A=\{A_1,A_2,\cdots,A_{m+1}\}$为脱机手写体汉字图像认知知识空间,$\boldsymbol{A}_j(j\in[1,m])$为第 j 维脱机手写体汉字图像认知知识向量。A 可以分为两个不相交的子集,即 $A=(C\cup\boldsymbol{D})$且 $C\cap\boldsymbol{D}=\varnothing$。其中,$C=\{C_1,C_2,\cdots,C_m\}$为手写体汉字图像多维融合特征集,$\boldsymbol{C}_j(j\in[1,m])$为第 j 维手写体汉字图像特征向量,m 为手写体汉字图像特征空间维数,$f_C:U\times C\rightarrow$

V_C 为 U 与 C 之间的映射信息函数，即结构与统计特征相结合的手写体汉字图像特征提取；$\boldsymbol{D}=[D_1,D_2,\cdots,D_n]^{\mathrm{T}}$ 为样本库中手写体汉字图像真实决策属性向量，D_i 为样本库中第 i 个手写体汉字图像样本的真实决策属性值，$f_{\boldsymbol{D}}:U\times\boldsymbol{D}\rightarrow V_{\boldsymbol{D}}$ 为 U 与 $\boldsymbol{D}$ 之间的映射信息函数（先验知识）。$S=(U,A,V,F)$ 可简写为 $S=(U,A)=(U,C\cup\boldsymbol{D})$。

3）认知知识空间可分性表征的脱机手写体汉字图像简约认知智能决策信息系统

基于认知知识空间充分性表征的脱机手写体汉字图像认知智能决策信息系统 $S=(U,A,V,F)$，以及由决策层给出的第 w 次认知过程的认知知识粒度 G_w 决策指令，对脱机手写体汉字图像认知知识值域 V_C 进行粒化分割以获得归一化映射变换的脱机手写体汉字图像认知智能决策信息系统 $S_w=(U,\widetilde{C}(w)\cup\boldsymbol{D})$，从而实现在 G_w 认知知识粒度层次下的第 w 次认知过程的脱机手写体汉字图像认知知识粒化表征。其中，$\widetilde{C}(w)=\{\widetilde{C}_1(w),\widetilde{C}_2(w),\cdots,\widetilde{C}_{\widetilde{m}}(w)\}$ 为第 w 次粒化变换的手写体汉字图像认知知识空间，$\widetilde{\boldsymbol{C}}_{\widetilde{j}}(w)(\widetilde{j}\in[1,\widetilde{m}])$ 为第 w 次粒化变换的第 $\widetilde{j}$ 维手写体汉字图像认知知识向量，且 $\widetilde{m}=m$（粒化变换前后的手写体汉字图像认知知识空间维数不变），w 为当前认知次数。

依据算法 6.2 所示的基于认知知识条件熵的认知智能决策信息系统优化算法，以及图 6.5 所示的脱机手写体汉字图像认知知识变粒度优化表征与认知知识空间可分性评价模块，可以对第 w 次粒化变换的手写体汉字图像认知知识空间 $\widetilde{C}(w)$ 进行具有认知知识空间可分性评价的约简优化，从而获取在 G_w 认知知识粒度层次下的第 w 次认知过程的由脱机手写体汉字图像认知知识空间可分性表征的脱机手写体汉字图像简约认知智能决策信息系统 $\bar{S}_w=(U,B(w)\cup\boldsymbol{D})$ 和简约认知知识空间 $B(w)$ 及其认知知识向量权值 $\omega(B(w))=[\omega(B_1(w)),\omega(B_2(w)),\cdots,\omega(B_r(w))]$。

4）基于具有两层分类器的脱机手写体汉字图像认知器组的认知匹配机制

设计适当的脱机手写体汉字认知器能够提高认知智能系统效率。本书将不确定信息认知对象的仿反馈认知智能机制与计算模型应用于脱机手写体汉字图像的机器认知中，基于认知需求分析下达的决策指令构造认知器以获取已确定认知知识粒度层次下的脱机手写体汉字图像认知规则库 CM_w，继而，基于图 6.5 所示的待认知汉字图像认知知识空间建立模块，将待认知汉字图像样本集合 $Y=\{Y_1,Y_2,\cdots,Y_d\}$ 的认知知识空间 $\Omega(w)$ 与 CM_w 进行认知匹配，则可获取待认知汉字图像样本集合在 G_w 认知知识粒度层次下的第 w 次认知过程的不确定认知结果 $\mathbf{DL}_w=[\mathrm{DL}_{1,w},\mathrm{DL}_{2,w},\cdots,\mathrm{DL}_{d,w}]^{\mathrm{T}}$。

由于脱机手写体汉字图像的机器认知属于超多类模式识别问题，脱机手写体汉字图像样本库为超大类别论域，而在历次认知过程中，脱机手写体汉字图像论域逐级压缩，待认知汉字图像的汉字类别不断减少。通过文献查阅，对当前一些字符识别文献中涉及的分类器进行分析可知[401]：对于大规模样本的认知问题，最小距离分类器的分类效果较好；而对于较小规模样本的认知问题，贝叶斯后验概率分类器的分类效果较好。

因此，为获得能够适应各类手写体汉字图像样本的认知性能，本书构造了具有两层分类器的认知器组并给出了脱机手写体汉字图像的认知匹配机制及其计算模型，以获取待认知汉字图像在 G_w 认知知识粒度层次下的第 w 次认知过程的不确定认知过程与结果。具有两层分类器的认知器组结构如图 6.6 所示。

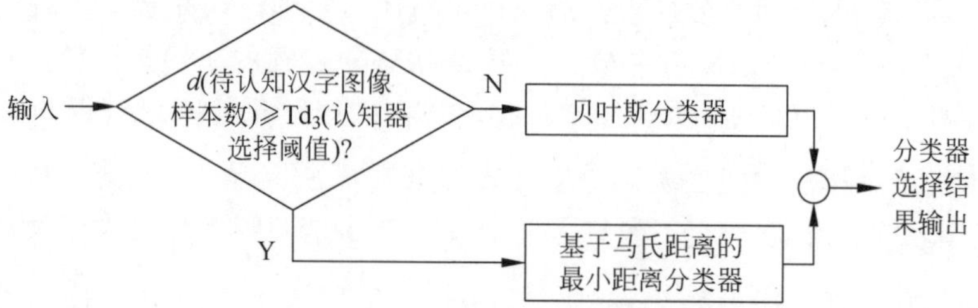

图 6.6 具有两层分类器的认知器组结构

如图 6.6 所示，具有两层分类器的认知器组首先判断待认知汉字图像样本数 d 与认知器选择阈值 Td_3 之间的关系是否满足 $d \geqslant \mathrm{Td}_3$。若满足，则选择基于马氏距离(Mahalanobis distance)的最小距离分类器进行脱机手写体汉字图像认知匹配；若不满足，则选择贝叶斯分类器进行脱机手写体汉字图像认知匹配。从而获取待认知汉字图像样本集合 $Y=\{Y_1,Y_2,\cdots,Y_d\}$ 在 G_w 认知知识粒度层次下的第 w 次认知过程的不确定认知结果 $\mathbf{DL}_w=[\mathrm{DL}_{1,w},\mathrm{DL}_{2,w},\cdots,\mathrm{DL}_{d,w}]^{\mathrm{T}}$。

(1) 认知器组性能指标定义

为实现对待认知汉字图像的认知匹配，本书给出了脱机手写体汉字图像认知过程的马氏距离和贝叶斯后验概率的定义，并以此作为脱机手写体汉字图像认知匹配测度指标，如定义 6.13 和定义 6.14 所示。

定义 6.13 脱机手写体汉字图像认知过程的马氏距离。设在以 G_w 为认知知识粒度层次下的第 w 次认知过程中，有待认知汉字图像样本集合 $Y=\{Y_1,Y_2,\cdots,Y_d\}$ 及其认知知识空间 $\Omega(w)$，脱机手写体汉字图像认知智能决策信息系统 $S=(U,A,V,F)$ 及其认知规则库 CM_w，待认知汉字图像样本 Y_t 与脱机手写体汉字图像样本库中第 l 类汉字之间的马氏距离记为 $d[Y_t,Q_l]$，其计算方法为

$$d[Y_t,Q_l]=[(Y_t-k_l)^{\mathrm{T}}\mathbf{V}^{-1}(Y_t-k_l)]^{\frac{1}{2}} \tag{6.21}$$

其中，$\mathbf{V}$ 是脱机手写体汉字图像样本库中第 l 类汉字图像全体样本的协方差矩阵：

$$\mathbf{V}=\frac{1}{n_l-1}\sum_{\xi_l=1}^{n_l}(U_{\xi_l}^{l}-k_l)(U_{\xi_l}^{l}-k_l)^{\mathrm{T}} \tag{6.22}$$

其中，k_l 为脱机手写体汉字图像样本库中第 l 类汉字图像样本的类中心。在实际应用中，脱机手写体汉字图像样本密度函数一般满足多元正态分布，因此，k_l 由样本均值决定，形状由协方差矩阵 $\mathbf{V}$ 决定。

定义 6.14　脱机手写体汉字图像认知过程的贝叶斯后验概率。设在以 G_w 为认知知识粒度层次下的第 w 次认知过程中，有待认知汉字图像样本集合 $Y=\{Y_1,Y_2,\cdots,Y_d\}$ 及其认知知识空间 $\Omega(w)$，脱机手写体汉字图像认知智能决策信息系统 $S=(U,A,V,F)$ 及其认知规则库 CM_w，待认知汉字图像样本 Y_t 属于脱机手写体汉字图像样本库中第 l 类汉字的贝叶斯后验概率记为 $P(Q_l|Y_t)$，其计算方法为

$$
\begin{aligned}
P(Q_l \mid Y_t) &= \frac{P((\Omega_{t,1}(w),\cdots,\Omega_{t,r}(w)) \mid Q_l)\cdot P(Q_l)}{P(\Omega_{t,1}(w),\cdots,\Omega_{t,r}(w))} \\
&= \beta \cdot P(Q_l)\cdot P((\Omega_{t,1}(w),\cdots,\Omega_{t,r}(w)) \mid Q_l)
\end{aligned}
\tag{6.23}
$$

其中，β 为正则化因子；$P(Q_l)$为脱机手写体汉字图像样本库中第 l 类汉字的先验概率；$P(Q_l|Y_t)$反映了手写体汉字图像样本数据对脱机手写体汉字图像样本库中第 l 类汉字样本的影响。

(2) 脱机手写体汉字图像认知匹配机制

在以 G_w 为认知知识粒度层次下的第 w 次认知过程中，为获取待认知汉字图像样本的简约认知知识空间 $\Omega(w)$与脱机手写体汉字图像优化认知规则库 CM_w 之间的认知匹配结果，本书基于脱机手写体汉字图像认知过程的马氏距离和贝叶斯后验概率计算，给出了脱机手写体汉字图像的认知匹配机制。

脱机手写体汉字图像的认知匹配机制基于具有两层分类器的脱机手写体汉字图像认知器组构造和待认知汉字图像的不确定认知过程与结果获取模块实现，基于 $\Omega(w)$和 CM_w，具有两层分类器的认知器组的认知匹配规则如下。

① 在进入认知匹配环节之后，判断待认知汉字图像样本数 d 与认知器选择阈值 Td_3 之间的关系是否满足 $d \geqslant \mathrm{Td}_3$。若满足，则选择基于马氏距离的最小距离分类器实现待认知汉字图像的不确定认知过程与结果获取(如步骤②所示)；若不满足，则选择贝叶斯分类器实现待认知汉字图像的不确定认知过程与结果获取(如步骤③所示)。

② 基于式(6.21)，由 $l=1,2,\cdots,o$，分别计算待认知汉字图像样本 Y_t 与脱机手写体汉字图像样本论域中每一类手写体汉字图像样本之间的马氏距离 $d[Y_t,Q_l](l=1,2,\cdots,o)$，令距离最小值 $\min\{d[Y_t,Q_l](l=1,2,\cdots,o)\}$所对应的手写体汉字图像类别为待认知汉字图像样本 Y_t 在 G_w 认知知识粒度层次下的第 w 次认知过程的不确定认知过程与结果 $\mathrm{DL}_{t,w}$。由此，可获取待认知汉字图像样本集合 $Y=\{Y_1,Y_2,\cdots,Y_d\}$在 G_w 认知知识粒度层次下的第 w 次认知过程的不确定认知结果 $\mathbf{DL}_w=[\mathrm{DL}_{1,w},\mathrm{DL}_{2,w},\cdots,\mathrm{DL}_{d,w}]^{\mathrm{T}}$，实现多层次变粒度仿反馈脱机手写体汉字图像认知智能系统中的认知匹配过程，继而为反馈层广义误差计算模块提供启发式知识。

③ 基于式(6.23)，由 $l=1,2,\cdots,o$，分别计算待认知汉字图像样本 Y_t 属于脱机手写体汉字图像样本论域中每一类手写体汉字图像样本的贝叶斯后验概率 $P(Q_l|Y_t)(l=1,2,\cdots,o)$，令贝叶斯后验概率最大值 $\max\{P(Q_l|Y_t)(l=1,2,\cdots,o)\}$所对应的手写体汉字图像类别为待认知汉字图像样本 Y_t 在 G_w 认知知识粒度层

次下的第 w 次认知过程的不确定认知结果$DL_{t,w}$。由此，可获取待认知汉字图像样本集合 $Y=\{Y_1,Y_2,\cdots,Y_d\}$在 G_w 认知知识粒度层次下的第 w 次认知过程的不确定认知结果$\mathbf{DL}_w=[DL_{1,w},DL_{2,w},\cdots,DL_{d,w}]^T$，实现多层次变粒度仿反馈脱机手写体汉字图像认知智能系统中的认知匹配过程，继而为反馈层广义误差计算模块提供启发式知识。

5）脱机手写体汉字图像多层次变粒度仿反馈认知智能系统流程

基于上述脱机手写体汉字图像多类特征提取、认知知识空间充分性表征的脱机手写体汉字图像认知智能决策信息系统构建、认知知识空间可分性表征的脱机手写体汉字图像简约认知智能决策信息系统优化和具有两层分类器的脱机手写体汉字图像认知器组的认知匹配机制研究环节，依据算法 6.3 所示的不确定信息认知对象的多层次变粒度仿反馈认知智能算法，本书给出了如图 6.7 所示的脱机手写体汉字图像多层次变粒度仿反馈认知智能系统流程，以实现脱机手写体汉字图像的多层次变粒度仿反馈机器认知智能。

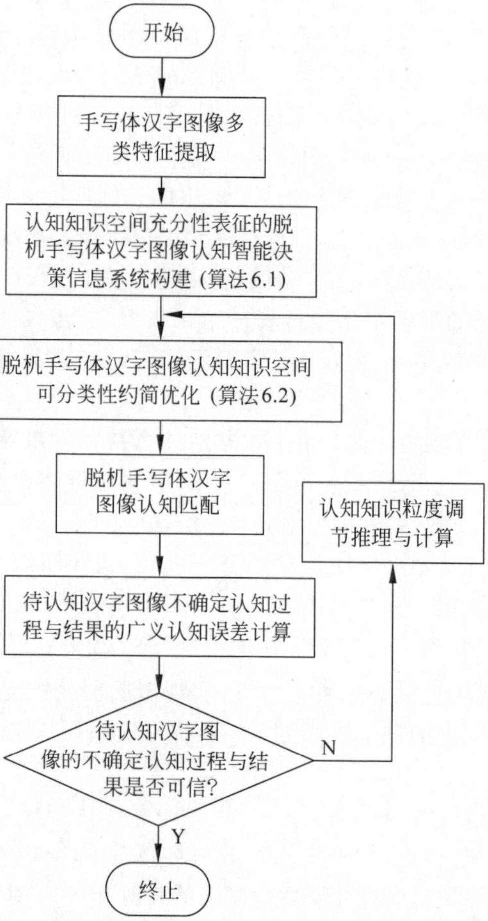

图 6.7 脱机手写体汉字图像多层次变粒度仿反馈认知智能系统流程

3. 实验验证

为验证本书提出的不确定信息认知对象的仿反馈认知智能机制与计算模型的可行性与有效性，采用脱机手写体汉字图像多层次变粒度仿反馈认知智能系统模型，以计算机为硬件基础，以 MATLAB 为软件开发平台，进行了仿真实验。由于本书提出的认知智能方法建立在手写体汉字图像特征向量的基础上，在实验过程中，若以扫描仪等输入装置获取手写体汉字样本图像，则需要对原始图像进行预处理等操作，这在一定程度上会影响验证效果。因此，本书选用华南理工大学电子与通信工程系无线电新技术研究室模式识别与人工智能研究组收集整理的 SCUT-IRAC HCCLIB 手写体汉字图像样本数据库中的部分手写体汉字图像样本进行脱机手写体汉字图像识别应用研究。

本实验从 SCUT-IRAC HCCLIB 手写体汉字图像样本数据库中选取"大、犬、从、川、土、士、王、玉、达、代、簇、创、疮、慑、摄、撮、踹、喘、遄、棰、锤、捶、闯、您、磁、慈、糍、嬴、赢、瀛"等包含简单字、复杂字、简单相似字、复杂相似字等多种特点的30类汉字，每类汉字40个图像，共1200个手写体汉字图像样本作为实验样本。每次实验随机抽取每类汉字30个样本作为脱机手写体汉字图像样本库中样本(共计900个样本)，另外的每类汉字10个样本作为待认知汉字图像样本(共计300个样本)。由于所选取的手写体汉字图像样本具有代表性，所以采用500次随机抽样实验方法来估计脱机手写体汉字图像机器认知的平均认知结果。部分手写体汉字的图像样本如图6.8所示。

图6.8　"闯"字40个手写体汉字的图像样本

在每次仿真实验时，分别对1200个手写体汉字图像样本进行组合特征提取，最终获得128维手写体汉字结构特征[402]、128维周边手写体汉字字形特征[402]以及128维基于重叠动态网格和模糊隶属度的手写体汉字图像统计特征[403]，以从多层面、多方位表征手写体汉字图像。在特征提取之后，再对手写体汉字图像特征向量数据进行适当的离散化操作，便可将脱机手写体汉字图像样本库中的900个汉字图像样本的特征向量提取出来作为初始脱机手写体汉字认知候选特征空间。根据文献分析及多次仿真实验总结，设定认知智能系统认知次数阈值 $Td_1=20$、认知智能系统不确定认知过程与结果可信度阈值 $Td_2=0.8$，认知器选择阈值 $Td_3=$

20、认知智能决策信息系统构建算法迭代次数阈值$\Theta_1=384$、认知智能决策信息系统优化算法迭代次数阈值$\Theta_2=200$，不确定认知过程与结果误差α熵序列相似度参数$g=2,\gamma=2,e=0.15\mathrm{SD}(H_{t,w})$，在 MATLAB 7.0 软件中开发算法 6.1、算法 6.2 和算法 6.3 的相关应用程序，对脱机手写体汉字多层次变粒度仿反馈认知智能系统性能进行验证。

某次认知实验中以“闯”字为例的脱机手写体汉字图像样本库中 30 个样本的部分初始候选特征（包括汉字图像特征和汉字真实类别属性）见表 6.1，某次认知实验中各类待认知汉字图像样本的认知结果见表 6.2，某次实验认知智能系统总体认知结果见表 6.3。

表 6.1 某次认知实验中“闯”样本部分初始候选特征

序号	C_1	C_2	C_3	C_4	C_5	C_6	…	C_{382}	C_{383}	C_{384}	D
2301	0	2	2	2	2	3		12	16	21	23
2302	0	3	2	2	2	2		11	17	14	23
2303	0	1	3	1	3	3		17	12	17	23
2304	0	2	3	3	4	4		15	13	19	23
2305	0	1	1	2	4	3		8	15	17	23
2306	0	0	1	2	2	3		13	17	14	23
2307	0	1	1	2	2	2		16	15	17	23
2308	0	0	2	2	2	2		14	13	18	23
2309	0	1	4	2	2	3		15	16	17	23
2310	0	2	2	4	3	2		12	22	21	23
2311	0	4	3	3	2	2		12	21	17	23
2312	0	2	2	4	4	3		17	12	19	23
2313	0	3	2	2	4	2		15	13	17	23
2314	0	1	2	3	4	3		7	10	21	23
2315	0	1	1	1	1	1		10	15	14	23
2316	0	1	1	2	3	3	…	9	17	19	23
2317	0	1	1	1	1	2		11	17	17	23
2318	0	1	3	1	3	2		12	13	21	23
2319	0	1	2	1	2	2		12	13	14	23
2320	0	1	2	3	3	3		11	15	17	23
2321	0	2	4	2	4	2		17	16	17	23
2322	0	3	1	1	2	3		16	17	21	23
2323	0	0	2	2	3	2		13	12	14	23
2324	0	1	3	1	2	2		21	15	17	23
2325	0	2	3	2	3	3		12	10	23	23
2326	0	1	3	1	2	3		15	12	11	23
2327	0	3	1	1	4	4		12	13	13	23
2328	0	2	1	2	2	2		11	16	12	23
2329	0	1	2	2	3	3		17	17	11	23
2330	0	2	1	2	4	4		7	12	13	23

表 6.2 某次认知实验中各类待认知汉字图像样本的认知结果

手写体汉字图像样本	认知正确率 CR/%	误识率/%	拒识率/%	平均认知次数$\bar{w}$
大	100	0	0	3
犬	90	10	0	3
从	100	0	0	3
川	100	0	0	3
土	100	0	0	3
士	90	10	0	3
王	100	0	0	3
玉	100	0	0	3
达	100	0	0	3
代	100	0	0	3
簇	100	0	0	3
创	100	0	0	3
疮	100	0	0	3
慑	90	10	0	3.6
摄	80	20	0	4.1
撮	90	10	0	4.3
踹	90	10	0	3.8
喘	90	10	0	3.9
遄	90	10	0	3
棰	80	20	0	4.9
锤	90	10	0	3.3
捶	90	10	0	3
闯	100	0	0	3
您	100	0	0	3
磁	100	0	0	5.2
慈	90	10	0	3
糍	90	10	0	4.2
羸	80	20	0	13.1
赢	70	30	0	14.5
瀛	100	0	0	3.4

表 6.3 某次认知实验中认知智能系统总体认知结果

待认知样本	系统认知正确率 CR/%	系统误识率 /%	系统拒识率 /%	系统平均认知次数$\bar{w}$
全体待认知样本(300)	93.33	6.67	0	4.07
普通待认知样本(70)	100	0	0	3.00
相似待认知样本(230)	91.30	8.70	0	4.40

由表 6.1～表 6.3 可知，本次认知实验中认知智能系统认知正确率为 93.33%，误识率为 6.67%，拒识率为 0。实验结果表明，本书提出的不确定信息认知对象的仿反馈认知智能机制与计算模型对各类典型脱机手写体汉字图像的机器认知有较好的系统认知性能，本书方法是可行有效的。认知智能系统对“从”“簇”“您”等普通的简单汉字和复杂汉字的认知过程经过最小认知次数即可获得准确的认知结果，系统认知性能优异；但在对“王，玉”和“慑、撮、摄”等相似汉字的认知过程中，几乎都要经过多次反馈，对有的复杂相似汉字的认知甚至达到认知智能系统认知次数阈值才能确定认知结果，例如“羸，赢，瀛”等中的个别图像样本。这表明本书提出的认知智能方法在对相似字的认知上具有较大优势。认知智能系统对复杂相似汉字的认知精度略低于简单相似汉字，这是由所抽样的图像样本间的书写风格差异较大和所提取的手写体汉字图像样本特征不够细致等多方面原因造成的，可以通过增加脱机手写体汉字图像样本库中的样本数量及选用更加优化的特征提取方式改善。

图 6.9 给出了当 $\alpha=2, g=2, \gamma=2$ 和 $e=0.15\mathrm{SD}(H_{t,w})$ 时，某次采样认知实验中“大”字第 1 个待认知样本(编号：0101)和“赢”字第 5 个待认知样本(编号：2805)历次认知过程的认知知识粒度 G_w 关于认知次数 w 的变化曲线。如图 6.9 所示，样本 0101 经历 3 次认知过程实现认知结果输出，其认知知识粒度分别为 1，0.7329，0.6559，“大”字属于简单字，即使在本次认知实验中有与其相似的“犬”字干扰认知过程，认知智能系统还是能够实现最小认知次数的快速准确的认知。另外，样本 2805 经历 5 次认知过程实现认知结果输出(1，0.7329，0.6559，0.6193，0.6049)，“赢”字属于复杂字，此次采样认知实验中又有“羸”和“瀛”这两组亦为复杂字的相似字样本的干扰，所以认知智能系统初始并不能很清晰地决策其认知类别，而是通过再细微改变认知智能系统的认知知识粒度实现其认知结果的输出，这也更加符合人类认知事物反复推敲比对的思维信息交互过程。

为验证本书提出的不确定信息认知对象的仿反馈认知智能机制与计算模型的优越性，本书以相同的手写体汉字图像样本为输入，采用相同的特征提取方法，测试了本书方法与单分类器(马氏距离分类器和贝叶斯后验概率分类器)闭环认知方法、不包含多层次变粒度仿反馈机制的基于粗糙集理论的单向单分类器开环认知方法、基于支持向量机(SVM)的开环认知方法、基于概率神经网络(PNN)的开环认知方法的认知结果。各种方法的平均认知正确率 $\overline{\mathrm{CR}}$ 以及部分方法的平均认知次数 $\bar{w}$ 见表 6.4。所有实验结果均采用“均值±标准差”的表达形式。

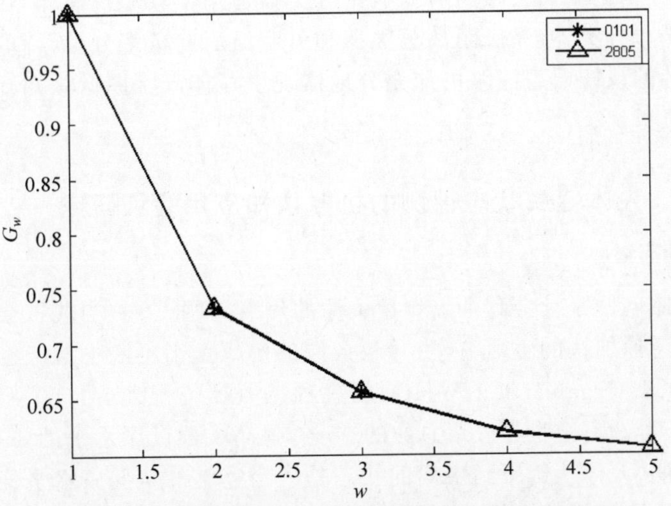

图 6.9 认知知识粒度 G_w 关于认知次数 w 的变化曲线

表 6.4 各种脱机手写体汉字图像认知方法性能比较

方法	平均认知精度 $\overline{CR}$/%	平均认知次数 $\overline{w}$
本书方法	92.96±1.7	3.41±0.6
马氏距离分类器	90.28±1.9	3.86±0.5
贝叶斯后验概率分类器	90.52±1.7	3.59±0.8
粗糙集理论+马氏距离分类器	87.30±1.7	—
粗糙集理论+贝叶斯后验概率分类器	86.97±2.1	—
SVM	85.28±1.8	—
PNN	86.01±1.9	—

由表 6.4 分析可知，本书提出的不确定信息认知对象的仿反馈认知智能机制与计算模型对于脱机手写体汉字图像的机器认知问题相比于其他方法具有较大的优势：

(1) 本书提出的多层次变粒度仿反馈认知智能系统根据待认知汉字图像的不确定认知过程与结果的广义认知误差计算判定待认知汉字图像的不确定认知过程与结果可信度以获取认知知识粒度优化推理与计算反馈决策信息，实现对难以明确决策的相似汉字图像样本进行反复认知，有效模拟了人类由整体到局部、由粗到精、有层次、有选择地认知事物过程，与传统的开环认知方法相比效果更优。

(2) 粗糙集理论具有很强的知识发现能力，本书提出的基于粗糙集理论的认知知识充分性与可分性判定机制，实现了对手写体汉字认知知识充分性与可分性优化表征模式，其开环认知性能优于 SVM 和 PNN 分类器。

(3) 本书构造的具有两层分类器的认知器组能够充分发挥马氏距离分类器适

用于大规模样本论域而贝叶斯后验概率分类器适用于较小规模样本论域的特性。因此，相较于单分类器(马氏距离分类器和贝叶斯后验概率分类器)的闭环认知方法，本书设计的认知器组能够更加充分地体现手写体汉字图像认知知识的分类性能，认知效果更优。

6.4.2 人体健康状态评测的机器认知应用验证研究

1. 背景描述

人体健康问题是社会和个人日益关注的焦点问题[404]。当代社会越来越大的竞争压力与急速加快的生活节奏，导致人们的健康水平不断下滑。世界卫生组织(World Health Organization，WHO)的一项调查研究显示，处于“亚健康”和“疾病”状态的人群约占全世界人口总数的95%，提高人群健康水平的要求日益迫切。医学研究表明，人体从健康到疾病的状态是一个完整的从健康水平经历低危险—中危险—高危险—病变—临床症状的发展过程。现如今，“发展可以量化评估人口健康状态的技术”已被美国国立卫生研究院(National Institutes of Health，NIH)列为全球健康领域的14大挑战之一。传统的健康状态评测一般基于专业知识、专业设备、专业机构实现，这使得健康评测服务的覆盖面窄，作用与效果不明显。因此，随着现代医学科技水平的不断提高，将模式识别技术应用于人体健康状态评测已成为当前医疗卫生领域的一个研究热点。事实上，由于人群样本具有非均质性的特点，同时与健康相关的特征属性大多随机性较大，如何对人体健康状态进行实时评测，进而提供个性化的健康促进服务以倡导健康生活是当前健康科学研究的难点。将信息融合方法与生物医学理论结合，基于数据挖掘、知识获取等理论方法，建立科学客观的人体健康评测模型是当前亟待解决的研究问题。

20世纪70年代以来，健康评价作为健康管理研究的主要内容之一在全球范围内得到了迅速发展。《渥太华宣言》和《雅加达宣言》都明确表示了健康评价对人体健康水平的促进作用。我国在20世纪80年代以后也将国民身体健康水平的监控当做医疗卫生领域的一个重要课题。人体健康评测方法随着人们对健康内涵认识的不断提高和各种健康测试仪器的不断创新而发展迅速。传统的人体健康评测方法主要有症状标准诊断法、量表健康评估法和量化诊断法[405]。这些方法主要集中在基于专业医学背景的个人主观判断上，而对系统理论方法的研究较少。

近年来，运用模式识别理论实现人体健康状态的机器认知，已成为医疗卫生领域的热点方向。文献[406]针对中国家庭情况，设计了人体成分分析仪以评价健康状态；文献[407]通过实例证明人工神经网络在对癌症诊断的决策支持中的有效性与优越性；文献[408]设计了ICDAS-Ⅱ龋病评估系统实现离体牙的龋病分级评估，并从病理学角度证明了该系统的有效性；文献[409]基于RBF神经网络实现了心血管疾病中医症候的分类识别；文献[410]基于信息熵评价指标与C4.5决策树算法，建立了心理健康评估模型；文献[411]基于神经元网络推理，建立了动态生理信息融合的实时健康评价系统。

生物电阻抗分析法(bioelectric impedance analysis,BIA)作为一种新兴的生物医学检测方法,因其无创、廉价、操作简单、信息丰富等特点,被认为在疾病预防、早期诊断、治疗康复等领域中有着广泛的应用前景[412-413]。文献[414]通过研究胃组织与胃内食物消化过程中的电特性,提出了基于胃动力无创检测的胃动力功能评价方法;文献[415]基于生物电阻抗检测,获取了人体成分信息以评价人体健康状态并干预健康行为;文献[416]基于腹部生物电阻抗检测,分析了人体脂肪含量以进行健康干预;文献[417]设计了适用于家庭健康检测的生物电阻抗测量系统;文献[418]~[419]建立了基于生物电阻抗测量的人体健康评测的层次分析智能模型;文献[420]指出恶性乳腺肿瘤的电阻抗值低于周围的正常组织,可以将生物电阻抗检测用来指示乳腺癌诊断。

综上所述,人体健康状态评测的机器认知方法已取得了阶段性的进展,且从目前来看,人体水分、肌肉、脂肪等成分含量及其比重与人体的健康状态息息相关,利用人体生物电阻抗以分析人体组织成分及其他健康特性可以对健康状态进行评测,为普通人群提供健康警示。因此,探索一种准确便捷的人体健康评测模型,实现人体健康状态的实时动态智能评测是当前极富挑战性的课题。

将人体生物电阻抗测量应用于人体健康评测,难点是要在有限的人体生物电阻抗信号资源条件下,满足人体健康状态评测稳定性与普适性的要求。生物电阻抗测量技术发展至今,已经涌现出许多人体生物电阻抗测量方法,能够采集到稳定性好、重复性高的人体生物电阻抗信号。因此,相关研究将主要集中在人体生物电阻抗信号与人体健康特征的映射关系和人体健康状态评测模型构建方面。

由于人群样本存在非均质性与随机性、人体健康评测过程中健康特征及其取值存在不确定性,当前人体健康状态评测存在准确与便捷的客观矛盾。因此,针对不确定人群样本的不确定健康评测过程,基于人体生物电阻抗测量,将采集到的生物电阻抗信号转变为高效稳定的人体健康特征,建立更具客观科学性和主观模糊性的健康评测模式,以实现人体健康状态实时动态的机器认知是当前研究的重点。

2. 仿反馈认知智能系统

1) 基于生物电阻抗的人体健康状态多层次变粒度仿反馈认知智能模型

针对多目标不完全状态的人体健康状态评测的机器认知问题,基于不确定信息认知对象的仿反馈认知智能机制与计算模型,本书提出了一种基于生物电阻抗的人体健康状态多层次变粒度仿反馈评测智能模型,以克服人群样本非均质性及健康特征复杂多样性导致的健康状态评测困难,实现对人体健康状态的由整体到局部、由粗到精、有层次、有选择的分层反馈评测的认知智能。基于不确定信息认知对象的三层三段仿反馈认知智能系统模型结构,基于生物电阻抗的人体健康状态多层次变粒度仿反馈认知智能模型结构如图 6.10 所示。

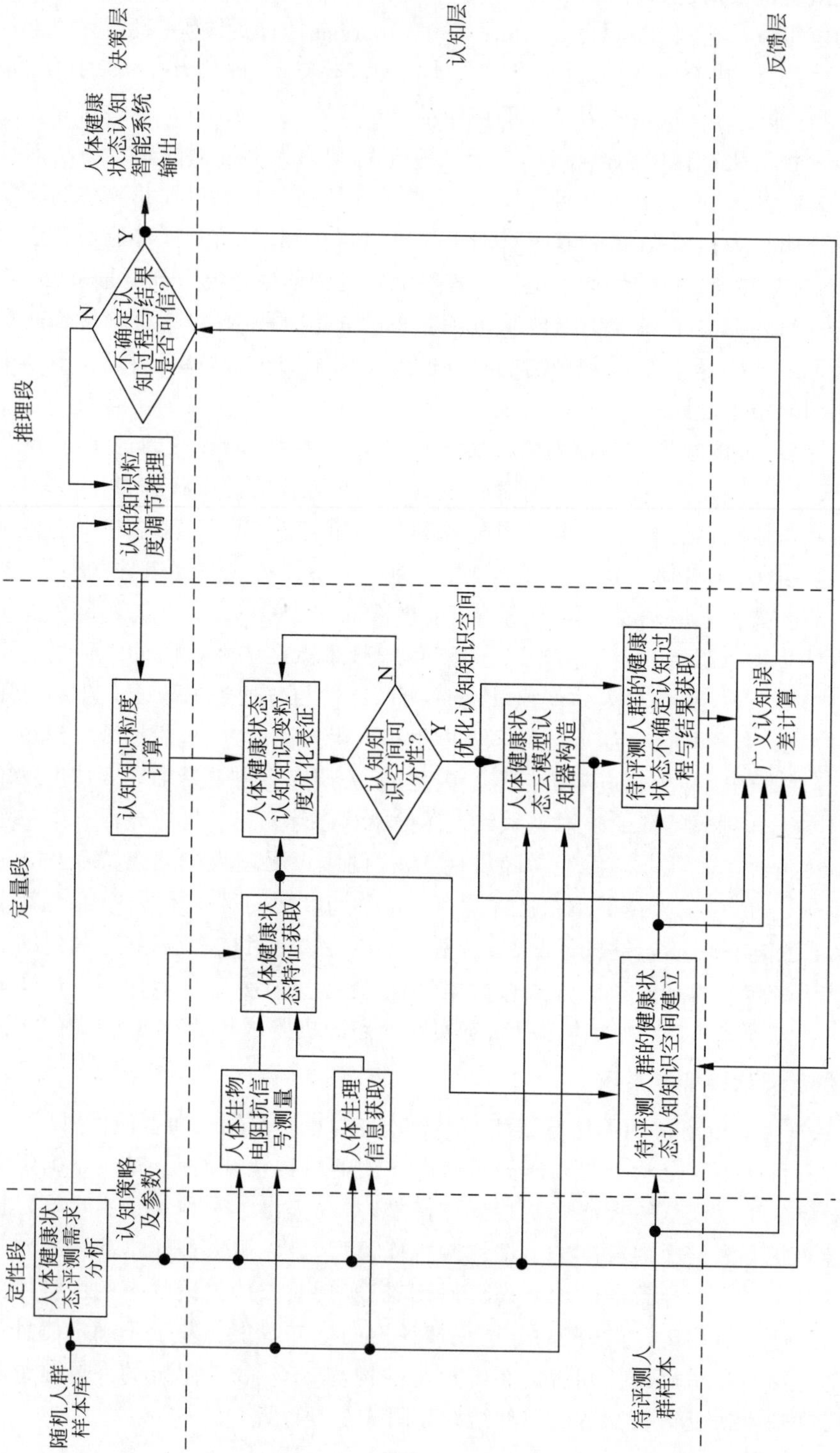

图 6.10 基于生物电阻抗的人体健康状态多层次变粒度仿反馈认知智能模型结构

决策层由人体健康状态认知需求分析、不确定认知过程与结果评价、认知知识粒度调节推理和认知知识粒度计算模块构成，决策层针对随机人群样本，通过医学鉴定、问卷调查等专业与经验知识进行认知需求分析以向认知智能系统各阶段各模块下达相应的决策指令，基于反馈层计算所得的待评测人群的健康状态不确定认知过程与结果的广义认知误差，通过人体健康状态不确定认知过程与结果评价以调节人体健康状态认知知识粒度，从而在合适的认知知识粒度层次中获取待评测人群的健康状态评测结果，实现人体健康状态的多层次变粒度仿反馈在线实时认知智能。

认知层由人体生物电阻抗信号测量、人体生理信息获取、人体健康状态特征获取、人体健康状态认知知识变粒度优化表征、认知知识可分性评价、人体健康状态云模型认知器构造、待评测人群的健康状态认知知识空间建立和待评测人群的健康状态不确定认知过程与结果获取模块构成，认知层基于决策层下达的各项决策指令，获取针对随机人群样本的变粒度优化表征的健康状态认知知识空间和认知规则库，并由此获取在已确定认知知识粒度层次下的待评测人群的健康状态不确定认知过程与结果。

反馈层由广义认知误差计算模块构成，针对认知层获取的已确定认知知识粒度层次下的待评测人群的健康状态不确定认知过程与结果，基于所建立的不确定认知过程与结果评价测度指标体系，计算待评测人群当前认知过程和结果的偏差，为当前待评测人群的健康状态不确定认知过程与结果评价提供量化标准。

2）人体生物电阻抗信号测量与人体健康特征提取

人体内各种成分含量的合理比例是健康状态的重要体现，因此，本书将人体成分及各种成分之间的比例关系作为人体健康特征以进行人体健康状态评测。生物电阻抗分析法便捷、廉价、安全，是较为理想的人体成分分析测量手段[421]。人体生物组织成分系统的不规则性与复杂性使准确测量其生物电阻抗信号极为困难，为建立符合人体几何特征的等效模型，经过多年研究，人体生物电阻抗信号检测由最初的单对电极（一个激励电极和一个检测电极）、单一频率、单一节段的检测方式逐步向多电极、多频率、多阶段检测方式发展起来。

为获取准确性好、重复性高的人体生物电阻抗信号，本书采用 8 电极多频节段法测量人体生物电阻抗[422]。其中，8 电极是指在人体四肢分别放置包括一个激励电极和一个检测电极的 4 对电极，其分布如图 6.11 所示。E_1，E_3，E_5，E_7 为激励电极；E_2，E_4，E_6，E_8 为检测电极。多频是指给每一个激励提供不同频率与大小的电流。节段是指将人体等效为五段（四肢＋躯干）阻抗模型。最后，通过测量检测电极的电压值与公式换算，获取人体四肢及躯干的生物电阻抗值。

各检测电极测量所得的人体局部阻抗见表 6.5。根据人体五节段等效模型，设各节段生物电阻抗为左臂生物电阻抗 Z_{LA}、右臂生物电阻抗 Z_{RA}、左腿生物电阻抗 Z_{LL}、右腿生物电阻抗 Z_{RL} 和躯干生物电阻抗 Z_T，存在换算关系：

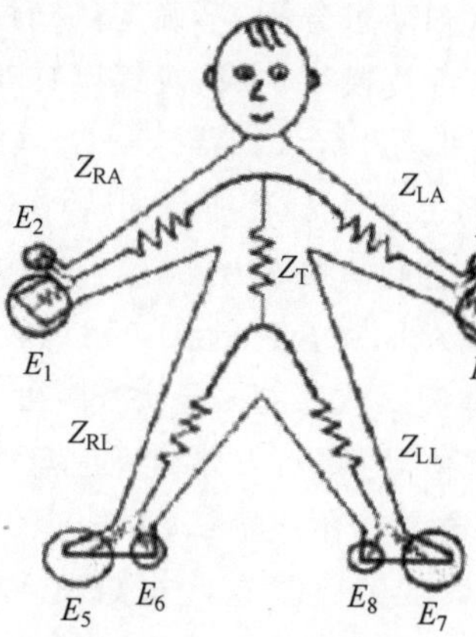

图 6.11　8电极分布示意图

$$
\begin{cases}
Z_{24}=Z_{\mathrm{RA}}+Z_{\mathrm{LA}} \\
Z_{26}=Z_{\mathrm{RA}}+Z_{\mathrm{T}}+Z_{\mathrm{RL}} \\
Z_{28}=Z_{\mathrm{RA}}+Z_{\mathrm{T}}+Z_{\mathrm{LL}} \\
Z_{46}=Z_{\mathrm{LA}}+Z_{\mathrm{T}}+Z_{\mathrm{RL}} \\
Z_{48}=Z_{\mathrm{LA}}+Z_{\mathrm{T}}+Z_{\mathrm{LL}} \\
Z_{68}=Z_{\mathrm{RL}}+Z_{\mathrm{LL}}
\end{cases} \tag{6.24}
$$

基于式(6.24)运算可得

$$\text{左臂生物电阻抗}Z_{\mathrm{LA}}=\frac{Z_{24}-Z_{26}+Z_{46}}{2} \tag{6.25}$$

$$\text{右臂生物电阻抗}Z_{\mathrm{RA}}=\frac{Z_{24}+Z_{26}-Z_{46}}{2} \tag{6.26}$$

$$\text{左腿生物电阻抗}Z_{\mathrm{LL}}=\frac{-Z_{46}+Z_{48}+Z_{68}}{2} \tag{6.27}$$

$$\text{右腿生物电阻抗}Z_{\mathrm{RL}}=\frac{Z_{46}-Z_{48}+Z_{68}}{2} \tag{6.28}$$

$$\text{躯干生物电阻抗}Z_{\mathrm{T}}=\frac{-Z_{24}+Z_{26}+Z_{48}-Z_{68}}{2} \tag{6.29}$$

表 6.5　人体局部阻抗

电极	部位	阻抗
E_2,E_4	右手-左手	Z_{24}
E_2,E_6	右手-右腿	Z_{26}
E_2,E_8	右手-左腿	Z_{28}
E_4,E_6	左手-右腿	Z_{46}
E_4,E_8	左手-左腿	Z_{48}
E_6,E_8	右腿-左腿	Z_{68}

为获取随机人群的多维健康状态特征，本书采用人体成分分析模型[422]与人体内脏脂肪计算模型[409]分别得到诸如身体水分总量(TBW)、细胞内液(ICF)、细胞外液(ECF)、细胞内/外液比例(I/E)、体脂(BF)、肌肉(BM)、蛋白质(BP)、身体质量指数(BMI)、基础代谢(BMR)等多维人体成分及内脏脂肪数值等健康状态特征。另外，由于随机人群样本具有非均质性，本书加入随机人群样本性别、年龄、身高、体重、心率、血压等易通过测量获取的人体生理信息以构造随机人群样本的较为完备的多维健康状态候选特征空间 $\hat{C}=\{\hat{C}_1,\hat{C}_2,\cdots,\hat{C}_{\hat{m}}\}$，其中，$\hat{\boldsymbol{C}}_{\hat{j}}(\hat{j}\in[1,\hat{m}])$为随机人群的第 $\hat{j}$ 维健康状态候选特征向量，$\hat{m}$ 为健康状态候选特征空间维数。

3）认知知识可分性表征的人体健康状态简约认知智能决策信息系统

为实现人体健康状态多层次变粒度仿反馈认知智能机制，对于随机人群样本的健康状态多维候选特征空间 $\hat{C}=\{\hat{C}_1,\hat{C}_2,\cdots,\hat{C}_{\hat{m}}\}$，以每一个随机人群样本的真实健康状态为决策属性 $\boldsymbol{D}=[D_1,D_2,\cdots,D_n]^{\mathrm{T}}$，可构建随机人群的健康状态认知智能决策信息系统 $S=(U,A,V,F)$。这里，为简化系统，将随机人群健康状态分为三个类别，即“健康”“亚健康”“疾病”，$l=1,2,3$。例如：若样本 U_{10} 的真实健康状态为“亚健康”，则该样本的健康状态决策属性 $D_{10}=\{2\}$。值得指出的是，人体健康状态评测是极其复杂的过程，“亚健康”和“疾病”状态都可以分为若干个子类别。事实上，基于本书提出的多层次变粒度仿反馈认知智能模型，可以将人体健康状态划分为更细致的类别，以实现在认知知识粒度逐次调节过程中的分层递阶认知智能模式。例如：在亚健康状态下，可以判断不健康的指标特性，从而为人们提供健康的生活方式指导；在疾病状态下，可以判别发生病变的器官，从而为人们提供科学客观的就医指导。

由 $S=(U,A,V,F)$、基于决策层计算给出的认知知识粒度 G_w 和对随机人群样本的健康状态特征进行值域分割可以获得归一化映射的 G_w 认知知识粒度层次下的第 w 次认知过程的健康状态认知智能决策信息系统 $S_w=(U,\widetilde{C}(w)\cup\boldsymbol{D})$，以实现人体健康状态特征即人体健康状态认知知识的粒化表征。由此，基于算法 6.2，对粒化后的随机人群样本的健康状态认知知识空间 $\widetilde{C}(w)$进行约简优化，可以获取在 G_w 认知知识粒度层次下第 w 次认知过程的认知知识可分性表征的人体健康状态简约认知智能决策信息系统 $\bar{S}_w=(U,B(w)\cup\boldsymbol{D})$。其中，$B(w)=\{B_1(w),B_2(w),\cdots,B_r(w)\}$为人体健康状态简约认知知识空间，$\boldsymbol{B}_b(w)(b\in[1,r])$为第 b 维人体健康状态简约认知知识向量，$r\leqslant\tilde{m}$ 为人体健康状态简约认知知识空间维数，w 为当前认知次数。

4）人体健康状态云模型认知器及其认知计算方法

人体健康状态评测可以视为多维度、多模式、多指标、多标准的多属性认知智能问题，人群样本的非均质性和健康状态特征的多样性与随机性使其评测过程存在很大的不确定性。人体健康状态评测适用于语言描述的定性判断，而基于人体生物电阻抗的健康特征为定量数值，因而需要运用相关的工具实现定性与定量数据之间的转换。云模型是李德毅院士基于概率论与模糊数学理论提出的实现定性概念与定量描述之间的不确定转换模型[423]。针对随机样本多特征参数知识信息的模糊随机性问题，本书采用更具普适性的逆向正态云模型[424]构造人体健康状态云模型认知器，克服简单概率分布模型在挖掘健康状态评测知识过程中的困难，模糊知识的边界以实现认知知识软划分。

基于以 G_w 为认知知识粒度层次的第 w 次认知过程的人体健康状态简约认知智能决策信息系统 $\bar{S}_w=(U,B(w)\cup \boldsymbol{D})$，生成人体健康状态简约认知知识空间 $B(w)=\{B_1(w),B_2(w),\cdots,B_r(w)\}$ 的多维逆向正态粒子云模型 $\text{Cd}=[\text{Cd}_1,\text{Cd}_2,\cdots,\text{Cd}_o]^{\text{T}}$。其中，$\text{Cd}_l=[\text{EX}_l,\text{EN}_l,\text{HE}_l]$（$l\in[1,o]$）为随机人群样本的第 l 类健康状态认知知识的逆向正态粒子云模型，该粒子云模型的期望 EX_l、熵 EN_l 和超熵 HE_l 分别为

$$\text{EX}_l=\begin{bmatrix}\text{Ex}_{11} & \cdots & \text{Ex}_{1,r}\\ \vdots & \ddots & \vdots\\ \text{Ex}_{n_l,1} & \cdots & \text{Ex}_{n_l,r}\end{bmatrix} \tag{6.30}$$

$$\text{EN}_l=\begin{bmatrix}\text{En}_{11} & \cdots & \text{En}_{1,r}\\ \vdots & \ddots & \vdots\\ \text{En}_{n_l,1} & \cdots & \text{En}_{n_l,r}\end{bmatrix} \tag{6.31}$$

$$\text{HE}_l=\begin{bmatrix}\text{He}_{11} & \cdots & \text{He}_{1,r}\\ \vdots & \ddots & \vdots\\ \text{He}_{n_l,1} & \cdots & \text{He}_{n_l,r}\end{bmatrix} \tag{6.32}$$

那么，基于所构造的人体健康状态云模型认知器，待评测人群的健康状态认知计算方法如下。

首先，基于 $\text{Cd}=[\text{Cd}_1,\text{Cd}_2,\cdots,\text{Cd}_o]^{\text{T}}$，对于第 t 个待评测人群样本 Y_t 的简约健康状态认知知识向量 $\boldsymbol{\Omega}_{t,*}(w)=[\Omega_{t,1}(w),\Omega_{t,2}(w),\cdots,\Omega_{t,r}(w)]$，分别计算样本 Y_t 属于各类健康状态的云隶属度 $\Gamma_{t,1},\Gamma_{t,2},\cdots,\Gamma_{t,o}$。其中，$Y_t$ 属于第 l（$l\in[1,o]$）类健康状态的云隶属度为

$$\Gamma_{t,l}=\exp\left[\sum_{b=1}^{r}\frac{-\omega_b(\Omega_{t,b}(w)-\text{Ex}_{l,b})^2}{2(\text{En}'_{l,b})^2}\right] \tag{6.33}$$

其中，$\text{Ex}_{l,b}=(\text{Ex}_{1,b}+\text{Ex}_{2,b}+\cdots+\text{Ex}_{n_l,b})/n_l$ 为第 b 维健康状态简约认知知识向量的期望均值；$\text{En}'_{l,b}$ 为以 $\text{En}_{l,b}$ 为期望、以 $\text{He}_{l,b}$ 为标准差生成的正态随机数；$\text{En}_{l,b}=(\text{En}_{1,b}+\text{En}_{2,b}+\cdots+\text{En}_{n_l,b})/n_l$ 且 $\text{He}_{l,b}=(\text{He}_{1,b}+\text{He}_{2,b}+\cdots+\text{He}_{n_l,b})/n_l$，$\omega_b$ 为第 b 维健康状态简约认知知识向量权值，$b\in[1,r]$。

其次，令使 $\Gamma_{t,l}$ 取最大值 $\max\{\Gamma_{t,l}\}$ 时对应的健康状态类别标签作为样本 Y_t 在以 G_w 为认知知识粒度层次的第 w 次认知过程时的健康状态不确定认知过程与结果 $\mathrm{DL}_{t,w}$。

最后，对于待评测人群样本集合 $Y=\{Y_1,Y_2,\cdots,Y_d\}$，基于式(6.33)，获取其在以 G_w 为认知知识粒度层次的第 w 次认知过程的健康状态不确定认知过程与结果 $\mathbf{DL}_w=[\mathrm{DL}_{1,w},\mathrm{DL}_{2,w},\cdots,\mathrm{DL}_{d,w}]^{\mathrm{T}}$。

5）基于生物电阻抗的人体健康状态多层次变粒度仿反馈认知智能系统流程

基于上述人体生物电阻抗信号测量与人体健康特征提取、认知知识可分性表征的人体健康状态简约认知智能决策信息系统构建、人体健康状态云模型认知器构造及其认知计算方法研究环节，依据算法 6.3 所示的不确定信息认知对象的多层次变粒度仿反馈认知智能算法，本书给出了如图 6.12 所示的基于生物电阻抗的人体健康状态多层次变粒度仿反馈认知智能系统流程，以实现对随机人群样本的健康状态多层次变粒度的机器认知智能。

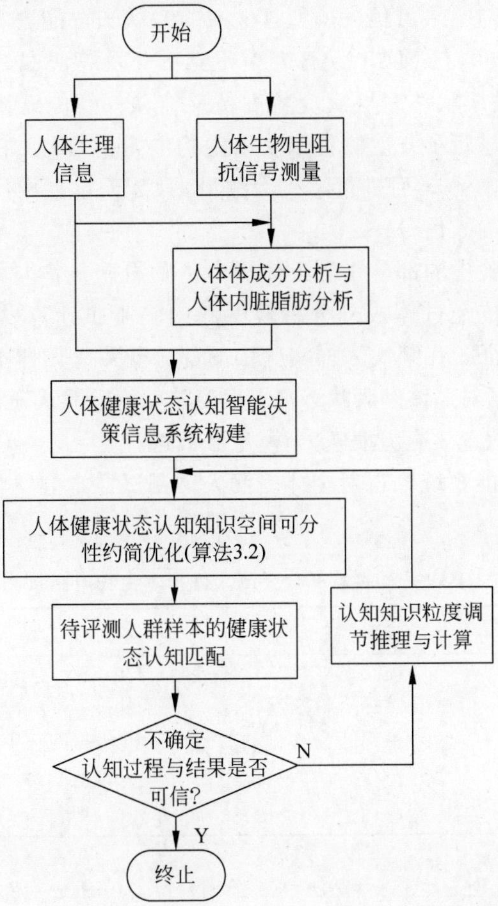

图 6.12　人体健康状态多层次变粒度仿反馈认知智能系统流程

3. 实验验证

为验证本书提出的不确定信息认知对象的仿反馈认知智能机制与计算模型的可行性与有效性，本书采用人体健康状态多层次变粒度仿反馈认知智能系统模型，以计算机为硬件基础，以 MATLAB 为软件开发平台，进行了仿真实验。本书选用由中国科学院智能机械研究所提供的不同特质的随机人群样本获取人体生物电阻抗信号及其人体生理信息以进行人体健康状态评测的机器认知应用验证研究。

在征得本人同意的前提下，在人群中随机选取共计 540 个人体样本(包括不同性别、不同年龄段、不同健康状态的人体样本各 30 个)展开仿真实验验证。每次随机抽取 360 个样本作为随机人群样本库 U，剩下的 180 个人体样本作为待评测人群样本集 Y 进行多次生物电阻抗信号测量和人体健康状态评测实验。在样本选取的过程中对受测人的体型没有做特殊要求以尽量满足实验随机性条件。所有受测人的实际健康状态标签均由专业医疗器械检测及医护人员标定完成。根据文献分析及多次仿真实验的总结，设定认知智能系统认知次数阈值 $\mathrm{Td}_1=30$、认知智能系统不确定认知过程与结果可信度阈值 $\mathrm{Td}_2=0.9$，认知智能决策信息系统优化算法迭代次数阈值 $\Theta_2=50$，在 MATLAB 7.0 环境下开发算法 6.2 和算法 6.3 的相关应用程序，对人体健康状态多层次变粒度仿反馈认知智能系统性能进行验证。所有受测人分两天共进行了 4 次测量以获取生物电阻抗信号：首先静坐休息半小时后进行第一次测量，3 小时后进行第二次测量，第 2 天重复两次测量。取 4 次阻抗信号均值作为仿真输入信号。

在某次采样实验中的部分受测人体样本生物电阻抗测量结果见表 6.6。受测人体样本生物电阻抗经过体成分分析模型和内脏脂肪计算模型处理后可获得 51 维候选健康状态特征。在某次采样实验中的部分受测人体样本部分候选健康状态特征见表 6.7。根据对人体健康状态多层次变粒度仿反馈认知智能模型各参数特性进行分析及经过算法 6.3 遍历搜索，当模型参数选择 $\alpha=3,\gamma=2,e=0.15\mathrm{SD}(H_{t,w})$ 和 $g=2$ 时，认知智能系统取得对全体受测人体测试样本健康状态认知正确率和认知速率的最优结果。

表 6.6　某次采样实验部分受测人体样本生物电阻抗测量结果　　单位：Ω

样本	Z_{LA}	Z_{RA}	Z_{LL}	Z_{RL}	Z_{T}	Z_{A}
1	274.53	291.33	223.46	220.38	22.43	539.62
2	353.47	327.59	244.18	239.35	24.54	631.24
⋮	⋮	⋮	⋮	⋮	⋮	⋮
539	273.54	292.44	224.12	220.96	22.14	539.55
540	353.13	327.43	243.83	239.48	24.04	630.36

图 6.13 给出了当 $\alpha=3,\gamma=2,e=0.15\mathrm{SD}(H_{t,w})$ 和 $g=2$ 时，在某两次采样认知实验中的某两个待评测人体样本在健康状态认知时，认知知识粒度 G_w 关于认

知次数 w 的变化曲线。如图 6.13 中的实线所示，样本 Y_3 在一次采样认知实验中经历 5 次认知过程实现系统输出，其认知知识粒度分别为 1，0.74，0.68，0.66，0.65，由 1 开始逐次降低且随认知次数 w 的增加而趋于平稳，这是由于认知知识粒度变化率函数中加入了认知次数 w。w 越大，即使其他参变量相同，其认知知识粒度变化率也越小，则认知知识粒度的调节也越小。另外，如图 6.13 中的虚线所示，样本 Y_{25} 在另一次采样认知实验中历次认知过程中的认知知识粒度分别为 1，0.69，0.59(0.64)，0.63，同样符合认知次数 w 越大曲线越平稳的特性。在 $w=3$ 处，G_3 有两个值，这是由于此处计算所得的 $\Delta G_3=0.15$ 和 $G_3=0.59$ 使认知智能系统在第 3 次认知过程的 EG_3^{25}，即认知智能系统当前认知过程时的认知知识粒度调节结果有超调，亦即当前认知知识粒度变化率过大。因此，由公式计算 $\Delta G_3'=0.08$ 并执行赋值语句"$\Delta G_3 \leftarrow \Delta G_3'$"，由此计算出 $G_3=0.64$，并以此作为新的认知知识粒度重新进行第三次认知过程，直至当 $w=4(G_4=0.63)$ 时满足认知智能系统性能测度指标要求停止迭代。

表 6.7　某次采样实验部分受测人体样本部分健康状态特征计算结果

样本	BF	BM	BP	…	TBW	BMI	BMR
1	25.4	56.3	17.1	…	39.2	27.4	1662
2	13.3	50.7	12.2	…	38.5	24.5	1451
⋮	⋮	⋮	⋮	⋱	⋮	⋮	⋮
539	13.8	33.6	9.1	…	24.5	19.5	1029
540	25.3	41.8	9.3	…	32.5	25.6	1332

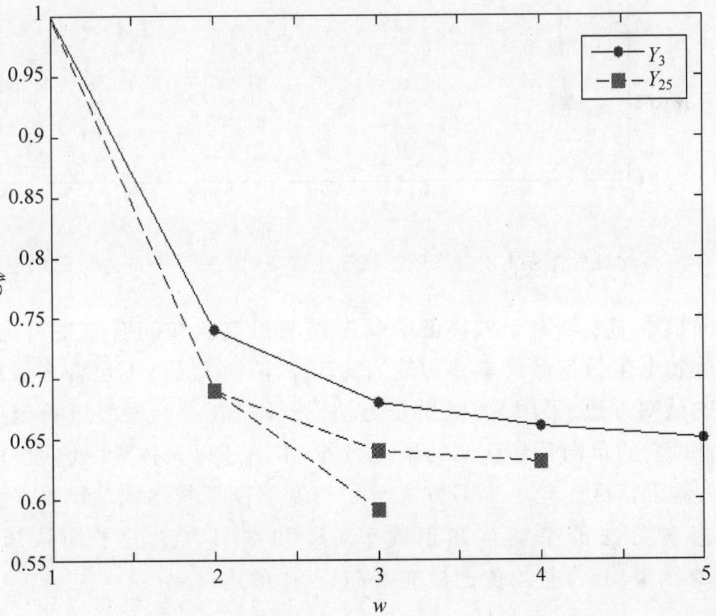

图 6.13　在某两次认知实验中的某两个待评测人体样本健康状态认知过程的认知知识粒度 G_w 关于认知次数 w 的变化曲线

图 6.14 给出了当 $\alpha=3,\gamma=2,e=0.15\mathrm{SD}(H_{t,w})$ 和 $g=2$ 时，在某次采样认知实验中的待评测人体样本健康状态认知正确率 CR 关于认知次数 w 的变化曲线。如图 6.14 可知，认知智能系统针对无法明确区分的相似样本进行了变粒度反馈认知，从而使认知智能系统认知正确率 CR 在一定范围内随 w 的增加而增加。当 $w<3$ 时，由于无法支起二维不确定认知过程与结果误差 α 熵向量，则认知智能系统无法做出输出决策。当 $w=12$ 时，CR 保持 90.56%不变，直至认知次数 w 达到认知智能系统认知次数阈值 $\mathrm{Td}_1=30$ 时，CR=91.67%，这表明在本次认知实验中有 90.56%的待评测人体样本的健康状态认知结果在逐次认知过程中陆续满足认知智能系统不确定认知过程与结果可信度阈值 $\mathrm{Td}_2=0.9$ 并作出输出决策 Td_2，而有 1.11%的待评测人体样本健康状态认知结果经过数次迭代始终无法满足 Td_2，而是基于 Td_1，以前一次的不确定认知过程与结果作为最终认知结果输出。

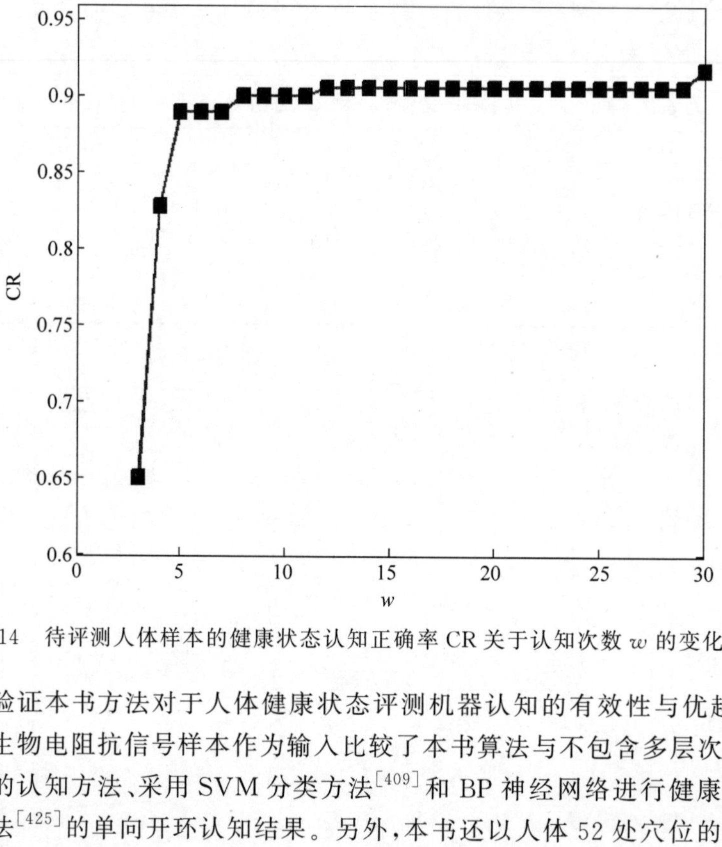

图 6.14 待评测人体样本的健康状态认知正确率 CR 关于认知次数 w 的变化曲线

为了验证本书方法对于人体健康状态评测机器认知的有效性与优越性，本书以相同的生物电阻抗信号样本作为输入比较了本书算法与不包含多层次变粒度仿反馈机制的认知方法、采用 SVM 分类方法[409]和 BP 神经网络进行健康体征决策级融合方法[425]的单向开环认知结果。另外，本书还以人体 52 处穴位的经络能量值[426]作为健康特征比较了本书方法与采用基于高斯核 SVM 分类方法的开环认知结果。各种方法的平均认知正确率 $\overline{\mathrm{CR}}$ 和本书方法的平均认知次数 $\bar{w}$ 见表 6.8，所有结果均采用“均值±标准差”的表达形式。

表 6.8　各种方法人体健康状态认知正确率比较

方　法	CR/%	$\overline{w}$
本书方法	91.67±1.66	3.46±0.63
粗糙集方法(无反馈)	83.89±1.97	—
基于 SVM 方法	83.73±2.01	—
基于 BP 神经网络方法	83.92±1.84	—
本书方法(针对经络值)	90.96±1.75	3.52±0.68
基于高斯核 SVM 方法(针对经络值)	84.78±1.81	—

从表 6.8 可得如下结论。

① 本书提出的不确定信息认知对象的仿反馈认知智能机制与计算模型对于基于生物电阻抗的人体健康状态评测机器认知是有效的。较其他方法更加贴近人类反复推敲比对的认知机理，多层次变粒度仿反馈机制的设计对分类面附近的相似样本进行了反复认知，在模式分类的意义下提高了认知结果可靠性，从而改善了认知正确率。

② 本书提出的三层三段仿反馈认知智能机制根据不确定认知过程与结果评价获取启发式认知知识粒度调节决策知识，在多粒度层次中实现认知知识可分性模式化表征，在逐级认知过程中构建模式分类意义下的完备简约健康状态特征空间，因而其认知正确率优于开环认知方法。

③ 本书基于粗糙集理论，在建立了完备简约的人体健康状态认知智能决策信息系统后再构造人体健康状态云模型认知器，模糊了知识的边界，实现了人体健康指标的软划分，因而较其他开环模式分类方法效果更优。

④ 本书采用的八电极多频节段人体生物电阻抗测量方法简单、快速、无创、准确度高、重复性好，通过多频分析即可将低维的阻抗信号转换为高维的人体健康状态特征，其效果优于以人体经络穴位能量作为健康状态特征的评测方法。

6.4.3　全天候光伏发电智能跟踪控制系统应用验证研究

1. 背景描述

能源危机与环境污染是人类面临的重大挑战，开发新能源和可再生清洁能源是 21 世纪最具决定性的五个技术领域之一。太阳能是当今社会认可并利用的新兴可再生能源，具有无限储量、普遍存在、清洁无害等特点[427]。自 20 世纪 70 年代以来，随着石油、天然气、煤炭等燃料能源的储量逐渐枯竭及其燃烧对大气的污染和臭氧层的破坏，各国已达成大力发展以太阳能为主体的可再生能源的共识，例如：美国的“百万太阳能屋顶计划”、日本的“朝日计划”和中国的“光明工程”等。2002 年 5 月，首次太阳能聚光发电国际会议的召开，表明聚光光伏(CPV)系统作为很有潜力的一项技术已经引起广泛的关注。2006 年，我国年度“863 计划”将兆瓦级并网聚光光伏电站的光伏跟踪关键技术明确为研究重点之一[428]。一般而言，现有的太阳能发电系统有固定式和跟踪式两种。研究表明，由于太阳运动轨迹的周期性特点及天气环境等因素的影响，跟踪式光伏系统的能量接收与转换效率与固定式相比高出30%～50%[429]。因此，通过自动化、电力电子、计算机等多领域技术交叉，研究全天候光伏跟踪技术是十分有意义的。

常用的太阳跟踪方式主要有光电跟踪和视日运动轨迹跟踪两种类型。其中，视日运动轨迹跟踪包括单轴和双轴两种[430]。国内外学者相继开展了光伏电池跟踪方法的研究。1997年，美国的Blackace研制了可以实现东西方向自动跟踪的单轴跟踪器以提高热接收率；1998年，基于聚光电池的ATM双轴跟踪器在美国加利福尼亚州被研发，通过在太阳能电池板上安装涅尔透镜以提高单位热接收率；2002年，美国亚利桑那大学推出了采用铝材框架的结构紧凑且重量轻的新型太阳跟踪装置。1990年，中国国家气象局计量站研制了FST型全自动太阳跟踪器以观测太阳辐射；1994年，《太阳能》期刊刊载了介绍单轴液压自动跟踪器的文章；2001年，《应用光学》期刊刊载了介绍五象限法双轴太阳跟踪装置的文章；2005年，《中国能源》期刊的文章中提出了基于数码光学的自动跟踪聚光发电技术。随着信息技术的迅猛发展，采用光、机、电一体化技术实现全自动太阳跟踪以在有限的阳光接受面积与太阳辐射能条件下充分利用太阳能是主要的研究方向。近年来，文献[431]设计了一种基于时钟定位和光电跟踪相结合的智能型复合跟踪装置；文献[432]～[433]提出了基于固定太阳辐射能的最大输出功率跟踪算法；文献[434]通过太阳位置跟踪以提高光伏电池在固定日照度条件下的接收光强。

光伏发电跟踪控制可以提高太阳辐射能利用效率，太阳位置的准确测量是提高光伏发电跟踪系统性能的关键因素之一。目前比较常用的太阳位置测量方法有光强比较定位法[431]、时钟定位法[435-436]和图像识别定位法[437-438]等。光强比较定位法方法的光电灵敏度高，但易受天气的影响，特别是在多云天的跟踪过程中，光伏电池板极易受云层的遮挡而无法对准太阳导致执行误差。时钟定位法的操作简单，但计算公式和机械结构的误差会在整个跟踪过程中不断累积而影响跟踪精度。从地面上观测到的太阳运动轨迹约在180°，因此，通过全景镜头采集180°范围内的天空图像，采用模式识别理论与图像处理技术识别太阳斑区并计算太阳高度角和方位角是一种有效的定位方法。但由于天气状态的随机性、云块和飞行物等天空中漂浮物体的遮挡或反射等干扰，一幅天空全景图像中可能包含多块高亮斑区，造成太阳光斑误识别。虽然太阳位置图像识别定位法的信息处理难度大，但比光强比较定位法和时钟定位法的实时准确性强，是值得应用研究的方法。

综上分析，研究智能认知理论方法，深入分析光伏发电跟踪控制系统运行过程及其存在的问题，构建具有适应性和健壮性的全天候光伏发电智能认知跟踪控制模型，以优化光伏系统太阳辐射能利用效率是当前亟待解决的问题。

太阳逐日辐射状态随时间季节和天气气象的变化，具有较强的大间歇性、随机性与非平稳性等特点，以传统控制方法难以描述复杂的光伏电池跟踪控制问题。

另外，对于全天候气象的昼、夜、雪、雨、阴、晴及多云天气的随机多变过程性，光伏发电跟踪控制系统存在控制条件复杂、任务多变等难点。

因此，研究光伏发电跟踪控制系统的重点在于如何针对非平稳、大间歇与随机的天气环境状况和太阳跟踪过程中的随机变化，建立对气象环境状态和太阳跟踪装置运行过程状态的特征模型与认知机制，自适应映射全天候光伏发电智能认知跟踪控制策略，以满足光伏系统的实时性、健壮性和跟踪精度的多指标协调优化的控制要求。

2. 智能跟踪控制系统

一个光伏发电站由多个具备太阳跟踪控制系统能力的光伏单元构成，其基本结构如图 6.15 所示。本书设计的全天候光伏单元发电智能跟踪控制系统采用双轴（水平与垂直）跟踪控制方式，该跟踪装置能够分别进行两个自由度的调整，即垂直方向：0°～90°；水平方向：0°～180°，并且在各自由度方向设有限位开关以实现跟踪控制初始位置的标定和机电故障状态下的保护。跟踪器水平和垂直方向的旋转均采用行星齿轮减速直流电机驱动和蜗轮蜗杆减速器传递扭矩。由于跟踪控制系统伺服机构运行需要消耗能量，而且太阳的移动较为缓慢（约 0.25°/min），所以，采用间歇式跟踪方式，在当前跟踪控制结束后断开驱动电源等待下一次跟踪驱动指令，以降低自身能耗。

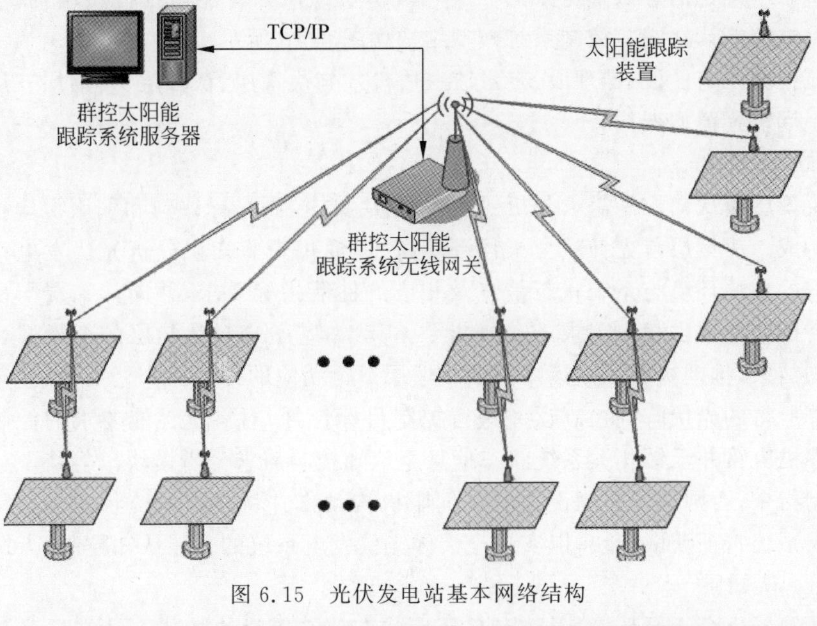

图 6.15　光伏发电站基本网络结构

针对大间歇、非平稳与随机的天气环境因素，本书基于人工智能、自动控制和模式识别理论，采用分层递阶控制思想，设计了一种全天候光伏发电智能认知跟踪控制系统，以实现光伏发电阵列在全天候环境状态条件下最大光效的协调跟踪控制。

1) 智能认知跟踪控制系统模型

全天候光伏发电智能认知跟踪控制系统应满足昼、夜、风、雪、雨、阴、晴及多云等全天候环境状态下的最优系统性能控制要求，即针对全天候环境状态实现相应控制策略，达到高效、安全、节能的控制目标。

通过光伏电池工程模型分析，光伏电池有效辐射能与太阳入射角 ρ 的关系为 $S'=S_P\times\cos\rho$。其中，S_P 为太阳辐射强度，ρ 为太阳直射光线与光伏电池法线间的夹角[439]；同时，光伏系统输出与光强相关。因此，对于采用双轴跟踪方式的光伏发电系统，可以通过最大光强跟踪控制，即控制光伏电池水平和垂直两个方向的转动而调节光伏电池板姿态，使阳光的入射角为 0°，从而获得相同光照条件下的最大太阳辐射利用率。

传统的光伏发电跟踪控制系统通常采用本地经纬度设定与时钟定位法计算每个时刻太阳的高度角和方位角以实现机械式的跟踪过程。然而，大间歇、非平稳与随机多变的环境状态使系统难以获得安全可靠的光伏发电最优性能。针对光伏发电系统在全天候环境状态下的优化控制难题，本书基于不确定信息认知对象的仿反馈认知智能机制与计算模型，提出了一种全天候光伏发电智能认知跟踪控制系统模型，通过多源信息获取、状态认知、决策推理与误差计算，实现了全天候环境状态下光伏发电系统高效、安全、节能的智能协调控制模式。

基于不确定信息认知对象的三层三段仿反馈认知智能系统模型结构，全天候光伏发电智能认知跟踪控制系统模型结构如图 6.16 所示。

该模型由定性段、推理段、定量段三段模式与决策层、认知层、反馈层三层结构组成互耦合式模型架构。

(1) 决策层

决策层由认知控制需求分析、控制策略决策、控制目标评判和伺服机构控制等模块构成。决策层首先针对全天候环境特点，通过先验知识分析光伏发电系统控制所需的多源环境与系统状态信息及相应的性能指标要求，并向认知层与反馈层相关特征获取提供相应需求的分析指令。其次，基于来自认知层的全天候环境状态认知结果，推理决策控制策略并向反馈层下达相应的计算指令。另外，基于反馈层计算所得的光伏阵列控制误差进行控制目标评判，对满足性能要求的控制过程做出停机决策并反馈相关系统状态信息至认知控制需求分析模块以等待下一次采样控制指令，否则基于控制误差驱动伺服机构动作并将相应系统状态信息反馈至反馈层系统特征获取模块，以实现全天候光伏发电系统的智能认知控制。

(2) 认知层

认知层由全天候环境特征获取、环境状态认知等模块构成。认知层基于决策层下达的认知控制需求相关指令，从多源环境与系统状态信息中抽取全天候环境状态特征以认知实时环境状态(包括风天、雪天、黑夜、阴/雨天和晴/多云天等)，并向决策层控制策略决策提供启发式信息。

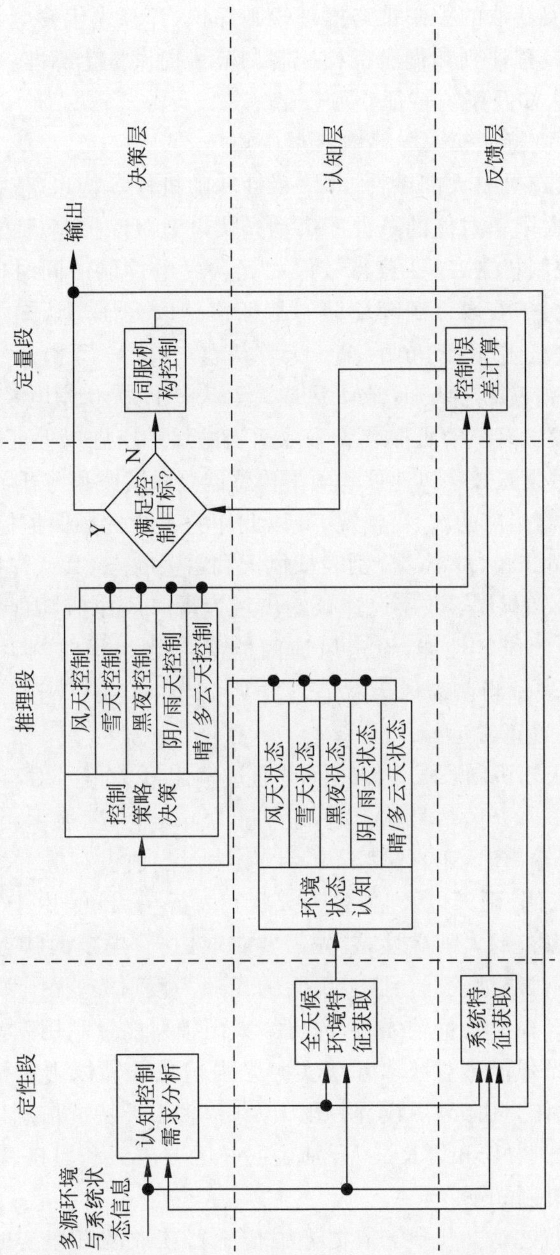

图 6.16 全天候光伏发电智能认知跟踪控制系统模型

(3) 反馈层

反馈层由系统特征获取和控制误差计算模块构成。反馈层基于决策层下达的认知控制需求相关指令，从多源环境与系统特征信息中抽取光伏发电系统状态特征，并与来自决策层获取的控制策略推理规则知识，计算光伏发电系统实时控制误差，为决策层控制过程评判和伺服机构控制调节量提供量化标准。

2) 环境状态认知及系统特征获取

(1) 全天候环境特征获取与环境状态认知

全天候环境状态具有大间歇性、非平稳性和随机性等特点，依据光伏发电的特性，只在具有充分太阳辐射能的条件下启动光伏电池跟踪控制，而在其他天气状况下应执行相应的控制机制，以在获得较好的光伏发电性能的同时保护光伏发电系统安全运行。因此，需获取多源环境状态特征信息以表征与认知气象环境的包括风/雪天、白天/黑夜、阴/雨天和晴/多云天等状态。

① 风/雪天状态表征与认知：在大风或大雪状态下，光伏发电系统不仅无须跟踪控制，且需对光伏发电系统的机械装置采取适当的保护措施以保证光伏发电系统的安全运行。因此，可设置数字风速仪和雨雪传感器获取风速和雪开关量作为风/雪的特征信息以实时监测当前的风/雪情况，并以此作为系统选择保护控制方式的依据。本书以逻辑量“Wind”和“Snow”分别表征风天和雪天状态，其认知机制如下：

i. 大风状态认知机制：数字风速仪输出量为瞬时风速值，因此，依据所选机械装置水平方向受力的稳定性能，设定风速阈值 V_W，当采样时刻瞬时风速 $V \geqslant V_W$ 时，令“Wind=1”，表示当前为风天状态；当 $V < V_W$ 时，令“Wind =0”，表示当前风速不影响机械装置正常运行。

ii. 雪天状态认知机制：雨雪传感器是通过输出开关信号对有无雨、雪的定性检测。因此，当有下雪开关信号输出时，逻辑量“Snow=1”，表示当前为雪天状态；当无下雪开关信号输出时，逻辑量“Snow=0”，表示当前没有下雪。

② 白天/黑夜、阴/雨天以及晴/多云天状态表征与认知：由于地球的太阳逐日辐射能量有白天/黑夜的大间歇性，首先需要获取白天/黑夜的状态特征；在阴/雨天时的太阳逐日辐射能量较弱，且阴/雨天的光照为漫射光，无须跟踪控制；在晴/多云天，当太阳逐日辐射能量较强时，为提高太阳辐射能量利用率需要进行跟踪控制。因此，可通过光强传感器获取环境实时光强信息并辅以雨雪传感器获取的雨开关量及时钟信息作为白天/黑夜、阴/雨天及晴/多云天特征信息以认知当前环境状态。本书以逻辑量“Night”“Rain”分别表征并区分白天和黑夜、阴/雨天和晴/多云天状态，其认知机制如下：

i. 白天/黑夜状态认知机制：依据光强传感器获取的环境实时光强信息及结合采样时刻的时钟信息，设定给定光强阈值 S_{G1} 和时间阈值 T_G，认知当前为白天或黑夜状态。当采样时刻与正午时刻时间间隔 $|T-12:00| \leqslant T_G$，或采样时刻与正午时刻时间间隔 $|T-12:00| > T_G$ 且环境实时光强 $S \geqslant S_{G1}$ 时，“Night=0”，表

示当前为白天状态；当采样时刻与正午时刻时间间隔$|T-12:00|>T_G$且环境实时光强$S<S_{G1}$时，"Night=1"，表示当前为黑夜状态。

ii. 阴/雨天状态特征：依据先验知识，通过光强传感器获取的环境实时光强信息结合雨雪传感器获取的雨开关量信号，设定给定光强阈值S_{G2}，认知当前为阴/雨天状态。当雨雪传感器雨开关量有输出，或当前环境实时光强$S\leqslant S_{G2}$时，"Rain=1"，表示当前为阴/雨天状态。这里，$S_{G1}<S_{G2}$。

iii. 晴/多云天状态特征：依据给定光强阈值S_{G2}，当雨雪传感器雨开关量无输出，且当前环境实时光强$S>S_{G2}$时，"Rain=0"，表示当前为晴/多云天状态。

基于上述全天候环境状态认知所需的相关特征抽取与相应的规则推理，可认知各采样时刻的实时环境状态，继而为决策层控制策略决策提供启发式知识。

(2) 全天候光伏发电智能认知跟踪控制系统特征获取

基于全天候光伏发电智能认知跟踪控制系统模型结构和光伏发电系统实际控制过程分析可知，全天候光伏发电智能认知跟踪控制需要根据全天候环境状态认知结果实时监测自身各种状态以保证系统运行的准确可靠，从而实现控制目标。需要获取的系统特征信息主要有

① 位置：光伏发电跟踪控制系统基于地平坐标系，垂直与水平两个自由度的位置特征分别表示光伏电池的方位和高度，可由两个直流电机自带的光电编码器获取。本书选择36ZYT57型永磁直流微型行星齿轮减速电机，其码盘输出为100个脉冲/转，脉冲经过32位计数器芯片HCTL-2022，计数器与电机旋转角度的关系为水平方向270 000脉冲/度，垂直方向204 000脉冲/度。光伏电池当前位置特征与光电编码器所记录的脉冲数满足当前方位角$\gamma^G=M_\gamma/270\,000$，当前高度角$\Lambda^G=M_\Lambda/204\,000$。其中，$M_\gamma$为水平方向脉冲数，$M_\Lambda$为垂直方向脉冲数。

② 输出：输出特征主要由光伏系统输出电压、电流两个检测量表示。可以通过接入取样电阻获得，其电路如图6.17所示。

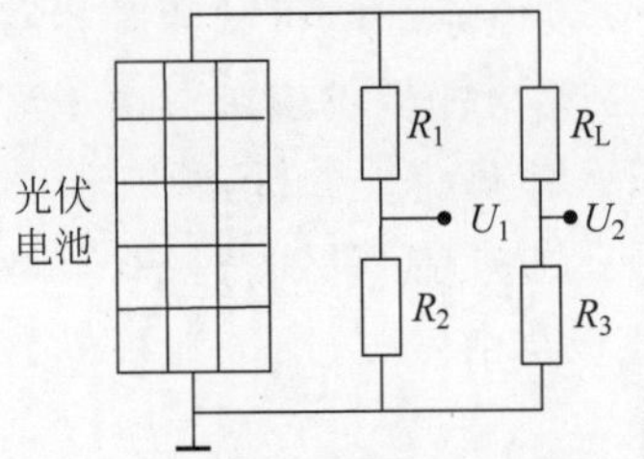

图6.17　光伏电池输出电压与电流取样电路

由图6.17可以得到输出电压、电流之间的关系：

$$\begin{cases} U_1=\dfrac{R_2}{R_1+R_2}\cdot U \\ U_2=R_3I \end{cases} \tag{6.34}$$

③ 故障：全天候光伏发电智能认知跟踪控制系统需要实时认知系统各类故障状态以保证系统的安全运行。需要获取的故障信息主要有电源短路、电流过载、位置信号异常、伺服机构故障等。

3）环境状态认知推理决策机制

（1）基于全天候环境状态认知的推理决策控制策略

全天候光伏发电智能认知跟踪控制系统能够依据采样时刻全天候环境状态的认知结果获取相应的控制策略，以保证系统能够在大间歇、非平稳和随机的全天候环境状态下节能、安全、高效地稳定运行。

① 基于状态认知的全天候认知控制决策机制的推理决策集

i. If“Wind＝1”，Then 大风保护控制；

ii. If “Wind＝0”and“Snow＝1”，Then 雪天保护控制；

iii. If “Wind＝0”and“Snow＝0”and“Night ＝1”，Then 夜间复位控制策略；

iv. If “Wind＝0”and“Snow＝0”and“Night ＝0”and“Rain＝1”，Then 阴/雨天控制策略；

v. If“Wind＝0”and“Snow＝0”and“Night ＝0”and“Rain＝0”，Then 晴/多云天跟踪控制策略。

② 各状态下的具体控制策略

i. 大风保护控制策略

在大风天气状态下，光伏发电系统的机械装置容易因水平方向承受压力而损坏，因此需要采取相应的保护措施。由于在大风状态认知过程中对风速阈值设定时考虑了所选机械装置水平方向受力的稳定性能，所以大风保护控制策略为

令光伏电池板最终停放位置为高度角 $\Lambda=90°$（光伏电池板水平放置），方位角 $\gamma=0°$（光伏电池板朝正南方向放置）。

ii. 雪天保护控制策略

在大雪天气状态下，光伏发电系统的机械装置容易因积雪而在垂直方向承受压力导致损坏，因此需要采取相应的保护措施。由于雪天状态认知过程采用的雨雪传感器仅对有无降雪情况发生做定性分析，所以通过在线监测积雪深度 Π，并设定雪深阈值 D_S，以作为雪天保护控制参数，其控制策略为

若 $\Pi<D_S$，则光伏电池板自由停放，即电池板停放位置给定即为当前系统获取的停放位置；

若 $\Pi\geqslant D_S$，则光伏电池板最终停放位置为高度角 $\Lambda=0°$（光伏电池板垂直放置），方位角 $\gamma=0°$（光伏电池板朝正南方向放置）。

iii. 夜间复位控制策略

地球自转使太阳呈现周日视运动轨迹，即“东升西落”。在正常情况下，光伏电池板在一天的跟踪控制结束后将朝向西方，若不采取措施，则在翌日太阳升起时，电池板方向与太阳方向将产生较大方位差，大大降低光伏发电系统的能效，因此需

要采取相应的复位措施，使太阳能电池板复位至正对日出时刻的太阳位置，以准备进入下一轮跟踪控制周期，降低能耗。夜间复位的控制策略为

令光伏电池板最终停放位置为高度角 $\Lambda=\Phi$（Φ 为地理纬度），方位角 $\gamma=-90°$（光伏电池板朝正东方向放置）。

iv. 阴/雨天控制策略

阴/雨天的太阳逐日辐射能量较弱，且光照为漫射光，所以无须跟踪。但由于全天候环境的随机性，阴/雨天和晴/多云天状态可能在短时间内交替出现，为节能降耗，阴/雨天控制策略为

光伏电池板自由停放：电池板停放位置给定即为当前系统获取的停放位置。

v. 晴/多云天跟踪控制策略

在晴/多云天时需要实时监测太阳位置并控制光伏电池板跟踪太阳运动轨迹使之始终近似正对太阳以提高太阳能利用率。另外，对于由多光伏单元串并联构成的光伏发电站，若各时刻各光伏单元的输出直流电压不平衡则会造成失配损失，因此，晴/多云天跟踪的目标应使各单元光伏阵列输出直流电压保持在最大输出点附近的同时尽可能相等以减少损耗。晴/多云天跟踪控制策略为

实时监测太阳位置，获取太阳高度角 Λ 和方位角 γ，驱动光伏电池板跟踪高度角 Λ 和方位角 γ，实现最大光强跟踪；

在线监测并评判光伏单元输出电压是否平衡，获取电压误差并转换为控制角度，实现最大光强点附近的电压平衡控制。

（2）基于全景图像认知的太阳位置计算方法

太阳方位的准确获取是保证晴/多云天跟踪精度的关键因素之一。通过现有的几种太阳定位方法分析可知，时钟定位法快速便捷，但在长时间跟踪过程会不断累积误差而影响跟踪精度，全景图像定位法利用模式识别和图像处理技术获得采样时刻太阳位置重心坐标，适应性和识别效果好，但天空漂浮物体的遮挡或反射等干扰的存在会使一幅天空全景图像中可能包含多块高亮斑区而造成太阳光斑误识别，影响太阳位置计算的准确性。为此，基于不确定信息认知对象的仿反馈认知智能机制与计算模型，本书提出了一种基于全景图像认知的太阳位置计算方法。该方法首先基于全景图像实现太阳光斑多层次变粒度仿反馈认知，然后依据太阳光斑认知动态计算太阳位置，以克服遮挡、失真等干扰，从而提高太阳位置计算的准确性。

① 基于全景图像的太阳光斑多层次变粒度仿反馈认知

i. 基于全景图像的太阳光斑多层次变粒度仿反馈认知智能系统模型

基于不确定信息认知对象的三层三段仿反馈认知智能系统模型结构，本书建立了基于全景图像的太阳光斑多层次变粒度仿反馈认知智能模型，模型结构如图 6.18 所示。决策层针对各类干扰可能形成的伪光斑或者造成太阳光斑受损缺

陷等问题，通过大量随机全景图像样本中太阳光斑特性分析向系统各阶段各模块下达相应的决策指令。基于反馈层计算所得的太阳光斑认知误差，通过太阳光斑不确定认知结果评价以调节太阳光斑认知知识粒度，从而在合适的认知知识粒度层次中准确认知太阳光斑。认知层基于决策层下达的各项决策指令，基于大量全景图像样本，获取各类太阳光斑的变粒度优化表征的认知知识空间以构造太阳光斑云模型，并由此获取在已确定认知知识粒度层次下的待认知光斑属于太阳光斑的不确定认知结果。反馈层针对认知层获取的结果，基于所建立的不确定认知过程与结果评价测度指标体系，计算当前不确定认知结果的偏差，为结果评价提供量化标准。

由于太阳光斑认知的任务是在由一幅全景图像中分割而成的多个光斑中认知太阳光斑，相对于上文所述的多类别不确定信息对象的认知问题，具有较为明确的认知目标，因此，在将不确定信息认知对象的仿反馈认知智能机制与计算模型应用于基于全景图像的太阳光斑认知问题时，其仿反馈机制与评价指标均进行了一定程度的变形。

ii. 全景图像光斑分割

通过先验知识分析可知，一幅无干扰的全景图像中的高亮区域即为太阳斑区，因此，可采用鱼眼镜头采集天空全景图像，并将其从 RGB 域变换至 HSI 域，从而获取 HSI 空间中的全景图像 $F(x,y)=\{H(x,y),S(x,y),I(x,y)\}$ 以增强光敏感系数[440]。另外，为淡化 HSI 图像中的背景和纹理等噪声，采用光敏感加权系数法[161]获取改进的 HSI 图像：

$$\begin{aligned}F'(x,y)&=\{K_H H(x,y),K_S S(x,y),K_I I(x,y)\}\\&=\{H'(x,y),S'(x,y),I'(x,y)\}\end{aligned}\tag{6.35}$$

其中，K_H，K_S 和 K_I 分别为色度、饱和度和亮度的光敏感加权系数。

由此，可设置阈值并对全景图像逐行扫描，将一幅全景图像中满足阈值的高亮区域分割为多个光斑区域。一般而言，由于噪声干扰的存在，一幅全景图像中除了太阳的光斑，还可能包含其他的伪光斑，而且，太阳光斑也可能由于干扰而无法呈现明显的高亮度特性。

为解决鱼眼镜头造成的形变和失真等问题，依据太阳距离地球无穷远，基于文献[441]～[442]构建鱼眼镜头抛物面方程，将光斑坐标映射至二维平面域中以快速获取光斑形状及中心点坐标。

因此，对于全景图像样本库而言，依据上述方法对大量全景图像进行变换分割，可构建太阳光斑样本空间 $U=\{U_1,U_2,\cdots,U_n\}$。而对于一幅待认知全景图像样本，可将依据上述方法变换分割而成的 d 个光斑构建成待认知光斑样本空间 $Y=\{Y_1,Y_2,\cdots,Y_d\}$。

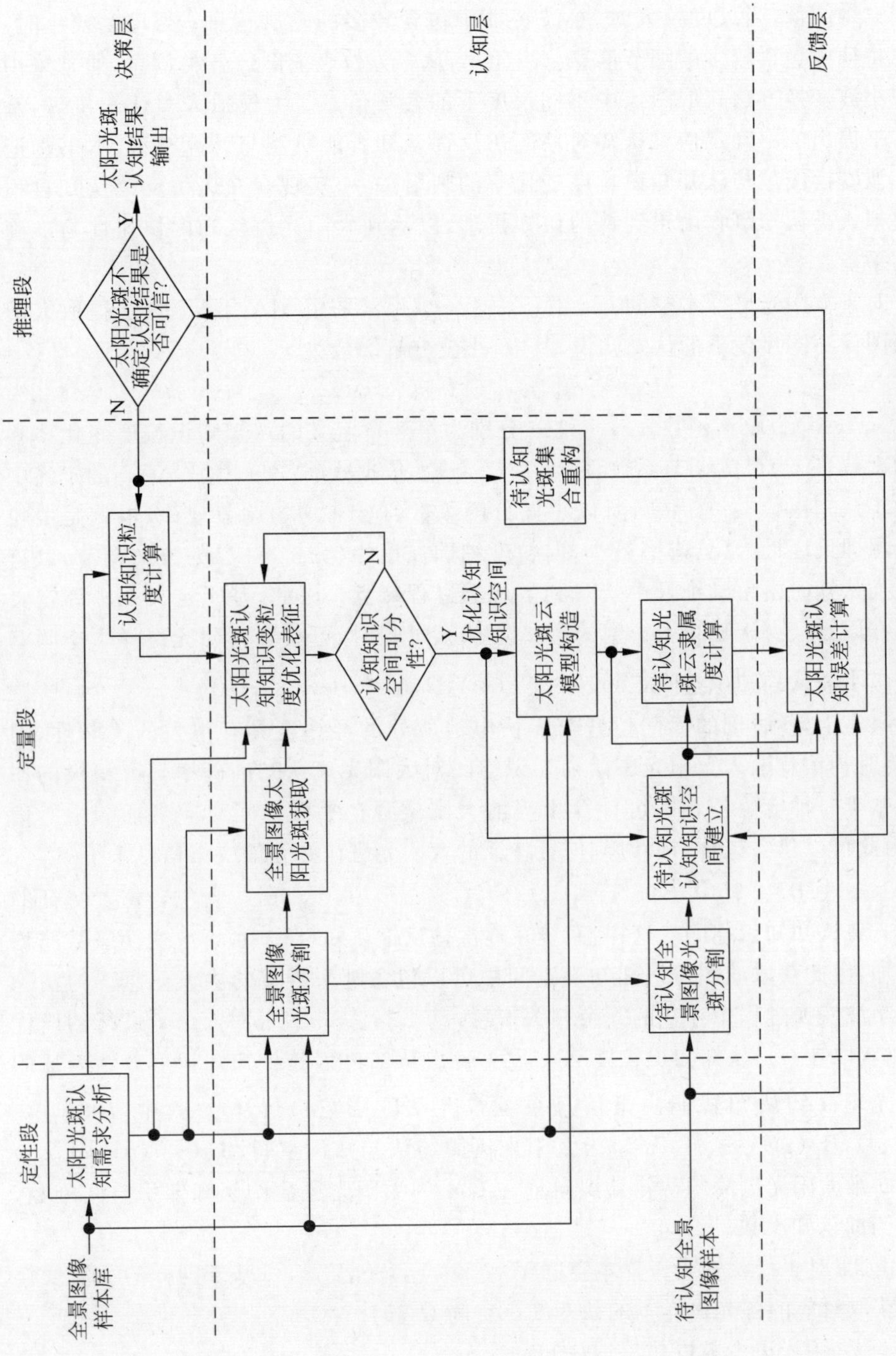

图 6.18　基于全景图像的太阳光斑多层次变粒度仿反馈认知智能模型

iii. 基于多尺度小波的太阳光斑认知知识优化表征

小波变换具有多尺度分析能力，是近年来学术界较为常用的图像处理技术。对于二维图像，当尺度较大时，小波特征中包含较多的轮廓信息；当尺度较小时，小波特征中包含较多的细节信息。因此，为从多方位表征图像各类信息，通常采用多级小波变换方法获取图像中不同尺度下的各类信息。为模拟人类认知机理，基于本书提出的不确定信息认知对象的仿反馈认知智能机制与计算模型，本书构造了小波变换级数与认知知识粒度变化率的映射关系，实现在光斑仿反馈认知过程中模拟人类认知事物由粗到精的认知机理，以达到太阳光斑认知的快速性与准确性的平衡。

对于太阳光斑样本空间 $U=\{U_1,U_2,\cdots,U_n\}$，采用 MALLAT 算法提取太阳光斑图像不同尺度下的认知知识，其中，小波分解级数为

$$L_w=\mathrm{int}[L_{w-1}(1+K\times\Delta G_w)] \tag{6.36}$$

其中，int(·)为取整函数，ΔG_w 和 w 分别为第 3 章定义的认知知识粒度变化率和认知次数，K 为尺度调节系数，$L_1=1, G_1=1$。依据式(6.36)，由于 ΔG_w 的定义中加入了认知次数 w 的因素，所以小波分解级数符合非均匀调节规律，也就是由粒度最粗即尺度最大(分辨率最小)向粒度细即尺度小(分辨率大)的方向调节，以符合人类认知时由粗到细且由宏观到微观的过程特点。因此，基于定义 6.1 和定义 6.2，在以 G_w 为认知知识粒度的第 w 次认知过程时，可获取太阳光斑样本空间 U 的多级小波认知知识空间 $\widetilde{C}(w)=\{\widetilde{C}_1(w),\widetilde{C}_2(w),\cdots,\widetilde{C}_{\widetilde{m}}(w)\}$。

事实上，各时刻的太阳位置与光伏电池所处的经纬度具有很大的关联性，因此，将时钟信息融入太阳光斑认知知识空间对太阳光斑认知准确率具有积极的作用。基于时钟定位公式即可计算出当前太阳位置在平面空间对应坐标的中心信息，由此可以建立包含当前时刻位置特征的太阳光斑认知智能决策信息系统 $S_w=(U,\breve{C}(w)\cup\boldsymbol{D})$。其中，$\breve{C}(w)=\{\breve{C}_1(w),\breve{C}_2(w),\cdots,\breve{C}_{\breve{m}}(w)\}$为包含位置特征的太阳光斑认知知识空间。这样，系统在逐次仿反馈认知过程中，小波变换级数非均匀增加，由此获取的图像认知知识空间中可以包含越来越多的决策信息。为消除多级小波变换过程中存在的冗余相关信息，基于算法 6.2，可对 $\breve{C}(w)$进行约简优化，以获取在 G_w 认知知识粒度层次下第 w 次认知过程的认知知识可分性表征的太阳光斑简约认知智能决策信息系统 $\bar{S}_w=(U,B(w)\cup\boldsymbol{D})$。其中，$B(w)=\{B_1(w),B_2(w),\cdots,B_r(w)\}$为太阳光斑简约认知知识空间，$\boldsymbol{B}_b(w)(b\in[1,r])$为第 b 维太阳光斑简约认知知识向量，$r\leqslant\widetilde{m}$ 为太阳光斑简约认知知识空间维数，w 为当前认知次数。

由此，对于待认知光斑样本空间 $Y=\{Y_1,Y_2,\cdots,Y_d\}$，可基于同样的小波变换级数获取对应的各光斑样本的认知知识空间 $\Omega(w)$。

iv. 太阳光斑变粒度仿反馈认知

由于云层遮挡、反射等干扰，太阳光斑的分类面具有很强的模糊性，因此，可构

造太阳光斑逆向正态云模型，以模糊太阳光斑认知边界。基于以 G_w 为认知知识粒度层次的第 w 次认知过程的太阳光斑简约认知智能决策信息系统 $\bar{S}_w=(U,B(w)\cup \boldsymbol{D})$，太阳光斑粒子云模型为 Cd=[EX,EN,HE]。其中，EX，EN，HE 分别为太阳光斑粒子云模型的期望、熵和超熵。那么，对于 d 个待认知光斑样本 Y 及其认知知识空间 $\Omega(w)$，则可分别计算光斑 Y_t 属于太阳光斑的云隶属度 $\Gamma_{t,w}$，从而获取各光斑属于太阳光斑的云隶属度向量 $[\Gamma_{1,w},\Gamma_{2,w},\cdots,\Gamma_{d,w}]$。

为提高认知结果可信度，基于所建立的不确定认知过程与结果评价测度指标体系，将待认知光斑 Y_t 的认知知识向量 $\boldsymbol{\Omega}_{t,*}(w)=[\Omega_{t,1}(w),\Omega_{t,2}(w),\cdots,\Omega_{t,r}(w)]$($t\in[1,d]$)与太阳光斑简约认知知识空间 $B(w)$ 中各元素分别与对应元素相减，获取太阳光斑认知误差矩阵，从而构建太阳光斑认知误差信息系统 $\mathrm{SR}_{t,w}$(见式(3.9)～式(3.11))。基于 $\mathrm{SR}_{t,w}$，可获取待认知光斑样本空间 Y 在以 G_w 为认知知识粒度层次的第 w 次认知过程时的太阳光斑认知误差信息系统 $\mathbf{SR}_w=[\mathrm{SR}_{1,w},\mathrm{SR}_{2,w},\cdots,\mathrm{SR}_{d,w}]^{\mathrm{T}}$。

由此，基于所建立的不确定认知过程与结果评价体系，本书给出了一幅全景图像中的待认知光斑不确定认知结果评价规则，实现太阳光斑的快速认知和相似光斑的变粒度仿反馈比对决策，以达到实际应用中快速性和准确性的平衡。

设以 G_w 为认知知识粒度层次的第 w 次认知过程，有待认知光斑样本空间 $Y=\{Y_1,Y_2,\cdots,Y_d\}$ 属于太阳光斑的云隶属度向量 $[\Gamma_{1,w},\Gamma_{2,w},\cdots,\Gamma_{d,w}]$ 和基于定义 6.9 所计算的 Y 中各样本当前认知过程的认知误差 α 熵 $H^{\alpha}_{t,w}$($t\in[1,d]$)，则当前太阳光斑不确定认知结果的评价规则如下：

a. 若 $\Gamma_{t,w}=\max\{\Gamma_{1,w},\Gamma_{2,w},\cdots,\Gamma_{d,w}\}$ 且 $H^{\alpha}_{t,w}=\min\{H^{\alpha}_{1,w},H^{\alpha}_{2,w},\cdots,H^{\alpha}_{d,w}\}$，则 Y_t 为太阳光斑 O 输出。

b. 若 $\Gamma_t=\max\{\Gamma_1,\Gamma_2,\cdots,\Gamma_d\}$ 且 $H^{\alpha}_{t,w}\neq\min\{H^{\alpha}_{1,w},H^{\alpha}_{2,w},\cdots,H^{\alpha}_{d,w}\}$，或 $\Gamma_t\neq\max\{\Gamma_1,\Gamma_2,\cdots,\Gamma_d\}$ 且 $H^{\alpha}_{t,w}=\min\{H^{\alpha}_{1,w},H^{\alpha}_{2,w},\cdots,H^{\alpha}_{d,w}\}$，则提取符合该条件的 π 个光斑样本 Y_π 以重构待认知光斑样本空间 $Y\leftarrow Y_\pi$，并基于式(6.18)和式(6.19)对新的 Y 计算第 $w+1$ 次认知过程时的认知知识粒度调节量，从而依据式(7.3)获取第 $w+1$ 次认知过程时的多级小波特征以进行下一次仿反馈认知决策。

c. 若在认知次数 $w>\mathrm{Td}_1$ 时仍无法满足规则 a，则 $\max\{(\Gamma_{t,1}+\Gamma_{t,2}+\cdots+\Gamma_{t,w})/w\}$ 对应的光斑样本 Y_t 为太阳光斑 O 输出，避免死循环。

② 基于太阳光斑认知的太阳位置计算

依据已认知的平面空间的太阳光斑，可计算平面空间中的太阳光斑中心点 $P'(x'_0,y'_0)$，其坐标为

$$\begin{cases} x'_0=\dfrac{x'_1+x'_2+\cdots+x'_N}{N} \\ y'_0=\dfrac{y'_1+y'_2+\cdots+y'_N}{N} \end{cases} \tag{6.37}$$

其中，$x'_1, x'_2, \cdots, x'_N$ 和 $y'_1, y'_2, \cdots, y'_N$ 分别为太阳光斑区域在平面空间中的网络横、纵坐标，N 为太阳光斑区域在平面空间中的坐标数。

由 $P'(x'_0, y'_0)$，依据鱼眼镜头抛物面公式，则可以计算其对应的抛物面坐标 $P(x_0, y_0, z_0)$。点 P 与 P' 之间满足

$$\begin{cases} x_0 = x'_0 \\ y_0 = y'_0 \\ z_0 = \dfrac{r_z^2 - (x_0^2 + y_0^2)}{2r_z} \end{cases} \tag{6.38}$$

其中，r_z 为抛物面半径。

由 $P(x_0, y_0, z_0)$，可以计算 P 与视点(以坐标原点为视点)的方位角 γ 与高度角 Λ：

$$\begin{cases} \gamma = \arctan \dfrac{y_0}{x_0} \\ \Lambda = \arctan \dfrac{y_0}{\sqrt{x_0^2 + y_0^2}} \end{cases} \tag{6.39}$$

至此，由式(6.38)可以很方便地确定当前时刻的太阳位置。

(3) 基于太阳位置认知的光伏阵列协调反馈控制机制

天气状态的随机性使晴/多云天和阴/雨天状态可能交替存在，因此，系统可能在两次晴/多云天跟踪控制采样过程中长时间执行阴/雨天控制策略，这样，太阳运动和光伏电池板停放位置的共同作用就会使鱼眼镜头可能无法捕捉太阳斑区。因此，本书采用时钟定位法和全景图像定位法相结合的太阳位置认知方法，建立最大光强跟踪机制，以提高光伏电池跟踪性能。另外，对于多单元光伏发电系统，各时刻各单元光伏阵列的输出直流电压若不平衡则会造成失配损失，因此，晴/多云天跟踪的目标应使各单元光伏阵列输出直流电压能够保持在最大输出点附近的同时尽可能相等以减少能耗。由此，本书提出了一种基于太阳位置认知的光伏阵列协调反馈控制机制作为晴/多云天的跟踪控制策略，通过协调反馈控制完成对光线入射角垂直跟踪和各光伏单元输出电压平衡控制。其结构如图 6.19 所示。

基于图 6.19，晴/多云天跟踪控制策略即光伏阵列协调反馈控制机制为

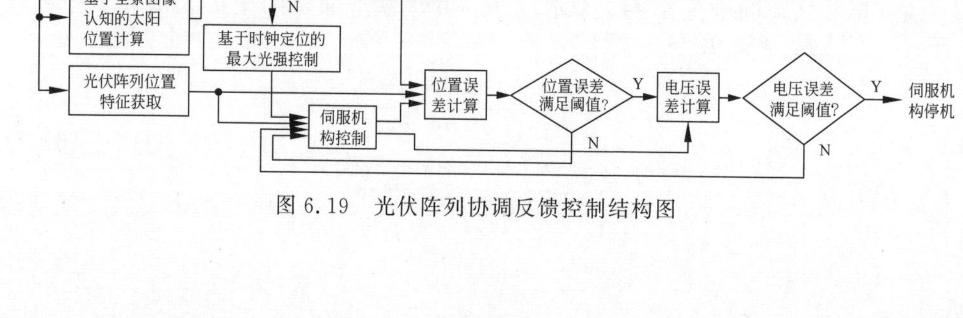

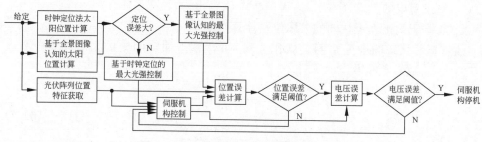

图 6.19 光伏阵列协调反馈控制结构图

第一，分别通过时钟定位法和全景图像定位法计算采样时刻太阳位置，即通过时钟定位法利用太阳能物理学知识计算采样时刻太阳高度角 Λ_1 和方位角 γ_1；通过全景图像定位法计算同时刻的太阳高度角 Λ_2 和方位角 γ_2。

第二，计算两种方法计算所得的太阳位置定位误差并进行比较。

- 若定位误差大于阈值，则获得基于时钟定位的最大光强控制决策命令，并基于所获取的光伏阵列位置特征以高度角 Λ_1 和方位角 γ_1 为控制目标驱动伺服机构控制，进而转入位置误差计算环节；
- 若定位误差小于阈值，则获得基于全景图像认知的最大光强控制决策命令，并基于所获取的光伏阵列位置特征以高度角 Λ_2 和方位角 γ_2 为控制目标计算位置误差。

第三，判定系统位置误差是否满足阈值。

- 若位置误差满足阈值，则计算光伏阵列电压误差；
- 若位置误差不满足阈值，则以当前位置误差驱动伺服机构控制并重新计算位置误差及阈值判定。

第四，判定光伏阵列电压误差是否满足阈值。

- 若电压误差不满足阈值，则将当前电压误差换算成位置误差并驱动伺服机构控制，进而重新计算电压误差并进行阈值判定；
- 若电压误差满足阈值，则伺服机构停机，系统本轮跟踪控制结束。

4）智能认知跟踪控制误差和反馈调节计算模型

基于本书提出的全天候光伏发电智能认知跟踪控制系统模型和上述全天候环境状态认知及系统特征获取、基于全天候环境状态认知的推理决策机制分析，下文给出了全天候光伏发电智能认知跟踪控制算法，算法流程如图 6.20 所示。

在全天候光伏发电智能认知跟踪控制算法中，系统通过获取控制目标和光伏电池板位置之差给出了伺服机构驱动命令，光伏发电系统伺服机构的双轴控制过程是：将基于控制策略决策获取的光伏阵列目标停放位置（高度角 Λ 和方位角 γ）作为给定值，与采样时刻光伏阵列的位置特征（高度角 Λ^G 和方位角 γ^G）进行比较并将其偏差值作为控制量送给伺服机构，以实现其分别在垂直与水平两个方向的调节，其角控制过程如图 6.21 所示（以高度角为例，方位角控制过程与之相同）。

基于全天候光伏发电智能认知跟踪控制系统模型分析，系统通过控制误差判定以决策当前采样时段控制过程是否实现控制目标，并且在控制误差不满足阈值时驱动伺服机构反馈调节，从而实现全天候闭环智能认知跟踪控制。由于控制方式的不同，全天候环境状态下系统具有不同的控制误差和反馈调节计算模型。

（1）大风保护控制误差与反馈调节计算模型

当执行大风保护控制策略时，系统控制目标为固定值，即高度角 $\Lambda=90°$，方位角 $\gamma=0°$。系统在线获取光伏电池板位置特征信息（高度角 Λ^G，方位角 γ^G），并与控

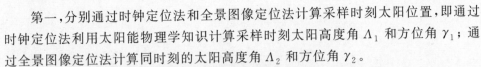

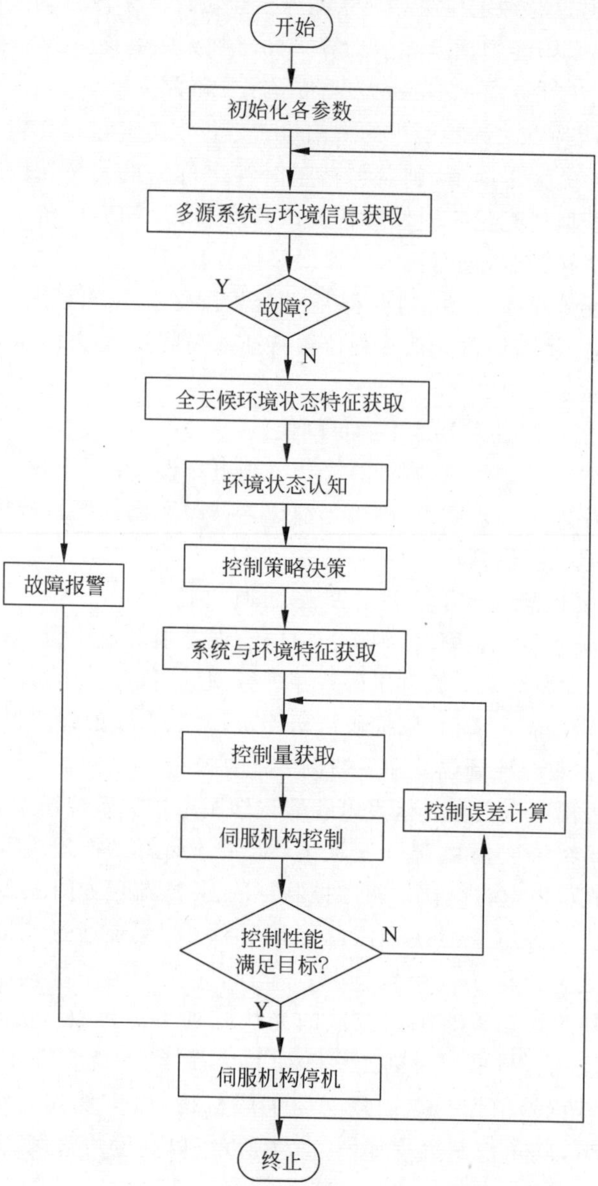

图 6.20　全天候光伏发电智能认知跟踪控制算法流程

制目标进行比较计算 $\Delta\Lambda=|\Lambda^G-\Lambda|=|\Lambda^G-90°|$ 和 $\Delta\gamma=|\gamma^G-\gamma|=|\gamma^G-0°|$。设定位置误差阈值 ε_1（下同）以进行控制误差评判，其反馈调节计算模型为

① 若 $\Delta\Lambda\leqslant\varepsilon_1$ 且 $\Delta\gamma\leqslant\varepsilon_1$，则伺服机构停机，表明当前控制过程满足目标要求，因而令驱动电源断电，本轮采样控制过程结束；

② 否则，令 $\Delta\Lambda$ 和 $\Delta\gamma$ 为当前控制误差，并以此作为控制量实现反馈调节。

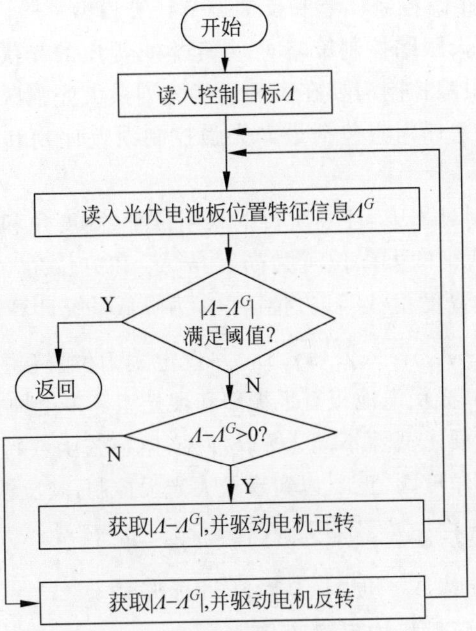

图 6.21　高度角控制过程流程

(2) 雪天保护控制误差和反馈调节计算模型

当执行雪天保护控制策略时，系统依据所获取的雪深特征信息 Π 给定不同的控制目标。当积雪深度较小时，系统执行光伏电池板自由停放策略，此时伺服机构不启动；当积雪深度较大时，与大风保护控制策略类似，系统控制目标亦为固定值，即高度角 $\Lambda=0°$，方位角 $\gamma=0°$。由此，雪天保护控制的反馈调节计算模型为

当 $\Pi<D_S$ 时，令 $\Delta\Lambda=\Delta\gamma=0$，伺服机构不启动。

当 $\Pi\geqslant D_S$ 时，计算 $\Delta\Lambda=|\Lambda^G-\Lambda|=|\Lambda^G-0°|$ 和 $\Delta\gamma=|\gamma^G-\gamma|=|\gamma^G-0°|$。

① 若 $\Delta\Lambda\leqslant\varepsilon_1$ 且 $\Delta\gamma\leqslant\varepsilon_1$，则伺服机构停机，本轮采样控制过程结束；

② 否则，令 $\Delta\Lambda$ 和 $\Delta\gamma$ 为当前控制误差，并以此作为控制量实现反馈调节。

(3) 夜间复位控制误差和反馈调节计算模型

当执行夜间复位控制策略时，其反馈调节机制亦与大风保护控制性能评价机制类似，系统控制目标亦为固定值，即高度角 $\Lambda=\Phi$，方位角 $\gamma=-90°$。因此，夜间复位控制的反馈调节计算模型为

计算 $\Delta\Lambda=|\Lambda^G-\Lambda|=|\Lambda^G-\Phi|$ 和 $\Delta\gamma=|\gamma^G-\gamma|=|\gamma^G+90°|$。

① 若 $\Delta\Lambda\leqslant\varepsilon_1$ 且 $\Delta\gamma\leqslant\varepsilon_1$，则伺服机构停机，本轮采样控制过程结束；

② 否则，令 $\Delta\Lambda$ 和 $\Delta\gamma$ 为当前控制误差，并以此作为控制量实现反馈调节。

(4) 阴/雨天控制误差和反馈调节计算模型

当执行阴/雨天控制策略时，光伏电池板自由停放，伺服机构不启动，因此，令 $\Delta\Lambda=\Delta\gamma=0$，其控制反馈调节计算模型与雪天保护控制策略中雪深较小时相同。

(5) 晴/多云天跟踪控制误差和反馈调节计算模型

当执行晴/多云天跟踪控制策略时，基于本书提出的光伏阵列反馈协调控制机制可知，晴/多云天跟踪控制需要在实现光伏阵列最大光强跟踪的条件下实现电压平衡控制，其控制误差评判应包括最大光强控制误差评判和电压平衡控制误差评判两部分。

在最大光强控制过程中，计算所得的太阳位置(高度角和方位角)为控制目标。设通过时钟定位法获得的太阳位置为高度角 Λ_1 和方位角 γ_1，通过全景图像定位法获得的太阳位置为高度角 Λ_2 和方位角 γ_2，为降低系统计算复杂度，本书定义太阳位置误差 $\Delta=\sqrt{(\Lambda_1-\Lambda_2)^2+(\gamma_1-\gamma_2)^2}$，并设定太阳位置误差阈值 ε_2，以修正最大光强控制目标。另外，光伏电池板有平板型和聚光型等多个种类，不同类型的光伏电池板跟踪角度的精度要求截然不同，所以，应依据余弦函数特性及所选光伏电池板种类设定相应的跟踪角度阈值 ε_3，以实现最大光强控制，其反馈调节计算模型为

计算太阳位置误差 $\Delta=\sqrt{(\Lambda_1-\Lambda_2)^2+(\gamma_1-\gamma_2)^2}$。

① 若 $\Delta\leqslant\varepsilon_2$，则以 Λ_2 和 γ_2 为控制目标并计算 $\Delta\Lambda=|\Lambda^G-\Lambda_2|$ 和 $\Delta\gamma=|\gamma^G-\gamma_2|$，进而驱动伺服机构反馈调节；

② 否则，首先以 Λ_1 和 γ_1 为控制目标并计算 $\Delta\Lambda=|\Lambda^G-\Lambda_1|$ 和 $\Delta\gamma=|\gamma^G-\gamma_1|$，驱动伺服机构反馈调节，继而以 Λ_2 和 γ_2 为控制目标并计算 $\Delta\Lambda=|\Lambda^G-\Lambda_2|$ 和 $\Delta\gamma=|\gamma^G-\gamma_2|$，驱动伺服机构反馈调节。

获取 $\Delta\Lambda$ 和 ΔY，并进行阈值判定：

① 若 $\Delta\Lambda\leqslant\varepsilon_3$ 且 $\Delta\gamma\leqslant\varepsilon_3$，则最大光强跟踪满足目标，监测系统输出参数以评判各光伏单元电压是否平衡；

② 否则，以 $\Delta\Lambda$ 和 $\Delta\gamma$ 作为控制量实现反馈调节。

在电压平衡控制过程中，光伏阵列各单元平均输出电压为控制目标。对由 χ 条支路并联，每条支路由 ψ 个光伏电池板串联而成的光伏阵列，其输出直流电压为 $V_u= V_{u,1}+V_{u,2}+\cdots+V_{u,\psi}(u=1,2,\cdots,\chi)$，直流电流为 $I= I_1+I_2+\cdots+I_\chi$。光伏阵列各单元平均输出电压为 $V^*=(V_1+V_2+\cdots+V_\chi)/\chi$。对于各单元内的每个光伏电池板，希望输出电压尽可能相等，因此，控制目标可计算为 $\check{V}= V^*/\psi$。系统在线监测各光伏电池输出电压 $V_{u,c}(c=1,2,\cdots,\psi)$，并获取各光伏电池的电压平衡误差 $\Delta V_{u,c}=|V_{u,c}-\check{V}|$。由此，根据光伏电池输出参数分析[161]，可以得到各光伏电池需要修正的接受光强值 $\Delta S_{u,c}$，进而计算相应的太阳入射角修正值并表示为平衡位置误差 $\Delta\Lambda'_{u,c}$ 和 $\Delta\gamma'_{u,c}$。因而，本书设定平衡位置误差阈值 ε_4 以评判电压平衡控制是否满足控制目标，从而实现电压平衡协调优化控制。光伏阵列电压平衡控制的反馈调节计算模型为

计算 $\Delta V_u=|V_u-V^*|$。

① 若 $\Delta V_u \leqslant \varepsilon_4$，则伺服机构停机，表明该光伏单元电压平衡控制满足目标，本轮采样控制过程结束；

② 否则，计算 $\Delta V_{u,c}=|V_{u,c}-\check{V}|$，从而获取平衡位置误差 $\Delta\Lambda'_{u,c}$ 和 $\Delta\gamma'_{u,c}$ 并以此作为控制量实现反馈调节。

3. 实验验证

为验证本书提出的不确定信息认知对象的仿反馈认知智能机制与计算模型的可行性与有效性，将该模型应用于全天候光伏发电智能跟踪控制系统，以工控机和光伏电池板及其伺服机构以及各种传感检测装置为硬件基础，进行验证实验。图 6.22 为各种光伏电池及其自动跟踪装置的实物图。

(a) 单晶硅平板型和光漏斗聚光型光伏电池　(b) 500倍菲涅尔凸镜聚光型光伏电池

(c) 四碟式聚光型光伏电池　(d) 双槽式聚光型光伏电池

图 6.22　各种光伏电池及其自动跟踪装置

为提高系统的实用性，本书选用单晶硅平板型光伏电池、光漏斗聚光型光伏电池、500 倍菲涅尔凸镜聚光型光伏电池、四碟式聚光型光伏电池和双槽式聚光型光伏电池等多种光伏电池进行了各类验证实验。选用 36ZYT57 型永磁直流微型行星齿轮减速电机,电机驱动器及其控制单片机如图 6.23 所示。实验以鱼眼镜头捕捉天空半球图像以测量太阳位置。选用海康威视 DSC-4008HC 图像采集卡,图像分辨率为 640×480,采集频率为 1 帧/min。全景图像样本库的构建应尽量满足光照条件、采集时间等实验随机性条件,所有太阳光斑的实际标签均由人工标定完成。根据文献分析及多次实验总结,考虑到太阳跟踪实际过程的实时性要求,设定认知次数阈值 $Td_1=5$,认知智能决策信息系统优化算法迭代次数阈值$\Theta_2=30$,HSI 空间的敏感系数 $K_H=0.15$,$K_S=0.25$,$K_I=0.65$,小波分解尺度系数 $K=10$,在 PIV2.4GHz,512MB DDR 内存的工控机条件下进行跟踪控制算法。由于在一天中的太阳轨迹较为缓慢,考虑到使用聚光电池时的精度和节能降耗要求,设置采样跟踪频率为 1 次/min。

图 6.23 电机驱动器及其控制单片机

从 1 帧天空全景图像中分割的太阳光斑如图 6.24 所示。图 6.25 给出了当 $\alpha=2$ 时,某次全景图像采样认知实验中小波分解级数 L_w 和认知知识粒度 G_w 关于认知次数 w 的变化曲线。系统经历 3 次认知过程实现认知结果输出,其认知知识粒度由系统给定的 1 开始逐次降低且趋于平稳,其对应的小波分解级数由系统给定的 1 开始逐次增加亦趋于平稳,这是由于认知知识粒度变化率函数中加入了认知次数 w。w 越大,即使其他参变量相同,其认知知识粒度变化率也越小,则认知知识粒度和小波分解级数 L_w 的调节量也越小。

图 6.26 给出了当所有参数选定时 300 幅全景图像采样认知实验中太阳光斑

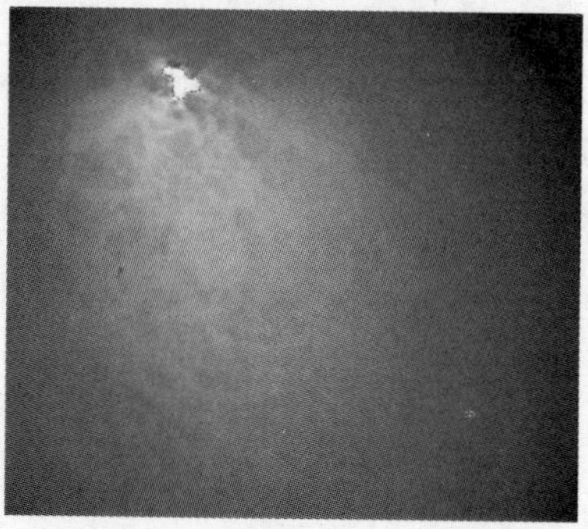

图 6.24 鱼眼图像太阳光斑

认知正确率 CR 关于认知次数 w 的变化曲线。由图 6.26 可知，当 $w=1$ 时，CR=83.67%，表明当天气晴朗时，系统采集到的全景图像噪声较小，此类图像在初次认知时即可获得正确决策输出。对于噪声干扰较大的全景图像，系统依据太阳光斑认知误差而非均匀调节小波分解级数，通过变粒度仿反馈认知机制反复认知分类面附近的相似光斑，以提高认知正确率。最后，当 $w=Td_1=5$ 时，CR=91.33%，针对多次认知仍无法满足阈值决策输出的相似样本，系统依据历次认知过程获得的最大太阳光斑云隶属度均值条件，决策输出认知结果，保证认知结果可信度。认知次数阈值 $Td_1=5$ 的选取，保证了系统正确性与实时性的平衡。

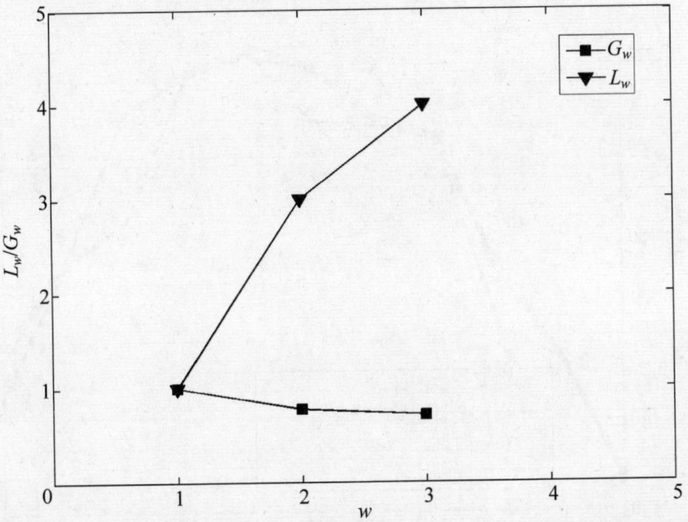

图 6.25　小波分解级数 L_w 和认知知识粒度 G_w 关于认知次数 w 的变化曲线

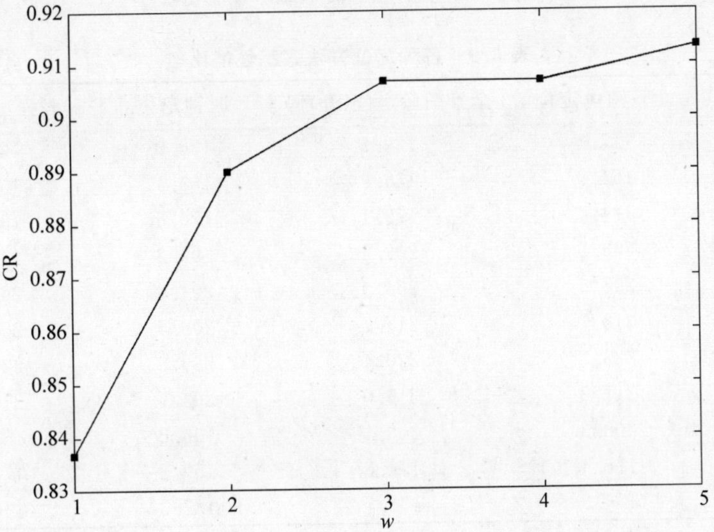

图 6.26　太阳光斑认知正确率 CR 关于认知次数 w 的变化曲线

为了验证本书提出的基于全景图像的太阳光斑变粒度仿反馈认知智能方法的有效性，本书在相同位置设置平板型光伏电池及其伺服机构，分别基于全景图像定位、时钟定位和光强比较定位方法进行了全天候光伏发电智能认知跟踪控制以比较系统系统性能。系统记录的 2015 年 9 月 28 日 7:00—17:00 各整点时刻的实时输出功率如图 6.27 所示。实验所用的平板型光伏电池为自制的由 6 块 Bn-75D 型单晶硅太阳能电池串并联组成的具有独立伺服跟踪机构的光伏组件，其在标准状况下的输出功率为 450W。各种定位方法的跟踪性能比较见表 6.9。

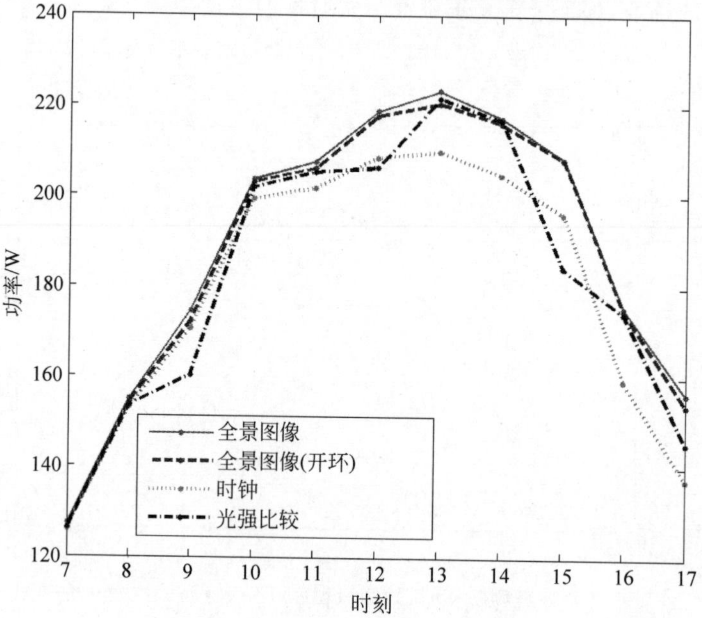

图 6.27 各种定位方法跟踪性能比较

表 6.9 各种定位方法跟踪性能比较 单位：W

时刻	全景图像定位	全景图像定位(开环)	时钟定位	光强比较定位
7:00	127.3	126.2	126.0	126.3
8:00	154.8	154.2	153.1	153.5
9:00	174.4	172.1	170.6	160.2
10:00	203.5	202.9	199.2	201.7
11:00	207.5	206.0	201.6	205.2
12:00	218.7	217.7	208.5	206.2
13:00	223.2	220.4	209.8	221.5
14:00	217.3	216.0	204.6	216.7
15:00	208.3	208.1	196.0	184.2
16:00	175.4	174.8	159.2	174.0
17:00	156.2	153.7	137.3	145.4

进一步地，本书选用多个具有独立跟踪机构的不同类型的光伏电池组件构成小型光伏发电站，以验证本书方法在全天候光伏发电智能跟踪控制应用中的有效性与实用性。系统记录的 2015 年 9 月 1 日 0:00—9 月 30 日 23:59 各整点时刻的实时输出功率如图 6.28 所示。实验所构建的小型光伏发电站由 5 条支路构成，每条支路分别由自制的 6 个平板型光伏电池、4 个光漏斗聚光型光伏电池、3 个菲涅尔凸镜聚光型光伏电池、3 个四碟式聚光型光伏电池及 3 个双槽式聚光型光伏电池构成，在标准状况下系统的最佳功率为 13kW，最佳电压为 240V，直流母线的最佳电流为 55A。

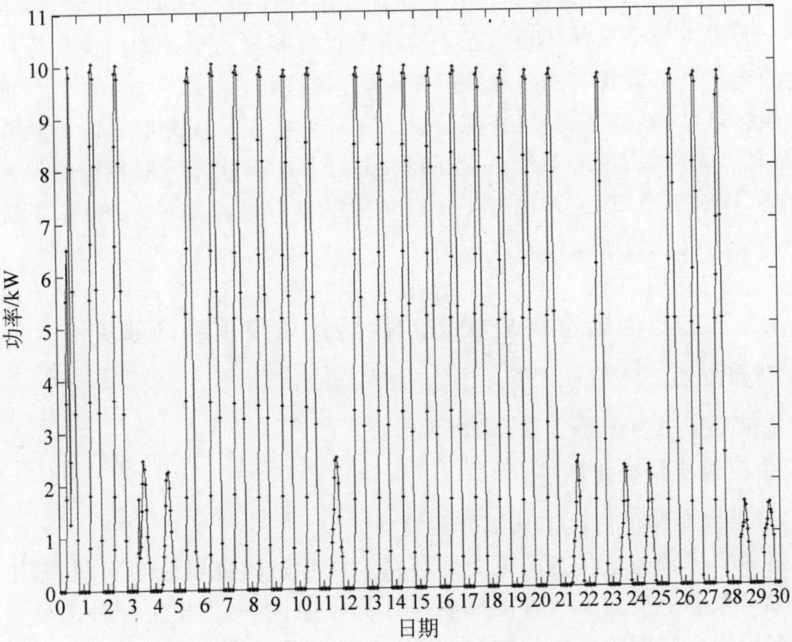

图 6.28　各时刻实时输出功率

由图 6.27 与图 6.28 可得：

① 本书提出的不确定信息认知对象的仿反馈认知智能机制与计算模型对于基于全景图像的光伏发电智能认知跟踪控制是有效的。本书提出的仿反馈认知智能机制根据太阳光斑不确定认知结果评价获取启发式小波分解级数调节决策知识，在太阳光斑认知知识表征过程中不断增加细节信息以在逐级认知过程中实现太阳光斑认知知识变粒度优化表征，实现对所采集的高质量的全景图像中太阳位置的快速决策及对噪声影响下的全景图像中太阳光斑的仿人反复推敲比对认知智能，因此相较于其开环认知方法，认知性能更优。

② 本书在基于全景图像认知的最大光强跟踪过程中加入了时钟定位信息，能够解决由太阳运动导致的长时间暂停跟踪使鱼眼镜头无法捕捉太阳斑区的弊端，相较于单一的时钟定位方法有效地消除了随时间变化而产生的系统累积误差对跟

踪准确性的影响，使系统的输出功率并没有随时间的推移而下降，同时满足了实时性的要求。

③ 本书通过对大量全景图像中太阳光斑样本库进行由轮廓到细节的多尺度认知知识表征，构造了包含时钟定位信息的太阳光斑云模型，模糊了太阳光斑认知知识边界，弱化了云层遮挡、反射干扰对太阳位置测量准确性的影响。在多云天出现云层遮挡等干扰时，光强比较定位法光敏传感器极易受到影响而导致光伏电池跟踪控制策略误判而出现误动作，相较于光强比较定位法，本书方法对各类噪声具有较强的抵御能力。

④ 本书提出的全天候光伏发电智能认知跟踪控制系统能够在晴/多云天、阴/雨天、白天/黑夜等全天候环境状态下对由平板型和聚光型等不同类型光伏电池混合构建的光伏电站实现智能认知跟踪控制，适应性强、稳定性高。系统环境状态认知机制能够通过抽取多源环境特征信息认知环境状态实现分层递阶的认知控制模式，从而对于大风状态、雪天状态、夜间状态及阴/雨天状态采取相应的保护或节能控制策略，且对于晴/多云天状态实现高精度低能耗的跟踪控制策略，系统发电性能优于传统的机械式跟踪控制方式。

6.4.4 工业回转窑烧成状态的机器认知应用验证研究

1. 背景描述

背景描述详见本书第 2 章，此处不再赘述。

2. 仿反馈认知智能系统

1）多层次变粒度仿反馈认知智能模型

针对单目标较完全状态的工业回转窑烧成状态的机器认知问题，基于不确定信息认知对象的仿反馈认知智能机制与计算模型，本书提出了一种工业回转窑烧成状态多层次变粒度仿反馈认知智能系统，以实现对分类面附近的交叉样本的由整体到局部、由粗到精、有层次、有选择的分层反馈认知智能模式，该系统克服了工业回转窑烧成状态的机器认知效果受限于火焰图像质量的困难。基于不确定信息认知对象的三层三段仿反馈认知智能系统模型结构，工业回转窑烧成状态多层次变粒度仿反馈认知智能模型结构如图 6.29 所示。

决策层由工业回转窑烧成状态认知需求分析、不确定认知过程与结果评价、认知知识粒度调节推理和认知知识粒度计算模块构成。决策层针对工业回转窑烧成带火焰图像样本库，通过回转窑操作专家经验知识进行认知需求分析，向认知智能系统各阶段各模块下达相应的决策指令，基于反馈层计算所得的工业回转窑烧成状态待认知火焰图像样本的不确定认知过程与结果的广义认知误差，通过工业回转窑烧成状态不确定认知过程与结果评价调节工业回转窑烧成状态认知知识粒度，从而实现工业回转窑烧成状态待认知火焰图像样本的多层次变粒度反馈认知智能。

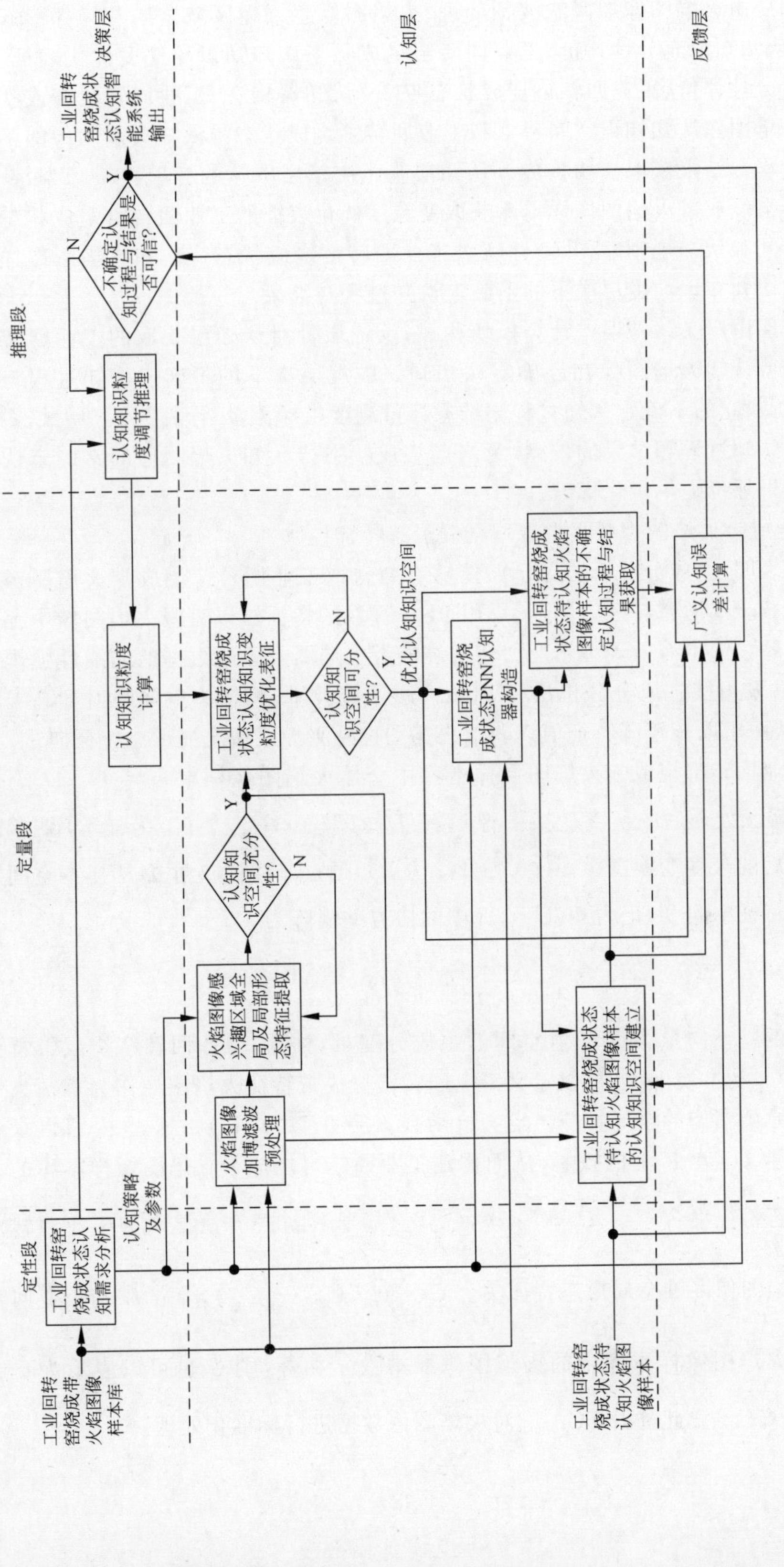

图6.29 工业回转窑烧成状态多层次变粒度仿反馈认知智能模型结构

认知层由火焰图像加博滤波预处理、火焰图像感兴趣区域全局及局部形态特征提取、认知知识充分性评价、工业回转窑烧成状态认知知识变粒度优化表征、认知知识可分性评价、工业回转窑烧成状态 PNN 认知器构造、工业回转窑烧成状态待认知火焰图像认知知识空间建立和工业回转窑烧成状态待认知火焰图像的不确定认知过程与结果获取模块构成。认知层基于决策层下达的各项决策指令，针对工业回转窑烧成带火焰图像样本库获取变粒度优化表征的工业回转窑烧成状态认知知识空间和认知规则库，并由此获取工业回转窑烧成状态待认知火焰图像样本在已确定认知知识粒度层次下的不确定认知过程与结果。

反馈层由广义认知误差计算模块构成，反馈层针对认知层获取的工业回转窑烧成状态待认知火焰图像在已确定认知知识粒度层次下的不确定认知过程与结果，基于所建立的不确定认知过程与结果评价测度指标体系，计算待认知火焰图像样本当前认知过程和结果的偏差，为当前烧成状态待认知火焰图像的不确定认知过程与结果评价提供量化标准。

2）烧成带火焰图像感兴趣区域全局形态特征提取

研究表明，主成分分析法（PCA）能够有效提取工业回转窑烧成带火焰图像的感兴趣区域全局形态特征。然而，仅用 PCA 提取的特征难以克服火焰图像中存在非线性问题。为了有效处理工业回转窑烧成带火焰图像原始数据的非线性强耦合问题，本书采用核主成分分析法（KPCA），引入核技术，将样本空间映射到高维特征空间，从而求取核矩阵特征值以获取火焰图像感兴趣区域全局形态特征向量。

设工业回转窑烧成带火焰图像样本库中全体火焰图像样本 $U=\{U_1,U_2,\cdots,U_n\}$ 的 n 幅预处理后的灰度变换图像 $\bar{U}=\{\bar{U}_1,\bar{U}_2,\cdots,\bar{U}_n\}$。$\bar{U}_i$ 为样本库中第 i 幅预处理后的灰度变换图像。$\bar{U}_i\,(i=1,2,\cdots,n)$ 通过非线性映射 Φ 从样本空间映射到高维特征空间 $\Re$，记为 $\Phi(\bar{U}_i)$，$\Re$ 中的协方差矩阵为

$$\boldsymbol{C}^{\Re}=\frac{1}{n}\sum_{i=1}^{n}\Phi(\bar{U}_i)\Phi(\bar{U}_i)^{\mathrm{T}} \tag{6.40}$$

其中，$\boldsymbol{C}^{\Re}$ 的特征向量 $\boldsymbol{F}$ 为映射空间的主成分变量，称为“工业回转窑烧成带特征火焰图像”。从本质上说，可以定义工业回转窑烧成带特征火焰图像作为表征火焰图像样本原始图像的全局特征。定义核函数 $K=\Phi(\bar{U})\Phi(\bar{U})^{\mathrm{T}}$，通过 K 可以求出 $\boldsymbol{F}$，继而获取 $\bar{U}_i$ 在 $\boldsymbol{F}$ 上的投影，从而构建工业回转窑烧成带火焰图像样本库的多维全局形态特征集合 $\tilde{\hat{C}}=\{\tilde{\hat{C}}_1,\tilde{\hat{C}}_2,\cdots,\tilde{\hat{C}}_{\tilde{\hat{m}}}\}$。基于 KPCA 方法提取的工业回转窑烧成带火焰图像多维全局形态特征集合 $\tilde{\hat{C}}=\{\tilde{\hat{C}}_1,\tilde{\hat{C}}_2,\cdots,\tilde{\hat{C}}_{\tilde{\hat{m}}}\}$，维数 $\tilde{\hat{m}}$ 与工业回转窑烧成带火焰图像样本库中的火焰图像样本数 n 相等，则 $\tilde{\hat{C}}$ 也可以表示为 $\tilde{\hat{C}}=\{\tilde{\hat{C}}_1,\tilde{\hat{C}}_2,\cdots,\tilde{\hat{C}}_n\}$。此外，KPCA 应对火焰图像数据进行标准化处理：

$$\overline{K}=K-L_nK-KL_n+L_nKL_n \tag{6.41}$$

其中，$L_n=(1/n)_{n\times n}$。本书选取高斯径向基函数作为核函数 $K(\overline{U}_i,\overline{U})=\mathrm{e}^{-||\overline{U}_i-\overline{U}||^2/2\bar{\sigma}^2}$。核函数参数 $\bar{\sigma}$ 的选取直接影响工业回转窑烧成状态的机器认知正确率，可基于遍历搜索寻优确定。

3）烧成状态认知智能决策信息系统

基于工业回转窑烧成带火焰图像感兴趣区域全局与局部形态特征提取，融合工业回转窑烧成带火焰图像样本多维全局形态特征集合 $\tilde{\hat{C}}=\{\tilde{\hat{C}}_1,\tilde{\hat{C}}_2,\cdots,\tilde{\hat{C}}_{\tilde{\hat{m}}}\}$ 与多维局部形态特征集合 $\bar{\hat{C}}=\{\bar{\hat{C}}_1,\bar{\hat{C}}_2,\cdots,\bar{\hat{C}}_{\bar{\hat{m}}}\}$ 中蕴含的烧结状态信息，可从多方位不同层面表征火焰图像，从而构建工业回转窑烧成带火焰图像多维候选特征空间 $\hat{C}=\{\hat{C}_1,\hat{C}_2,\cdots,\hat{C}_{\hat{m}}\}$，获取其烧成状态认知知识。

为实现工业回转窑烧成状态多层次变粒度仿反馈认知智能机制，对于工业回转窑烧成带火焰图像多维候选特征空间 $\hat{C}=\{\hat{C}_1,\hat{C}_2,\cdots,\hat{C}_{\hat{m}}\}$，以样本库中每一幅火焰图像样本的真实类别标签为决策属性 $\boldsymbol{D}=[D_1,D_2,\cdots,D_n]^{\mathrm{T}}$，基于定义 6.2、算法 6.1 和图 6.29 所示的火焰图像感兴趣区域全局及局部形态特征提取与认知知识充分性评价模块，可以构建认知知识充分性表征的工业回转窑烧成状态认知智能决策信息系统 $S=(U,A)$。

由 $S=(U,A)$，基于决策层计算给出的认知知识粒度 G_w，对工业回转窑烧成带火焰图像进行特征值域分割，则可以获得归一化粒化映射变换的 G_w 认知知识粒度层次下第 w 次认知过程的工业回转窑烧成状态认知智能决策信息系统 $S_w=(U,\tilde{C}(w)\cup\boldsymbol{D})$，以实现工业回转窑烧成状态认知知识的粒化表征。由此，基于算法 6.2 和图 6.29 所示的工业回转窑烧成状态认知知识变粒度优化表征与认知知识可分性评价模块，对第 w 次粒化变换的工业回转窑烧成带火焰图像认知知识空间 $\tilde{C}(w)$ 进行基于认知知识可分性评价的约简优化，从而获取在 G_w 认知知识粒度层次下第 w 次认知过程的工业回转窑烧成状态简约认知智能决策信息系统 $\overline{S}_w=(U,B(w)\cup\boldsymbol{D})$。其中，$B(w)=\{B_1(w),\cdots,B_r(w)\}$ 为工业回转窑烧成状态简约认知知识空间，$\boldsymbol{B}_b(w)(b\in[1,r])$ 为第 b 维工业回转窑烧成状态简约认知知识向量，$r\leqslant m$ 为工业回转窑烧成状态简约认知知识空间维数，w 为当前认知次数。

4）烧成状态概率神经网络认知器及其认知计算方法

将本书提出的不确定信息认知对象的仿反馈认知智能机制与计算模型应用于工业回转窑烧成状态的机器认知，需设计适当的烧成状态认知器获取已确定认知知识粒度层次下的烧成状态认知规则库 CM_w，继而将工业回转窑烧成状态待认知火焰图像样本集合 $Y=\{Y_1,\cdots,Y_d\}$ 的认知知识空间 $\Omega(w)$ 与 CM_w 进行认知匹配，

则可获取在 G_w 认知知识粒度层次下的第 w 次认知过程的工业回转窑烧成状态不确定认知过程与结果 $\mathbf{DL}_w=[\mathrm{DL}_{1,w},\mathrm{DL}_{2,w},\cdots,\mathrm{DL}_{d,w}]^{\mathrm{T}}$。

针对工业回转窑烧成状态待认知火焰图像样本集合 $Y=\{Y_1,Y_2,\cdots,Y_d\}$，基于上述概率神经网络(PNN)的认知计算过程，可获取 Y 在 G_w 认知知识粒度层次下的第 w 次认知过程的烧成状态不确定认知结果 $\mathbf{DL}_w=[\mathrm{DL}_{1,w},\mathrm{DL}_{2,w},\cdots,\mathrm{DL}_{d,w}]^{\mathrm{T}}$。

5) 烧成状态多层次变粒度仿反馈认知智能系统流程

基于上述回转窑烧成带火焰图像加博滤波预处理与感兴趣区域全局及局部形态特征提取、认知知识充分性与可分性表征的工业回转窑烧成状态认知智能决策信息系统优化构建、工业回转窑烧成状态概率神经网络认知器及其认知计算方法研究环节，依据算法 6.3 所示的不确定信息认知对象的多层次变粒度仿反馈认知智能算法，本书给出了如图 6.30 所示的工业回转窑烧成状态多层次变粒度仿反馈认知智能系统流程，以实现对工业回转窑烧成状态的多层次变粒度仿反馈机器认知智能。

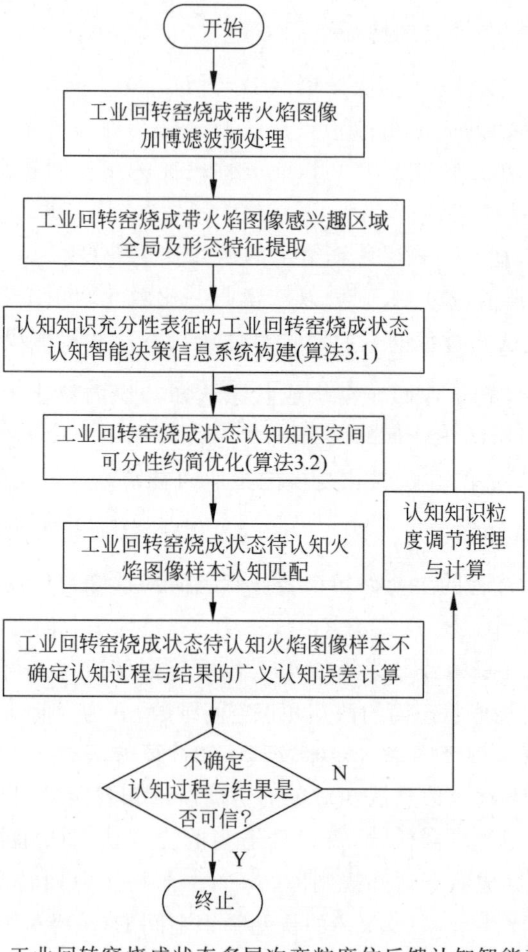

图 6.30 工业回转窑烧成状态多层次变粒度仿反馈认知智能系统流程

3. 实验验证

为验证本书提出的不确定信息认知对象的仿反馈认知智能机制与计算模型的可行性与有效性，本书采用工业回转窑烧成状态多层次变粒度仿反馈认知智能系统模型，以计算机为基础硬件，以 MATLAB 为软件开发平台，进行了仿真实验；选用由东北大学流程工业综合自动化国家重点实验室提供的某水泥厂 2＃回转窑在各种工况条件下的烧成带火焰图像样本进行工业回转窑烧成状态的机器认知应用验证研究。

共采集 482 幅工业回转窑烧成带火焰图像样本(过烧态 86 幅、欠烧态 193 幅、正烧态 203 幅)进行仿真实验。采用 2000 次 bootstrapping 抽样法估计工业回转窑烧成状态认知智能系统性能。所有样本的烧成状态均由回转窑操作专家标定。根据文献分析及多次仿真实验总结，设定工业回转窑烧成状态不确定认知过程与结果误差 α 熵参数 $\alpha=2$、认知智能系统认知次数阈值 $Td_1=50$、认知智能系统不确定认知过程与结果可信度阈值 $Td_2=0.8$，认知智能决策信息系统构建算法迭代次数阈值 $\Theta_1=482$、认知智能决策信息系统优化算法迭代次数阈值 $\Theta_2=300$，在 MATLAB 2010 中开发算法 6.1、算法 6.2 和算法 6.3 的相关应用程序，对工业回转窑烧成状态多层次变粒度仿反馈认知智能系统性能进行验证。

表 6.10 给出了某次采样实验中部分加博滤波器所提取的部分工业回转窑烧成带火焰图像样本特征。图 6.31 给出了某次采样实验中基于 PNN 认知器，工业回转窑烧成带火焰图像样本库中火焰图像感兴趣区域关于候选加博滤波器组子集的分类性能结果。如图 6.31 可知，基于相同的 PNN 认知器，当加博滤波器组合数为 8 时，火焰图像训练样本具有最优分类性能。因此，本书选用此滤波器组实现工业回转窑烧成带火焰图像样本加博滤波预处理。此外，图中出现的“尖峰”现象表明，过高的特征维数会导致分类性能的恶化。因此，加博滤波器的选取是设计过程中的必要环节。

表 6.10　部分火焰图像样本特征

加博滤波器 1		加博滤波器 2	
均值	方差	均值	方差
25.3012	1.5616	34.0951	10.5297
19.9344	0.5042	27.8527	7.3456
20.5168	1.5056	28.0431	8.8019
23.6321	0.6606	32.0391	9.7808
20.2047	1.1618	28.4156	7.6976
22.2831	0.9039	30.3726	8.6434
26.7004	1.7715	35.3764	13.7111
19.1756	0.8243	32.2367	9.1173

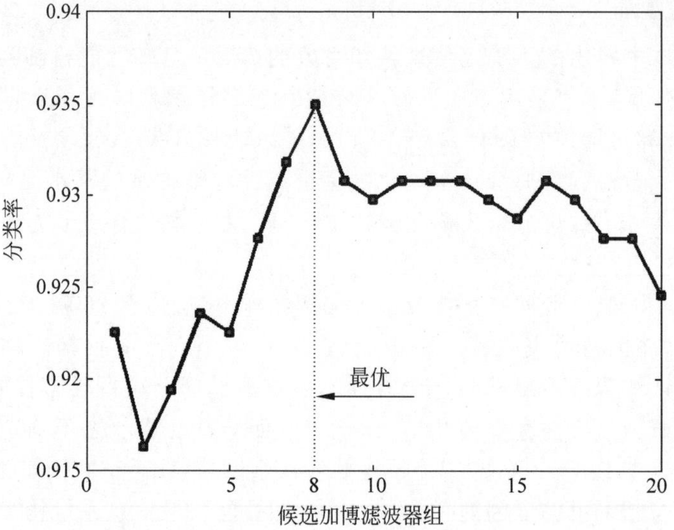

图 6.31 候选加博滤波器组子集关于火焰图像样本的分类性能

由本书给出的不确定认知过程与结果误差 α 熵序列相似度$\mathbf{SD}_w$ 的定义可知，$\mathrm{SD}_{t,w}$ 的计算模型基于待认知对象样本的不确定认知过程与结果误差 α 熵的定义构建而成。因此，由指数函数的基本性质，以及对工业回转窑烧成带火焰图像特征取值分析可知，参数变量 g 和 e 的取值不影响 $\mathrm{SD}_{t,w}$ 的相对关系。对于具有相同归一化距离的两相邻不确定认知过程与结果误差 α 熵序列而言，g 增大，$\mathrm{SD}_{t,w}$ 减小；e 增大，$\mathrm{SD}_{t,w}$ 增大。g 在不确定认知过程与结果误差 α 熵序列相似度$\mathbf{SD}_w$ 中相当于权重，若 $g>1$，则较近数据信息的贡献较大；反之则较小。而 e 过大会导致较多的信息丢失；反之则会增加噪声敏感性。因此，g 一般取较小的整数(2 或 3)，e 一般取$(0.1\sim0.25)\mathrm{SD}(H_{t,w})$($\mathrm{SD}(H_{t,w})$是 $H_{t,w}$ 的标准差)。而 γ 越大，越会在不确定认知过程与结果误差 α 熵序列联合概率进行动态重构时引入更多的信息，增加计算的复杂度。此外，高斯径向基核函数参数 $\bar{\sigma}$ 和视觉单词本参数 χ 对工业回转窑烧成状态认知正确率也有影响，目前关于 $\bar{\sigma}$ 和 χ 的选取依然是一个开放的问题。基于上述分析及多次仿真实验尝试，选取参数 $g=2, e=0.15\mathrm{SD}(H_{t,w})$，$\gamma=\{2,3,4,5,6,7,8\}$，$\bar{\sigma}=\{1,5,10,20,30,40,50,60,70,80,90,100\}$和 $3\leqslant\chi\leqslant20$，并在上述取值情况下遍历搜索最优解。

图 6.32 给出了当 $\alpha=2, g=2, e=0.15\mathrm{SD}(H_{t,w}), \bar{\sigma}=70$ 和 $\chi=6$ 时，工业回转窑烧成状态待认知火焰图像样本的平均认知正确率$\overline{\mathrm{CR}}$ 关于 γ 的变化曲线。由图 6.32 可知，γ 增加，$\overline{\mathrm{CR}}$ 递增。但当 $\gamma\geqslant4$ 时，$\overline{\mathrm{CR}}$ 的增量很小，表明过大的 γ 无益于认知智能系统性能的提高，但大大增加了计算复杂度。因此，可选择 $\gamma=4$ 为不确定认知过程与结果误差 α 熵序列的维数。

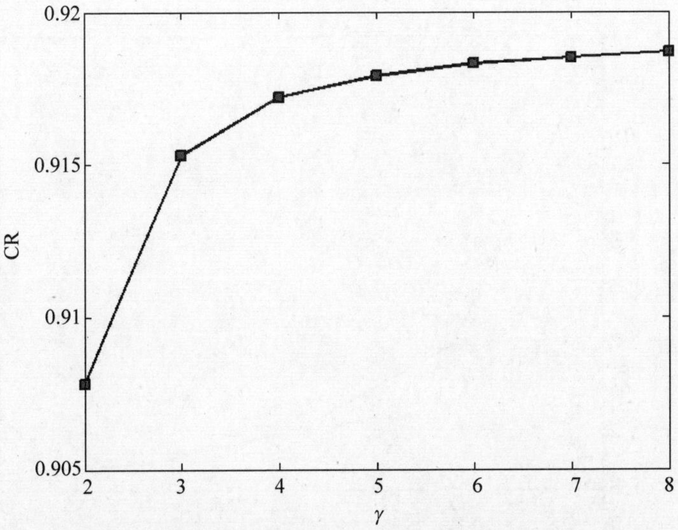

图 6.32 烧成状态平均认知正确率$\overline{\mathrm{CR}}$关于γ的变化曲线

图 6.33 给出了工业回转窑烧成状态待认知火焰图像样本的平均认知正确率$\overline{\mathrm{CR}}$关于$\bar{\sigma}$的变化曲线。其中,每个点都是基于最优 g,e,γ 和 χ 获取的。由图 6.36 可知,随着$\bar{\sigma}$增大,$\overline{\mathrm{CR}}$先上升后趋于平稳,当$\bar{\sigma}\geqslant 30\bar{\sigma}\geqslant 30$时,$\overline{\mathrm{CR}}$基本保持不变。因此,本书选取烧成状态待认知火焰图像样本的最优平均认知正确率$\overline{\mathrm{CR}}=91.82\%\overline{\mathrm{CA}}=91.78\%$所对应的$\bar{\sigma}=70$作为高斯径向基核函数参数。

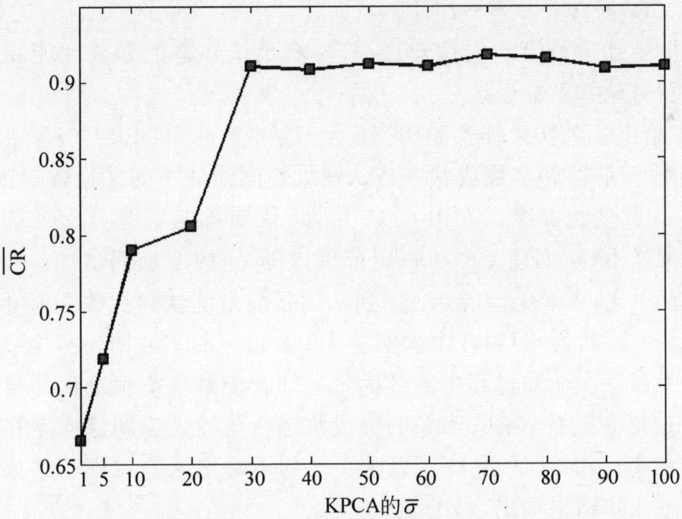

图 6.33 烧成状态平均认知正确率$\overline{\mathrm{CR}}$关于$\bar{\sigma}$的变化曲线

图 6.34 给出了当 $\alpha=2$,$g=2$,$e=0.15\mathrm{SD}(H_{t,w})$,$\gamma=4$,$\bar{\sigma}=70$ 和 $\chi=6$ 时,某次采样认知实验中工业回转窑烧成状态待认知火焰图像样本历次认知过程的认知

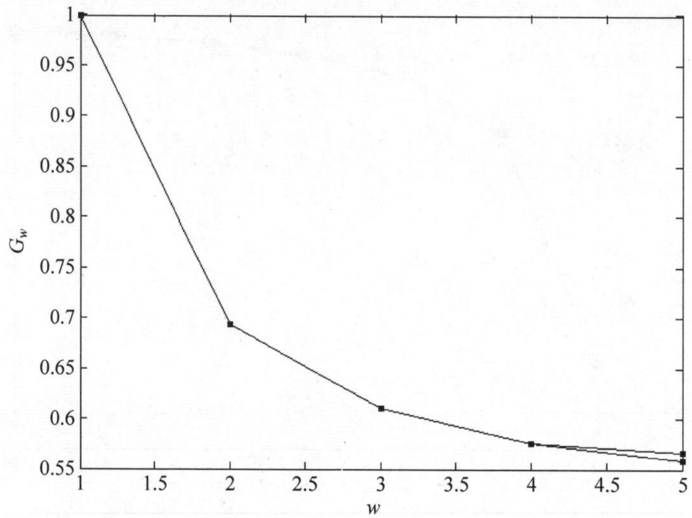

图 6.34 认知知识粒度 G_w 关于认知次数 w 的变化曲线

知识粒度 G_w 关于认知次数 w 的变化曲线。如图 6.34 所示，该工业回转窑烧成状态待认知火焰图像样本历次认知过程的认知知识粒度分别为 1，0.6929，0.6104，0.5754，0.5589(0.5671)，符合认知次数 w 越大曲线越平稳的特性。在 $w=5$ 处，由式(6.18)和式(6.19)计算所得的 $G_5=0.5589$ 使认知智能系统在第 5 次认知过程时的认知知识粒度调节结果有超调。因此，由式(6.20)计算 $\Delta G_5'=0.0144$ 并执行赋值语句"$\Delta G_5 \leftarrow \Delta G_5' \Delta G_3 \leftarrow \Delta G_3'$"，从而计算出 $G_5=0.5671 G_3=0.64$ 作为新的认知知识粒度重新进行第 5 次认知过程，并满足认知智能系统性能测度指标要求停止迭代以获得认知智能系统输出。

图 6.35 给出了某次采样实验中当 $\alpha=2$，$g=2$，$e=0.15\mathrm{SD}(H_{t,w})$，$\gamma=4$，$\bar{\sigma}=70$ 和 $\chi=6$ 时，工业回转窑烧成状态待认知火焰图像样本的平均认知正确率 CR 关于认知次数 w 的变化曲线。如图 6.35 可知，认知智能系统会反复认知分类面附近的交叉相似样本，从而使 CR 在一定范围内随 w 的增加而增加。当 $w=19$ 时，CRCA_6 保持 91.11%不变，直至 w 达到认知智能系统认知次数阈值 Td_1 时，$\mathrm{CR}=91.82\%\mathrm{CA}_6=93.75\%$，表明在本次实验中 91.11%的工业回转窑烧成状态待认知火焰图像样本在逐次认知过程中陆续满足认知智能系统不确定认知过程与结果可信度阈值 Td_2 终止迭代，有 0.71%的烧成状态待认知火焰图像样本在认知过程中始终无法满足 Td_2，而是基于 Td_1，以前一次的不确定认知过程与结果作为工业回转窑烧成状态认知结果输出。

为验证本书提出的不确定信息认知对象的仿反馈认知智能机制与计算模型的优越性，本书以相同的工业回转窑烧成带火焰图像样本为输入，采用相同的工业回转窑烧成状态概率神经网络(PNN)认知器，测试了本书方法、本书方法中无加博滤波器组预处理步骤的算法、本书方法中无火焰图像全局形态特征的算法、本书方法

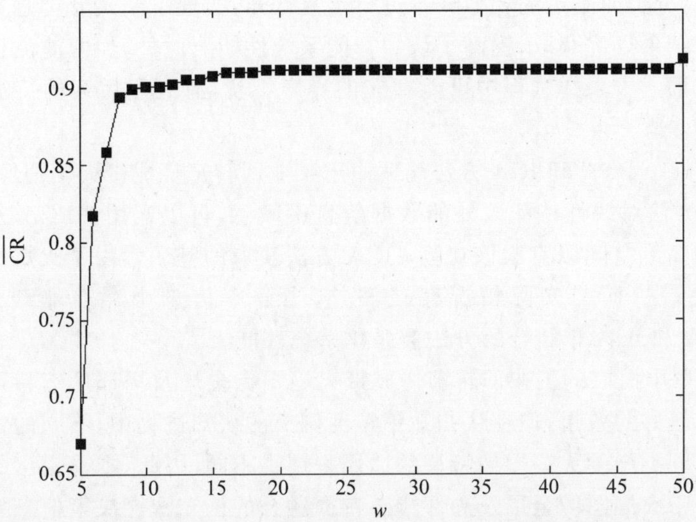

图 6.35 烧成状态平均认知正确率$\overline{CR}$关于认知次数 w 的变化曲线

中无火焰图像局部形态特征的算法、基于 KPCA 的火焰图像特征选择开环认知方法、基于 PCA 的火焰图像特征选择开环认知方法、基于 KPCA 结合 PCA 的火焰图像特征选择开环认知方法、基于 KPCA 结合 PCA 与 ICA 的火焰图像特征选择开环认知方法的认知结果。各种方法的平均认知正确率 $\overline{CR}$ 及部分方法的最优核函数参数 σ、最优视觉单词数 χ 和平均认知次数 $\bar{w}$ 见表 6.11，部分实验结果均采用"均值±标准差"的表达形式。

表 6.11 各种方法烧成状态认知正确率比较(基于 PNN 认知器)

方　法	平均认知正确率$\overline{CR}$/%	最优核函数参数 σ	最优视觉单词数 χ	平均认知次数 $\bar{w}$
本书方法	91.97±1.6	70	6	6.29±1.3
本书方法(无加博滤波)	89.57±1.8	60	7	8.43±1.9
本书方法(无全局形态特征)	90.28±1.7	70	6	7.37±1.6
本书方法(无局部形态特征)	91.08±1.6	70	—	7.19±1.2
KPCA	88.98±1.9	60	—	—
PCA	88.68±2.4	—	—	—
KPCA＋PCA	88.26±1.7	10	—	—
KPCA＋PCA＋ICA	84.32±1.3	30	—	—

从表 6.11 可得：

(1) 本书提出的不确定信息认知对象的仿反馈认知智能机制与计算模型对于工业回转窑烧成状态的机器认知是有效的，不确定认知过程与结果评价和仿反馈机制的设计使得认知智能系统效模仿了人类认知事物时反复推敲比对的信息交互处理机制，对分类面附近的相似样本进行反复认知，实现了模式分类意义下待认知对象的认知结果寻优获取，提高了认知智能系统性能。此外，加博滤波器组预处理方法有效地回避了采样过程中可能存在的噪声干扰，有利于后续的特征提取和烧成状态认知步骤。

(2) KPCA，PCA 和 ICA 方法均适用于工业回转窑烧成带火焰图像特征提取。然而，PCA 方法对线性特征以外的数据信息不敏感，可以运用 KPCA 方法将原始数据映射到高维空间以克服该缺陷；ICA 方法获取的基函数由于火焰图像特征空间中的相关信息而与实际情况存在偏差，当样本信息中存在非线性特征时，KPCA，PCA 和 ICA 相结合的方法会恶化系统性能。

(3) 本书中提取的工业回转窑烧成带火焰图像全局及局部形态特征对烧成状态认知均有较好的效果，但在认知知识粒度调节的认知过程中，不同的认知知识粒度层次对不同类型的火焰图像特征的适用程度也不同，因此，本书提出的结合工业回转窑烧成带火焰图像全局及局部形态特征融合的认知智能决策信息系统构建方法可以多方位表征火焰图像样本，使认知智能系统在不同的认知知识粒度层次中都具有较好的健壮性能。

进一步地，为验证本书构造的工业回转窑烧成状态概率神经网络认知器(PNN)的有效性，本书以相同的工业回转窑烧成带火焰图像样本为输入，采用相同的特征提取方式(火焰图像全局及局部形态特征提取)，测试了本书方法和分别采用神经元网络认知器(BPNN)和支持向量机认知器(SVM)时的闭环认知结果。基于各种认知器方法的平均认知正确率 $\overline{\mathrm{CR}}$ 和平均认知次数 $\overline{w}$ 见表 6.12，所有测试结果均采用“均值±标准差”的表达形式。

表 6.12 认知器性能比较

认知器	平均认知正确率$\overline{\mathrm{CR}}$/%	平均认知次数$\overline{w}$
PNN	91.97±1.6	6.29±1.3
BPNN	88.64±2.8	7.35±1.9
SVM	91.04±3.2	8.37±1.1

由表 6.12 可知，工业回转窑火焰图像概率神经网络认知器(PNN)对于模式层到输出层无须训练，其学习过程即网络的搭建过程，结构简单灵活，只要有足够多的训练样本，PNN 就能得到贝叶斯准则下的最优解。因而在将其应用于本书提出的多层次变粒度仿反馈工业回转窑烧成状态认知智能系统中时，与 BPNN 和 SVM 认知器相比具有较好的准确性和快速性。

第 7 章

基于火焰图像与过程数据融合的回转窑熟料质量软测量模型

7.1 引言

水泥回转窑烧结过程是一个非常复杂的生产过程。由于回转窑自身结构特有的分布参数和大滞后特性，其熟料质量指标 f-CaO 的含量通常基于间隔为 1h 的实验室人工采样化验得到。因此，f-CaO 含量的化验值大大滞后于控制变量，无法实现实时反馈，当前的 f-CaO 含量化验值仅对后续的生产过程起到一定的指导作用。这种现状使当前的回转窑烧结过程大多仍处于开环控制状态，即看火操作人员通过观测火焰图像，辅以回转窑烧结过程数据，根据所判别的烧成状态，调节控制变量使某些与熟料质量指标密切相关的被控变量位于各自适宜的被控范围，即可得到满意的熟料质量指标。然而，这种人工操作模式易受不同看火操作人员经验、责任心和关注力的影响，加之由于回转窑烧结过程的复杂性与烧成状态变化的多样性，同时受到窑头返灰、二次风及烧成带复杂物理化学反应产生的烟尘的影响，火焰图像时常昏暗模糊，导致熟料质量指标稳定性较差。适宜的烧成状态意味着合格的熟料，熟料质量指标与烧成状态(即火焰图像和过程数据)之间有着紧密的关联性。因此，基于火焰图像和过程数据构建水泥回转窑熟料质量指标 f-CaO 含量的软测量模型是回转窑烧结过程检测中亟待解决的问题，是实现回转窑烧结过程熟料质量指标闭环控制的前提条件，其软测量的准确与否直接决定了回转窑烧结过程熟料产品质量性能的好坏。

7.2 软测量策略

本书提出的基于火焰图像和过程数据的熟料质量指标 f-CaO 含量软测量方法的策略图如图 7.1 所示，包括数据预处理、火焰图像特征提取和软测量模型设计三部分。其中，数据预处理部分的功能是增强火焰图像中感兴趣区域之间的可区分程度，以及对过程数据剔除离群点和去除噪声数据；火焰图像特征提取部分的功能是提取火焰图像中反映熟料质量指标的特征向量；软测量模型部分的功能是建立有效特征向量与 f-CaO 含量之间的非线性模型关系。

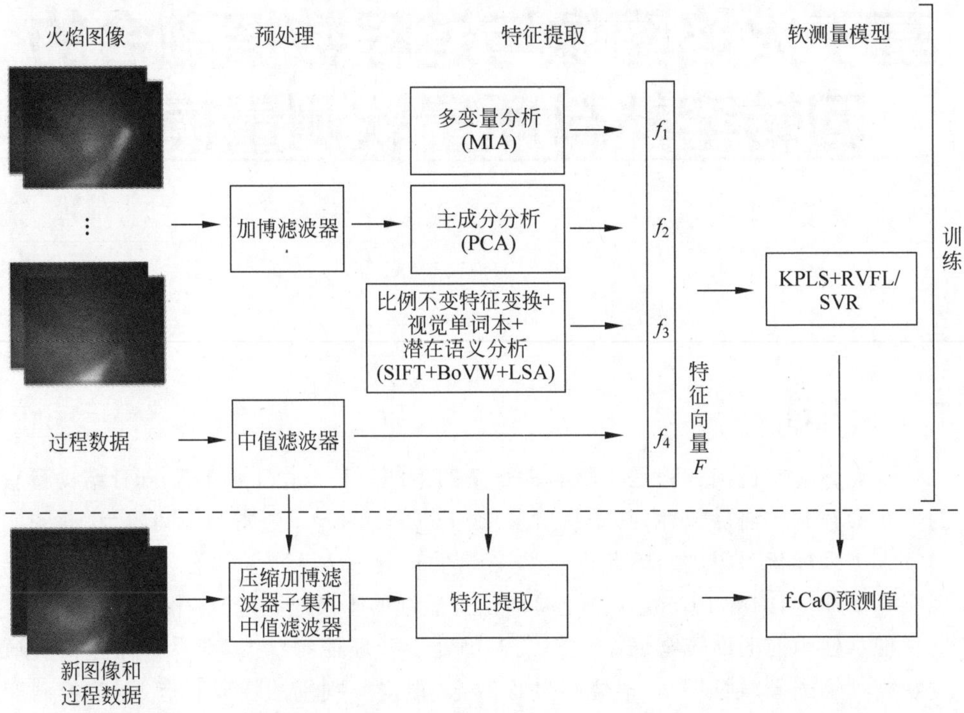

图 7.1 基于火焰图像和过程数据的熟料质量指标 f-CaO 含量软测量方法策略图

下面对各部分进行简要说明：

(1) 在数据预处理阶段，采用所提出的压缩加博滤波器组设计方法增强火焰图像感兴趣区域之间的可区分程度，并且采用所提出的改进的基于中值数绝对偏差的过程数据滤波器去除过程数据中的过失数据和随机噪声。

(2) 在火焰图像特征提取阶段，采用本书提出的多变量图像分析(MIA)提取感兴趣区域的色彩特征；采用主成分分析(PCA)提取感兴趣区域的全局形态特征；采用比例不变特征变换(SIFT)结合视觉单词本(BoVW)和潜在语义分析(LSA)提取感兴趣区域的局部形态特征。提取的火焰图像特征结合滤波后的过程数据组成熟料质量指标 f-CaO 含量软测量模型的输入向量。

(3) 在软测量模型设计阶段，以 f-CaO 含量的实验室化验值作为导师信号，采用本书提出的 KPLS 提取最佳诠释软测量模型输入向量和输出 f-CaO 化验值的潜在变量作为特征向量，以降低输入向量的维数，将特征向量输入 RVFL 回归器和 SVR 回归器，分别估计 f-CaO 的含量。软测量模型中输入向量的最佳维数、KPLS

中最佳潜在变量的个数和回归器的最佳参数将根据交叉验证的实验结果得到。

7.3 软测量算法

7.3.1 数据预处理

由于窑头返灰、二次风及烧成带复杂物理化学反应产生的烟尘影响，火焰图像时常会昏暗模糊，因此首先需要对其进行预处理，以增强火焰图像中感兴趣区域之间的可区分程度。同样地，这里将采用改进的压缩加博滤波器组对火焰图像进行预处理，其算法步骤如下：

(1) 构建一个包含 $n_G=n_f n_o \sigma_x \sigma_y=4\times 4\times 2\times 2=64$ 个加博滤波器的初始滤波器组。其中，初始加博滤波器组参数的设定 $f_m=\sigma_x/(2\sigma_x+2\sqrt{\lg 2}/\pi)$；$n_f=4$；$n_o=4$；$\sigma_x=0.5,1$；$\sigma_y=0.5,1$。

(2) 将 P 幅 RGB 训练火焰图像 $I_1,I_2,\cdots,I_{T_r}$ 分别变换成灰度图像 $I'_1,I'_2,\cdots,I'_{T_r}$，选取两个固定位置 25×25 的窗口分别采样火焰和物料感兴趣区域，以采样图像 $T_1,T_2,\cdots,T_{2T_r}$ 表征火焰和物料感兴趣区域的纹理特性。

(3) 令 n_G 个加博滤波器分别对 $2T_r$ 幅采样图像进行卷积运算。对于每幅滤波后的采样图像，图像的均值特征 μ 和方差特征 σ 被提取以表征该图像，即 $z_{i,k}=[\mu'_{i,k},\sigma'_{i,k}]$。设 $\boldsymbol{z}_1,\boldsymbol{z}_2,\cdots,\boldsymbol{z}_{n_G}$ 表示全体采样图像经由 n_G 个加博滤波器处理后所提取的特征组，其中 $\boldsymbol{z}_k=[z_{1,k},z_{2,k},\cdots,z_{2T_r,k}]^{\mathrm{T}}$，$k=1,2,\cdots,n_G$，每个 $\boldsymbol{z}_k$ 对应一个加博滤波器。

(4) 对于每个归一化后的特征组 z_k，采用公式计算其相应的马氏可分性度量 J_k。假设 $J_{k_1}\geqslant J_{k_2}\geqslant\cdots\geqslant J_{k_{n_G}}$ $(k_n\in\{1,2,\cdots,n_G\})$，与 J_{k_1} 对应的特征组 z_{s_1} 被选为第一个候选特征组子集，表征为 $f_1=\{\boldsymbol{z}_{s_1}\}f_1=\{z_{s_1}\}$。每个剩余的特征组均与 f_1 组合得到 n_G-1 个候选特征组子集 $f_2=\{\boldsymbol{z}_{s_1},\boldsymbol{z}_j\}(j\in\{1,2,\cdots,n_G\},j\neq s_1)$。采用公式计算其对应的马氏可分性度量，最大的马氏可分性度量对应的特征组子集$\{\boldsymbol{z}_{s_1},\boldsymbol{z}_{s_2}\}(s_2\in\{1,2,\cdots,n_G\},s_2\neq s_1)$被选为第二个候选特征组子集，表征为 $f_2=\{\boldsymbol{z}_{s_1},\boldsymbol{z}_{s_2}\}$。上述构建过程终止直至获取全部 n_G 个候选特征组子集 $\{\boldsymbol{z}_{s_1}\},\{\boldsymbol{z}_{s_1},\boldsymbol{z}_{s_2}\},\{\boldsymbol{z}_{s_1},\boldsymbol{z}_{s_2},\boldsymbol{z}_{s_3}\},\cdots,\{\boldsymbol{z}_{s_1},\boldsymbol{z}_{s_2},\cdots,\boldsymbol{z}_{s_{n_G}}\}$。

(5) 将构建的全体候选特征组子集分别送入模式分类器进行分类识别，这里仍然分别采用 PNN，BPNN，SVM 和 RVFL 作为模式分类器。

PNN 的输入层节点个数为候选特征组子集特征变量的个数，隐含层节点个数为训练采样火焰图像个数，输出层节点个数为 1，由式(3.107)～式(3.109)给出火焰和物料感兴趣区域的分类识别结果及其所属类别的可能性。

BPNN 的输入层节点个数为输入候选特征组子集中特征的维数，隐含层节点个数根据专家建议设为输入层节点个数×2+1,输出层节点个数设为1,激励函数选取Sigmoid型函数,采用式(3.114)~式(3.119)更新权值和阈值。

SVM选取径向基核函数,惩罚因子 $\hat{C}\in\{2^{12},2^{11},\cdots,2^{-1},2^{-2}\}$,核函数参数 $\hat{\gamma}\in\{2^4,2^3,\cdots,2^{-9},2^{-10}\}$,SVM的求解如式(3.123)~式(3.125)所示,根据最佳分类识别结果选取适宜的SVM参数 $\hat{C}$ 和 $\hat{\gamma}$。

RVFL的输入层节点个数为输入候选特征组子集中特征的维数,隐含层节点个数的最大值设为70,输出层节点个数设为1,隐含层到输出层的权值由式(3.127)~式(3.130)给出,激励函数选取Sigmoid型函数,根据最佳分类识别结果选取适宜的隐含层节点个数。

(6) 假设第 n_s 个候选特征组子集在某模式分类器下具有最佳的分类识别效果,则其所对应的加博滤波器组被认为是可以最优区分训练火焰图像中火焰和物料感兴趣区域的压缩加博滤波器组。将选取的压缩加博滤波器组分别作用于原始RGB训练火焰图像 I_i 的R,G和B子通道,并根据式(4.4)将 n_g 幅经由滤波处理后的RGB训练火焰图像 I_i^{Gabor} 的平均图像 I_i'' 作为原始训练火焰图像 I_i 的加博滤波器预处理结果。按照相同的步骤顺序,将选取的压缩加博滤波器组同样应用于 P 幅RGB测试火焰图像,以增强火焰和物料感兴趣区域之间的可区分程度。

同样地,对于采样周期为10s一次的回转窑烧结过程数据排烟机风门开度(O_{d})、给煤量(W_{c})、窑头压力(P_{h})、给料电机电流(I_{m})、窑主电机电流(I_{k})、窑头温度(T_{h})、窑尾温度(T_{t}),采用所给出的基于改进的中值数绝对偏差滤波算法对其进行滤波预处理,其算法如式(5.1)~式(5.5)所示。

7.3.2 火焰图像特征提取

回转窑烧结过程的烧成状态直接决定了熟料质量指标f-CaO的含量,在窑内工况不呈现昏暗模糊的前提条件下,基于回转窑烧成带火焰图像可以较为准确地估计当前的烧成状态。由于火焰图像所含信息量巨大,需要从中提取与质量指标f-CaO含量密切相关的特征向量以降低软测量模型输入数据的维数。这里借助于烧成状态作为火焰图像和质量指标f-CaO含量之间的中间量,提取火焰图像中感兴趣区域的色彩特征、感兴趣区域的全局形态特征和感兴趣区域的局部形态特征来估计质量指标f-CaO的含量。火焰图像特征提取的算法如下:

(1) 对 T_r 幅经由加博滤波器预处理后的训练RGB火焰图像 $I_1'',I_2'',\cdots,I_{T_r}''$,采用4.4节中的MIA技术,基于式(4.5)~式(4.8)获取被屏蔽后的得分图的面积特征 $\text{Area}_1,\text{Area}_2,\cdots,\text{Area}_{T_r}$ 来表征火焰图像感兴趣区域的色彩特征。

(2) 对 T_r 幅经由加博滤波器预处理后的训练RGB火焰图像 $I_1'',I_2'',\cdots,I_{T_r}''$,首先将其变换至灰度图像 $I_1^{\text{gray}''},I_2^{\text{gray}''},\cdots,I_{T_r}^{\text{gray}''}$,然后采用4.5节中的PCA方法获取特征火焰图像集合 $Y_1'',Y_2'',\cdots,Y_{T_r}''$。以 $I_1^{\text{gray}''},I_2^{\text{gray}''}\cdots,I_{T_r}^{\text{gray}''}$ 与 $Y_1'',Y_2'',\cdots,$

Y''_{T_r}之间的相关性系数a''_i作为火焰图像感兴趣区域全局形态特征向量。我们希望软测量模型具有良好的泛化性能,而非之前的模式分类性能,因此,根据式(3.56)特征值的贡献率选取特征火焰图像并构建全局形态特征向量,在降低特征向量维数的同时增强泛化性能,这里取$g\geqslant 0.95$。

(3) 对T_r幅经由加博滤波器预处理后的训练RGB火焰图像$I''_1, I''_2, \cdots, I''_{T_r}$,首先采用SIFT操作提取火焰图像的关键特征点及其相应的描述符,然后基于4.6节中的BoVW和TF-IDF加权技术对火焰图像的局部形态特征向量进行降维处理,继而应用LSA来缓解零频问题并进一步降低局部形态特征向量的维数。同样地,为了确保软测量模型具有良好的泛化性能,而非之前的模式分类性能,在LSA中基于式(4.16)选取Σ的前l个最大的特征值作为所构建视觉单词-图像表N的秩-l最佳逼近,在降低特征向量维数的同时增强泛化性能。这里特征值的贡献率同样取大于等于0.95,并根据训练样本f-CaO含量软测量的实验结果选取最佳的视觉字典本大小。

提取的训练火焰图像感兴趣区域色彩特征、全局形态特征、局部形态特征连同滤波预处理后相同采样时刻的训练过程数据排烟机风门开度(O_d)、给煤量(W_c)、窑头压力(P_h)、给料电机电流(I_m)、窑主电机电流(I_k)、窑头温度(T_h)、窑尾温度(T_t)和石灰饱和系数(KH)、硅酸率(SM)、铝氧率(AM)、生料细度(G_r)等过程数据共同构成了熟料质量指标f-CaO含量软测量的训练输入向量$\underline{\boldsymbol{X}}$,并基于式(5.5)将其归一化至[−1,1]。

7.3.3　软测量模型构建

为了增强软测量模型的概化能力,避免得到一个过度适合软测量的模型和一个欠适合软测量的模型,并且使潜在变量具有最佳诠释输入向量(火焰图像特征和过程数据$\underline{\boldsymbol{X}}$)与输出向量(f-CaO含量实验室化验值$\underline{\boldsymbol{Y}}$)之间非线性关系和最小预测误差的特性,这里采用3.3.6节的KPLS算法计算相同时刻下的训练输入向量$\underline{\boldsymbol{X}}$和相应的输出向量$\underline{\boldsymbol{Y}}$的潜在变量$\underline{\boldsymbol{T}}$和$\underline{\boldsymbol{U}}$作为训练输入向量的特征向量以降低维数表征。将核函数选为$\underline{\boldsymbol{K}}(\underline{\boldsymbol{x}}_i, \underline{\boldsymbol{x}}_j) = \underline{\boldsymbol{x}}_i^\mathrm{T}\ \underline{\boldsymbol{x}}_j$,构建包含不同个数的候选潜在变量集合$\{\underline{\boldsymbol{t}}_1\}, \{\underline{\boldsymbol{t}}_1, \underline{\boldsymbol{t}}_2\}, \cdots, \{\underline{\boldsymbol{t}}_1, \underline{\boldsymbol{t}}_2, \cdots, \underline{\boldsymbol{t}}_{n_\mathrm{fea}}\}$。其中,$n_\mathrm{fea}$表示原始训练输入向量集合$\underline{\boldsymbol{X}}$的变量个数。

将全体候选潜在变量集合$\{\underline{\boldsymbol{t}}_1\}, \{\underline{\boldsymbol{t}}_1, \underline{\boldsymbol{t}}_2\}, \cdots, \{\underline{\boldsymbol{t}}_1, \underline{\boldsymbol{t}}_2, \cdots, \underline{\boldsymbol{t}}_{n_\mathrm{fea}}\}$分别送入回归器进行质量指标f-CaO含量的软测量估计,这里采用拟合优度和均方根误差作为衡量软测量模型的度量准则,根据最佳的实验结果性能指标选择最佳的视觉字典本大小、候选潜在变量集合和回归器参数。这里分别选取SVR和RVFL作为回归器。

SVR选取径向基核函数,不敏感参数ε取0.1,惩罚因子$\hat{C}\in\{2^{12}, 2^{11}, \cdots,$

$2^{-1}, 2^{-2}\}$，核函数参数 $\hat{\gamma} \in \{2^4, 2^3, \cdots, 2^{-9}, 2^{-10}\}$，SVR 的求解如式(3.132)所示，根据交叉验证的实验结果选取适宜的 SVR 参数 $\hat{C}$ 和 $\hat{\gamma}$；

RVFL 的输入层节点个数设为候选潜在变量集合中潜在变量的维数，隐含层节点个数的最大值设为 70，输出层节点个数设为 1，隐含层到输出层的权值由式(3.127)～式(3.130)给出，激励函数选取 Sigmoid 型函数，根据交叉验证的实验结果选取适宜的隐含层节点个数。

经由训练样本的实验结果选择得到最佳的视觉字典本大小、候选潜在变量集合 $\underline{\boldsymbol{T}}_{\text{select}}$ 和回归器参数，按照上述数据预处理和火焰图像特征提取步骤，首先对测试火焰图像和过程数据样本采用如下公式获取其相应的潜在变量特征向量：

$$\underline{\boldsymbol{T}}_{\text{test}} = \underline{\boldsymbol{K}}_{\text{test}} \underline{\boldsymbol{U}}_{\text{select}} (\underline{\boldsymbol{T}}_{\text{select}}^{\text{T}} \underline{\boldsymbol{K}\boldsymbol{U}}_{\text{select}})^{-1} \tag{7.1}$$

继而基于已训练好的最佳回归器获取测试样本的熟料质量指标 f-CaO 含量软测量估计值。

7.4 实验验证

7.4.1 数据描述

为了验证本书提出的基于火焰图像和过程数据的熟料质量指标 f-CaO 含量软测量算法的可行性，采集了 157 个化验周期为 1h 的 f-CaO 含量人工实验室化验值，及其对应的相同采样时刻的回转窑烧成带火焰图像和过程数据值，包括石灰饱和系数(KH)、硅酸率(SM)、铝氧率(AM)、生料细度(G_r)、排烟机风门开度(O_d)、给煤量(W_c)、窑头压力(P_h)、给料电机电流(I_m)、窑主电机电流(I_k)、窑头温度(T_h)、窑尾温度(T_t)。这里以 2h 为间隔，选取 79 个样本作为训练数据集合训练熟料质量指标 f-CaO 含量的软测量模型，剩余 78 个样本作为测试数据集合验证已训练软测量模型的可靠性和概化能力。所采集的初始过程数据样本集合及其相对应的 f-CaO 含量人工实验室化验值见表 7.1。

表 7.1 初始过程数据样本及其 f-CaO 人工化验值

序号	KH	SM	AM	G_r	O_d	W_c	P_h	I_m	I_k	T_h	T_t	f-CaO
1	0.94	2.13	1.35	16.8	65.36	2.54	−203.7	214.2	100.81	1047.2	1057.2	0.63
2	0.92	2.40	1.48	16.2	65.36	2.52	−203.3	214.5	101.01	1039.7	1040.1	0.64
3	0.93	2.20	1.36	16.5	65.36	2.51	−203.1	214.8	102.01	1039.2	1044.6	0.65
4	0.94	2.33	1.35	16.8	65.36	2.50	−203.2	215.4	102.61	1035.6	999.7	0.66
5	0.93	1.91	1.48	16.2	65.36	2.52	−201.3	217.4	106.03	1019.8	989.9	0.71
6	0.92	2.31	1.36	16.5	65.35	2.49	−199.9	218.2	106.03	1019.4	999.83	0.75

续表

序号	KH	SM	AM	G_r	O_d	W_c	P_h	I_m	I_k	T_h	T_t	f-CaO
7	0.92	2.13	1.35	2.13	69.66	2.45	−182.4	220.5	110.24	993.6	1030.3	0.93
8	0.94	2.01	1.41	16.2	69.66	2.41	−178.5	223.5	112.45	987.9	987.4	1.11
⋮	⋮	⋮	⋮	⋮	⋮	⋮	⋮	⋮	⋮	⋮	⋮	⋮
153	0.93	2.01	1.27	16.4	70.66	2.45	−192.2	220.2	110.04	994.8	1063.8	0.88
154	0.94	2.01	1.41	17.0	70.09	2.47	−195.6	218.9	108.64	1005.5	1011.9	0.78
155	0.88	2.31	1.11	17.6	65.36	2.48	−201.8	216.3	104.22	1023.5	1046.5	0.69
156	0.94	2.08	1.49	16.9	65.36	2.53	−203.2	215.4	102.61	1035.6	987.4	0.66
157	0.91	2.13	1.28	17.0	65.36	2.55	−203.7	214.2	100.81	1047.2	925.7	0.63

7.4.2　仿真结果

1. 数据预处理实验结果

首先获取79幅训练火焰图像集合所对应的79幅训练火焰区域采样图像和79幅训练物料区域采样图像，训练采样图像与所设计的初始64个加博滤波器分别进行卷积运算，继而提取滤波处理后采样图像的特征构建特征组$z_1, z_2, \cdots, z_{n_G}$。对于两类滤波处理后的训练采样图像，每个加博滤波器的马氏可分能力如图7.2所示。从图中可以看出，不同加博滤波器对于两类采样图像的可分能力是不同的，因此需要从中选取具有大可分能力的滤波器以增强感兴趣区域之间的可区分程度。

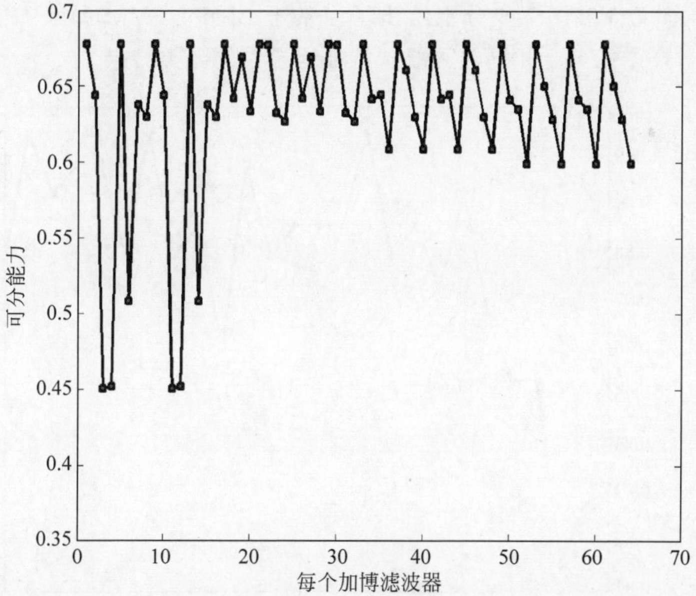

图7.2　每个加博滤波器的可分能力

将经由马氏可分性度量函数结合前向选取技术评估得到的候选特征组子集分别送入各模式分类器中。图 7.3 给出了基于 PNN 模式分类器时，训练采样图像关于候选加博滤波器组子集的分类结果。如图 7.3 所示，当 18 个具有最大可分能力的加博滤波器组被使用时，可以获得训练采样图像的最优分类精度。

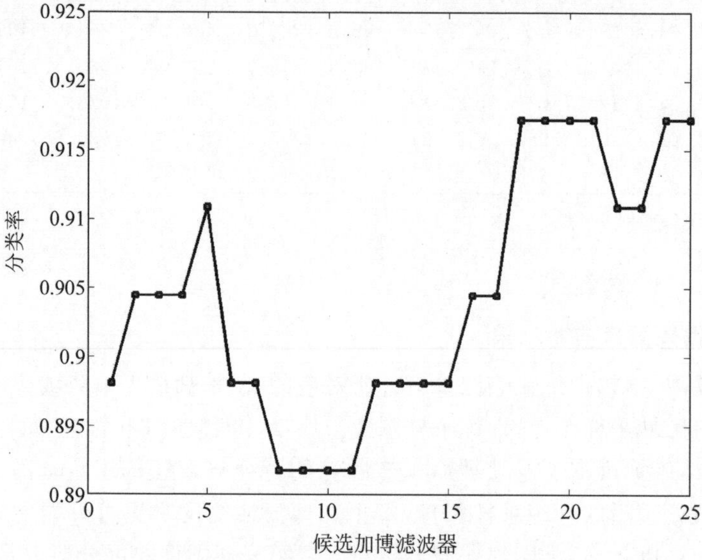

图 7.3　候选加博滤波器组子集(PNN)的采样图像分类效果

图 7.4、图 7.5 和图 7.6 分别给出了当基于 BPNN，SVM 和 RVFL 模式分类器时，训练采样图像关于相同输入候选特征组子集的分类结果。

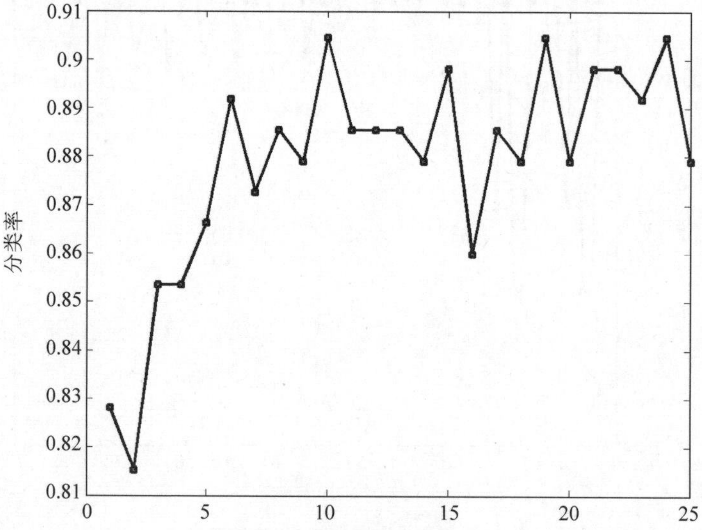

图 7.4　候选加博滤波器组子集(BPNN)的采样图像分类效果

图 7.4 表明，当采用 BPNN 模式分类器时，训练采样图像的最优分类精度在 10 个具有最大可分能力的加博滤波器组被使用时获得。

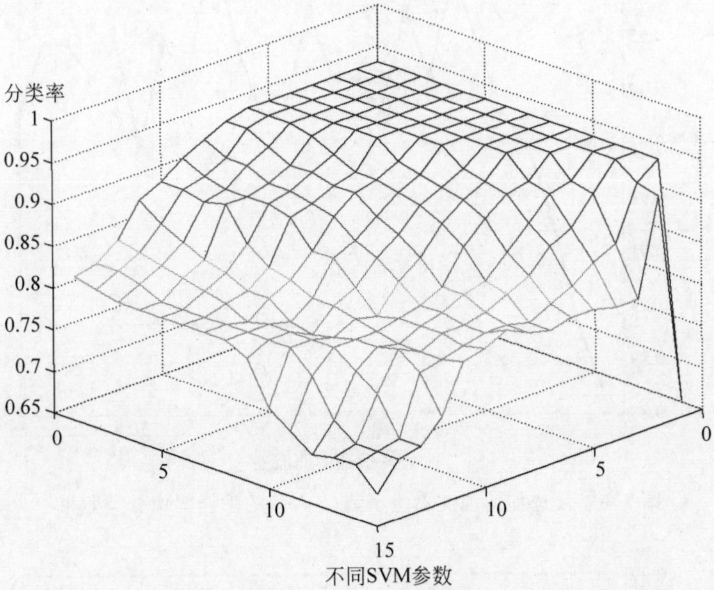

图 7.5　不同 SVM 参数(SVM)的采样图像分类效果(后附彩图)

图 7.5 给出了在基于 SVM 模式分类器时，当 17 个候选加博滤波器组子集被使用时，训练采样图像关于 SVM 的不同惩罚因子参数 $\hat{C}$ 和核函数参数 $\hat{\gamma}$ 的分类精度。其中，x 轴的刻度 1～15 代表惩罚因子 $\hat{C}\in\{2^{12},2^{11},\cdots,2^{-1},2^{-2}\}$，$y$ 轴的刻度 1～15 代表核函数参数 $\hat{\gamma}\in\{2^{4},2^{3},\cdots,2^{-9},2^{-10}\}$。选取该曲面最高点对应的分类精度作为 17 个候选加博滤波器组子集的分类精度。对于全体候选加博滤波器组子集均采用上述步骤获取对应的最佳分类精度。图 7.6 给出了训练采样图像关于全体候选加博滤波器组子集的分类结果，其中每个数据点均源于图 7.5 中的最佳分类精度。从图中可以看出，基于 SVM 模式分类器，训练采样图像的最优分类精度在 17 个具有最大可分能力的加博滤波器组被使用时获得。

图 7.7 给出了当基于 RVFL 模式分类器时，训练采样图像关于候选加博滤波器组子集的分类结果。从图中可以看出，训练采样图像的最优分类精度在 6 个具有最大可分能力的加博滤波器组被使用时获得。

在经过基于上述模式分类器的设计后，RVFL 模式分类器对于候选加博滤波器组子集具有最佳的分类精度，为 98.2%。因此，基于最佳网络结构的 RVFL 模式分类器训练得到的包含 6 个具有最大可分能力的加博滤波器组将被用来对全体训练和测试火焰图像进行滤波预处理，更好地增强感兴趣区域之间的可区分程度以利于后续的步骤。

过程数据的滤波预处理实验与 5.3.2 节第 1 点中的实验一致，这里不再给出。

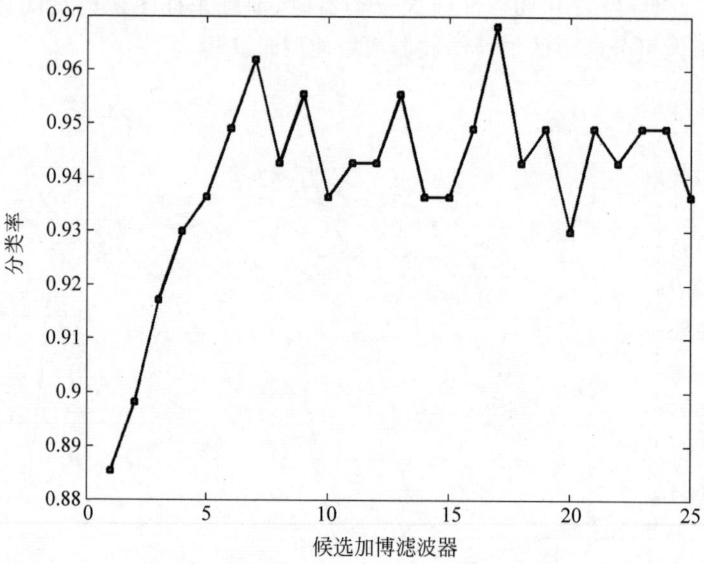

图 7.6 候选加博滤波器组子集(SVM)的采样图像分类效果

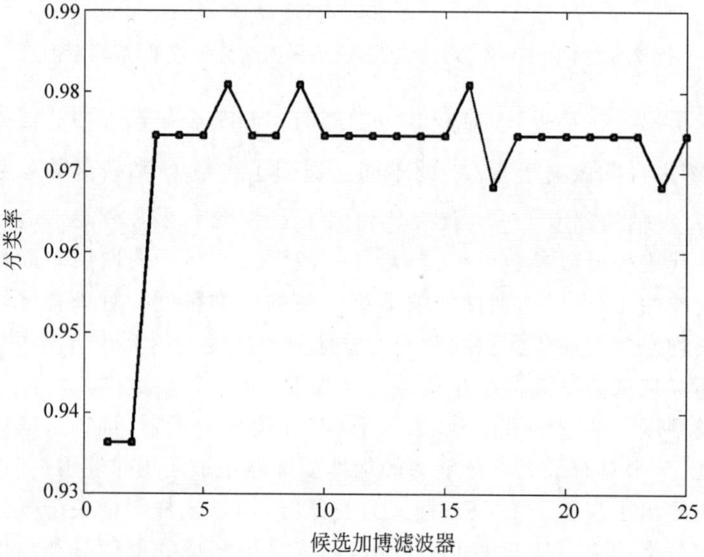

图 7.7 候选加博滤波器组子集(RVFL)的采样图像分类效果

2. 火焰图像特征提取实验结果

对 79 幅经加博滤波器预处理后的训练 RGB 火焰图像，根据 4.4 节的算法步骤，基于式(4.5)～式(4.8)，经由屏蔽矩阵 $\vec{M}$，计算面积特征 Area 来表征火焰图像感兴趣区域的色彩特征。表 7.2 给出了训练火焰图像感兴趣区域的色彩特征向量。

表 7.2 训练火焰图像色彩特征向量

序号	1	2	3	4	5	6	7	…	75	76	77	78	79
色彩特征向量	4396	2450	4686	3499	3759	3147	11 915	…	2128	1982	3736	4939	798

对 79 幅经加博滤波器预处理后的训练 RGB 火焰图像，在采用 4.5 节的 PCA 方法获取特征火焰图像集合$Y''_1, Y''_2, \cdots, Y''_{T_r}$后，根据式(3.56)特征值的贡献率选取特征火焰图像的个数为 9，继而基于训练火焰图像与特征火焰图像之间的相关性系数构建全局形态特征向量。表 7.3 给出了训练火焰图像感兴趣区域的全局形态特征向量。

表 7.3 训练火焰图像全局形态特征向量

序号	1	2	3	4	5	6	7	8	9
1	−1.0612	−0.5055	0.581	−1.6849	0.4096	0.2118	0.4091	−0.1746	1.6176
2	0.3531	−0.6721	1.7433	1.0209	0.8152	−0.4566	−0.8562	1.7979	1.0026
3	1.2861	−0.9538	1.6519	1.8495	−0.1226	−0.9619	−0.3926	1.5971	−0.5547
4	−0.8637	−0.7817	−1.0632	−1.0078	0.4579	−0.2228	0.6486	−0.3313	0.2306
5	−0.6765	−0.7338	−0.4366	−1.7632	1.1755	−0.1497	0.9129	0.4335	0.7433
6	−0.5307	−0.6793	−0.5479	−1.9642	0.5569	0.3129	0.1144	−0.05394	1.1935
7	−1.1071	−0.8021	−0.1538	−1.3977	0.3031	0.7053	0.1955	−1.2936	0.4605
8	−0.8017	−0.8879	0.4711	1.364	0.4148	1.3537	0.6911	−0.2387	0.1555
⋮	⋮	⋮	⋮	⋮	⋮	⋮	⋮	⋮	⋮
74	0.4713	−0.3756	−2.0629	0.7735	0.0948	0.8381	−0.5611	−0.1106	−0.4095
75	−0.9659	−0.8649	−0.086	−0.7773	0.3307	−0.7713	1.9972	−0.8341	0.6483
76	−0.3442	−0.8774	1.248	−0.4279	0.4661	−0.1721	0.7703	1.7754	1.7277
77	0.6207	−0.5154	1.3405	−2.0647	0.1905	0.7136	−1.3276	1.2769	−0.3004
78	−1.0939	−0.8275	0.8459	0.3708	−0.8761	−0.4231	0.8756	0.0717	−0.2727
79	−1.14	−0.5533	0.4295	−0.7747	−2.203	−0.3574	0.3691	−0.9457	−1.0003

对 79 幅经加博滤波器预处理后的训练 RGB 火焰图像，基于 4.6 节的 BoVW，TF-IDF 加权技术和 LSA 对提取的火焰图像局部形态特征向量进行降维处理，根据$\boldsymbol{\Sigma}$中特征值的贡献率选取前 l 个最大的特征值作为所构建视觉单词-图像表 N 的秩-l 最佳逼近。这里最大视觉字典本的大小$n_{\acute{W}(\max)}$被设定为 20，最小视觉字典本的大小$n_{\acute{W}(\min)}$被设定为 2，最佳视觉字典本的大小将根据训练样本 f-CaO 含量软测量的实验结果在上述构建的 19 个候选局部形态特征向量集合中选取。表 7.4 给出了当视觉字典本的大小 $n_{\acute{W}}=8$ 时获取的训练火焰图像感兴趣区域的局部形态特征向量。

表 7.4 训练火焰图像局部形态特征向量($n_{\acute{W}}=8$)

序号	1	2	3	4	5	6	7	8
1	0.4004	0.5904	1.1821	−0.1617	0.7747	1.4235	0.2858	0.5752
2	0.3744	0.4578	0.7714	−0.3016	0.4569	0.7987	0.2134	0.4331
3	0.0147	0.0684	−0.0742	0.0885	−0.0888	−0.2466	0.0391	0.0448
4	0.0176	−0.0607	−0.0754	0.1179	0.0802	0.2243	0.0058	−0.0314
5	0.0919	0.0642	0.3522	−0.1917	0.0722	−0.2642	0.0609	0.3478
6	−0.0483	−0.2094	−0.8976	−0.1741	−0.3817	−0.4706	−0.1706	−0.6858
7	0.2212	−0.0723	0.3653	−0.4056	0.0578	0.3197	−0.0744	−0.0081
8	−0.0328	0.1007	0.3707	−0.3801	−0.0125	−0.2521	0.0229	0.3338
⋮	⋮	⋮	⋮	⋮	⋮	⋮	⋮	⋮
74	0.3337	0.3305	0.7188	−0.1554	0.4102	0.4109	0.2079	0.5275
75	0.1376	0.1592	0.6575	−0.3775	0.2237	0.4574	0.0386	0.2843
76	−0.4187	−0.3215	0.3243	−0.2384	0.101	0.7725	−0.1646	0.1735
77	0.1278	0.3722	0.7413	−0.2067	0.3107	0.4638	0.1436	0.3987
78	0.4586	0.3933	0.9153	0.0799	0.3999	0.5175	0.2611	0.6586
79	0.5518	0.4428	0.7726	0.0386	0.3965	0.5823	0.2743	0.5370

将所提取的训练火焰图像感兴趣区域色彩特征、全局形态特征、局部形态特征与滤波预处理后相同采样时刻的过程数据结合，共同构成19个候选熟料产品质量f-CaO含量软测量的训练输入向量$\underline{\boldsymbol{X}}$，基于式(5.5)，分别将其归一化至[−1,1]。

3. 软测量模型构建实验结果

根据3.3.6节的算法步骤，基于KPLS算法计算候选训练输入向量$\underline{\boldsymbol{X}}$及其相同时刻下对应的输出向量$\underline{\boldsymbol{Y}}$(f-CaO含量实验室化验值)的潜在变量$\underline{\boldsymbol{T}}$和$\underline{\boldsymbol{U}}$，将全体候选潜在变量集合$\{\underline{t}_1\},\{\underline{t}_1,\underline{t}_2\},\cdots,\{\underline{t}_1,\underline{t}_2,\cdots,\underline{t}_{n_{\text{fea}}}\}$分别送入回归器进行质量指标f-CaO含量的软测量估计。图7.8给出了基于第10个候选训练输入向量$\underline{\boldsymbol{X}}$获取得到的第8个候选潜在变量集合，训练样本关于SVR回归器的不同惩罚因子参数$\hat{C}$和核函数参数$\hat{\gamma}$的f-CaO含量软测量的均方根误差RMSE。其中，x轴的刻度1～15代表惩罚因子$\hat{C}\in\{2^{12},2^{11},\cdots,2^{-1},2^{-2}\}$，$y$轴的刻度1～15代表核函数参数$\hat{\gamma}\in\{2^4,2^3,\cdots,2^{-9},2^{-10}\}$。根据图7.8中的最小RMSE，选取与输入候选潜在变量集合相对应的最佳$\{\hat{C},\hat{\gamma}\}$。

将上述步骤分别应用于每个候选训练输入向量$\underline{\boldsymbol{X}}$所获取得到的每个候选潜在变量集合。图7.9给出了全体候选训练输入向量$\underline{\boldsymbol{X}}$所对应的f-CaO含量软测量的均方根误差RMSE，其中每个数据点均源于候选训练输入向量$\underline{\boldsymbol{X}}$下获取得到的全体候选潜在变量集合中的最小均方根误差RMSE。从图中可以看出，当第16个候选训练输入向量$\underline{\boldsymbol{X}}$被使用时，训练样本可以获取最小均方根误差RMSE，此时最佳的视觉字典本大小$n_{\acute{W}}=17$，最佳的候选潜在变量集合的个数为21，SVR回归器的参数$\{\hat{C},\hat{\gamma}\}=\{2^{12},2^{-1}\}$。基于上述最佳参数和相同的步骤可以获取基于SVR回归器测试样本f-CaO含量的软测量估计值。

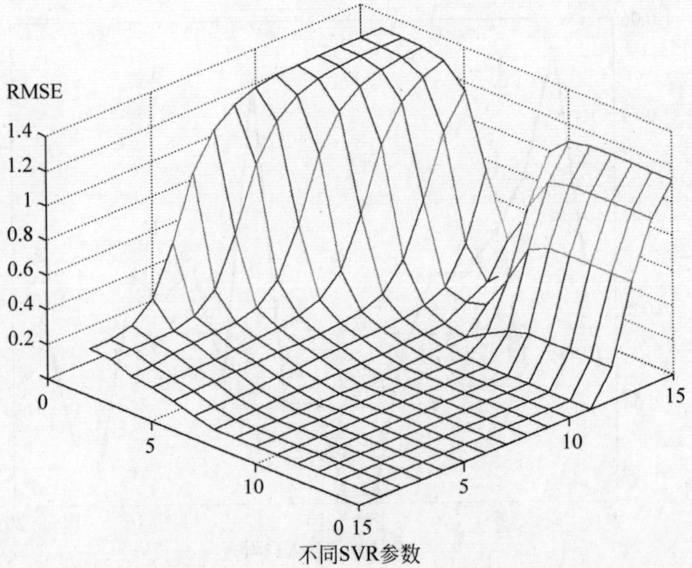

图 7.8 不同 SVR 参数(KPLS+SVR)f-CaO 含量软测量的 RMSE(后附彩图)

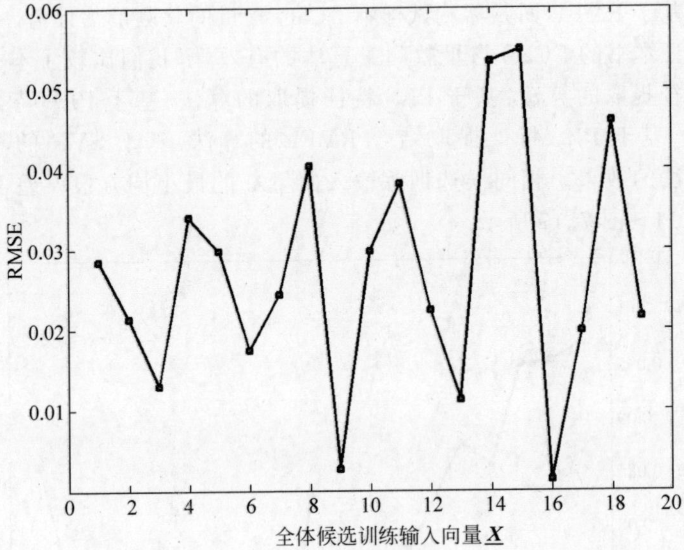

图 7.9 不同候选训练输入向量(KPLS+SVR)的 f-CaO 含量软测量的 RMSE

图 7.10 给出了基于 RVFL 回归器的全体候选训练输入向量 $\underline{\boldsymbol{X}}$ 所对应的 f-CaO 含量软测量的均方根误差 RMSE。其中,每个数据点均源于候选训练输入向量 $\underline{\boldsymbol{X}}$ 下获取得到的全体候选潜在变量集合中的最小均方根误差 RMSE。从图中可以看出,当第 9 个候选训练输入向量 $\underline{\boldsymbol{X}}$ 被使用时,训练样本可以获取最小均方根误差 RMSE,此时最佳的视觉字典本大小 $n_{\hat{W}}=10$,最佳的候选潜在变量集合的个数为 18,RVFL 回归器的最佳隐含层节点个数为 62。基于上述最佳参数和相同的步

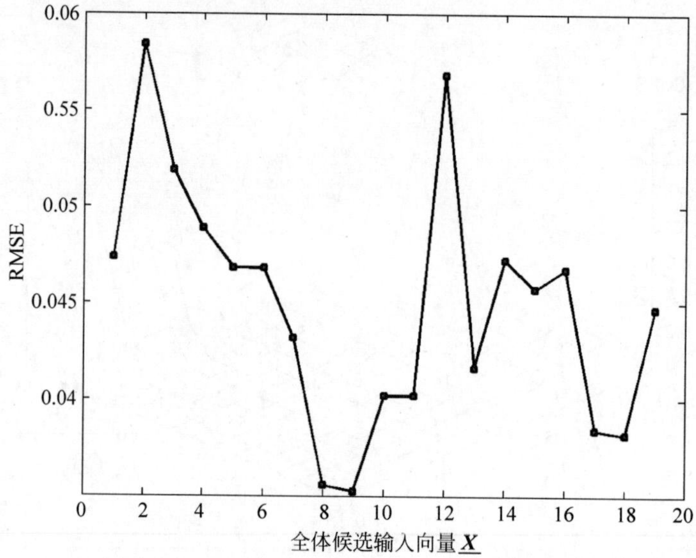

图 7.10　不同候选训练输入向量(KPLS+RVFL)的 f-CaO 含量软测量的 RMSE

骤可以获取基于 RVFL 回归器测试样本 f-CaO 含量的软测量估计值。

为了验证本书的 f-CaO 含量软测量算法的有效性,我们比较了本书算法与基于 KPLS 特征提取的算法、基于 PLS 特征提取的算法、基于 PLS 特征提取结合 SVR 的算法、基于 PLS 特征提取结合 RVFL 的算法、基于 SVR 的算法和基于 RVFL 的算法的效果。相同候选训练输入向量 $\underline{\boldsymbol{X}}$ 的最小均方根误差 RMSE 结果分别如图 7.11～图 7.17 所示。

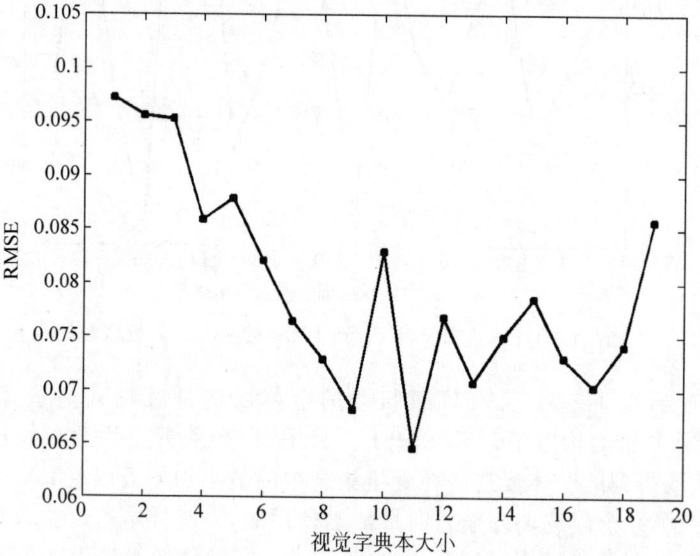

图 7.11　不同视觉字典本大小(KPLS)的 f-CaO 含量软测量的 RMSE

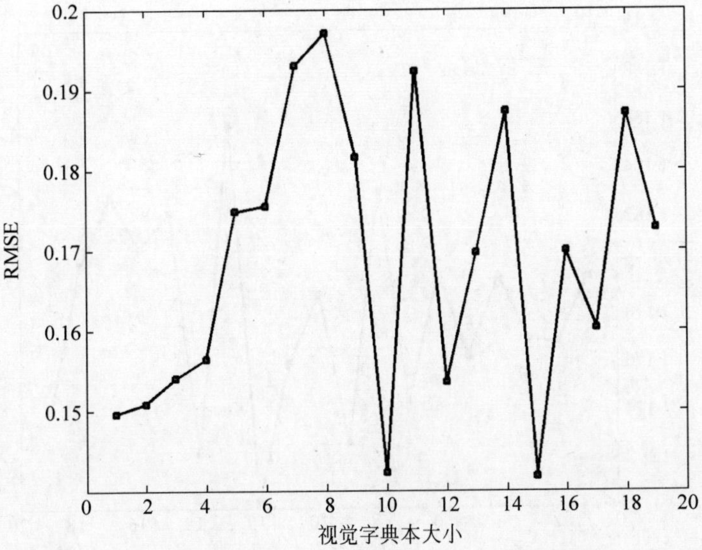

图 7.12　不同视觉字典本大小(PLS)的 f-CaO 含量软测量的 RMSE

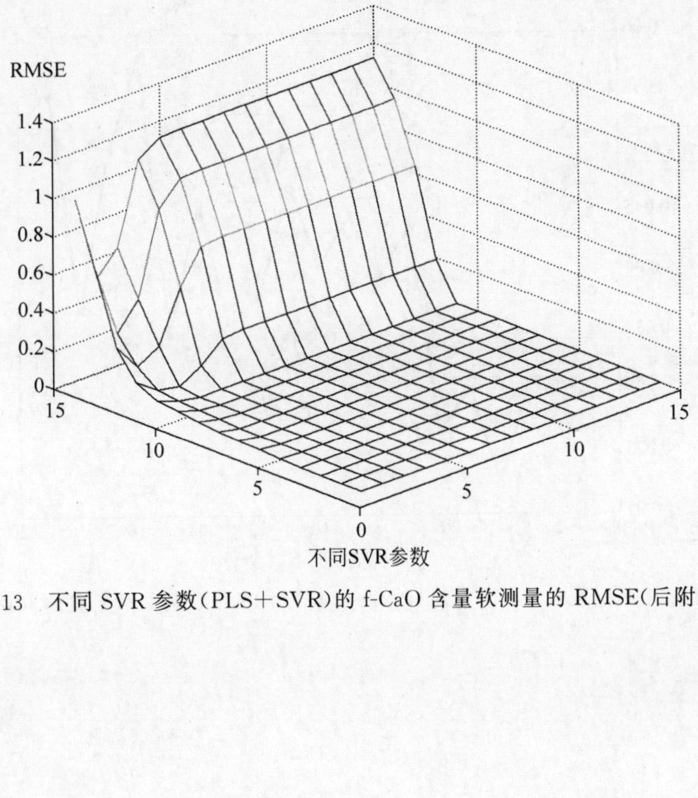

图 7.13　不同 SVR 参数(PLS＋SVR)的 f-CaO 含量软测量的 RMSE(后附彩图)

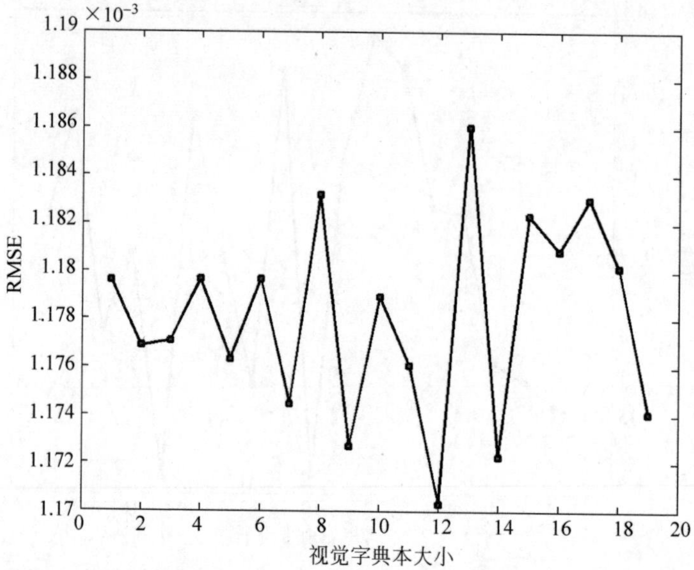

图 7.14 不同视觉字典本大小(PLS+SVR)的 f-CaO 含量软测量的 RMSE

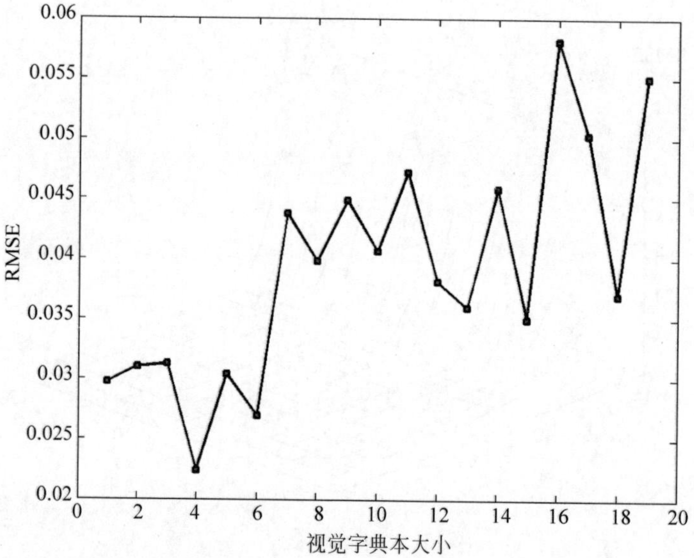

图 7.15 不同视觉字典本大小(PLS+RVFL)的 f-CaO 含量软测量的 RMSE

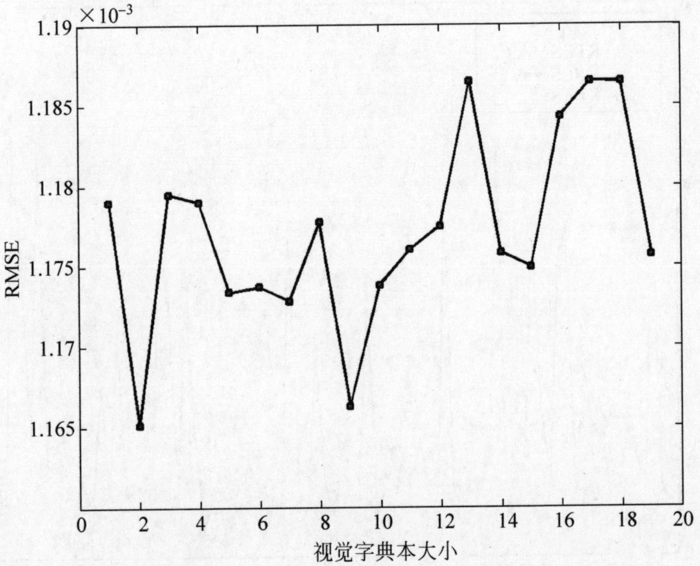

图 7.16 不同视觉字典本大小(SVR)的 f-CaO 含量软测量的 RMSE

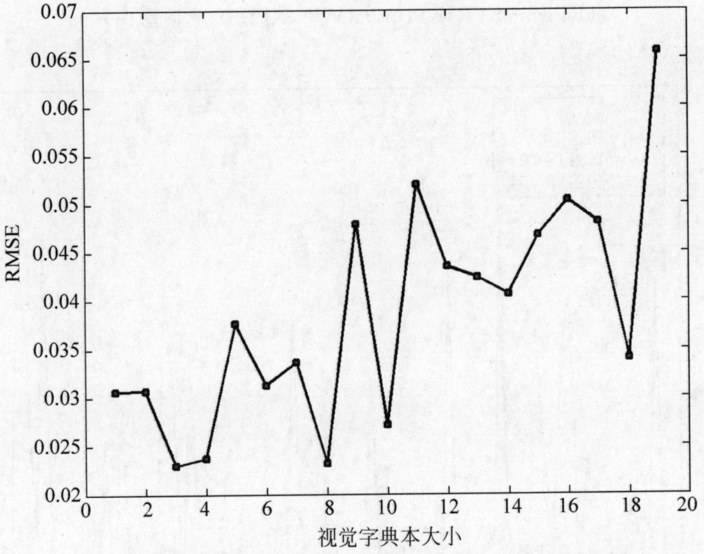

图 7.17 不同视觉字典本大小(RVFL)的 f-CaO 含量软测量的 RMSE

在基于上述训练过程选取得到最佳视觉字典本大小、最佳潜在变量集合个数和最佳回归器参数后，不同算法的测试样本 f-CaO 含量软测量估计值如图 7.18～图 7.20 所示。

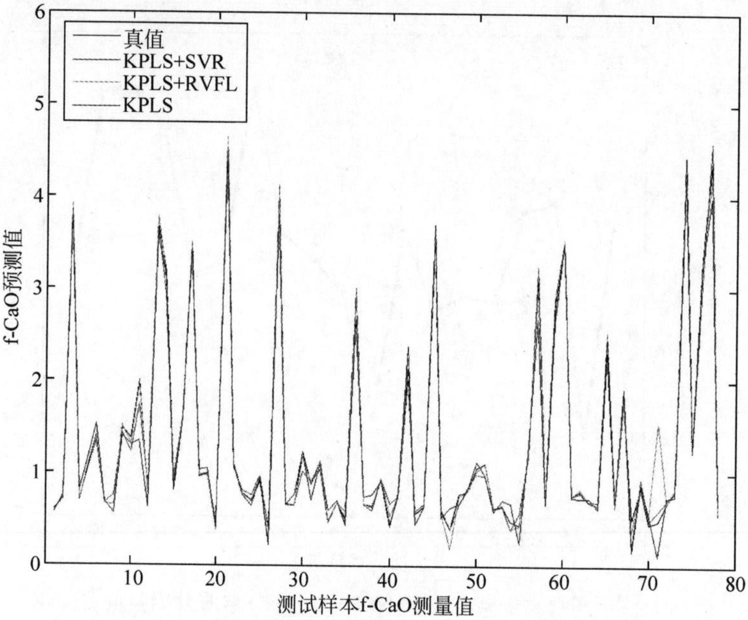

图 7.18 不同算法测试样本 f-CaO 含量的软测量值
(KPLS+SVR,KPLS+RVFL,KPLS)(后附彩图)

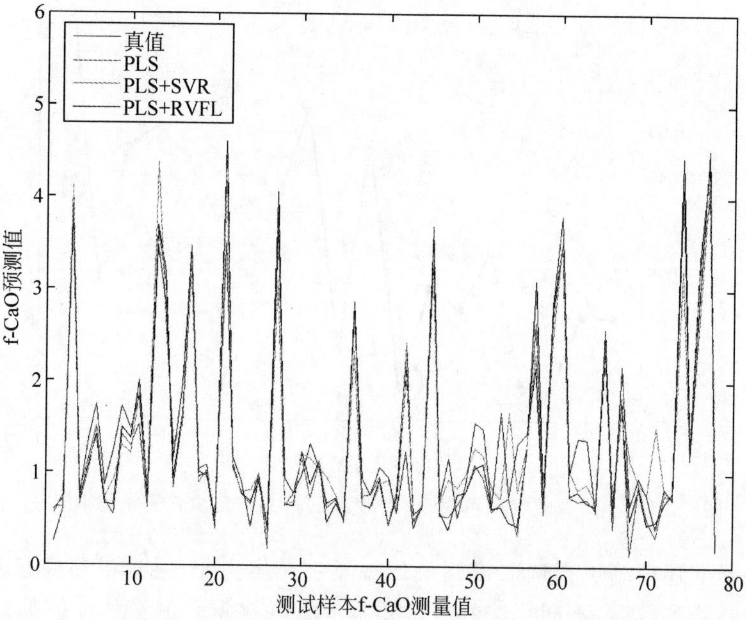

图 7.19 不同算法测试样本 f-CaO 含量软测量值(PLS+SVR,PLS+RVFL,PLS)(后附彩图)

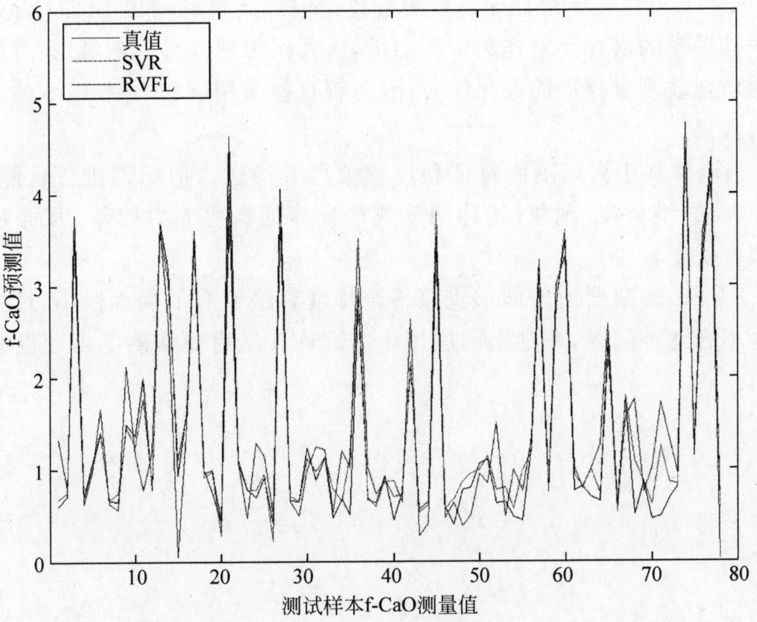

图 7.20 不同算法测试样本 f-CaO 含量的软测量值(SVR,RVFL)(后附彩图)

图 7.18～图 7. 20 所对应的均方根误差和拟合优度见表 7.5。

表 7.5 不同软测量方法的均方根误差和拟和优度

软测量方法	RMSE		拟合优度	
	训练样本	测试样本	训练样本	测试样本
KPLS+SVR	0.0013	0.1021	1	0.9855
KPLS+RVFL	0.0099	0.0638	0.9999	0.9987
KPLS	0.0645	0.1339	0.9951	0.9819
PLS+SVR	0.0012	0.1353	1	0.9639
PLS +RVFL	0.0245	0.1332	0.9994	0.9699
PLS	0.0663	0.1422	0.9948	0.9546
SVR	0.0012	0.1489	1	0.9331
RVFL	0.0229	0.1408	0.9995	0.9426

从表 7.5 可以得到以下结论:

(1) 本书提出的基于火焰图像和过程数据的熟料质量指标 f-CaO 含量软测量方法是有效的,并且在采用具有最佳结构的 RVFL 回归器时取得了最小的 RMSE 0.0638 和最大的拟合优度 0.9987。

(2) KPLS 方法将原始数据映射到高维空间,在消除输入量共线性的同时,克服了 PLS 方法只能提取数据中线性信息的缺陷,因此在相同回归器的条件下具有更小的 RMSE 和最大的拟合优度。

（3）KPLS可以提取最佳诠释软测量模型输入向量和输出f-CaO含量化验值之间非线性关系的潜在变量作为特征向量，送入回归器进行软测量，在降低特征表征的同时增强软测量模型的概化能力，因而较直接采用KPLS和PLS的方法获得了更好的效果。

（4）当全体基于火焰图像特征和过程数据直接送入回归器进行软测量时，由于可能存在的“维数灾”现象，构建的软测量模型的概化能力较差，因而RMSE较大并且拟合优度较小。

（5）RVFL回归器由于能够克服传统梯度算法常有的局部极小、过拟合和学习率选择不合适等问题，在本书的应用中，较SVR具有更快的学习速度和更好的泛化能力。

第 8 章

基于双层遗传算法的异构数据融合水泥熟料质量选择性集成软测量模型

8.1 引言

准确检测复杂工业过程中的参量是提高产品质量和效率指标的关键因素之一。统计推理技术和机器学习技术，如人工神经网络(ANN)和支撑向量机(SVM)是广泛采用的方法；但是，采用这些方法的困难之一是需要较长的学习时间。实际上，一些新提出的快速增量学习算法可以解决这个问题[443-445]。在实际工业过程数据间存在较强的非线性；而且，ANN 和 SVM 不能直接对高维共线性数据建模，通常采用基于特征提取的预处理技术，如主成分分析 (PCA)技术解决这些问题。但是，这些采用 PCA 提取的低维独立特征与被预测的过程参数间可能存在较小的相关性。潜结构映射或偏最小二乘(PLS)采用线性的潜在变量(LV)构建线性学习模型，这些潜在变量能够提取输入和输出数据间的最大协方差。在本质上，除了近稳态工作点，许多工业过程都是非线性的。因此，基于高维核特征空间建模的核方法已经成为软测模型开发过程中采用的一种极为简便和有效的方法[446-447]。核偏最小二乘(KPLS)算法采用非线性潜在变量(LV)，能够对共线性和非线性数据建模并具有较佳预测性能[448-450]。但是，如何选择有效的学习参数确定合理的模型结构，如核参数和核 LV(KLV)的数量，还是一个开放性的研究问题[451]。

基于集成学习的建模方法，即集合多核集成子模型的输出，能够提高软测量模型的泛化性能、有效性和可靠性。最初提出的神经网络集成方法假设预测误差函数的相关系数矩阵的行和列是线性独立的，这在实际问题中往往是不成立的。另外，集成子模型的预测精度和多样性之间的均衡问题仍然是一个重要的待解决的问题[452]，如同时考虑稀疏性和多样性的集成分类器的研究[453]。基于广泛采用的BPNN算法，遗传算法（GA）选择性集成（SEN，即从候选子模型中选择部分子模型）表明GASEN-BPNN可以获得更好的泛化性能。通过采用KPLS替代BPNN，基于GASEN的KPLS(GASEN-KPLS)可以直接对高维共线性数据建模[454]。但这些方法中采用的基于简单平均的集成子模型合并方法对函数估计问题并不合理，主要原因在于这些集成子模型在某种程度上可以看作测量同一物理参数的多个传感器。通常，多传感器系统的最优观测值可以通过自适应加权融合（AWF）算法获得[455]。

对SEN模型的众多学习参数进行优化选择是一个较难解决的问题。这个过程需要我们同时确定候选子模型和SEN模型的结构和参数。集成尺寸，即集成子模型的数量，可以看作SEN的结构参数；这些集成子模型的权系数就是SEN的模型参数。基于预设定的加权方法和预构造的候选子模型，SEN的建模过程可描述为一个类似于最优特征选择过程的优化问题。通常，SEN的泛化性能取决于不同候选子模型的预测精度和相互间多样性的影响。进一步讲，预测精度和多样性受到基于KPLS的候选子模型的模型结构和模型参数的影响。从另外一个角度讲，只有不同的候选子模型的优化模型结构和模型参数才能保证最优化的SEN模型。因此，如何简便和容易地选择这些学习参数是本节的主要关注焦点。基于智能优化算法的双层优化策略，即内层的SEN优化和外层的候选子模型优化，也许是一个简单和有效的方法，也是本节的研究动机之一。

基于之前的研究，GA优化工具箱（GAOT）和自适应加权（AWF）方法用于构建内层SEN模型。外层优化的目的主要是全局识别候选子模型的结构和参数。很多基于GA的方法被用于处理模型参数识别问题，如基于多种群并行GA的神经网络优化[456]，基于自适应粒子群优化和遗传算法（APSO-GA）的实验温室能量模型的非确定参数校正[457]，基于GA的特征选择和参数优化[458]和用于ANFIS的健壮优化算法[459]等。这些研究表明，GA是目前研究中用于模型参数识别的通用性工具。最近，一些新的优化算法被用于估计未知模型参数[460-461]。因此，基于之前的研究[462]，选择自适应GA（AGA）作为外层优化工具。

基于上述分析，本书提出基于双层GA的SENKPLS（DLGA-SENKPLS）方法处理非线性和共线性数据建模问题。其中，自适应GA（AGA）和GAOT分别用于优化候选子模型和SEN模型的学习参数。在本质上，本书的最终优化目标是建立全局优化的SEN软测量模型。首先，外层AGA用于编码和解码候选子模型学习参数的初始解；其次，基于bootstrapping方法为每个AGA的个体进行集成构造，即训练子集的构建；然后，这些训练子集采用AGA解码的学习参数构建基于KPLS的候选子模型，集成GAOT优化和AWF加权的方法用于构建不同个体的最优SEN模型；最后，重复运行外层AGA优化操作直到满足预设的终止条件。基于合成和Benchmark数据集的仿真结果表明本书所提方法在泛化性能上优于其他的方法。

8.2　建模策略

本书提出的基于双层遗传算法(GA)的 SENKLPS (DLGA-SENKPLS)算法由 5 个模块组成：基于外层 AGA 的学习参数编码、基于外层 AGA 的学习参数解码、基于 KPLS 的候选子模型构造、基于内层 GAOT 的 SEN 建模、基于外层 AGA 的遗传操作，如图 8.1 所示。

在图 8.1 中，$j_{\mathrm{GA}}=1,2,\cdots,J_{\mathrm{GA}}$，$J_{\mathrm{GA}}$ 表示外层 AGA 优化的种群数量；$\{(\gamma_{\mathrm{KPLS}}^{j_{\mathrm{GA}}})_{\mathrm{Bin}}\}_{j_{\mathrm{GA}}=1}^{J_{\mathrm{GA}}}$ 和 $\{(h_{\mathrm{KPLS}}^{j_{\mathrm{GA}}})_{\mathrm{Bin}}\}_{j_{\mathrm{GA}}=1}^{J_{\mathrm{GA}}}$ 表示基于 KPLS 的候选子模型的核参数和 KLVs 数量的二进制形式；$\{(J_{\mathrm{LSEN}}^{j_{\mathrm{GA}}})_{\mathrm{Bin}}\}_{j_{\mathrm{GA}}=1}^{J_{\mathrm{GA}}}$ 表示基于内层 GAOT 的 SEN 模型的种群数量的二进制形式；$\{\gamma_{\mathrm{KPLS}}^{j_{\mathrm{GA}}}\}_{j_{\mathrm{GA}}=1}^{J_{\mathrm{GA}}}$，$\{h_{\mathrm{KPLS}}^{j_{\mathrm{GA}}}\}_{j_{\mathrm{GA}}=1}^{J_{\mathrm{GA}}}$ 和 $\{J_{\mathrm{LSEN}}^{j_{\mathrm{GA}}}\}_{j_{\mathrm{GA}}=1}^{J_{\mathrm{GA}}}$ 表示基于外层 AGA 优化的相关学习参数的解码形式；$\{\boldsymbol{x},\boldsymbol{y}\}$ 表示输入输出数据；$\{\boldsymbol{x}_{j_{\mathrm{LSEN}}^{j_{\mathrm{GA}}}},\boldsymbol{y}_{j_{\mathrm{LSEN}}^{j_{\mathrm{GA}}}}\}_{j_{\mathrm{LSEN}}^{j_{\mathrm{GA}}}=1}^{J_{\mathrm{LSEN}}^{j_{\mathrm{GA}}}}$ 表示第 j_{GA} 个 AGA 种群的训练样本子集；$\{\{\boldsymbol{x}_{j_{\mathrm{LSEN}}^{j_{\mathrm{GA}}}},\boldsymbol{y}_{j_{\mathrm{LSEN}}^{j_{\mathrm{GA}}}}\}_{j_{\mathrm{LSEN}}^{j_{\mathrm{GA}}}=1}^{J_{\mathrm{LSEN}}^{j_{\mathrm{GA}}}}\}_{j_{\mathrm{GA}}=1}^{J_{\mathrm{GA}}}$ 表示用于构建候选子模型的全部训练子集；$h_{\mathrm{KPLS}}^{j_{\mathrm{GA}}}$ 和 $\gamma_{\mathrm{KPLS}}^{j_{\mathrm{GA}}}$ 表示为第 j_{GA} 个 AGA 种群的候选子模型选择的 KLVs 数量和核参数；$J_{\mathrm{LSEN}}^{j_{\mathrm{GA}}}$ 表示第 j_{GA} 个内层 GAOT 优化的 SEN 模型的种群数量；$\{f_{j_{\mathrm{LSEN}}^{j_{\mathrm{GA}}}}^{\mathrm{can}}(\cdot)\}_{j_{\mathrm{LSEN}}^{j_{\mathrm{GA}}}=1}^{J_{\mathrm{LSEN}}^{j_{\mathrm{GA}}}}$ 表示基于 $\{\boldsymbol{x}_{j_{\mathrm{LSEN}}^{j_{\mathrm{GA}}}},\boldsymbol{y}_{j_{\mathrm{LSEN}}^{j_{\mathrm{GA}}}}\}_{j_{\mathrm{LSEN}}^{j_{\mathrm{GA}}}=1}^{J_{\mathrm{LSEN}}^{j_{\mathrm{GA}}}}$ 的候选子模型；$\{\boldsymbol{B}_{j_{\mathrm{LSEN}}^{j_{\mathrm{GA}}}}\}_{j_{\mathrm{LSEN}}^{j_{\mathrm{GA}}}=1}^{J_{\mathrm{LSEN}}^{j_{\mathrm{GA}}}}$ 表示这些候选子模型的模型参数；$f_{j_{\mathrm{LSEN}}^{j_{\mathrm{GA}}}}^{\mathrm{sel}}(\cdot)$ 和 $w_{j_{\mathrm{LSEN}}^{j_{\mathrm{GA}}}}^{\mathrm{sel}}$ 表示选择的第 $j_{\mathrm{LSEN}}^{j_{\mathrm{GA}}}$ 个 SEN 模型及其权重系数；$J_{j_{\mathrm{LSEN}}^{j_{\mathrm{GA}}}}^{\mathrm{sel}}$ 是基于第 j_{GA} 个 AGA 种群的 SEN 的集成尺寸（即选择的集成子模型的数量）；$\{\hat{\boldsymbol{y}}_{j_{\mathrm{LSEN}}^{j_{\mathrm{GA}}}}\}_{j_{\mathrm{LSEN}}^{j_{\mathrm{GA}}}=1}^{J_{\mathrm{LSEN}}^{j_{\mathrm{GA}}}}$ 是第 j_{GA} 个 AGA 种群的预测输出；$\{\{\hat{y}_{j_{\mathrm{LSEN}}^{j_{\mathrm{GA}}}}\}_{j_{\mathrm{LSEN}}^{j_{\mathrm{GA}}}=1}^{J_{\mathrm{LSEN}}^{j_{\mathrm{GA}}}}\}_{j_{\mathrm{GA}}=1}^{J_{\mathrm{GA}}}$ 是外层 AGA 优化的预测输出；$\{\hat{y}_{j_{\mathrm{GA}}}\}_{j_{\mathrm{GA}}=1}^{J_{\mathrm{GA}}}$ 是多个不同的基于内层 GAOT 的 SEN 模型的最优输出；$F_{\mathrm{fit}}^{j_{\mathrm{GA}}}$ 是第 j_{GA} 个 SEN 模型的适应度函数，即第 j_{GA} 个 AGA 种群的适应度；$\hat{y}$ 是预测输出；$\gamma_{\mathrm{KPLS}}^{\mathrm{sel}}$，$h_{\mathrm{KPLS}}^{\mathrm{sel}}$，$J_{\mathrm{LSEN}}^{\mathrm{sel}}$，$\{f_{j_{\mathrm{LSEN}}^{\mathrm{sel}}}^{\mathrm{sel}}(\cdot)\}_{j_{\mathrm{LSEN}}^{\mathrm{sel}}=1}^{J_{\mathrm{LSEN}}^{\mathrm{sel}}}$ 和 $\{w_{j_{\mathrm{LSEN}}^{\mathrm{sel}}}^{\mathrm{sel}}\}_{j_{\mathrm{LSEN}}^{\mathrm{sel}}}^{J_{\mathrm{LSEN}}^{\mathrm{sel}}}$ 表示所构建的 DLGA-SENKPLS 软测量模型的最终参数，分别表示核参数、KLVs 数量、集成尺寸、集成子模型及其加权系数。

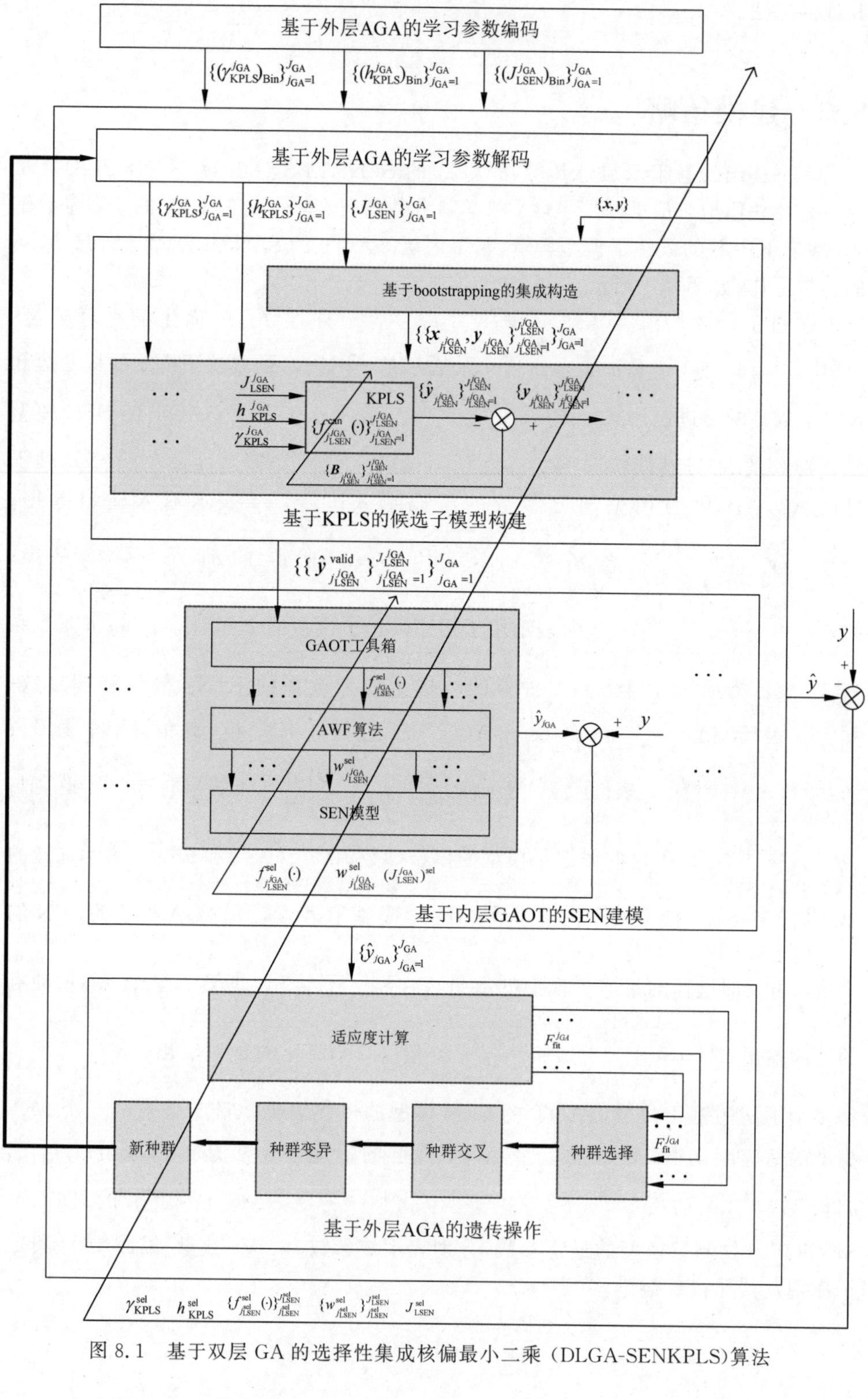

图 8.1 基于双层 GA 的选择性集成核偏最小二乘 (DLGA-SENKPLS)算法

不同模块的功能有如下表示：

(1) 基于外层 AGA 的学习参数编码：初始化 AGA 参数和编码三个学习参数。

(2) 基于外层 AGA 的学习参数解码：解码每个种群的学习参数，以第 j_{GA} 个种群为例，$h_{\text{KPLS}}^{j_{\text{GA}}}$，$\gamma_{\text{KPLS}}^{j_{\text{GA}}}$ 和 $J_{\text{LSEN}}^{j_{\text{GA}}}$ 被解码用于构建外层第 j_{GA} 个 AGA 种群的候选子模型 。

(3) 基于 KPLS 的候选子模型构造：基于种群数量 $\{J_{\text{LSEN}}^{j_{\text{GA}}}\}_{j_{\text{GA}}=1}^{J_{\text{GA}}}$ 通过 bootstrapping 产生训练样本子集，并基于这些训练子集采用参数 $\{\gamma_{\text{KPLS}}^{j_{\text{GA}}}\}_{j_{\text{GA}}=1}^{J_{\text{GA}}}$ 和 $\{h_{\text{KPLS}}^{j_{\text{GA}}}\}_{j_{\text{GA}}=1}^{J_{\text{GA}}}$ 构建基于 KPLS 的候选子模型。

(4) 基于内层 GAOT 的 SEN 建模：采用 GAOT 和 AWF 为每个 AGA 种群构建 SEN 模型，共得到全部 J_{GA} 个 SEN 模型。

(5) 基于外层 AGA 的遗传操作：计算每个 SEN 模型的适应度，然后执行种群选择、交叉和变异操作，以获得新的种群。

建模步骤为①运行“基于外层 AGA 的学习参数编码”模块；②运行“基于外层 AGA 的学习参数解码”“基于 KPLS 的候选子模型构造”“基于内层 GAOT 的 SEN 建模”和“基于外层 AGA 的遗传操作”模块；③判断如下两种状态：如果满足预设定的终止准则，停止运行；否则，重新运行最后 4 个模块。

此处所提方法是双层的优化策略：外层优化采用 AGA 实现，其优化目标是内层优化的种群数量、核参数和候选子模型的 KLV 数量，其优化操作一直重复运行直到满足终止准则。内层优化采用 GAOT 和 AWF 实现，其目标是同时优化选择和加权集成子模型。也就是说，候选子模型的学习参数和内层优化的种群数量是通过每次外层 AGA 优化的遗传产生的。基于 bootstrapping 和 KPLS 算法，外层优化的每个种群构建了系列的候选子模型；这些子模型通过内层的优化过程进行选择和合并，最终获得了全部 SEN 模型，其输出误差用于计算不同种群的适应度函数。

8.3 算法实现

8.3.1 模型参数编码

外层 AGA 需要优化三个学习参数：基于 KPLS 的候选子模型的核参数 $\gamma_{\text{KPLS}}^{\text{sel}}$ 和 KLV 数量 $h_{\text{KPLS}}^{\text{sel}}$，以及内层 GAOT 优化的种群数量 $J_{\text{LSEN}}^{\text{sel}}$。这些学习参数的范围可表示为

$$
\begin{cases}
\gamma_{\text{KPLS}}^{\text{sel}} \in [\gamma_{\text{KPLS}}^{\min}, \gamma_{\text{KPLS}}^{\max}] \\
h_{\text{KPLS}}^{\text{sel}} \in [1, \text{rank}(\boldsymbol{K}(\cdot))] \\
J_{\text{LSEN}}^{\text{sel}} \in [10, J_{\text{LSEN}}^{\max}]
\end{cases}
\tag{8.1}
$$

其中，$\gamma_{\text{KPLS}}^{\min}$ 和 $\gamma_{\text{KPLS}}^{\max}$ 是 $\gamma_{\text{KPLS}}^{\text{sel}}$ 的最大值和最小值；$\boldsymbol{K}(\cdot)$是输入数据的核矩阵；$J_{\text{LSEN}}^{\max}$ 是内层优化的最大种群数量。

将 AGA 的种群数量标记为 J_{GA}，学习参数的编码过程可表示为

$$\begin{cases} \gamma_{\text{KPLS}}^{\text{sel}} \xrightarrow{\text{编码}} \{(\gamma_{\text{KPLS}}^{j_{\text{GA}}})_{\text{Bin}}\}_{j_{\text{GA}}=1}^{J_{\text{GA}}} \\ h_{\text{KPLS}}^{\text{sel}} \xrightarrow{\text{编码}} \{(h_{\text{KPLS}}^{j_{\text{GA}}})_{\text{Bin}}\}_{j_{\text{GA}}=1}^{J_{\text{GA}}} \\ J_{\text{LSEN}}^{\text{sel}} \xrightarrow{\text{编码}} \{(J_{\text{LSEN}}^{j_{\text{GA}}})_{\text{Bin}}\}_{j_{\text{GA}}=1}^{J_{\text{GA}}} \end{cases} \tag{8.2}$$

其中，$(\gamma_{\text{KPLS}}^{j_{\text{GA}}})_{\text{Bin}}$，$(h_{\text{KPLS}}^{j_{\text{GA}}})_{\text{Bin}}$ 和$(J_{\text{LSEN}}^{j_{\text{GA}}})_{\text{Bin}}$ 表示第 j_{GA} 个外层 AGA 优化种群的二进制编码形式。

AGA 的其他初始化参数包括：学习参数 $\gamma_{\text{KPLS}}^{\text{sel}}$，$h_{\text{KPLS}}^{\text{sel}}$ 和 J_{LSEN} 的编码长度，遗传最大代数 $G_{\max}$，收敛种群百分比和种群初始化百分比。

8.3.2 模型参数解码

第 j_{GA} 个种群的解码如下：

$$\gamma_{\text{KPLS}}^{j_{\text{GA}}} = \gamma_{\text{KPLS}}^{\min} + \frac{\gamma_{\text{KPLS}}^{\max} - \gamma_{\text{KPLS}}^{\min}}{2^{\text{Len}(\gamma_{\text{KPLS}}^{\text{sel}})-1}} \times \sum_{i_{\text{bit}}=1}^{\text{Len}(\gamma_{\text{KPLS}}^{\text{sel}})} (2^{i_{\text{bit}}} \cdot B_{i_{\text{bit}}}) \tag{8.3}$$

$$h_{\text{KPLS}}^{j_{\text{GA}}} = 1 + \frac{\text{rank}(\boldsymbol{K}(\cdot)) - 1}{2^{\text{Len}(h_{\text{KPLS}}^{\text{sel}})-1}} \times \sum_{i_{\text{bit}}=1}^{\text{Len}(h_{\text{KPLS}}^{\text{sel}})} (2^{i_{\text{bit}}} \cdot B_{i_{\text{bit}}}) \tag{8.4}$$

$$J_{\text{LSEN}}^{j_{\text{GA}}} = 10 + \frac{J_{\text{LSEN}}^{\max} - 10}{2^{\text{Len}(J_{\text{LSEN}})-1}} \times \sum_{i_{\text{bit}}=1}^{\text{Len}(J_{\text{LSEN}})} (2^{i_{\text{bit}}} \cdot B_{i_{\text{bit}}}) \tag{8.5}$$

其中，$\text{Len}(\gamma_{\text{KPLS}}^{\text{sel}})$，$\text{Len}(h_{\text{KPLS}}^{\text{sel}})$和 $\text{Len}(J_{\text{LSEN}})$表示 $\gamma_{\text{KPLS}}^{\text{sel}}$，$h_{\text{KPLS}}^{\text{sel}}$ 和 J_{LSEN} 的二进制编码串的长度；$B \in \{0,1\}$。

全部 AGA 种群的学习参数的解码过程可表示为

$$\begin{cases} \{(\gamma_{\text{KPLS}}^{j_{\text{GA}}})_{\text{Bin}}\}_{j_{\text{GA}}=1}^{J_{\text{GA}}} \xrightarrow{\text{解码}} \{\gamma_{\text{KPLS}}^{j_{\text{GA}}}\}_{j_{\text{GA}}=1}^{J_{\text{GA}}} \\ \{(h_{\text{KPLS}}^{j_{\text{GA}}})_{\text{Bin}}\}_{j_{\text{GA}}=1}^{J_{\text{GA}}} \xrightarrow{\text{解码}} \{h_{\text{KPLS}}^{j_{\text{GA}}}\}_{j_{\text{GA}}=1}^{J_{\text{GA}}} \\ \{(J_{\text{LSEN}}^{j_{\text{GA}}})_{\text{Bin}}\}_{j_{\text{GA}}=1}^{J_{\text{GA}}} \xrightarrow{\text{解码}} \{J_{\text{LSEN}}^{j_{\text{GA}}}\}_{j_{\text{GA}}=1}^{J_{\text{GA}}} \end{cases} \tag{8.6}$$

8.3.3 候选子模型构造

采用每个 AGA 种群解码的学习参数构建基于 KPLS 的不同候选子模型。以外层 AGA 优化的第 j_{GA} 个种群为例进行该过程的描述。基于“采样训练样本”的方式从原始训练样本$\{(\boldsymbol{x},y)_l\}_{l=1}^{k}$ 中产生训练样本子集，该过程可表示为

$$\{\boldsymbol{x},\boldsymbol{y}\}\xrightarrow{\text{boostrapping}}\{\boldsymbol{x}_{j_{\mathrm{LSEN}}^{j_{\mathrm{GA}}}},\boldsymbol{y}_{j_{\mathrm{LSEN}}^{j_{\mathrm{GA}}}}\}_{j_{\mathrm{LSEN}}^{j_{\mathrm{GA}}}=1}^{J_{\mathrm{LSEN}}^{j_{\mathrm{GA}}}} \tag{8.7}$$

其中，$\{\boldsymbol{x}_{j_{\mathrm{LSEN}}^{j_{\mathrm{GA}}}},\boldsymbol{y}_{j_{\mathrm{LSEN}}^{j_{\mathrm{GA}}}}\}$表示第 j_{GA} 个 AGA 种群产生的第 $j_{\mathrm{LSEN}}^{j_{\mathrm{GA}}}$ 个训练子集；$j_{\mathrm{LSEN}}^{j_{\mathrm{GA}}}=1,2,\cdots,J_{\mathrm{LSEN}}^{j_{\mathrm{GA}}}$；$J_{\mathrm{LSEN}}^{j_{\mathrm{GA}}}$ 是训练子集的数量和第 j_{GA} 个 SEN 模型的候选子模型的数量。

采用相同的核参数（$\gamma_{\mathrm{KPLS}}^{j_{\mathrm{GA}}}$）和 KLV 数量（$h_{\mathrm{KPLS}}^{j_{\mathrm{GA}}}$）构建第 j_{GA} 个 AGA 种群的候选子模型，并将这些候选子模型标记为$\{f_{j_{\mathrm{LSEN}}^{j_{\mathrm{GA}}}}^{\mathrm{can}}(\cdot)\}_{j_{\mathrm{LSEN}}^{j_{\mathrm{GA}}}=1}^{J_{\mathrm{LSEN}}^{j_{\mathrm{GA}}}}$。该过程可采用式(8.8)表示：

$$\left.\begin{array}{c}\{\boldsymbol{x}_{j_{\mathrm{LSEN}}^{j_{\mathrm{GA}}}},\boldsymbol{y}_{j_{\mathrm{LSEN}}^{j_{\mathrm{GA}}}}\}_{j_{\mathrm{LSEN}}^{j_{\mathrm{GA}}}=1}^{J_{\mathrm{LSEN}}^{j_{\mathrm{GA}}}}\\ \gamma_{\mathrm{KPLS}}^{j_{\mathrm{GA}}}\\ h_{\mathrm{KPLS}}^{j_{\mathrm{GA}}}\end{array}\right\}\xrightarrow{\text{KPLS}}\{f_{j_{\mathrm{LSEN}}^{j_{\mathrm{GA}}}}^{\mathrm{can}}(\cdot)\}_{j_{\mathrm{LSEN}}^{j_{\mathrm{GA}}}=1}^{J_{\mathrm{LSEN}}^{j_{\mathrm{GA}}}} \tag{8.8}$$

综上，全部 J_{GA} 个种群的候选子模型的集合可以表示为

$$S_{\mathrm{AGA}}^{\mathrm{can}}=\{\{f_{j_{\mathrm{LSEN}}^{j_{\mathrm{GA}}}}^{\mathrm{can}}(\cdot)\}_{j_{\mathrm{LSEN}}^{j_{\mathrm{GA}}}=1}^{J_{\mathrm{LSEN}}^{j_{\mathrm{GA}}}}\}_{j_{\mathrm{GA}}=1}^{J_{\mathrm{GA}}} \tag{8.9}$$

其中，$S_{\mathrm{AGA}}^{\mathrm{can}}$ 是候选子模型的集合。

8.3.4　选择性集成建模

在该模块中，对具有不同多样性和预测精度的集成子模型进行选择和合并。以第 j_{GA} 个 AGA 种群为例，这些集成子模型可表示为$\{f_{j_{\mathrm{LSEN}}^{j_{\mathrm{GA}}}}^{\mathrm{sel}}(\cdot)\}_{j_{\mathrm{LSEN}}^{j_{\mathrm{GA}}}=1}^{(J_{\mathrm{LSEN}}^{j_{\mathrm{GA}}})^{\mathrm{sel}}}$。集成子模型和候选子模型间的关系可表示为

$$S_{\mathrm{GAOT}}^{\mathrm{sel}}=\{\{f_{j_{\mathrm{LSEN}}^{j_{\mathrm{GA}}}}^{\mathrm{sel}}(\cdot)\}_{j_{\mathrm{LSEN}}^{j_{\mathrm{GA}}}=1}^{(J_{\mathrm{LSEN}}^{j_{\mathrm{GA}}})^{\mathrm{sel}}}\}_{j_{\mathrm{GA}}=1}^{J_{\mathrm{GA}}}\in S_{\mathrm{AGA}}^{\mathrm{can}},\quad (J_{\mathrm{LSEN}}^{j_{\mathrm{GA}}})^{\mathrm{sel}}\leqslant J_{\mathrm{LSEN}}^{j_{\mathrm{GA}}} \tag{8.10}$$

其中，$S_{\mathrm{GAOT}}^{\mathrm{sel}}$ 表示集成子模型的集合；$(J_{\mathrm{LSEN}}^{j_{\mathrm{GA}}})^{\mathrm{sel}}$是第 j_{GA} 个 SEN 模型集成尺寸。

为构建有效的 SEN 模型，此处使用验证数据集$\{(\boldsymbol{x}^{\mathrm{valid}},\boldsymbol{y}^{\mathrm{valid}})_l\}_{l=1}^{k^{\mathrm{valid}}}$。

候选子模型基于验证数据集的输出可表示为

$$\{\hat{\boldsymbol{y}}_{j_{\mathrm{LSEN}}^{j_{\mathrm{GA}}}}^{\mathrm{valid}}\}_{j_{\mathrm{LSEN}}^{j_{\mathrm{GA}}}=1}^{J_{\mathrm{LSEN}}^{j_{\mathrm{GA}}}}=\{f_{j_{\mathrm{LSEN}}^{j_{\mathrm{GA}}}}^{\mathrm{can}}(\boldsymbol{x}^{\mathrm{valid}})\}_{j_{\mathrm{LSEN}}^{j_{\mathrm{GA}}}=1}^{J_{\mathrm{LSEN}}^{j_{\mathrm{GA}}}} \tag{8.11}$$

其预测误差的计算为

$$e_{j_{\mathrm{LSEN}}^{j_{\mathrm{GA}}}}^{\mathrm{valid}}=\hat{\boldsymbol{Y}}_{j_{\mathrm{LSEN}}^{j_{\mathrm{GA}}}}^{\mathrm{valid}}-\boldsymbol{Y}^{\mathrm{valid}} \tag{8.12}$$

第 $j_{\mathrm{LSEN}}^{j_{\mathrm{GA}}}$ 个和第 $s_{\mathrm{LSEN}}^{j_{\mathrm{GA}}}$ 个候选子模型的相关系数为

$$c_{j_{\mathrm{LSEN}}^{j_{\mathrm{GA}}} s_{\mathrm{LSEN}}^{j_{\mathrm{GA}}}}^{\mathrm{valid}} = \sum_{l=1}^{k^{\mathrm{valid}}} \boldsymbol{e}_{j_{\mathrm{LSEN}}^{j_{\mathrm{GA}}}}^{\mathrm{valid}} (j_{\mathrm{LSEN}}^{j_{\mathrm{GA}}}, k^{\mathrm{valid}}) \cdot \boldsymbol{e}_{j_{\mathrm{LSEN}}^{j_{\mathrm{GA}}}}^{\mathrm{valid}} (s_{\mathrm{LSEN}}^{j_{\mathrm{GA}}}, k^{\mathrm{valid}}) / k^{\mathrm{valid}} \tag{8.13}$$

由此可得到相关矩阵：

$$\boldsymbol{C}_{J_{\mathrm{LSEN}}^{j_{\mathrm{GA}}}}^{\mathrm{valid}} = \begin{bmatrix} c_{11}^{\mathrm{valid}} & c_{12}^{\mathrm{valid}} & \cdots & c_{1J_{\mathrm{LSEN}}^{j_{\mathrm{GA}}}}^{\mathrm{valid}} \\ c_{21}^{\mathrm{valid}} & c_{22}^{\mathrm{valid}} & \cdots & c_{2J_{\mathrm{LSEN}}^{j_{\mathrm{GA}}}}^{\mathrm{valid}} \\ \vdots & \vdots & c_{j_{\mathrm{LSEN}}^{j_{\mathrm{GA}}} s_{\mathrm{LSEN}}^{j_{\mathrm{GA}}}}^{\mathrm{valid}} & \vdots \\ c_{J_{\mathrm{LSEN}}^{j_{\mathrm{GA}}}1}^{\mathrm{valid}} & c_{J_{\mathrm{LSEN}}^{j_{\mathrm{GA}}}2}^{\mathrm{valid}} & \cdots & c_{J_{\mathrm{LSEN}}^{j_{\mathrm{GA}}} J_{\mathrm{LSEN}}^{j_{\mathrm{GA}}}}^{\mathrm{valid}} \end{bmatrix}_{J_{\mathrm{LSEN}}^{j_{\mathrm{GA}}} \times J_{\mathrm{LSEN}}^{j_{\mathrm{GA}}}} \tag{8.14}$$

基于上述矩阵$\boldsymbol{C}_{J_{\mathrm{LSEN}}^{j_{\mathrm{GA}}}}^{\mathrm{valid}}$，利用 GAOT 演化随机权重向量$\{w_{j_{\mathrm{LSEN}}^{j_{\mathrm{GA}}}}\}_{j_{\mathrm{LSEN}}^{j_{\mathrm{GA}}}=1}^{J_{\mathrm{LSEN}}^{j_{\mathrm{GA}}}}$并获得优化的权重向量$\{w_{j_{\mathrm{LSEN}}^{j_{\mathrm{GA}}}}^{*}\}_{j_{\mathrm{LSEN}}^{j_{\mathrm{GA}}}=1}^{J_{\mathrm{LSEN}}^{j_{\mathrm{GA}}}}$。选择优化权重向量大于 $1/J_{\mathrm{LSEN}}^{j_{\mathrm{GA}}}$ 的候选子模型为集成子模型，其输出可表示为

$$\{\hat{\boldsymbol{y}}_{j_{\mathrm{LSEN}}^{j_{\mathrm{GA}}}}^{\mathrm{sel}}\}_{j_{\mathrm{LSEN}}^{j_{\mathrm{GA}}}=1}^{(J_{\mathrm{LSEN}}^{j_{\mathrm{GA}}})^{\mathrm{sel}}} = \{f_{j_{\mathrm{LSEN}}^{j_{\mathrm{GA}}}}^{\mathrm{sel}}(\boldsymbol{x}^{\mathrm{valid}})\}_{j_{\mathrm{LSEN}}^{j_{\mathrm{GA}}}=1}^{(J_{\mathrm{LSEN}}^{j_{\mathrm{GA}}})^{\mathrm{sel}}} \tag{8.15}$$

采用 AWF 算法计算这些集成子模型的权重向量：

$$\boldsymbol{w}_{j_{\mathrm{LSEN}}^{j_{\mathrm{GA}}}}^{\mathrm{sel}} = 1\Big/\left((\sigma_{j_{\mathrm{LSEN}}^{j_{\mathrm{GA}}}})^2 \sum_{j_{\mathrm{LSEN}}^{j_{\mathrm{GA}}}=1}^{(J_{\mathrm{LSEN}}^{j_{\mathrm{GA}}})^{\mathrm{sel}}} \frac{1}{(\sigma_{j_{\mathrm{LSEN}}^{j_{\mathrm{GA}}}})^2}\right) \tag{8.16}$$

其中，$\sigma_{j_{\mathrm{LSEN}}^{j_{\mathrm{GA}}}}$ 是集成子模型预测输出的方差。

这样，第 j_{GA} 个 SEN 模型的预测输出可采用下式计算：

$$\hat{y}_{j_{\mathrm{GA}}} = \sum_{j_{\mathrm{LSEN}}^{j_{\mathrm{GA}}}=1}^{(J_{\mathrm{LSEN}}^{j_{\mathrm{GA}}})^{\mathrm{sel}}} w_{j_{\mathrm{LSEN}}^{j_{\mathrm{GA}}}}^{\mathrm{sel}} \hat{y}_{j_{\mathrm{LSEN}}^{j_{\mathrm{GA}}}} \tag{8.17}$$

以上的 SEN 模型的构造过程可表示为

$$\left.\begin{matrix} \{f_{j_{\mathrm{LSEN}}^{j_{\mathrm{GA}}}}^{\mathrm{can}}(\cdot)\}_{j_{\mathrm{LSEN}}^{j_{\mathrm{GA}}}=1}^{J_{\mathrm{LSEN}}^{j_{\mathrm{GA}}}} \\ \{(\boldsymbol{x}^{\mathrm{valid}}, \boldsymbol{y}^{\mathrm{valid}})_l\}_{l=1}^{k^{\mathrm{valid}}} \\ \{w_{j_{\mathrm{LSEN}}^{j_{\mathrm{GA}}}}\}_{j_{\mathrm{LSEN}}^{j_{\mathrm{GA}}}=1}^{J_{\mathrm{LSEN}}^{j_{\mathrm{GA}}}} \end{matrix}\right\} \xrightarrow{\text{GAOT+AWF}} \left\{\begin{matrix} \{f_{j_{\mathrm{LSEN}}^{j_{\mathrm{GA}}}}^{\mathrm{sel}}(\cdot)\}_{j_{\mathrm{LSEN}}^{j_{\mathrm{GA}}}=1}^{(J_{\mathrm{LSEN}}^{j_{\mathrm{GA}}})^{\mathrm{sel}}} \\ \{w_{j_{\mathrm{LSEN}}^{j_{\mathrm{GA}}}}^{\mathrm{sel}}\}_{j_{\mathrm{LSEN}}^{j_{\mathrm{GA}}}=1}^{(J_{\mathrm{LSEN}}^{j_{\mathrm{GA}}})^{\mathrm{sel}}} \end{matrix}\right. \Rightarrow \hat{y}_{j_{\mathrm{GA}}} = \sum_{j_{\mathrm{LSEN}}^{j_{\mathrm{GA}}}=1}^{(J_{\mathrm{LSEN}}^{j_{\mathrm{GA}}})^{\mathrm{sel}}} w_{j_{\mathrm{LSEN}}^{j_{\mathrm{GA}}}}^{\mathrm{sel}} \hat{y}_{j_{\mathrm{LSEN}}^{j_{\mathrm{GA}}}} \tag{8.18}$$

因此，全部 J_{GA} 个 SEN 模型的输出可表示为$\{\hat{y}_{j_{\mathrm{GA}}}\}_{j_{\mathrm{GA}}=1}^{J_{\mathrm{GA}}}$。

8.3.5 遗传操作

SEN 模型预测输出的均方根误差(RMSE)用作适应度函数，以第 j_{GA} 个 AGA 种群为例，其适应度的计算为

$$F_{\mathrm{fit}}^{j_{\mathrm{GA}}}=\sqrt{\left\{\sum_{l=1}^{k}(y_l-(\hat{y}_l)_{j_{\mathrm{GA}}})^2\right\}/k} \tag{8.19}$$

其中，y_l 为真值，$(\hat{y}_l)_{j_{\mathrm{GA}}}$ 为第 j_{GA} 个种群的第 l 个样本的预测值。

将全部 J_{GA} 个种群的适应度表示为 $\{F_{\mathrm{fit}}^{j_{\mathrm{GA}}}\}_{j_{\mathrm{GA}}=1}^{J_{\mathrm{GA}}}$，进行如下判断：若遗传代数未达到 $G_{\max}$，则进行种群选择、交叉和变异操作直至获得新的种群；接着重复运行“基于外层 AGA 的学习参数解码”“基于 KPLS 的候选子模型构造”“基于内层 GAOT 的 SEN 建模”和“基于外层 AGA 的遗传操作”过程。其中，交叉和变异概率的自适应计算公式为

$$\begin{cases} p_c=p_{c1}-\dfrac{(p_{c1}-p_{c2})(f_{\max}-f_{\mathrm{larger}})}{f_{\max}-f_{\mathrm{ave}}}, & f_{\mathrm{larger}}\geqslant f_{\mathrm{ave}} \\ p_c=p_{c1}, & f_{\mathrm{larger}}<f_{\mathrm{ave}} \end{cases} \tag{8.20}$$

$$\begin{cases} p_m=p_{m1}-\dfrac{(p_{m1}-p_{m2})(f_{\max}-f_{\mathrm{larger}})}{f_{\max}-f_{\mathrm{ave}}}, & f_{\mathrm{larger}}\geqslant f_{\mathrm{ave}} \\ p_m=p_{m1}, & f_{\mathrm{larger}}<f_{\mathrm{ave}} \end{cases} \tag{8.21}$$

其中，f_{ave} 和 $f_{\max}$ 是种群的平均和最大适应度值；f_{larger} 表示交叉种群中较大的适应度值；$p_{c1}=0.9$，$p_{c2}=0.6$，$p_{m1}=0.1$，$p_{m2}=0.001$。

在 AGA 的遗传代数达到最大值 $G_{\max}$ 后，具有最小适应度的 SEN 模型被选择为最终的仿真元模型。同时，也得到最终的学习参数。

最终仿真元模型的预测输出可表示为

$$\hat{y}=\sum_{j_{\mathrm{LSEN}}^{\mathrm{sel}}=1}^{J_{\mathrm{LSEN}}^{\mathrm{sel}}} w_{j_{\mathrm{LSEN}}^{\mathrm{sel}}}^{\mathrm{sel}}\,\hat{y}_{j_{\mathrm{LSEN}}^{\mathrm{sel}}}=\sum_{j_{\mathrm{LSEN}}^{\mathrm{sel}}=1}^{J_{\mathrm{LSEN}}^{\mathrm{sel}}} w_{j_{\mathrm{LSEN}}^{\mathrm{sel}}}^{\mathrm{sel}}\cdot f_{j_{\mathrm{LSEN}}^{\mathrm{sel}}}^{\mathrm{sel}}(\boldsymbol{x},\gamma_{\mathrm{KPLS}}^{\mathrm{sel}},h_{\mathrm{KPLS}}^{\mathrm{sel}}) \tag{8.22}$$

其中，$\{f_{j_{\mathrm{LSEN}}^{\mathrm{sel}}}^{\mathrm{sel}}(\cdot)\}_{j_{\mathrm{LSEN}}^{\mathrm{sel}}=1}^{J_{\mathrm{LSEN}}^{\mathrm{sel}}}$ 和 $\{w_{j_{\mathrm{LSEN}}^{\mathrm{sel}}}^{\mathrm{sel}}\}_{j_{\mathrm{LSEN}}^{\mathrm{sel}}}^{J_{\mathrm{LSEN}}^{\mathrm{sel}}}$ 表示最终获得的集成子模型和其相应的权重系数。

综上可知，DLGA-SENKPLS 的学习参数($\gamma_{\mathrm{KPLS}}^{\mathrm{sel}}$，$h_{\mathrm{KPLS}}^{\mathrm{sel}}$ 和 $J_{\mathrm{LSEN}}^{\mathrm{sel}}$)是基于全局优化的视角得到的。

8.3.6 算法步骤

DLGA-SENKPLS 的详细实现见表 8.1。

表 8.1 DLGA-SENKPLS 算法

输入：

训练和验证数据集 S 和 S^{valid}；学习参数 $\gamma_{\mathrm{KPLS}}^{\mathrm{sel}}$，$h_{\mathrm{KPLS}}^{\mathrm{sel}}$ 和 $J_{\mathrm{LSEN}}^{\mathrm{sel}}$ 的编码长度和解码范围；种群数量 J_{GA}、最大遗传代数 $G_{\max}$、收敛种群百分比和种群初始百分比。

输出：

核参数 $\gamma_{\mathrm{KPLS}}^{\mathrm{sel}}$、KLV 数 $h_{\mathrm{KPLS}}^{\mathrm{sel}}$、集成尺寸 $J_{\mathrm{LSEN}}^{\mathrm{sel}}$、集成子模型 $\{f_{j_{\mathrm{LSEN}}^{\mathrm{sel}}}^{\mathrm{sel}}(\cdot)\}_{j_{\mathrm{LSEN}}^{\mathrm{sel}}}^{J_{\mathrm{LSEN}}^{\mathrm{sel}}}$ 及其权系数 $\{w_{j_{\mathrm{LSEN}}^{\mathrm{sel}}}^{\mathrm{sel}}\}_{j_{\mathrm{LSEN}}^{\mathrm{sel}}}^{J_{\mathrm{LSEN}}^{\mathrm{sel}}}$。

步骤：

(1) 初始化 AGA 参数：$\gamma_{\mathrm{KPLS}}^{\mathrm{sel}}$，$h_{\mathrm{KPLS}}^{\mathrm{sel}}$，$J_{\mathrm{LSEN}}^{\mathrm{sel}}$，收敛种群百分比和种群初始百分比；

(2) 解码学习参数，获得不同种群的 $\gamma_{\mathrm{KPLS}}^{j_{\mathrm{GA}}}$，$h_{\mathrm{KPLS}}^{j_{\mathrm{GA}}}$ 和 $J_{\mathrm{LSEN}}^{j_{\mathrm{GA}}}$ 值；

(3) For $j_{\mathrm{GA}}=1:1:J_{\mathrm{GA}}$

(4) 产生数量为 $J_{\mathrm{LSEN}}^{j_{\mathrm{GA}}}$ 的训练子集；

(5) 构造基于 KPLS 的候选子模型 $\{f_{j_{\mathrm{LSEN}}^{j_{\mathrm{GA}}}}^{\mathrm{can}}(\cdot)\}_{j_{\mathrm{LSEN}}^{j_{\mathrm{GA}}}=1}^{J_{\mathrm{LSEN}}^{j_{\mathrm{GA}}}}$；

(6) 计算验证数据集 S^{valid} 基于候选子模型的输出 $\{\hat{\boldsymbol{y}}_{j_{\mathrm{LSEN}}^{j_{\mathrm{GA}}}}^{\mathrm{valid}}\}_{j_{\mathrm{LSEN}}^{j_{\mathrm{GA}}}=1}^{J_{\mathrm{LSEN}}^{j_{\mathrm{GA}}}}$；

(7) 计算候选子模型的预测误差 $\{\boldsymbol{e}_{j_{\mathrm{LSEN}}^{j_{\mathrm{GA}}}}^{\mathrm{valid}}\}_{j_{\mathrm{LSEN}}^{j_{\mathrm{GA}}}=1}^{J_{\mathrm{LSEN}}^{j_{\mathrm{GA}}}}$；

(8) 构建预测误差的相关矩阵 $\boldsymbol{C}_{J_{\mathrm{LSEN}}^{j_{\mathrm{GA}}}}^{\mathrm{valid}}$；

(9) 产生一组权重向量 $\{w_{j_{\mathrm{LSEN}}^{j_{\mathrm{GA}}}}\}_{j_{\mathrm{LSEN}}^{j_{\mathrm{GA}}}=1}^{J_{\mathrm{LSEN}}^{j_{\mathrm{GA}}}}$；

(10) 采用 GAOT 演化权重向量并获得优化的权重向量 $\{w_{j_{\mathrm{LSEN}}^{j_{\mathrm{GA}}}}^{*}\}_{j_{\mathrm{LSEN}}^{j_{\mathrm{GA}}}=1}^{J_{\mathrm{LSEN}}^{j_{\mathrm{GA}}}}$；

(11) 选择 $w_{j_{\mathrm{LSEN}}^{j_{\mathrm{GA}}}}^{*}\geqslant 1/J_{\mathrm{LSEN}}^{j_{\mathrm{GA}}}$ 的候选子模型为集成子模型，得到集成子模型集合 $\{f_{j_{\mathrm{LSEN}}^{j_{\mathrm{GA}}}}^{\mathrm{sel}}(\cdot)\}_{j_{\mathrm{LSEN}}^{j_{\mathrm{GA}}}=1}^{(J_{\mathrm{LSEN}}^{j_{\mathrm{GA}}})^{\mathrm{sel}}}$ 和集成尺寸 $(J_{\mathrm{LSEN}}^{j_{\mathrm{GA}}})^{\mathrm{sel}}$；

(12) 计算权重向量 $\{\boldsymbol{w}_{j_{\mathrm{LSEN}}^{j_{\mathrm{GA}}}}^{\mathrm{sel}}\}_{j_{\mathrm{LSEN}}^{j_{\mathrm{GA}}}=1}^{(J_{\mathrm{LSEN}}^{j_{\mathrm{GA}}})^{\mathrm{sel}}}$；

(13) End for

(14) 计算适应度函数的集合 $\{F_{\mathrm{fit}}^{j_{\mathrm{GA}}}\}_{j_{\mathrm{GA}}=1}^{J_{\mathrm{GA}}}$；

(15) 当遗传代数达到 $G_{\max}$ 时，选择就有最小适应度的 SEN 模型为最终软测量模型，否则，转到步骤(16)；

(16) 通过选择、交叉和变异等遗传操作获得新的种群，并转到步骤(2)。

8.4　实验验证

基于合成数据、低维和高维 Benchmark 数据，采用本书所提出的方法与基于单一模型的 PLS 和 KPLS 进行对比。这些数据被等间距地分为了 5 份，其中第 3 份用作测试样本，其他 4 份用作训练和验证数据(2/3 训练，1/3 验证)。

所有数据采用相同的径向基函数（RBF）。其他学习参数的取值如下：全部 3 个学习参数($\gamma_{\mathrm{KPLS}}^{\mathrm{sel}}$，$h_{\mathrm{KPLS}}^{\mathrm{sel}}$ 和 $J_{\mathrm{LSEN}}^{\mathrm{sel}}$)的字符串长度为 20；解码的范围 $\gamma_{\mathrm{KPLS}}^{\mathrm{sel}}$ 为 1～1000，$h_{\mathrm{KPLS}}^{\mathrm{sel}}$ 为 1～12，J_{sel} 为 10～100；种群大小 J_{GA} 为 20；最大遗传代数 $G_{\max}$ 为 20 或 40；收敛种群百分比为 98%；种群初始百分比为 50%。

由于本书的研究目的是采用基于 LV 的方法对具有非线性和共线性特性的数据直接建模，因此，主要比较基于线性 LV 的方法(PLS)、基于非线性 LV 的方法(KPLS)和基于 SEN 的非线性 LV 的方法(SENKPLS)。

8.4.1　合成数据

1. 数据描述

采用如下的非线性函数产生仿真数据，包括 5 个输入和 1 个输出：

$$\begin{cases} x_1 = t^2 - t + 1 + \Delta_1 \\ x_2 = \sin(t) + \Delta_2 \\ x_3 = t^3 + t + \Delta_3 \\ x_4 = t^3 + t^2 + 1 + \Delta_4 \\ x_5 = \sin t + 2t^2 + 2 + \Delta_5 \\ y = x_1^2 + x_1 x_2 + 3\cos x_3 - x_4 + 5x_5 + \Delta_6 \end{cases} \tag{8.23}$$

其中，$t\in[-1,1]$被分成 4 个区域 C1～C4；Δ_i 为噪声，$i=1\sim6$，其平均分布范围是[−0.1,0.1]。对于不同的数据区域，t 的分布范围和样本数量见表 8.2。

表 8.2　合成数据的不同分布区域

数据区域	范围 $t\in[a,b]$	样本数量
C1	[−1,−0.5]	60
C2	[−0.5,0]	60
C3	[0,0.5]	60
C4	[0.5,1]	90

2. 仿真结果

合成数据的共线性首先采用 PCA 和 PLS 算法进行分析。累计方差百分比

(CPV)与主成分(PC)或潜在变量(LV)间的关系如图 8.2 所示。

图 8.2 表明 PCA 和 PLS 的第 1 个 PC 或 LV 都能够提取输入数据 82%的变化。由于合成数据的全部 5 个输入间存在相互关系且与输出相关,图 8.2(b)的结果表明 PCA 和 PLS 均可提取线性的潜在特征;但是,Y 块的第 1 个 LV 仅仅可以提取全部变化的 68%;可见,PLS 比 PCA 更适合提取潜在特征构造软测量模型。

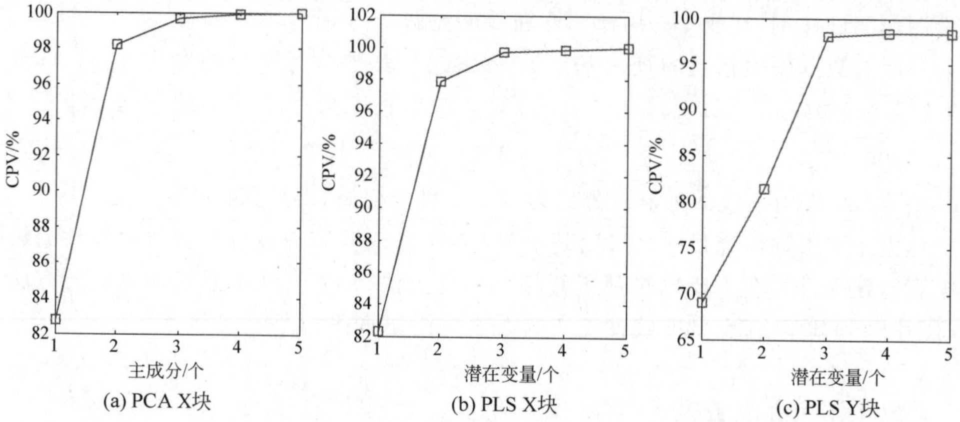

图 8.2 合成数据基于 PCA 和 PLS 的共线性分析

运行本书所提方法 20 次,20 代遗传过程的平均 KLV 数、平均核参数、平均内层优化种群数和 SEN 模型的平均集成尺寸如图 8.3 所示。

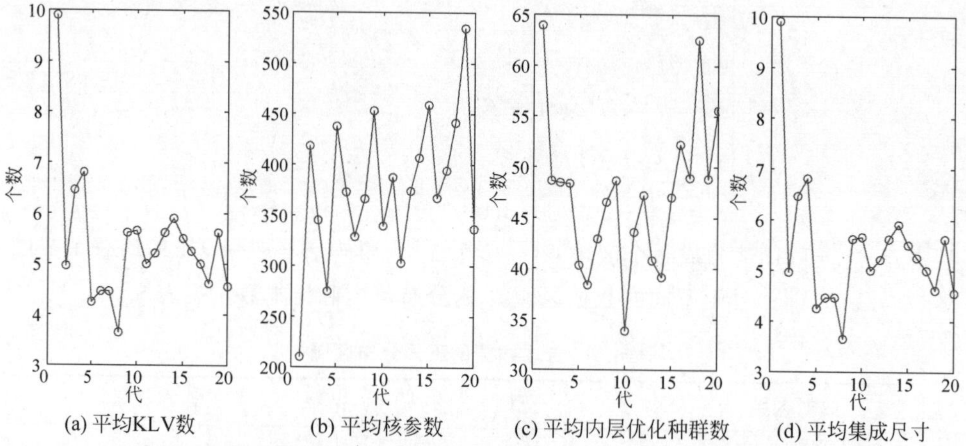

图 8.3 合成数据建模的平均 KLV 数、平均核参数、平均内层优化种群数和 SEN 模型的平均集成尺寸

图 8.3 表明 KLV 数和集成尺寸的平均值随着遗传过程的进行逐渐降低,但核参数的平均值却逐渐增加,内层优化种群数在 45 个左右的范围波动。因此,不同的学习参数具有各自的特征。

在重复运行本书方法 20 次后，3 个学习参数的均值分别为 4，363.4 和 55，集成尺寸为 3。当核参数取值为 363.4 时，前 3 个 KLV 的 CPV 值见表 8.3。

表 8.3　合成数据的前 3 个 KLV 的 CPV 值　%

LV 序号	X 块		Y 块	
	LV	全部	LV	全部
1	96.29	96.29	69.22	69.22
2	3.66	99.95	12.31	81.52
3	0.05	100.00	16.57	98.10

对比图 8.3 和表 8.3 可知，输入和输出数据的第 1 个 LV 的 CPV 变化分别为 82%～96%和 68%～69%。因此，KPLS 是非常适合构建具有共线性和非线性特性模型的数据。不同数据集的预测曲线如图 8.4 所示。

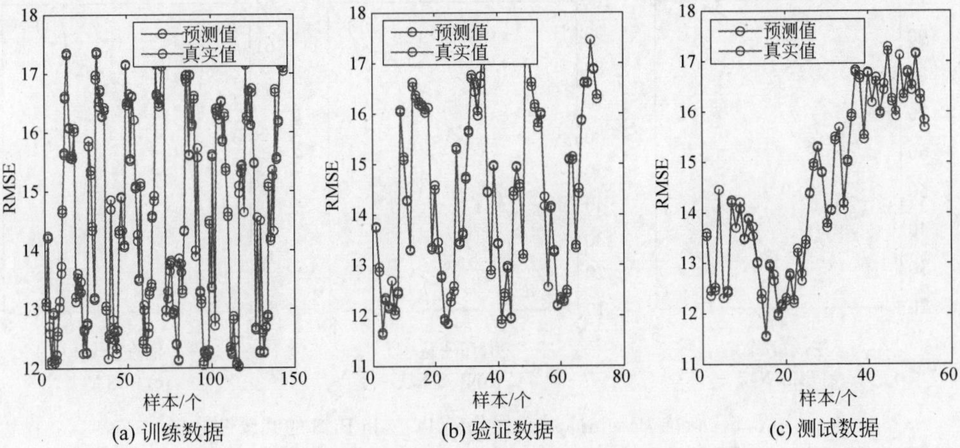

图 8.4　合成数据的预测值(后附彩图)

将本书所提方法与 PLS 和 KPLS 进行比较，统计结果见表 8.4。其中，Para、Pop 分别代表核参数和内层优化种群数。

表 8.4　合成数据的不同方法比较结果

方法	参　数			RMSE		
	LV	Para	Pop	训练数据	验证数据	测试数据
PLS	3	—	—	0.2198	0.2091	0.2303
KPLS	11	363.4	—	0.06783	0.08226	0.08431
本书	11	835.1	76	0.06823	0.06968	0.06879

表 8.4 表明，本书所提方法具有最佳预测性能，主要原因之一是基于全局优化学习参数选择策略的 SEN 模型优于传统的单一模型建模方法。

8.4.2 低维基准数据

1. 数据描述

混凝土的抗压强度代表混凝土的强度等级，其值一般通过实验获得。本实验采用了UCI(University of California Irvine)数据库提供的数据集建立混凝土抗压强度软测量模型。该数据集中的前8列为模型输入，分别是水泥、高炉矿渣粉、粉煤灰、水、减水剂、粗集料和细集料在每立方混凝土中各配料的含量和混凝土的置放天数；第9列为模型输出，即混凝土抗压强度。

2. 仿真结果

混凝土抗压强度数据的共线性首先采用PCA和PLS算法进行分析。累计方差百分比（CPV）与主成分(PC)或潜在变量(LV)间的关系如图8.5所示。

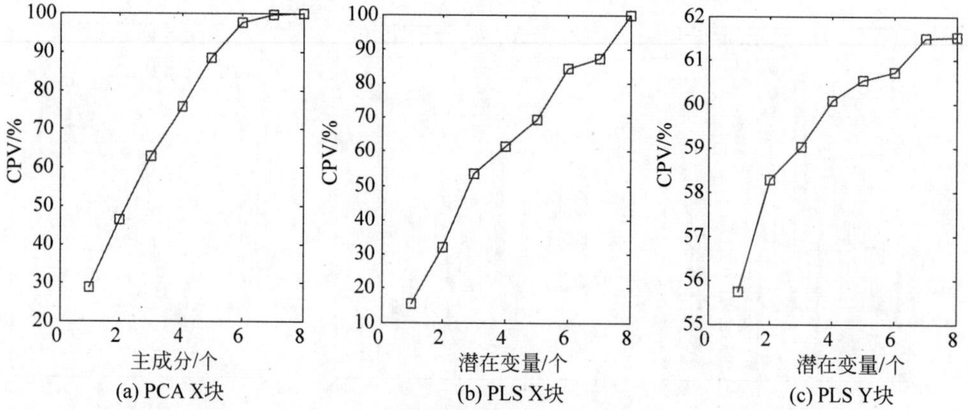

图8.5 低维Benchmark数据基于PCA和PLS的共线性分析

图8.5表明，PCA的前5个PC可以提取输入数据88%的变化；PLS的前5个LV可以提取输入和输出数据69%和60%的变化，但PLS提取的第1个LV表征了输入和输出数据CPV的15.35% 和55.73%的变化量，说明输入数据中仅有一小部分的线性变化与输出数据相关。图8.5(c)表明，若采用PLS，全部的LV也只能获取输出数据61.52%的变化。因此，很有必要采用非线性PLS的方法处理这些数据。

通过运行本书所提方法20次，20代遗传过程的平均KLV数、平均核参数、平均内层优化种群数和SEN模型的集成尺寸如图8.6所示。

图8.6表明，KLV数量和集成尺寸的平均值随着遗传过程的进行逐渐降低，但核参数的平均值和平均内层优化种群数却是逐渐增加的，说明不同的学习参数具有各自的特征。

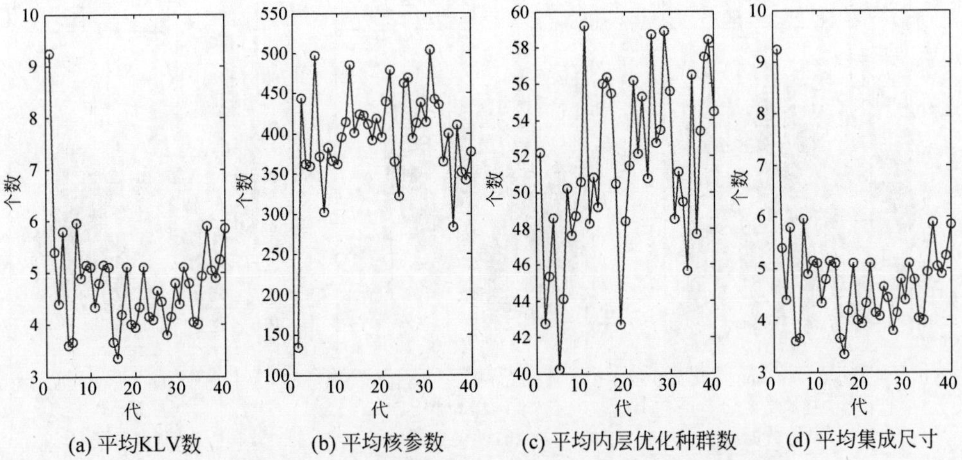

图 8.6 低维 Benchmark 数据建模的平均 KLV 数、平均核参数、平均内层优化种群数和 SEN 模型的平均集成尺寸

在重复运行本书方法 20 次后的 3 个学习参数的最终均值分别为 5,399.7 和 53,集成尺寸为 4。当核参数取值为 399.7 时,前 5 个 KLV 的 CPV 值见表 8.5。

表 8.5 低维 Benchmark 数据的前 5 个 KLV 的 CPV 值 单位:%

LV 序号	X 块		Y 块	
	LV	全部	LV	全部
1	13.79	13.79	55.81	55.81
2	21.89	35.68	2.81	58.62
3	28.92	64.60	1.13	59.75
4	5.62	70.22	2.49	62.24
5	3.90	74.12	1.69	63.93

对比图 8.6,表 8.5 表明采用 KPLS 后,输入和输出数据的第 1 个 LV 的 CPV 的变化分别为 69%～74%和 69%～74%。因此,KPLS 是非常适合构建具有共线性和非线性特性模型的数据。不同数据集的预测曲线如图 8.7 所示。

将本书所提方法与基于 PLS 和 KPLS 的单一模型方法进行比较,统计结果见表 8.6。其中,Para、Pop 分别代表核参数和内层化种群数。

表 8.6 表明本书所提法方法具有最佳预测精度,尤其在与 PLS 方法比较后,其预测性能明显更好。仅从预测误差的角度考虑,SEN 模型的泛化性能远优于传统的单一模型方法,而且,采用本书所提 SENKPLS 方法获得了全局优化的学习参数。

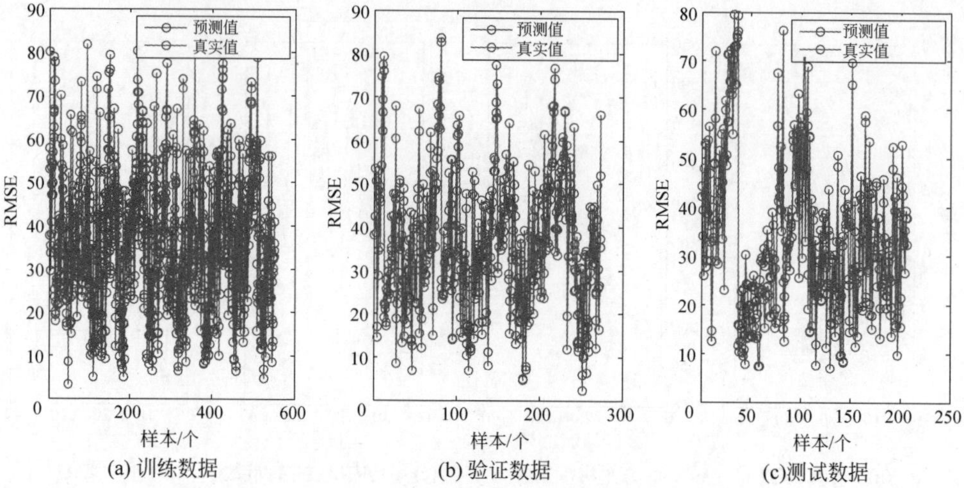

图 8.7 低维 Benchmark 数据的预测值(后附彩图)

表 8.6 低维 Benchmark 数据不同方法比较结果

方法	参数			RMSE		
	LV	Para	Pop	训练数据	验证数据	测试数据
PLS	5	—	—	10.2164	10.0469	11.8141
KPLS	10	399.7	—	7.717	7.256	8.740
本书	10	119.8	36	5.360	6.247	7.601

8.4.3 高维基准数据

1. 数据描述

橙汁的近红外光谱(near infrared,NIR)数据用于估计其所含糖分的水平度。这些数据源于 http://www.ucl.ac.be,用于训练和测试的数据为 150×700 和 68×700。在本节中,这些数据首先被混合,然后再分为 5 个部分,其数据处理方法与上述两个数据集相同。

2. 仿真结果

此数据集的共线性分析方法与之前的两个数据类似,也是采用基于 PCA 和 PLS 的方法;不同的是此数据集的输入维数为 700。累计方差百分比(CPV)与前 20 个主成分(PC)或潜在变量(LV)间的关系如图 8.8 所示。

图 8.8 表明 PCA 的前两个 PC 可以提取输入数据 99%的变化;PLS 的前两个 LV 可以提取输入和输出数据 99%和 53%的变化,但 PLS 提取的前 10 个 LV 的 CPV 为 91%,说明这些高维谱数据之间存在较强的共线性。同时,采用线性 PLS 的方法难以处理这些数据固有的非线性。

运行本书所提方法 20 次,20 代遗传过程的平均 KLV 数、平均核参数、平均内层优化种群数和 SEN 模型的集成尺寸如图 8.9 所示。

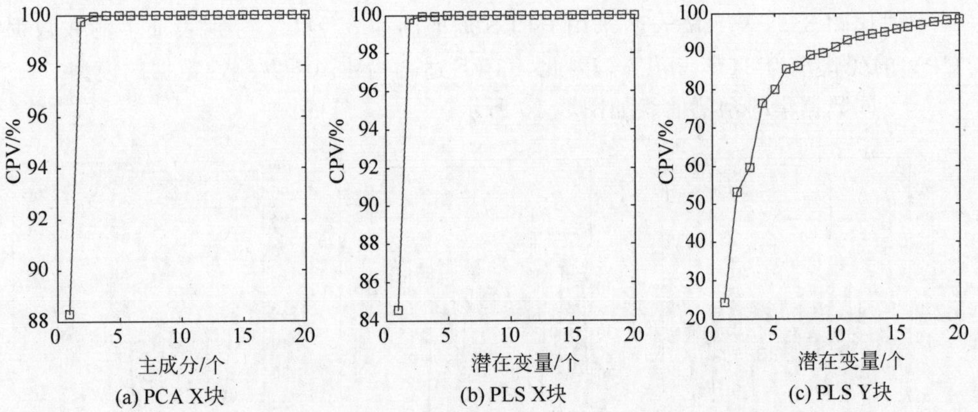

图 8.8 高维 Benchmark 数据基于 PCA 和 PLS 的共线性分析

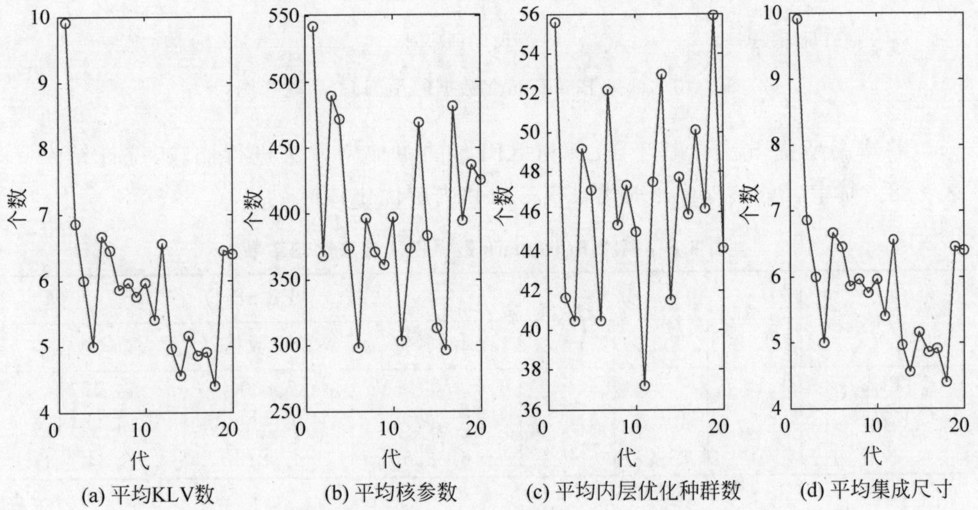

图 8.9 高维 Benchmark 数据建模的平均 KLV 数、平均核参数、平均内层优化种群数和 SEN 模型的集成尺寸

图 8.9 表明 KLV 数和集成尺寸的平均值随着遗传过程的进行逐渐降低，但核参数的平均值和内层优化种群数却分别在 396 和 47 间波动，同样说明不同的学习参数具有它们自身的特征。

在重复运行本书方法 20 次后，3 个学习参数的最终均值分别是 6，424.6 和 44，集成尺寸为 6。当核参数取值为 424.6 时，前 3 个 KLV 的 CPV 值见表 8.7。

表 8.7 高维 Benchmark 数据的前 3 个 KLV 的 CPV 值 单位：%

LV 序号	X 块		Y 块	
	LV	全部	LV	全部
1	96.95	96.95	24.39	24.39
2	3.05	100.00	28.80	53.19
3	0.00	100.00	6.33	59.52

对比图 8.9，表 8.7 表明采用 KPLS 提取的前 3 个 LV 分别表征了输入数据 CPV 的变化量为 84%～96%。因此，KPLS 适合构建高维共线性数据的模型。

不同数据集的预测曲线如图 8.10 所示。

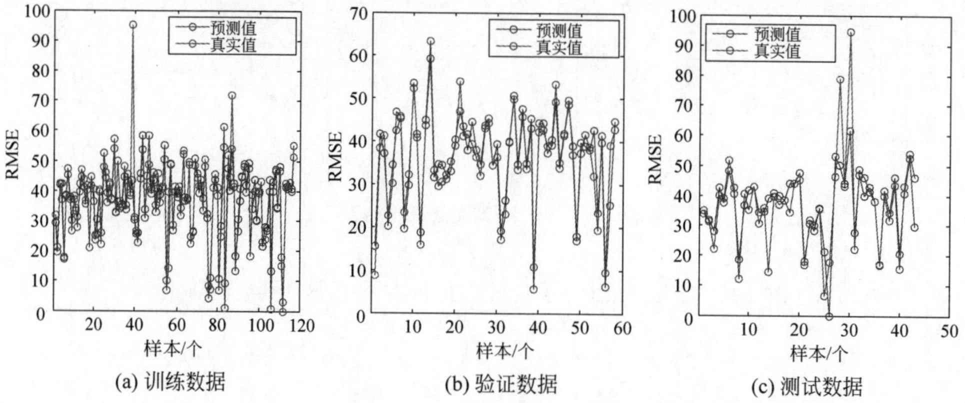

图 8.10　低维 Benchmark 数据的预测值(后附彩图)

将本书所提方法与基于 PLS 和 KPLS 的单模型方法进行比较，统计结果见表 8.8。其中，Para、Pop 分别代表核参数和内层优化种群数。

表 8.8　高维 Benchmark 数据不同方法比较结果

方法	参数			RMSE		
	LV	Para	Pop	训练数据	验证数据	测试数据
PLS	10	—	—	4.001	7.880	54.4674
KPLS	3	424.6	—	8.4977	9.0759	14.2648
本书	10	239.7	45	6.3355	4.9816	8.8421

表 8.8 表明本书所提方法具有最佳预测精度，尤其是针对测试数据，本书所提方法的预测性能远高于基于 PLS/KPLS 的传统单一模型方法。本书所提方法与 KPLS 方法均是非线性建模方法，但本书所提方法提高了模型的预测精度接近 100%。因此，基于全局优化的 SENKPLS 适合高维谱数据的建模。

但是，本书所提方法也同时具有一个缺点，即训练阶段 DLGA 寻优搜索的时间较长，特别是在面向高维数据时。在下一步研究中应该寻求更为有效的智能优化算法。

8.4.4　多源异构水泥熟料质量数据

1. 数据描述

采用水泥熟料质量数据集，与 7.3.1 节的描述相同。

2. 仿真结果

多源异构数据(LSA 数据采用第 1 维)的共线性首先采用 PCA 和 PLS 算法进行分析。累计方差百分比（CPV）与主成分(PC)或潜在变量(LV)间的关系如图 8.11 所示。

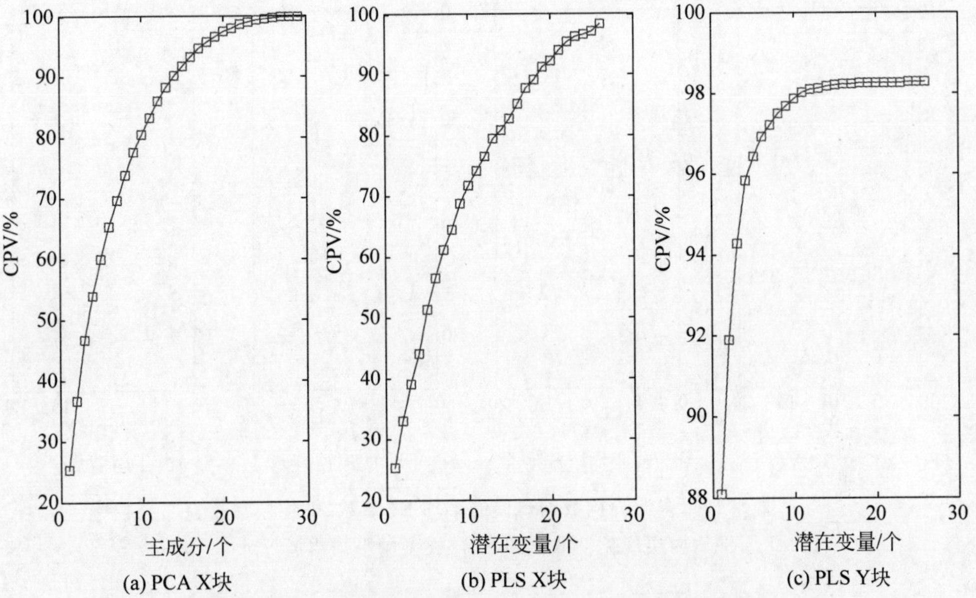

图 8.11　合成数据基于 PCA 和 PLS 的共线性分析

图 8.11 表明 PCA 和 PLS 的第 1 个 PC 或 LV 都能够提取输入数据 25%的变化。由于 30 个输入间存在相互关系且与输出相关,图 8.11(b)的结果表明 PCA 和 PLS 均可提取线性的潜在特征；但是,Y 块的第 1 个 LV 可以提取全部变化的 88.08%；可见,PLS 比 PCA 更适合于提取潜在特征构造软测量模型。

当核参数取值为 31,前 10 个 KLV 的 CPV 值见表 8.9。

表 8.9　多源异构数据的前 10 个 KLV 的 CPV 值　　单位：%

LV 序号	X 块		Y 块	
	LV	全部	LV	全部
1	58.82	58.82	88.30	88.30
2	6.97	65.80	4.44	92.74
3	4.34	70.13	2.83	95.57
4	4.22	74.35	1.53	97.10
5	7.32	81.67	0.64	97.74
6	3.04	84.71	0.57	98.30
7	2.25	86.97	0.45	98.76
8	1.63	88.60	0.38	99.13
9	2.17	90.77	0.21	99.35
10	1.48	92.25	0.22	99.57

对比图 8.12 和表 8.3 可知，输入数据的第 1 个 LV 的 CPV 变化为 25%～59%，增幅较小。因此，KPLS 非常适合构建具有共线性和非线性特性的数据模型。

运行本书所提方法 20 次，20 代遗传过程的平均 KLV 数、平均核参数、平均内层优化种群数和 SEN 模型的平均集成尺寸如图 8.12 所示。

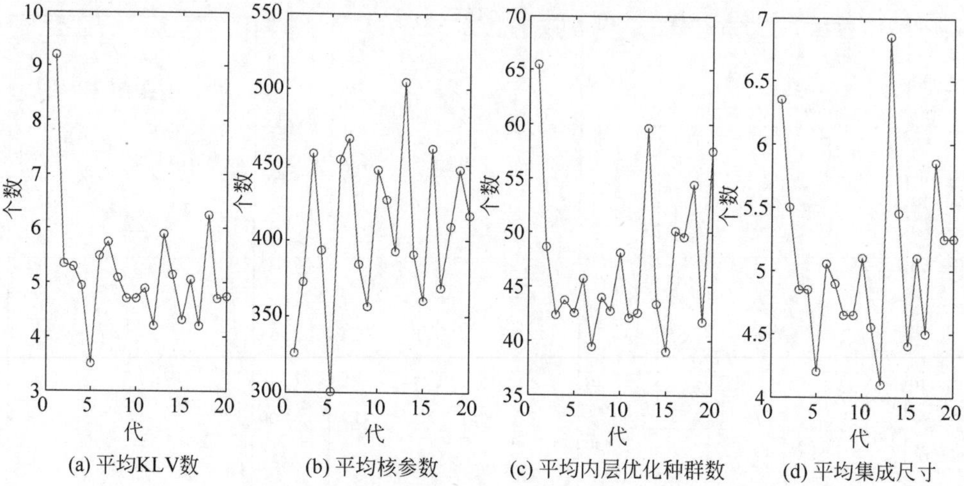

图 8.12　多源异构数据建模的平均 KLV 数、平均核参数、平均内层优化种群数和 SEN 模型的平均集成尺寸

图 8.12 表明 KLV 数的平均值随着遗传过程的进行逐渐降低，但核参数的平均值却没有明显的规律，内层优化种群数在 45 个左右范围内波动。因此，不同的学习参数具有它们自身的特征。

不同数据集的预测曲线如图 8.13 所示。

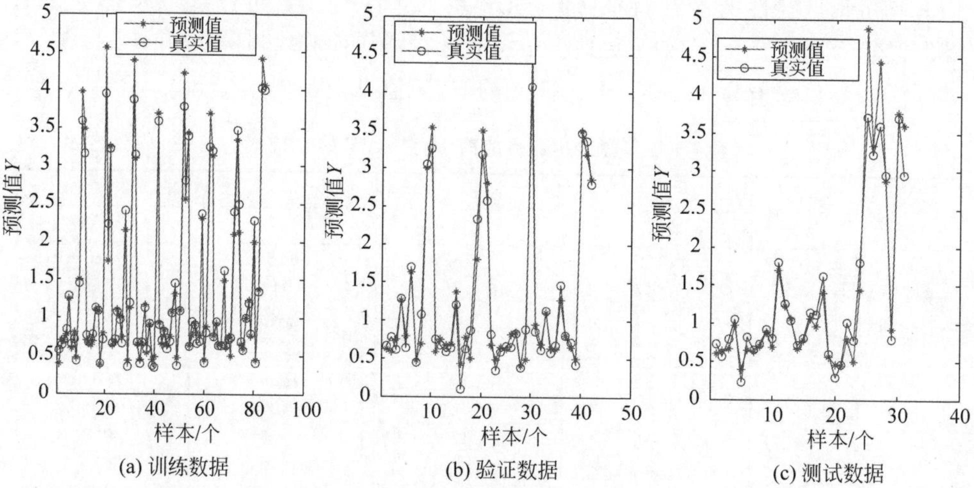

图 8.13　多源异构数据的预测值(后附彩图)

将本书所提方法与 PLS 和 KPLS 进行比较，统计结果如表 8.10 所示。其中，Para、Pop 分别代表核参数和内层优化种群数。

表 8.10　多源异构数据的不同方法比较结果

方法	参数			RMSE		
	LV	Para	Pop	训练数据	验证数据	测试数据
PLS	26	—	—	0.1524	0.2685	0.2907
KPLS	19	31	—	0.03758	0.2702	0.2486
本节	10	82.14	88	0.1493	0.2040	0.3125

表 8.10 表明，本节所提方法具有最佳的验证数据性能，但针对测试数据却未取得最小测试误差，结合图 8.12 可知，SEN 模型的学习参数未能随进化过程而收敛。因此，有必要针对这些模型的学习参数进行讨论与分析。

针对多源异构水泥熟料质量数据的研究还需要进一步探讨。

8.4.5　总结与讨论

在本章所提方法中共 5 个因素被用于构建最终的 SEN 模型，即核参数、KLV 数、集成尺寸、集成子模型及其加权系数。这些参数的选择过程的总结如下：

(1) 核参数($\gamma_{\text{KPLS}}^{\text{sel}}$)：该参数在 AGA 初始化时被赋值，然后用于构建基于 KPLS 的候选子模型。在 SEN 模型的构建阶段，该参数不再发生变化。当不同 SEN 模型的适应度被计算后，其值随着 AGA 遗传操作过程的进行而被更新。在理论上，不同的建模数据具有其各自合理的核参数范围。但是到目前为止，还未有核参数的统一选择方法。本章研究也只是在某一范围内进行合理的寻优。

(2) KLV 数($h_{\text{KPLS}}^{\text{sel}}$)：该参数的选择过程与 $\gamma_{\text{KPLS}}^{\text{sel}}$ 类似。从 KPLS 模型结构出发，该参数决定的是 KLV 的数量，也就是 KPLS 模型的层数，其实质就是 KPLS 的结构参数。该参数通常采用交叉验证的方法确定。本章采用了双层 GA 优化的视角并基于模型的泛化性能进行选择。

(3) 集成尺寸($J_{\text{LSEN}}^{\text{sel}}$)：在本质上，该参数是 SEN 模型的结构参数，决定着有多少集成子模型被合并。较大的 $J_{\text{LSEN}}^{\text{sel}}$ 值意味着更多的集成子模型被选择和更加复杂的 SEN 模型结构。通常，该参数是与集成子模型$\{f_{j_{\text{LSEN}}^{\text{sel}}}^{\text{sel}}(\cdot)\}_{j_{\text{LSEN}}^{\text{sel}}}^{J_{\text{LSEN}}^{\text{sel}}}$同时被确定的。对于第 j 个 SEN 模型，该参数远小于候选子模型的数量 $J_{\text{LSEN}}^{j_{\text{GA}}}$。为了构建更加紧凑和有效的 SEN 软测量模型，应该结合不同的实际需求将集成尺寸限制在更加合理的范围内。

(4) 集成子模型($\{f_{j_{\text{LSEN}}^{\text{sel}}}^{\text{sel}}(\cdot)\}_{j_{\text{LSEN}}^{\text{sel}}}^{J_{\text{LSEN}}^{\text{sel}}}$)：从 AGA 的单个种群视角出发，集成子模型是基于 GAOT 和预设定阈值从候选子模型中进行的选择。这些集成子模型应该具有不同的预测精度和多样性。因此，从全局优化视角出发，最终的集成子模型的选择是基于最佳适应度从全部 AGA 种群的候选子模型中选择。若能够对预测精度和多样性进行均衡的理论分析并添加到 AGA 的适应度函数中,应该可以得到更加合理的结果。因此,进一步的分析是非常必要的。

(5) 集成子模型加权系数($\{w_{j_{\mathrm{LSEN}}^{\mathrm{sel}}}^{\mathrm{sel}}\}_{j_{\mathrm{LSEN}}^{\mathrm{sel}}}^{J_{\mathrm{LSEN}}^{\mathrm{sel}}}$):这些加权系数体现了不同集成子模型的贡献。通过 AWF 算法,在每个 AGA 种群的 SEN 模型构建过程中获得这些加权系数。由于 AWF 只是从多传感器最优融合的视角进行权系数计算,可以采用其他更加合理的加权方法替代。

参考文献

[1] MARTIN G, JOHNSTON D. Continuous model-based optimization[C]//Hydrocabon Processing's Process Optimization Conference Houston, USA. [S. l. : s. n.], 1998: 24-26.

[2] 陈全德，兰明章. 新型干法水泥技术原理与应用讲座[J]. 建材发展导向，2005(4): 22-28.

[3] Kiln control system CEMAT KCS[EB/OL]. [2020-03-20]. http://www.is.siemens.de/cement/e/solutions/kiln.html.

[4] ECS/Fuzzy expert[EB/OL]. [2020-03-18]. http://www.flsmidth.com/en-US/Products/Cement.html.

[5] Real-time expert system G2[EB/OL]. [2020-03-18]. http://www.gensym.com/product/G2.html.

[6] LOBIER G, TAYLOR R, KEMMERER F. Supervisory control applied to a cement kiln. Incinerating recovered solvent[C]// IEEE Record of Conference Papers on Cement Industry Technical Conference, Denver, USA. Piscataway: IEEE Press, 1989: 275-283.

[7] ROSENFELD A. Picture processing by computer[M]. New York: Academic Press, 1969.

[8] HERMAN G T. Fundamentals of computerized tomography: Image reconstruction from projectiond[M]. 2nd edition. Berlin: Springer, 2009.

[9] BURGER W, BURGE M J. Digital image processing: An algorithmic approach using java [M]. Berlin: Springer, 2007.

[10] 冈萨雷斯. 数字图像处理(英文版)[M]. 第2版. 北京:电子工业出版社，2007.

[11] NOMIZU K, SASAKI S. Affine differential geometry[M]. Cambridge: Cambridge University Press, 1994.

[12] WOLBERG G. Digital image warping[M]. Piscataway: IEEE Press, 1990.

[13] MOON T K, STIRLING W C. Mathematical methods and algorithms for signal processing[M]. Upper Saddle River: Prentice Hall, 2000.

[14] KIM Y T. Contrast enhancement using brightness preserving bi-histogram equalization [J]. IEEE Transactions on Consumer Electronics, 1997, 43(1): 1-8.

[15] IBRAHIM H, KONG N S P. Brightness preserving dynamic histogram equalization for image contrast enhancement[J]. IEEE Transactions on Consumer Electronics, 2007, 53(4): 1752-1758.

[16] CHEN S D, RAMLI A R. Contrast enhancement using recursive mean-separate histogram equalization for scalable brightness preservation[J]. IEEE Transactions on Consumer Electronics, 2003, 49(4): 1301-1309.

[17] SIM K S, TSO C P, TAN Y Y. Recursive sub-image histogram rqualization applied to gray scale images[J]. Pattern Recognition Letters, 2007, 28(10): 1209-1221.

[18] SANKUR B, SEZGIN M. Image thresholding techniques: A survey over categories[J]. Pattern Recognition, 2001, 34(2): 1573-1583.

[19] NIBLACK W. An introduction to image processing[M]. Upper Saddle River: Prentice Hall, 1986.

[20] PARKER J. Gray level thresholding on badly illuminated images[J]. IEEE Transactions on Pattern Analysis and Machine Intelligence, 1991, 13: 813-891.
[21] CANNY J F. A computational approach to edge detection[J]. IEEE Transactions on Pattern Analysis and Machine Intelligence, 1986, 8(6): 679-698.
[22] LINDEBERG T. Edge detection and ridge detection with automatic scale selection[J]. International Journal of Computer Vision, 1998, 30(2): 117-154.
[23] KIMMEL R, BRUCKSTEIN A M. On regularized Laplacian zero crossings and other optimal edge integrators[J]. International Journal of Computer Vision, 2003, 53(3): 225-243.
[24] LAI K F, CHIN R T. Deformable contours: Modeling and extraction [J]. IEEE Transactions on Pattern Analysis and Machine Intelligence, 1995, 17(11): 1084-1090.
[25] KASS M, WITKIN A, TERZOPOULOS D. Snakes: Active contour models [J]. International Journal of Computer Vision, 1988: 321-331.
[26] COOTES T F, TAYLOR C J, COPPER D H. Active shape models-their training and application[J]. Computer Vision and Image Understanding, 1995, 61(1): 38-59.
[27] ROBERTS L G. Machine perception of three-dimensional solid[M]. Cambridge: MIT Press, 1965.
[28] CHENG Y Z. Mean shift, mode seeking, and clustering[J]. IEEE Transactions on Pattern Analysis and Machine Intelligence, 1995,17(8): 790-799.
[29] NOCK R, NIELSEN F. On weighting clustering[J]. IEEE Transactions on Pattern Analysis and Machine Intelligence, 2006, 28 (8): 1-13.
[30] PATHEGAMA M, GÖL Ö. Edge-end pixel extraction for edge-based image segmentation[J]. IEEE Transactions on Engineering, Computing and Technology, 2004, 2: 213-216.
[31] SHAW P J A. Multivariate statistics for the environmental sciences [M]. London: Hodder-Arnold, 2003.
[32] FUKUNAGA K. Introduction to statistical pattern recognition [M]. 2nd ed. New York: Academic Press, 1990.
[33] FRIEDMAN J H. Exploratory projection pursuit[J]. Journal of the American Statistical Association, 1987, 82: 249-266.
[34] BELL A, SEJNOWSKI T. An information-maximization approach to blind separation [J]. Neural Computation, 1995, 7: 1004-1034.
[35] CARDOSO J. Blind signal separation: Statistical principles[J]. Proceedings of the IEEE, 1998, 86(10): 2009-2025.
[36] COMON P. Independent component analysis, a new concept? [J]. Signal Processing, 1994, 36(3): 287-314.
[37] HAYKIN S. Neural networks, a comprehensive foundation[M]. 2nd ed. Upper Saddle River: Prentice Hall, 1999.
[38] SCHOÈLKOPF B, SMOLA A, MULLER K R. Nonlinear component analysis as a kernel eigenvalue problem[J]. Neural Computation, 1998, 10(5): 1299-1319.
[39] BORG I, GROENEN P. Modern multidimensional scaling[M]. Berlin: Springer, 1997.
[40] LOWE D, WEBB A R. Optimized feature extraction and the bayes decision in feed-

forward classifier networks[J]. IEEE Trans. Pattern Analysis and Machine Intelligence, 1991, 13(4): 355-264.

[41] CUN Y L, BOSER B, DENKER J S. Backpropagation applied to handwritten zip code recognition[J]. Neural Computation, 1989, 1: 541-551.

[42] KOHONEN T. Self-organizing maps [M]. Berlin: Springer Series in Information Sciences, 1995.

[43] JAIN A K, CHANDRASEKARAN B. Dimensionality and sample size considerations in pattern recognition practice[M]. Amsterdam: North-Holland, 1982.

[44] COVER T M, VAN CAMPENHOUT J M. On the possible orderings in the measurement selection problem [J]. IEEE Transactions on Systems, Man, and Cybernetics, 1977, 7(9): 657-661.

[45] JAIN A K, ZONGKER D. Feature selection: evaluation, application, and small sample performance[J]. IEEE Transactions on Pattern Analysis and Machine Intelligence, 1997, 19(2): 153-158.

[46] ALMUALLIM H, DIETTERICH T G. Learning boolean concepts in the presence of many irrelevant features[J]. Artificial Intelligence, 1994, 69(1-2): 279-305.

[47] LIU H, YU L. Towards integrating feature selection algorithms for classification and clustering[J]. IEEE Transactions on Knowledge and Data Engineering, 2005, 17(4): 491-502.

[48] YU L, LIU H. Efficient feature selection via analysis of relevance and redundancy[J]. Journal of Machine Learning Research, 2004, 5(10): 1205-1224.

[49] WATANABE S. Pattern recognition: Human and mechanical[M]. New York: John Wiley & Sons, 1985.

[50] 边肇棋，张学工. 模式识别[M]. 2版. 北京：清华大学出版社，2000.

[51] DUDA R O, HART P E. Pattern classification and scene analysis[M]. New York: Wiley, 1973.

[52] FU K S. Syntactic pattern recognition and applications[M]. Upper Saddle River: Prentice Hall, 1982.

[53] PAVLIDIS T. Structural pattern recognition[M]. New York: Springer-Verlag, 1977.

[54] MCGRAYNE S B. The theory that would not die: How bayes'rule cracked the enigma code, hunted down Russian submarines & emerged triumphant from two centuries of controversy[M]. New Haven: Yale University Press, 2011.

[55] SPECHT D F. Probabilistic neural network[J]. Neural Network, 1990, 3(1): 109-118.

[56] MARK H, HAMMOND C, JESS R. Training set optimization methods for a probabilistic neural network [J]. Chemometrics and Intelligent Laboratory Systems, 2004, 71: 73-78.

[57] GULER I, UBEYLI E D. Implementing wavelet/probabilistic neural networks for doppler ultrasound blood flow signals[J]. Expert Systems with Applications, 2007, 33: 162-170.

[58] RIPLEY B. Pattern recognition and neural networks [M]. Cambridge: Cambridge University Press, 1996.

[59] VAPNIK V N. Statistical learning theory[M]. New York: John Wiley & Sons, 1998.

[60] BURGES C J C. A tutorial on support vector machines for pattern recognition[J]. Data Mining and Knowledge Discovery, 1998, 2(2): 121-167.

[61] PAO Y H, PARK G H, SOBAJIC D J. Learning and generalization characteristics of the random vector functional-link net[J]. Neurocomputing, 1994, 6(2): 163-180.

[62] WANG D H, LI M. Stochastic configuration networks: Fundamentals and algorithms [J], IEEE Transactions on Cybernetics, 2017, 47(10): 3466-3479.

[63] TAREK H, ROBERT M. Image based visual servo control for a class of aerial robotic systems[J]. Automatica, 2007, 43(11): 1975-1983.

[64] MEZOUAR Y, CHAUMETTE F. Optimal camera trajectory with image-based control [J]. International Journal of Robotics Research, 2003, 22(10-11): 781-803.

[65] SAEEDI P, LAWRENCE P D, LOWE D G. An autonomous excavator with vision-based track-slippage control[J]. IEEE Transactions on Control Systems Technology, 2005, 13(1): 67-84.

[66] HU Z X, MARSHALL C, BICKER R. Automatic surface roughing with 3D machine vision and cooperative robot control[J]. Robotics and Autonomous Systems, 2007, 55(7): 552-560.

[67] TRIAS D, GARCIA R, COSTA J. Quality control of CFRP by means of digital image processing and statistical point pattern analysis[J]. Composites Science and Technology, 2007, 67(11-12): 2438-2446.

[68] YU H L, MACGREGOR J F, HAARSMA G. Digital imaging for online monitoring and control of industrial snack food processes[J]. Industrial & Engineering Chemistry Research, 2003, 42: 3036-3044.

[69] TAO G, XIA Z H. A non-contact real-time strain measurement and control system for multiaxial cyclic/fatigue tests of polymer materials by digital image correlation method [J]. Polymer Testing,2005,24(7): 844-855.

[70] BARTOLACCI G, PELLETIER P, TESSIER J. Application of numerical image analysis to process diagnosis and physical parameter measurement in mineral processes-Part I: Flotation control based on froth textural characteristics[J]. Minerals Engineering, 2006, 19(6-8): 734-747.

[71] YU H L, MACGREGOR J F. Monitoring flames in an industrial boiler using multivariate image analysis[J]. AIChE Journal, 2004, 50(7): 1474-1483.

[72] MANCA D, ROVAGLIO M. Infrared thermographic image processing for the operation and control of heterogeneous combustion chambers[J]. Combustion and Flame, 2002, 130: 277-297.

[73] BERENGUEL M, RUBIO F. R, VALVERDE A. An artificial vision-based control system for automatic heliostat positioning offset correction in a central receiver solar power plant[J]. Solar Energy, 2004, 76(5): 563-575.

[74] SAEIDPOURAZAR R, JALILI N. Towards fused vision and force robust feedback control of nanorobotic-based manipulation and grasping[J]. Mechatronics, 2008, 18(10): 566-577.

[75] MARTYNENKO A I. Computer-vision system for control of drying processes[J]. Drying Technology, 2006, 24(7): 879-888.

[76] FITO P J, ORTOLA M D, DE LOS REYES R. Control of citrus surface drying by image analysis of infrared thermograph[J]. Journal of Food Engineering, 2004, 61(3): 287-290.

[77] HAWKINS J, BLAKESLEE S. On intelligence[M]. [S. l.]: Times Books, 2004.

[78] 国务院关于积极推进"互联网＋"行动的指导意见[EB/OL]. [2020-03-18]. http://www.gov.cn, 2015.

[79] QIAN X S, YU J Y, DAI R W. A new discipline of science-the study of open complex giant system and its methodology[J]. Journal of System Engineering & Electronics, 1993, 4(2): 2-12.

[80] 孙增圻等. 智能控制理论与技术[M]. 2 版. 北京：清华大学出版社，2011.

[81] MINH V, KAVUKCUOGLU K, SILVER D. Human-level control through deep reinforcement learning[J]. Nature, 2015, 518: 529-533.

[82] A GRAVES, LIWICKI M, FERNANDEZ S. A novel connectionist system for unconstrained handwriting recognition[J]. IEEE Transactions on Pattern Analysis and Machine Intelligence, 2009, 31(5): 855-868.

[83] LI W T, CHEN K Q, WANG D H. Industrial image classification using a randomized neural-net ensemble and feedback mechanism[J]. Neurocomputing, 2015, 173(3): 708-714.

[84] 曾毅，刘成林，谭铁牛. 类脑智能研究的回顾与展望[J]. 计算机学报，2016，39(1)：212- 222.

[85] 陈克琼,王建平，李帷韬. 基于变粒度仿反馈机制的回转窑烧成状态智能认知方法[J]. 模式识别与人工智能，2015，28(11)：1013-1022.

[86] 陈克琼,王建平，李帷韬. 具有仿反馈机制的图像模式分类认知[J]. 中国图象图形学报，2015，20(11)：1500-1510.

[87] EYSENCK M W, KEANE M T(Author), GAO D G, HE L N (Translator). Cognitive psychology [M]. 5th ed. Shanghai: East China Normal University Press, 2009.

[88] 潘泉，于昕,程咏梅，等. 信息融合理论的基本方法与进展[J]. 自动化学报，2003，29(4)：599-615.

[89] 陈皓，马彩文,陈岳承，等. 基于多特征融合的复杂背景下弱小多目标检测和跟踪算法[J]. 光子学报，2009，38(9)：2444-2448.

[90] 郭创新，彭明伟，刘毅. 多数据源信息融合的电网故障诊断新方法[J]. 中国电机工程学报，2009，(31)：1-7.

[91] 高梁，刘晓云，廖志武，等. 一种基于多信息融合的模糊边界检测算法[J]. 仪器仪表学报，2011，32(11)：2506-2514.

[92] REN H L, RANK DENIS, MERDES M, et al. Multisensor data fusion in an integrated tracking system for endoscopic surgery [J]. IEEE Transactions on Information Technology in Biomedicine, 2012, 16(1): 106-111.

[93] AEBERHARD M, SCHLICHTHÄRLE S, KAEMPCHEN N, et al. Track-to-track fusion with asynchronous sensors using information matrix fusion for surround environment perception[J]. IEEE Transactions on Intelligent Transportation Systems, 2012, 13(4): 1717-1726.

[94] DU P J, LIU S C. Change detection from multi-temporal remote sensing images by

integrating multiple features[J]. Journal of Remote Sensing，2012，16(4)：663-677.

[95] 荣建忠，姚卫，高伟，等. 基于多特征融合技术的火焰视频探测方法[J]. 燃烧科学与技术，2013，19(3)：227-233.

[96] YUAN J，CHEN H，SUN F，et al. Multisensor information fusion for people tracking with a mobile robot：A particle filtering approach [J]. IEEE Transactions on Instrumentation and Measurement，2015，64(9)：2427-2442.

[97] 陈雪龙，镇培. 知识网络的知识完备性测度方法研究[J]. 情报学报，2014，33(5)：465-480.

[98] 寇月，申德荣，李冬，等. 一种基于语义及统计分析的 Deep Web 实体识别机制[J]. 软件学报，2008，19(2)：194-208.

[99] BAADER F，GANTER B，SERTKAYA B，et al. Completing description logic knowledge bases using formal concept analysis[C]//International Joint Conference on Artificial Intelligence，Hainan，China. [S.l.：s.n.]，2007：230-235.

[100] WANG Y F，WANG D H，CHAI T Y. Modeling and control compensation of nonlinear friction using adaptive fuzzy systems[J]. Mechanical Systems and Signal Processing，2009，23(8)：2445-2457.

[101] DICKSCHEID T，SCHINDLER F，FÖRSTNER W. Coding images with local features [J]. International Journal of Computer Vision，2011，94(2)：154-174.

[102] WANG J P，CHEN K Q，WANG J L，et al. A study of off-line handwritten Chinese character recognition with optimized decision and iteration based on rough set and the granular theorem[J]. Advanced Materials Research，2012，433-440：1715-1722.

[103] CHEN K Q，WANG J P，LI W T. Research and application of variant granularity feedback recognition method based on maximal entropy and cloud-membership[C]//Proceeding of the 11th World Congress on Intelligent Control and Automation，Shenyang，China. Piscataway：IEEE Press，2014：1944-1949.

[104] 陈克琼，王建平，李帷韬. 基于变粒度仿反馈机制的人体健康状态智能认知方法研究[C]//第 26 届中国过程控制会议，南昌，中国. 北京：化学工业出版社，2015：D2.0345.

[105] 马少平，夏莹，朱小燕，等. 汉字识别系统的误识模型[J]. 清华大学学报(自然科学版)，1998，38：108-111.

[106] 张洪刚，刘刚，郭军. 一种手写汉字识别结果可信度的测定方法及应用[J]. 计算机学报，26(5)：636-640.

[107] WANG Q F，YIN F，LIU C L. Handwritten chinese text recognition by integrating multiple contexts[J]. IEEE Transactions on Pattern Analysis and Machine Intelligence，2012，34(8)：1469-1481.

[108] 田广宇，郭彦林，张博浩. 车辐式屋盖结构的一种索力识别方法的误差研究[J]. 工程力学，2013，30(3)：126-132.

[109] 王建平，潘乐，王金玲. 基于广义误差反馈的手写体汉字识别系统研究[J]. 仪器仪表学报，2007，28(8)：274-281.

[110] 王建平，王二帅. 基于特征反馈的手写体汉字识别系统研究[J]. 计算机应用，2010，30(3)：768-771.

[111] WANG J P，CAO H Y，WANG J L. Research of off-line handwritten Chinese character recognition system based on feedback structure[J]. Advanced Materials Research，2012：

7046-7053.

[112] WANG J P, QIU J, ZHU C H. Research of off-line handwritten Chinese character recognition system based on feedback structure with statistical general literacy errors [C]//2011 International Conference on Electrical and Control Engineering, Yichang, China. Piscataway: IEEE Press, 2011: 6069-6072.

[113] YAGER R. On the entropy of fuzzy measures [J]. IEEE Transactions on Fuzzy Systems, 2000, 8(4): 453-461.

[114] 申屠晗,彭冬亮,薛安克. 最小熵反馈式变结构多模型融合算法[J]. 控制理论与应用, 2013, 30(3): 372-378.

[115] 程迎迎,陈飞,黄晓明,等. 不同特性驾驶员指路标志信息认知差异[J]. 东南大学学报(自然科学版), 2010, 40(4): 871-875.

[116] 王上飞,王煦法. 基于大脑情感回路的人工情感智能模型[J]. 模式识别与人工智能, 2007, 20(2): 167-172.

[117] THOMAS S, LIOR W, STANLEY B, et al. Robust object recognition with cortex-like mechanisms[J]. IEEE Transactions on Pattern Analysis & Machine Intelligence, 2007, 29(3): 411-426.

[118] 陈静,阮晓钢,戴丽珍. 基于小脑-基底神经节机理的行为认知计算模型[J]. 模式识别与人工智能, 2012, 25(1): 29-36.

[119] 朱小燕,史一凡. 基于反馈的手写体字符识别方法的研究[J]. 计算机学报, 2002, 5(25): 476 -482.

[120] 夏勇,王春恒,戴汝为. 基于自适应特征与多级反馈模型的中英文混排文档分割[J]. 自动化学报, 2006, 32(3): 353-359.

[121] 冯松鹤,郎丛妍,须德. 一种融合图学习与区域显著性分析的图像检索算法[J]. 电子学报, 2011, 39(10): 2288-2294.

[122] KO B C, LEE J H, NAM J Y. Automatic medical image annotation and keyword-based image retrieval using relevance feedback[J]. Journal of Digital Imaging, 2012, 25(4): 454-465.

[123] CALUMBY R T, TORRES R D S, GONÇALVES M A. Multimodal retrieval with relevance feedback based on genetic programming [J]. Multimedia Tools and Applications, 2014, 69(3): 991- 1019.

[124] 杨之光,艾海舟. 基于聚类的人脸图像检索及相关反馈[J]. 自动化学报, 2008, 34(9): 1033-1039.

[125] KOSMOPOULOS D I, DOULAMIS N D, VOULODIMOS A S. Bayesian filter based behavior recognition in workflows allowing for user feedback[J]. Computer Vision and Image Understanding, 2012, 116: 422-434.

[126] YAO Y Y. Interpreting concept learning in cognitive informatics and granular computing [J]. IEEE Transactions on Systems, Man, and Cybernetics-Part B: Cybernetics, 2009, 39(4): 855 -866.

[127] ZHU P, HU Q. Adaptive neighborhood granularity selection and combination based on margin distribution optimization[J]. Information Sciences, 2013, 249(16): 1-12.

[128] WANG J P, LI Y, ZHU C H. Research on decision information system of off-line handwritten Chinese character recognition based on variable granular theorem[C]// 2011

International Conference on Electrical and Control Engineering, Yichang, China. Piscataway: IEEE Press, 2011: 1188-1191.

[129] 李海清,黄志尧. 软测量技术原理及应用[M]. 北京:化学工业出版社, 2000.

[130] PETR K, BOGDAN G, SIBYLLE S. Data-driven soft sensors in the process industry [J]. Computers and Chemical Engineering, 2009, 33(4): 795-814.

[131] 李修亮. 软测量建模方法研究与应用[D]. 杭州:浙江大学, 2009.

[132] 俞金寿. 工业过程先进控制[M]. 北京:中国石化出版社, 2002.

[133] JIMÉNEZ R L O, ARZUAGA C E, VÉLEZ R M. Unsupervised linear feature-extraction methods and their effects in the classification of high-dimensional data[J]. IEEE Transaction on Geoscience and Remote Sensing, 2007, 45(2): 469-483.

[134] WANG L. Feature selection with kernel class separability[J]. IEEE Transactions on Pattern Analysis and Machine Intelligence, 2008, 30(9): 1534-1546.

[135] JOLLIFFE I T. Principal component analysis[M]. Berlin: Springer, 2002.

[136] WOLD S, SJSTRM M, ERIKSSON L. PLS-regression: A basic tool of chemometrics [J]. Chemometrics and Intelligent Laboratory Systems, 2001, 58 (2): 109-130.

[137] GUYON I, ELISSEEFF A. An introduction to variable and feature selection [J]. Journal of Machine Learning Research, 2003, 3(7-8): 1157-1182.

[138] 俞金寿. 软测量技术及其应用[J]. 自动化仪表, 2008, 29(1): 1-7.

[139] 骆晨钟,邵惠鹤. 软仪表技术及其工业应用[J]. 仪表技术与传感器. 1999(1): 32-39.

[140] 俞金寿,刘爱伦. 软测量技术及其应用[J]. 世界仪表和自动化. 1997, 1(2): 18-20.

[141] 徐敏,俞金寿. 软测量技术[J]. 石油化工自动化, 1998, 19(2): 1-3.

[142] 俞金寿,刘爱伦. 软测量技术及其在石油化工中的应用[M]. 北京:化学工业出版社, 2000.

[143] HAM M T, MORRIS A J, MONTAGUE G A. Soft-sensors for process estimation and inferential control[J]. Journal of Process Control, 1991, 1(1): 3-14.

[144] QUINTEROM E, LUYBENW L, GEORGAKIS C. Application of an extended Luenberger observer to the control of multicomponent batch distillation[J]. Industrial & Engineering Chemistry Research, 1991(3): 1870-1880.

[145] 孙欣,王金春,何声亮. 过程软测量[J]. 自动化仪表. 1995, 16(8): 1-5.

[146] BRAMBILLA A, TRIVELLA F. Estimate product quality with ANNs [J]. Hydrocarbon Processing. 1996, 75(9): 61-66.

[147] SPIEKER A, NAJIM K, CHTOUROUA M. Neural networks synthesis for thermal process[J]. Journal of Process Control. 1993, 3(4): 233-239.

[148] 王旭东,邵惠鹤. RBF 神经元网络在非线性系统建模中的应用[J]. 控制理论与应用, 1997, 14(1): 59-64.

[149] ZADEH L A. The roles of soft computing and fuzzy logic in the conception, design and deployment of information intelligent systems[J]. Software Agents and Soft Computing Towards Enhancing Machine Intelligence, 1997: 181-190.

[150] YAN S, MASAHARU M. A new approach of neuro-fuzzy learning algorithm for tuning fuzzy rules[J]. Fuzzy Sets and Systems. 2000, 112(1): 99-116.

[151] MAURICIO F, FERNANDO G. Design of fuzzy system using neuro-fuzzy networks[J]. IEEE Transactions on Neural Networks, 1999, 10(4): 815-827.

[152] MARCELINO L, IGNACIO S. Support vector regression for the simultaneous learning of a multivariate function and its derivatives[J]. Neurocomputing, 2005, 69(1-3): 42-61.
[153] 王华忠,俞金寿. 基于混合核函数 PCR 方法的工业过程软测量建模[J]. 化工自动化及仪表, 2005, 32(2): 23-25.
[154] 王华忠,俞金寿. 基于核函数主元分析的软测量建模方法及应用[J]. 华东理工大学学报, 2004, 30(5): 567-570.
[155] 吕志军,杨建国,项前. 基于支持向量机的纺纱质量预测模型研究[J]. 控制与决策, 2007, 23(6): 561-565.
[156] DONG F, JIANG Z X, QIAO X T. Application of electrical resistance tomography to two-phase pipe flow parameters measurement [J]. Flow Measurement and Instrumentation, 2003, 14(1): 183-192.
[157] XU Y B, WANG H X, CUI Z Q. Application of electrical resistance tomography for slug flow measurement in gas/liquid flow of horizontal pipe [C]// 2009 IEEE International Workshop on Imaging Systems and Techniques, Shenzhen, China. Piscataway: IEEE Press, 2009: 319-323.
[158] YANG L, STEVEN D B. Wavelet multiscale regression from the perspective of data fusion: new conceptual approaches[J]. Analytical and Bioanalytical Chemistry, 2004, 380: 445-452.
[159] ENGIN A, IBRAHIM T, MUSTAFA P. Intelligent target recognition based on wavelet adaptive network based fuzzy inference system[J]. Lecture Notes in Computer Science, 2005, 3522: 447-470.
[160] SEONGGOO K, SANGJUN L, SUKHO L. A novel wavelet transform based on polar coordinates for data mining applications[J]. Lecture Notes in Computer Science, 2005, 3614: 1150-1153.
[161] LOU X S, LOPARO K A. Bearing fault diagnosis based on wavelet transform and fuzzy inference[J]. Mechanical Systems and Signal Processing, 2004, 18(5): 1077-1095.
[162] CONG Q M, CHAI T Y. Cascade process modeling with mechanism-based hierarchical neural networks[J]. International Journal of Neural Systems, 2010, 20(1): 1-11.
[163] WANG W, YU W, ZHAO L J, CHAI T Y. PCA and neural networks-based soft sensing strategy with application in sodium aluminate solution [J]. Journal of Experimental & Theoretical Artificial Intelligence, 2011, 23(1): 127-136.
[164] WANG W, CHAI T, YU W. Modeling component concentrations of sodium aluminate solution via Hammerstein recurrent neural networks[J]. IEEE Transactions on Control Systems Technology, 2012, 20(4): 971-982.
[165] 荣冈,金晓民,王树青. 软测量技术及其应用[J]. 化工自动化及仪表, 1999, 26(4): 70-72.
[166] KARMY M, WARWICK K. System identification using partial least squares[J]. IEEE Proceedings - Control Theory and Applications, 1995, 142(3): 233-239.
[167] HANSEN L K, SALAMON P. Neural network ensembles[J]. IEEE Transactions on Pattern Analysis and Machine Intelligence, 1990, 12(10): 993-1001.
[168] NIU D P, WANG F L, ZHANG L L. Neural network ensemble modeling for

nosiheptide fermentation process based on partial least squares regression[J]. Chemometrics and Intelligent Laboratory Systems, 2011, 105(1): 125-130.

[169] BREUER L, HUISMAN J A, WILLEMS P. Assessing the impact of land use change on hydrology by ensemble modeling (LUCHEM). I: Model intercomparison with current land use[J]. Advances in Water Resources, 2009, 32 (2): 129-146.

[170] 罗荣富.丙烯精馏塔的非线性推断控制系统[J]. 化工自动化及仪表, 1992, 9(5): 5-9.

[171] LAN Z, NAN Y, YONG-ZAI L. Modelling and control for nonlinear time-delay system via pattern recognition approach[J]. Annual Review in Automatic Programming, 1989, 15(part-2): 43-48.

[172] WOLD S. Exponentially weighted moving principal component analysis and project to latent structures[J]. Chemometrics and Intelligent Laboratory Systems, 1994, 23(1): 149-161.

[173] LI W H, YUE H H, VALLE C S, QIN S J. Recursive PCA for adaptive process monitoring[J]. Journal of Process Control, 2000, 10(5): 471-486.

[174] ELSHENAWY L M, YIN S, NAIK A S. Efficient recursive principal component analysis algorithms for process monitoring[J]. Industrial & Engineering Chemistry Research. 2010, 49(1): 252-259.

[175] QIN S. J. Recursive PLS algorithms for adaptive data modeling[J]. Computers & Chemical Engineering, 1998, 22(4/5): 503-514.

[176] WANG X, KRUGER U, IRWIN G W. Process monitoring approach using fast moving window PCA[J]. Industrial & Engineering Chemistry Research, 2005, 44 (15): 5691-5702.

[177] PAN T, SHAN Y, WU Z T. MWPLS method applied to the waveband selection of NIR spectroscopy analysis for brix degree of sugarcane clarified juice[C]// 2011 Third International Conference on Measuring Technology and Mechatronics Automation, Shangshai, China. Piscataway: IEEE Press, 2011: 671-674.

[178] JAIN A K, DUIN R P W, MAO J C. Statistical pattern recognition: A review[J]. IEEE Transaction on Pattern Analysis and Machine Intelligence, 2000, 22(1): 4-38.

[179] WATANABE S. Pattern recognition as a quest for minimum entropy[J]. Pattern Recognition, 1981, 13(5), 381-387.

[180] YOU W J, YANG Z J, JI G L. PLS-based recursive feature elimination for high-dimensional small sample[J]. Knowledge-Based Systems, 2014,55(55): 15-28.

[181] ZHANG M J, ZHANG S Z, IQBAL J B. Key wavelengths selection from near infrared spectra using Monte Carlo sampling-recursive partial least squares[J]. Chemometrics and Intelligent Laboratory Systems, 2013, 128: 17-24.

[182] YUE H H, QIN S J, MARKLE R J. Fault detection of plasma etchers using optical emission spectra[J]. IEEE Transaction on Semiconductor Manufacturing, 2000, 11: 374-385.

[183] TANG J, ZHAO L J, LI Y M. Feature selection of frequency spectrum for modeling difficulty to measure process parameters[J]. Lecture Notes in Computer Science, 2012, 7368: 82-91.

[184] HINTON G E. A fast learning algorithm for deep belief nets[J]. Neural Computation,

2006，18：1527-1554.
[185] SCHMIDHUBER J. Deep learning in neural networks: An overview [J]. Neural Networks the Official Journal of the International Neural Network Society，2014，61：85-117.
[186] 尹宝才，王文通，王立春. 深度学习研究综述[J]. 北京工业大学学报，2015，1：48-59.
[187] DAHL G E，YU D，DENG L. Context-dependent pre-trained deep neural networks for large vocabulary speech recognition [J]. IEEE Transactions on Audio Speech & Language Processing，2012，20(1)：30-42.
[188] SHANG C，YANG F，HUANG D. Data-driven soft sensor development based on deep learning technique[J]. Journal of Process Control，2014，24(3)：223-233.
[189] 雷亚国，贾峰，周昕. 基于深度学习理论的机械装备大数据健康监测方法[J]. 机械工程学报. 2015，51(21)：49-56.
[190] CHEN C L P，ZHANG C Y，CHEN L. Fuzzy restricted Boltzmann machine for the enhancement of deep learning[J]. IEEE Transaction on Fuzzy System，2015，23(6)：2163-2173.
[191] 段艳杰，吕宜生，张杰. 深度学习在控制领域的研究现状与展望[J]. 自动化学报，2016，42(5)：643-654.
[192] 康岩，卢慕超，阎高伟. 基于 DBN-ELM 的球磨机料位软测量方法研究[J]. 仪表技术与传感器，2015，(4)：73-75.
[193] LÄNGKVIST M，KARLSSON L，LOUTFI A. A review of unsupervised feature learning and deep learning for time-series modeling[J]. Pattern Recognition Letters，2014，42(1)：11-24.
[194] 刘天羽，基于特征选择技术的集成学习方法及其应用研究[D]. 上海：上海大学，2006.
[195] PERRONE M P，COOPER L N. When networks disagree: Ensemble methods for hybrid neural networks [R]. Providence: Brown University，Institute for Brain and Neural Systems，1993.
[196] SOLLICH P，KROGH A. Learning with ensembles: How over-fitting can be useful[J]. Advances in Neural Information Processing Systems，1996，9：190-196.
[197] KROGH A，VEDELSBY J. Neural network ensembles，cross validation，and active learning[J]. Advances in Neural Information Processing Systems，1995，7：231-238.
[198] DIETTERIEG T. Machine-learning research: Four current directions [J]. The AI Magazine，1998，18：97-136.
[199] GRANITTO P M，VERDES P F，CECCATTO H A. Neural networks ensembles: Evaluation of aggregation algorithms[J]. Artificial Intelligence，2005，163(2)：139-162.
[200] WINDEATT T. Diversity measures for multiple classifier system analysis and design [J]. Information Fusion. 2005，6(1)：21-36.
[201] KUNCHEVA L I. Combining pattern classifiers，methods and algorithms [M]. New York: John Wiley & Sons，2004.
[202] YAO X，LIU Y. Making use of population information in evolutionary artificial neural networks[J]. IEEE transactions on Systems，Man and Cybernetics-Part B: Cybernetics，1998，28(3)：417-425.
[203] HO T K. The random subspace method for constructing decision forest [J]. IEEE

Transactions on Pattern Analysis and Machine Intelligence, 1998, 20(8): 832-844.

[204] RODRIGUEZ J J, KUNCHEVA L I, ALONSO C J. Rotation forest: A new classifier ensemble method[J]. IEEE Transactions on Pattern Analysis and Machine Intelligence, 2006, 28(10): 1619-1630.

[205] YU E Z, CHO S Z. Ensemble based on GA wrapper feature selection[J]. Computers & Industrial Engineering, 2006, 51(1): 111-116.

[206] SU Z Q, TONG W D, SHI L M. A partial least squares-based consensus regression method for the analysis of near-infrared complex spectral data of plant samples[J]. Analytical Letters, 1532-236X, 2006, 39(9): 2073-2083.

[207] CHEN D, CAI W S, SHAO X G. Removing uncertain variables based on ensemble partial least squares[J]. Analytical Chimica Acta, 2007, 598(1): 19-26.

[208] MOHAMED S. Estimating market shares in each market segment using the information entropy concept[J]. Applied Mathematics and Computation, 2007, 190(2): 1735-1739

[209] 王春生,吴敏,曹卫华. 铅锌烧结配料过程的智能集成建模与综合优化方法[J]. 自动化学报, 2009, 35(5): 605-612.

[210] XU L J, ZHANG J Q, YAN Y. A wavelet-based multisensor data fusion algorithm[J]. IEEE Transactions on Instrumentation and Measurement, 2004, 53(6): 1539-1544.

[211] TANG J, CHAI T Y, ZHAO L J. Soft sensor for parameters of mill load based on multi-spectral segments PLS models and on-line additive weighted fusion algorithm[J]. Neurocomputing, 2012,78(1): 38-47.

[212] PERRONE M P, COOPLER L N. When networks disagree: Ensemble method for hybrid neural networks[J]. Neural Networks for Speech and Image Processing, 1993: 126-142.

[213] OPITZ D, SHAVLIK J. Actively searching for an effective neural network ensemble [J]. Connection Science, 1996, 8(3-4): 337-353.

[214] ZHOU Z H, WU J, TANG W. Ensembling neural networks: Many could be better than all[J]. Artificial Intelligence, 2002, 137(1-2): 239-263

[215] CHANDRA A, CHEN H H, YAO X. Trade-off between diversity and accuracy in ensemble generation[J]. Studies in Computational Intelligence, 2006, 16: 429-464.

[216] LIU Y, YAO X. Ensemble learning via negative correlation [J]. Neural Networks, 1999, 12: 1399-1404.

[217] 张健沛,程丽丽,杨静.基于人工鱼群优化算法的支持向量机集成模型[J]. 计算机研究与发展, 2008, 45(10): 208-212.

[218] ZHU Q X, ZHAO N W, XU Y. A new selective neural network ensemble method based on error vectorization and its application in high-density polyethylene (HDPE) cascade reaction process[J]. Chinese Journal of Chemical Engineering, 2012, 20(6): 1142-1147.

[219] 桂卫华,阳春华,陈晓方. 有色冶金过程建模与优化的若干问题及挑战[J]. 自动化学报, 2013, 11(3): 197-206.

[220] SYMONE S, CARLOS H A, RUI A. Comparison of a genetic algorithm and simulated annealing for automatic neural network ensemble development[J]. Neurocomputing, 2013, 121: 498-511.

[221] BI Y, PENG S, TANG L. Dual stacked partial least squares for analysis of near-infrared

spectra[J]. Analytica Chimica Acta, 2013, 792: 19-27.

[222] 姚旭，王晓丹，张玉玺，薛爱军. 基于正则化互信息和差异度的集成特征选择[J]. 计算机科学，2013，40(6)：225-228.

[223] 张春霞，张讲社. 选择性集成学习综述[J]. 计算机学报，2011，34(8)：1399-1410.

[224] TUSHAR G, RAPHAEL T H, WEI S. Ensemble of surrogates[J]. Structural and Multidisciplinary Optimization, 2007, 33(3): 199-216.

[225] SANCHEZ E, PINTOS S, QUEIPO N V. Toward an optimal ensemble of kernel-based approximations with engineering applications [J]. Structural and Multidisciplinary Optimization, 2008, 36(3): 247-261.

[226] CANUTO A M, ABREU M C C, OLIVEIRA L M J. Investigating the influence of the choice of the ensemble members in accuracy and diversity of selection-based and fusion-based methods for ensembles[J]. Pattern Recognition Letters, 2007, 28(4): 472-486.

[227] TANG J, CHAI T Y, YU W. Modeling load parameters of ball mill in grinding process based on selective ensemble multisensor information [J]. IEEE Transactions on Automation Science & Engineering, 2013, 10(3): 726-740.

[228] 韩敏，吕飞. 基于互信息的选择性集成核极端学习机[J]. 控制与决策，2015，30(11)：2089-2092.

[229] YU Z, WANG D, YOU J. Progressive subspace ensemble learning [J]. Pattern Recognition, 2016, 60: 692-705.

[230] BAI Y, CHEN Z, XIE J. Daily reservoir inflow forecasting using multiscale deep feature learning with hybrid models[J]. Journal of Hydrology, 2016, 532: 193-206.

[231] 汤健，柴天佑，丛秋梅. 选择性融合多尺度筒体振动频谱的磨机负荷参数建模[J]. 控制理论与应用，2015，32(12)：1582-1591.

[232] TANG J, CHAI T Y, YU W. A Comparative study that measures ball mill load parameters through different single-scale and multi-scale frequency spectra-based approaches[J]. IEEE Transactions on Industrial Informatics, 2016, 12(6): 2008-2019.

[233] TANG J, QIAO J F, WU Z W. Vibration and acoustic frequency spectra for industrial process modeling using selective fusion multi-condition samples and multi-source features [J]. Mechanical Systems and Signal Processing, 2018, 99: 142-168.

[234] 陈晓方，桂卫华，蔡自兴. 过程控制中的智能集成建模方法[J]. 系统仿真学报，2001，13(1)：8-11.

[235] 王雅琳，桂卫华，阳春华. 基于有限信息的铜吹炼动态过程智能集成建模[J]. 控制理论与应用，2009，26(8)：860-866.

[236] 阎高伟，龚杏雄，李国勇，基于振动信号和云推理的球磨机负荷软测量[J]. 控制与决策，2014，29(6)：1109-1114.

[237] YANG W, JI S S, XIE G. Soft sensor for ball mill fill level based on uncertainty reasoning of cloud model[J]. Journal of Intelligent & Fuzzy Systems, 2016, 30(3): 1675-1689.

[238] 王钦钊，黄钊，李小龙. 装甲装备作战效能评估的模糊 Petri 网模型研究[J]. 火力与指挥控制，2015，(4)：63-67.

[239] 杨铭，郑寇全，雷英杰. 基于直觉模糊贝叶斯网络的不确定性推理方法[J]. 火力与指挥控制，2015，(3)：37-41.

[240] 田福平，汶博，熊志纲. 基于模糊综合评判与作战模拟的作战方案评估[J]. 指挥控制与仿真，2016，38(3)：28-32.

[241] 江天娇，滑楠. 基于模糊综合评估的体系作战力量组织运用效能评估[J]. 火力与指挥控制，2016，(8)：58-63.

[242] 张列航. 基于灰色层次分析法的空战武器作战效能评估[J]. 四川兵工学报，2015，36(9)：154-157.

[243] 黄德先，叶心宇. 化工过程先进控制[M]. 北京：化学工业出版社，2006.

[244] DIMITRIS C P，LYLE H U. A hybrid neural network-first principles approach to process modeling[J]. AIChE Journal，1992，38(10)：1499-1511.

[245] 铁鸣，岳恒，柴天佑. 磨矿分级过程的混合智能建模与仿真[J]. 东北大学学报(自然科学版)，2007，28(5)：609-612.

[246] THOMPSON M L，KRAMER M A. Modeling chemical processes using prior knowledge and neural networks[J]. AIChE Journal，1994，40(8)：1328-1340.

[247] 陈晓方，桂卫华，王雅琳. 基于智能集成策略的烧结块残硫软测量模型[J]. 控制理论与应用，2004，21(1)：75-80.

[248] 王春生，吴敏，佘锦华. 基于 PNN 和 IGS 的铅锌烧结块成分智能集成预测模型[J]. 控制理论与应用，2009，26(3)：316-320.

[249] NG C W，HUSSAIN M A. Hybrid neural network-prior knowledge model in temperature control of a semi-batch polymerization process[J]. Chemical Engineering and Processing，2004，43(4)：559-570.

[250] DING J L，CHAI T Y，WANG H. Offline modeling for product quality prediction of mineral processing using modeling error PDF shaping and entropy minimization[J]. IEEE Transactions on Neural Networks，2011，22(3)：408-419.

[251] WU F H，CHAI T Y，YU WEN. Soft sensing method for magnetic tube recovery ratio via fuzzy systems and neural networks[J]. Neurocomputing，2010，73(13-15)：2489-2497.

[252] QI H Y，ZHOU X G. A hybrid neural network-first principles model for fixed-bed reactor[J]. Chemical Engineering Science，1999，54(13-14)：2521-2526.

[253] KRAMER M A，THOMPSON M L，BHAGAT P M. Embedding theorical models in neural networks[C]//American Control Conference，Chicago，USA. Piscataway：IEEE Press，1992：475-479.

[254] 王魏，邓长辉，赵立杰. 椭球定界算法在混合建模中的应用研究[J]. 自动化学报，2014，40(9)：1875-1881

[255] YU W，RUBIO J. Recurrent neural networks training with stable bounding ellipsoid algorithm[J]. IEEE Transactions on Neural Networks，2009，20(6)：983-991.

[256] YU W，LI X O. On-line fuzzy modeling via clustering and support vector machines[J]. Information Sciences，2008，178(22)：4264-4279.

[257] 王士钊. 氧化铝熟料窑烧成温度自动控制系统[J]. 工业仪表与自动化装置，1996，(5)：24-29.

[258] SMITH C，BURKE K J. Cooler scanner technology[C]//1998 IEEE Cement Industry Technical Conference，XL Conference Record，Rapid City，USA. Piscataway：IEEE Press，1998：391-402.

[259] ZHANG X G, ZHANG J, CHEN H. The application of data fusion based on fuzzy theory in temperature judgment of rotary kiln[C]//Proceeding of 3rd World IEEE Congress on Intelligent Control and Automation, Hefei, China. Piscataway: IEEE Press, 2000, 3: 1730-1733.

[260] 王补宣,李天锋,吴占松. 图像处理技术用于发光火焰温度分布测量的研究[J]. 工程热物理学报,1989,10(4):446-448.

[261] PETRUS C R. Integration of imaging pyrometry into the Wampum Plant automation project [cement plant][C]//1997 IEEE Cement Industry Technical Conference, XXXIX Conference Record, Hershey, USA. Piscataway: IEEE Press, 1997: 419-431.

[262] 章立新,王少林,茅忠明. 水泥回转窑温度检测与图像处理系统的研究与开发[J]. 2002,23(5):70-73.

[263] 王炜峰. 数字图像处理技术在熟料窑监控系统中的应用[J]. 计算机测量与控制,2002,10(8):511-513.

[264] 陈岩,常虎成,李冬. 熟料窑计算机集中控制[J]. 轻金属,2000,3:54-56.

[265] 魏兆一. 光流算法及其在回转窑窑况识别中的应用研究[D]. 沈阳:东北大学,2005.

[266] 袁南儿,周德泽,梁丰等. 现代智能自动化技术在水泥回转窑生产中的应用[J]. 硅酸盐学报,1999,27(2):127-132.

[267] 易正明,周孑民,刘志明等. 基于图像处理的回转窑火焰监测系统研究[J]. 化工自动化及仪表,2005,32(5):54-57.

[268] 何青,王耀南,童调生. 基于多传感器模糊处理的工况识别[J]. 信息与控制,2001,30(2):159-163.

[269] 孙鹏,周晓杰,柴天佑. 基于纹理粗糙度的回转窑火焰图像FCM分割方法[J]. 系统仿真学报,2008,20(16):4438-4441.

[270] LI S T, WANG Y N, MAO J X. Multiple neural networks classifier combination for segmentation of flame images[J]. Journal of Data Acquisition & Processing, 2000, 15(4): 443-446.

[271] ZHANG H L, ZOU Z, LI J, CHEN X T. Flame image recognition of alumina rotary kiln by artificial neural network and support vector machine methods[J]. Journal of Central South University of Technology, 2008, 15: 39-43.

[272] 姜慧研,崔晓亮,柴天佑. 基于双快速行进法的图像分割方法的研究[J]. 系统仿真学报,2008,20(3):803-806.

[273] JIANG H Y, HUO Y, CHAI T Y. Abnormal state diagnosis of sintering image based on SVM[C]//Congress on Image and Signal Processing, Sanya, China. Piscataway: IEEE Press, 2008: 667-670.

[274] SMOLA A J, SCHÖLKOPF B. A tutorial on support vector regression[J]. Statistics and Computing, 2004, 14(3): 199-222.

[275] SZATVANYI G, DUCHESNE C, BARTOLACCI G. Multivariate image analysis of flames for product quality and combustion control in rotary kilns[J]. Industrial & Engineering Chemistry Research. 2006, 45(13): 4706-4715.

[276] YAO F A, PANG X K, JIAO Y Y. Temperature detection of a rotary kiln based on three-color measurement and the BP neural network[J]. Journal of Shandong University (Engineering Science), 2008, 38(2): 61-65.

[277] 姜慧研，王晓丹，柴天佑. 基于SVR的回转窑烧成带温度软测量方法的研究[J]. 系统仿真学报，2008，20(11)：2951-2955.

[278] 王琳灵，潘邵来，吕子剑. 红外线扫描在氧化铝熟料窑监控中的应用[J]. 抚顺石油学院学报，2003，23(4)：35-37.

[279] 张秀玲，李海滨. 一种基于RBF神经网络的数字模式识别方法[J]. 仪器仪表学报，2002，23(3)：265-267.

[280] 张学工. 关于统计学习理论与支持向量机[J]. 自动化学报，2000，26(1)：32-42.

[281] ZHANG G Y，ZHANG J. A hybrid RS-SVM dynamic prediction approach to rotary kiln sintering[C]// Proceedings of process Machine Learning and Cybernetics，Shanghai，China. Piscataway：IEEE Press，2004：478-482.

[282] 李勇，邵诚. 软测量技术及其应用与发展[J]. 工业仪表与自动化装置，2006，5(185)：6-11.

[283] 周沛. 水泥煅烧工艺及设备[M]. 武汉：武汉理工大学出版社，2004.

[284] 韩梅祥. 水泥工业热工设备及热工测量[M]. 武汉：武汉理工大学出版社，1996.

[285] 周晓杰. 氧化铝熟料烧成回转窑混合智能优化控制的研究[D]. 沈阳：东北大学，2007.

[286] 佟首峰，阮锦，郝志航. CCD图像传感器降噪技术的研究[J]. 光学精密工程，2002，8(2)：140-145.

[287] 易正明，周孑民，马光柏. 氧化铝回转窑火焰图像分析与模糊控制[J]. 冶金自动化，2005，29(3)：50-53.

[288] 联合法生产氧化铝编写组. 联合法生产氧化铝(熟料烧结)[M]. 北京：冶金工业出版社，1975.

[289] 陈运贵. 回转窑看火经验谈[J]. 水泥技术，1999(4)：30-31.

[290] K. E. 帕雷，J. J. 瓦得尔，华新水泥厂编译组译. 水泥回转窑的操作[M]. 北京：中国建筑工业出版社，1975.

[291] 张海亚. 游离氧化钙对水泥安定性的影响及其控制措施[J]. 企业科技与发展，2010，(14)：63-64.

[292] 邵春山. 实用水泥生产控制分析[M]. 北京：中国建材工业出版社，1999.

[293] 姜玉英. 水泥工艺试验[M]. 武汉：武汉工业大学出版社，1992.

[294] 崔瑞珍，于京华. 快速测定水泥熟料中游离氧化钙的研究[J]. 分析实验室，1992，11(3)：26-27.

[295] 于京华，吴瑕. 游离氧化钙、氧化镁连续测定的电导法研究[J]. 分析化学，1998，26(9)：1075-1077.

[296] 毕文彦，管学茂，邢锋. 水泥矿物游离氧化钙含量测定方法的评价及探讨[J]. 混凝土，2008，12：21-23.

[297] 陈聚华，柏秀奎，曹德光. 率值对熟料烧结和氧化钙结合程度的影响研究[J]. 水泥工程，2010，3：28-30.

[298] 蔡丰礼. 率值和矿化剂或晶种对水泥生料易烧性的影响[J]. 水泥，1999，9：8-10.

[299] 童大懋，梅炳初. 率值对水泥生料易烧性的影响[J]. 武汉工业大学学报，1991：8-13.

[300] 钱伟成，骆韶雄. 浅谈生料细度对立窑煅烧的影响[J]. 水泥技术，1987，3：37-38.

[301] 钟浩华. 水泥生料易烧性与游离氧化钙关系探讨[J]. 广东建材，1998，6：10-14.

[302] TAMURA H，MORI S，YAMAWAKI T. Texture features corresponding to visual perception[J]. IEEE Transactions on Systems，Man，and Cybernetics，1978，8(6)：

460-473.

[303] 邬文隽，马利庄，肖学中. 一种结合亮度和粗糙度信息的舌像分割方法[J]. 系统仿真学报，2006，18(11)：374-379.

[304] LEE T S. Image representation using 2D Gabor wavelet[J]. IEEE Transactions on Pattern Analysis and Machine Intelligence，1996，18(10)：959-971.

[305] MEHROTRA R. Gabor filter-based edge detection[J]. Pattern Recognition，1992，25(12)：1479-1494.

[306] GABER D. Theory of communication[J]. Journal of the Institute of Electrical Engineers，1946，93(26)：429-457.

[307] DAUGMAN J G. Uncertainty relation for resolution in space，spatial frequency，and orientation optimized by two-dimensional visual cortical filters[J]. Journal of the Optical Society of America，1985，2(7)：1160-1169.

[308] CAMPELL F W，ROBSON J G. Application of Fourier analysis to the visibility of gratings[J]. Physiol，1968，197：551-556.

[309] 王培珍，杨维翰. 图像分割的分层处理方案[J]. 安徽工业大学学报，2002，3(19)：205-208.

[310] OTSU N. A threshold selection method from gray-level histograms[J]. IEEE Transactions on Systems，Man and Cybernetics，1979，9(1)：62-66.

[311] DUNN J C. A fuzzy relative of the isodata process and its use in detecting compact well-separated clusters[J]. Journal of Cybernetics，1973，3(3)：32-57.

[312] SUN P，CHAI T Y，ZHOU X J. Rotary kiln flame image segmentation based on FCM and Gabor wavelet based texture coarseness[C]//7th World Congress on Intelligent Control and Automation，Chongqing，China. Piscataway：IEEE Press，2008：7615-7620.

[313] SETHIAN J. A fast marching level set method for monotonically advancing fronts[J]. Proceedings of the National Academy of Sciences，1996，93(4)：1591-1595.

[314] ALVAREZ L，GUICHARD F，LIONS P L. Axioms and fundamental equation of image processing[J]. Archive for Rational Mechanics and Analysis，1993，123(3)：199-257.

[315] VESE L A，CHAN T F. A multiphase level set framework for image segmentation using the Mumford and Shah model[J]. International Journal of Computer Vision，2002，50(3)：271-293.

[316] 李俊. 基于曲线演化的图像分割方法及应用研究[D]. 上海：上海交通大学，2001.

[317] 杨新. 图像偏微分方程的原理与应用[M]. 上海：上海交通大学出版社，2003.

[318] SHI J B，MALIK J. Normalized cuts and image segmentation[J]. IEEE Transactions on Pattern Analysis and Machine Intelligence，2000，22(8)：888-905.

[319] SHI J B，MALIK J. Normalized Cuts and Image Segmentation[J]. IEEE Transactions on Pattern Analysis and Machine Intelligence，2000，22(8)：888-905.

[320] YAN F X，ZHANG H，KUBE C R. A multistage adaptive thresholding method[J]. Pattern Recognition Letters，2005，26(8)：1183-1191.

[321] PEREIRA A C，REIS M S，SARAIVA P M. Quality control of food products using image analysis and multivariate statistical tools[J]. Industrial & Engineering Chemistry Research，2009，48：988-998.

[322] GELADI P, ISAKSSON H, LINDQVIST L. Principal component analysis of multivariate images[J]. Chemometrics and Intelligent Laboratory Systems, 1989, 5: 209-220.

[323] ESBENSEN K H, GELADI P. Strategy of multivariate image analysis (MIA)[J]. Chemometrics and Intelligent Laboratory Systems, 1989, 7: 67-86.

[324] GELADI P, GRAHN H. Multivariate image analysis[M]. New York: John Wiley & Sons, 1996.

[325] SCHMID C, MOHR R, BAUCKHAGE C. Evaluation of interest point detectors[J]. International Journal of Computer Vision, 2000, 37(2): 151-172.

[326] LOWE D G. Distinctive image features from scale-invariant keypoints[J]. International Journal of Computer Vision, 2004, 60(2): 91-110.

[327] MIKOLAJCZYK K. Detection of local features invariant to affine transformations[D]. Grenoble: Institute National Poly Technique de Grenoble, 2002.

[328] 王惠文. 偏最小二乘回归方法及其应用[M]. 北京：国防工业出版社，1999.

[329] WOLD S, RUHE A, WOLD H. The collinearity problem in linear regression. The partial least squares approach to generalized inverses [J]. Journal of Statistical Computing, 1984, 5(3): 735-743.

[330] 董春，吴喜之，程博. 偏最小二乘回归方法在地理与经济的相关性分析中的应用研究[J]. 测绘科学，2000，25(4)：48-51.

[331] 成忠. PLSR用于化学化工建模的几个关键问题的研究[D]. 杭州：浙江大学，2005.

[332] HOSKULDSSON P. PLS regression methods[J]. Journal of Chemometrics, 1988, 2(3): 211-228.

[333] QIN S J, MCAVOY T J. Nonlinear PLS modelling using neural networks [J]. Computers and Chemical Engineering, 1992, 16(4): 379-391.

[334] BAFFI G, MARTIN E B, MORRIS A J. Non-linear projection to latent structures revisited the neural network PLS algorithm[J]. Computers and Chemical Engineering, 1999, 23: 1293-1307.

[335] ROSIPAL R. Kernel partial least squares for nonlinear regression and discrimination[J]. Neural Network World, 2003, 13(3): 291-300.

[336] ROSIPAL R, TREJO L J. Kernel partial least squares regression in reproducing kernel Hilbert space[J]. Journal of Machine Learning Research, 2001, 2: 97-123.

[337] YANG Y, JING Z R, GAO T. Multi-sources in-formation fusion algorithm in airborne detection systems[J]. Journal of Systems Engineering and Electronics, 2007, 18(1): 171-176.

[338] CHEN T L, QUE P W. Target recognition based on modified combination rule[J]. Journal of Systems Engineering and Electronics, 2006, 17(2): 279-283.

[339] RUTA D, GABRYS B. An overview of classifier fusion methods[J]. Computing and Information Systems, 2000, 7(1): 1-10.

[340] XIE H, XIA S R, ZHANG Z C. Study development of multi-classifier fusion methods in medical image identification[J]. Journal of International Biomedicine Engineering, 2006, 29(3): 152-157.

[341] MAHLER R. Random sets: Unification and computation for information fusion a

retrospective assessment[C]//Proceedings of the 7th International Information Fusion Conference, Philadelphia, USA. Piscataway: IEEE Press, 2005: 1-20.

[342] LI X F, FENG H M, HUANG D M. Some aspects of classifier fusion based on fuzzy integrals[C]//Proceedings of the Fourth International Conference on Machine Learning and Cybernetics, Guangzhou, China. Piscataway: IEEE, 2005: 18-21.

[343] ARNBORG S. Royal institute of technology robust bayesianism: relation to evidence theory[J]. Journal of Advances in Information Fusion, 2006, 1(1): 63-74.

[344] SHUN H J, HU Z S, YANG J Y. Study on multi-classifier fusion methods based on evidence theory[J]. Journal of Computer, 2001, 24(3): 231-235.

[345] SUGENO M. Fuzzy measures and fuzzy integrals: A survey[M]. Amsterdam: North Holland, 1977.

[346] CASASENT D, YUAN C. Face recognition with pose and illumination variations using new SVRDM support-vector machine[J]. Optical Engineering, 2004, 43: 1804-1813.

[347] CHOI Y S, KIM K J. Video summarization using fuzzy one-class support vector machine[M]. Berlin: Springer, 2004.

[348] CUNDELL D R, SILIBOVSKY R S, SANDERS R. Generation of an intelligent medical system, using a real database, to diagnose bacterial infection in hospitalized patients[J]. International Journal of Medical Informatics, 2001, 63: 31-40.

[349] KHOLMATOV A, YANIKOGLU B. Identity authentication using improved online signature verification method[J]. Pattern Recognition Letters, 2005, 26: 2400-2408.

[350] JAEHWA P, GOVINDARAJU V, SRIHARI S N. OCR in a hierarchical feature space [J]. IEEE Transactions on Pattern Analysis and Machine Intelligence, 2000, 22: 400-407.

[351] MANEVITZ L M, YOUSEF M. One-class SVMs for document classification [J]. Journal of Machine Learning Research, 2002, 2: 139-154.

[352] SIVARAMAKRISHNAN K R, BHATTACHARYYA C. Time series classification for online tamil handwritten character recognition-A kernel based approach [M]. Berlin: Springer, 2004.

[353] WANG Q H, LOPES L S, TAX D. M J. Visual object recognition through one-class learning[M]. LNCS: Springer, 2004.

[354] WANG L, ZHANG Y, FENG J. On the Euclidean distance of images [J]. IEEE Transactions on Pattern Analysis and Machine Intelligence, 2005, 27: 1334-1339.

[355] SHAFFER R E, PEHRSSON S L R, MCGILL R A. A comparison study of chemical sensor array pattern recognition algorithms[J]. Analytica Chimica Acta, 1999, 384(1): 305-317.

[356] 李树涛,王耀南,毛建旭. 基于多神经网络分类器组合的火焰图像分割[J]. 数据采集与处理, 2000, 12(4): 443-446.

[357] 陈果. 神经网络模型的预测精度影响因素分析及其优化[J]. 模式识别与人工智能, 2005, 18(5): 528-534.

[358] 孙建成,张太镒,刘海员. 基于SVM的多类模拟调制方式识别算法[J]. 电子科技大学学报, 2006, 35(2): 149-152.

[359] IGELNIK B, PAO Y H. Stochastic choice of basis functions in adaptive function

approximation and the functional-link net[J]. IEEE Transactions on Neural Networks, 1995, 6(6): 1320-1329.

[360] 周志华.机器学习[M].北京:清华大学出版社,2016.

[361] CRISTIANINI N, TAYLOR J S. An introduction to support vector machines and other kernel based learning methods[M]. Cambridge: Cambridge University Press, 2000.

[362] 苏高丽,邓芳萍. 关于支持向量机的模型选择[J]. 科技通报, 2006, 22(2): 154-158.

[363] KWOK J T. Linear dependency between ε and the input noise in ε-support vector regression[J]. Neurocomputing, 2003, 55: 643-663.

[364] 熊伟丽,徐保国. 基于PSO的SVR参数优化选择方法研究[J]. 系统仿真学报, 2006, 18(9): 2442-2445.

[365] MATTERA D, HAYKIN S. Support vector machines for dynamic reconstruction of a chaotic system, in Advances in kernel methods: Support vector machine [M]. Cambridge: MIT Press, 1999.

[366] CHERKASSKY V, MA Y Q. Practical selection of SVM parameters and noise estimation for SVM regression[J]. Neural Networks, 2004, 17: 113-126.

[367] CHAPELLE O, VAPNIK V, BOUSQUET O. Choosing kernel parameters for support vector machines[J]. Machine Learning, 2002, 46: 131-160.

[368] BERTUCCO L, FICHERA A, NUNNARI G. A cellular neural networks approach to flame image analysis for combustion monitoring[C]// Proceedings of the 6th IEEE International Workshop on Cellular Neural Networks and their Applications, Catania, Italy. Piscataway: IEEE Press, 2000: 455-459.

[369] SHIMODA M, SUGANO A, KIMURA T. Prediction methods of unburnt carbon for coal fired utility boiler using image processing technique of combustion flame[J]. IEEE Transactions on Energy Conversion, 1990, 5, (4): 640-645.

[370] WANG F, WANG X J, MA Z Y. The research on the estimation for the NO_x emissive concentration of the pulverized coal by the flame image processing technique[J]. Fuel, 2002, 81(16): 2113-2120.

[371] BIANCONI F, FERN'ANDEZ A. Evaluation of the effects of Gabor filter parameters on texture classification[J]. Pattern Recognition, 2007, 40(12): 3325-3335.

[372] ANDREW A. Statistical pattern recognition[J]. Kybernetes, 2000, 29(3): 392-398.

[373] CUMMINS M, NEWMAN P. FAB-MAP: probabilistic localization and mapping in the space of appearance[J]. International Journal of Robotics Research, 2008, 27(6): 647-665.

[374] ANGELI A, DONCIEUX S, FILLIAT D. Real-time visual loop-closure detection[C]// IEEE International Conference on Robotics and Automation, Pasadena, USA. Piscataway: IEEE Press, 2008: 1842-1847.

[375] WITTEN I. H, BELL T C. The zero-frequency problem: estimating the probabilities of novel events in adaptive text compression [J]. IEEE Transactions on Information Theory, 1991, 37(4): 1085-1094.

[376] DEERWESTER S C, DUMAIS S T, LANDAUER T K. Indexing by latent semantic analysis[J]. Journal of the American Society of Information Science, 1990, 41(6): 391-407.

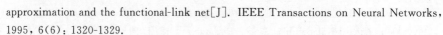

[377] CHEMICK M R. Bootstrapping methods: A practitioner's guide[M]. New York: John Wiley & Sons, 1999.

[378] CLAUSI D A, DENG H. Design-based texture feature fusion using Gabor filters and co-occurrence probabilities[J]. IEEE Transactions on Image Processing, 2005, 14(7): 925-936.

[379] LI S, TAYLOR J S. Comparison and fusion of multiresolution features for texture classification[J]. Pattern Recognition Letters, 2004, 26(5): 633-638.

[380] SIVIC J, ZISSERMAN A. Video Google: a text retrieval approach to object matching in videos[C]//Ninth IEEE International Conference on Computer Vision, Nice, France. Piscataway: IEEE Press, 2003: 1470-1477.

[381] LI W, WANG D, CHAI T . Burning state recognition of rotary kiln using ELMs with heterogeneous features[J]. Neurocomputing, 2013, 102(FEB. 15): 144-153.

[382] RONALD K. Outliers in process modeling and identification[J]. IEEE Transactions on Control Systems Technology, 2002, 10(1): 55-63.

[383] PEARSON R K. Exploring process data[J]. Journal of Process Control, 2001, 11: 179-194.

[384] DOYMAZ F, BAKHTAZAD A, ROMAGNOLI J A. Wavelet-based robust filtering of process data[J]. Computers & Chemical Engineering, 2001, 25(11-12): 1549-1559.

[385] 刘丽梅,孙玉荣,李莉. 中值滤波技术发展研究[J]. 云南师范大学学报, 2004, 24(1): 23-27.

[386] NOUNOU M N, BAKSHI B R. On-line multiscale filtering of random and gross errors without process models[J]. AIChE Journal, 1999, 45(5): 1041-1058.

[387] PAWLAK Z. Rough sets [J]. International Journal of Computer and Information Science, 1982, 11: 341-356.

[388] 王国胤,姚一豫,于洪. 粗糙集理论与应用研究综述[J]. 计算机学报, 2009, 32(7): 1229 -1246.

[389] 李德毅,刘常昱,杜鹢,等. 不确定性人工智能[J]. 软件学报, 2004, 15(11): 1583-1594.

[390] PEDRYCZ W, HOMENDA W. From fuzzy cognitive maps to granular cognitive maps [J]. IEEE Transactions on Fuzzy Systems, 2012, 22(4): 859-869.

[391] 郑近德,陈敏均,程军圣,等. 多尺度模糊熵及其在滚动轴承故障诊断中的应用[J]. 振动工程学报, 2014, 27(1): 145-151.

[392] DONG J X, KRZYZAK A. An improved handwritten Chinese character recognition system using support vector machine[J]. Pattern Recognition Letters, 2005, 26(12): 1849-1856.

[393] 王建平,李帷韬,王金玲,等. 一种基于仿生识别的脱机手写体汉字识别方法[J]. 模式识别与人工智能, 2008, 21(1): 62-71.

[394] 王建平,王梦泽. 三枝粗糙集和变粒度原理的手写体汉字识别[J]. 计算机工程与应用, 2014, 22: 223-227.

[395] 朱敏觉,朱宁波,袁异. 一种多分类器集成的手写体汉字识别方法[J]. 计算机工程与科学, 2009, 31(4): 36-39.

[396] SU Y M, WANG J F. A novel stroke extraction method for chinese characters using

gabor filters[J]. Pattern Recognition, 2003, 36(3): 635-647.

[397] WANG X W, DING X Q, LIU C S. Gabor filters based feature extraction for character recognition[J]. Pattern Recognition, 2005, 38(3): 369-379.

[398] CHENG L L, KIM I J, KIM J H. Model-based stroke extraction and matching for handwritten chinese character recognition[J]. Pattern Recognition, 2001, 34(12): 2339-2352.

[399] KIM I J, KIM J H. Statistical character structure modeling and its application to handwritten chinese character recognition[J]. IEEE Transactions on Pattern Analysis and Machine Intelligence, 2003, 25(11): 1422-1436.

[400] KATO N, SUZUKI M, OMACHI S I, et al. A handwritten character recognition system using direction element feature and asymmetric Mahalanobis distance[J]. IEEE Transactions on Pattern Analysis and Machine Intelligence, 1999, 21(3): 258-262.

[401] 桑农，张荣，张天序. 一类改进的最小距离分类器的增量学习算法[J]. 模式识别与人工智能，2007，20(3)：358-364.

[402] 孙权森，金忠，王平安，等. 一种有效的手写体汉字组合特征的抽取与识别算法[J]. 中文信息学报，2005，19(4)：78-83.

[403] 吴天雷，马少平. 基于重叠动态网格和模糊隶属度的手写汉字特征抽取[J]. 电子学报，2004，32(2)：186-190.

[404] 卫生部信息化工作领导小组办公室. 基于健康档案的区域卫生信息平台建设指南[EB/OL]. [2020-06-24]. http://www.moh.gov.cn，2009.

[405] 符美玲，冯泽永，陈少春. 发达国家健康管理经验对我们的启示[J]. 中国卫生事业管理，2011，3：233-236.

[406] 罗二平，申广浩，周龙甫等. 人体健康状况评测仪的研究[J]. 第四军医大学学报，2009，28(3)：197-201.

[407] LISBOA P J, TAKTAK A F G. The use of artificial neural networks in decision support in cancer: a systematic review[J]. Neural Networks, 2006, 19(4): 408-415.

[408] ISMAIL A I, SOHN W, TELLEZ M, et al. The international caries detection and assessment system (icdas): An integrated system for measuring dental caries[J]. Community Dentistry and Oral Epidemiology, 2007, 35(3): 170-178.

[409] XU Z X, WANG Y Q, LIU G P, et al. Deduction research on syndromes diagnosis of TCM Inquiry for Cardiovascular Diseases based on RBF nerve network[C]// IEEE International Conference on Bioinformatics & Biomedicine Workshops, Honkong, China. Piscataway: IEEE Press, 2010: 678-681.

[410] 吴小刚，周萍，彭文惠. 决策树算法在大学生心理健康评测中的应用[J]. 计算机应用与软件，2011，28(10)：240-244.

[411] 刘秀玲，杨国杰，王洪瑞等. 动态生理信息融合在人体健康评价系统的应用[J]. 计算机工程与应用，2010，46(16)：226-228.

[412] URSULA G, KYLEA, BOSAEUSB I, et al. Bioelectrical impedance analysis part Ⅰ: review of principles and methods[J]. Clinical Nutrition, 2004, 23: 1226-1243.

[413] URSULA G, KYLEA, BOSAEUSB I, et al. Bioelectrical impedance analysis part Ⅱ: utilization in clinical practice[J]. Clinical Nutrition, 2004, 23: 1430-1453.

[414] 任超世，李章勇，王伟等. 无创电阻抗胃动力检测与评价[J]. 中国组织工程研究与临床

康复，2010，14(9)：1653-1657.
[415] 孙怡宁.人体机能动态测评方法：200910185374.4[P].2020-03-20.
[416] REINEHR T，SCHAEFER A，WINKEL K，et al. An effective lifestyle intervention in overweight children：Findings from a randomized controlled trial on obeldicks light [J]. Clinical Nutrition，2010，29：331-336.
[417] 刘加恩，董永贵，葛凯. 适用于家庭健康检测的生物电阻抗测量系统[J]. 清华大学学报(自然科学版)，2007，47(8)：1220-1333.
[418] WANG J P，MEI F，XU X B，et al. An improvement of body composition analysis estimation model based on bioelectrical impedance analysis method [J]. Procedia Engineering，2011，15：4608-4612.
[419] LIU W，WANG J P，ZHANG C W，et al. Application of intelligent structure model in human health assessment system on bioelectrical impedance analyze [J]. Advanced Materials Research，2012，433(10)：2957-2963.
[420] ZOU Y，GUO Z. A review of electrical impedance techniques for breast cancer detection [J]. Medical Engineering & Physics，2003，25：79-90.
[421] MAST M，SONNICHSEN A，LANGNASE K K，et al. Inconsistencies in bioelectrical impedance and anthropometric measurements of fat mass in a field study of prepubertal children[J]. British Journal of Nutrition，2002，87(2)：163-175.
[422] 祁朋祥，马祖长，孙怡宁. 一种基于生物电阻抗原理的人体成分测试装置的研制[J]. 生物医学工程研究，2009，28(3)：197-201.
[423] 李德毅，孟海军，史雪梅. 隶属云和隶属云发生器[J]. 计算机研究与发展，1995，32(6)：16 -18.
[424] 吕辉军，王晔，李德毅. 逆向云在定性评价中的应用[J]. 计算机学报，2003，26(8)：1009-1014.
[425] 董洁.基于体域网多体征信息融合的健康评估方法研究[D]. 西安：西安电子科技大学，2013.
[426] 陈家伟. 支持向量机在人体健康状态预测中的研究与应用[D]. 合肥：中国科学技术大学，2014.
[427] 罗运俊，何梓年，王长贵. 太阳能利用技术[M]. 北京：化学工业出版社，2011.
[428] LUQUE A. Solar cells and optics for photovoltaic concentration [M]. Bristol：IOP Publishing，1989：103-111.
[429] 张海燕.基于平面镜反射的聚光光伏系统研究[D]. 合肥：合肥工业大学，2012.
[430] 陈维，李戬洪. 抛物柱面聚焦的几种跟踪方式的光学性能分析[J]. 太阳能学报，2003，24(4)：477-482.
[431] 赵建钊，史耀耀，马健，等. 智能型太阳能跟踪系统设计与实现[J]. 电网技术，2008(24)：93-97.
[432] 刘树，刘建政，赵争鸣，等. 基于改进 MPPT 算法的单级式光伏并网系统[J]. 清华大学学报：自然科学版，2005，45(7)：873-876.
[433] 欧阳名三，余世杰，沈玉梁，等. 具有最大功率点跟踪功能的户用光伏充电系统的研究[J]. 农业工程学报，2003，19(6)：272-275.
[434] 张东煜，宁铎，韩讲周，等. 一维驱动二维跟踪太阳自动跟踪系统设计[J]. 微计算机信息，2006，22(6-1)：158-160.

[435] 陈维,沈辉，舒碧芬. 光伏系统跟踪效果分析[J]. 中国科学技术大学学报，2006，36(4)：355-359.

[436] 王炳忠，汤洁. 几种太阳位置计算方法的比较研究[J]. 太阳能学报，2001，22(4)：413-416.

[437] 李申生. 太阳能物理学[M]. 北京：首都师范大学出版社，1996.

[438] WANG X H，WANG J P，ZHANG C W. Research of an omniberaing sun locating method with fisheye picture based on transform domain algorithm[J]. Lecture Notes in Control & Information Sciences,2006,345：1169-1174.

[439] 徐晓冰.光伏跟踪系统智能控制方法的研究[D]. 合肥：合肥工业大学，2010.

[440] 贾云得,吕宏静，刘万春. 鱼眼变形立体图像恢复稠密深度图的方法[J]. 计算机学报，2000，23(12)：1232-1234.

[441] 傅蓉,许宏丽. 基于小波多尺度分析的彩色图像检索方法[J]. 中国图象图形学报，2004，9(11)：1326-1330.

[442] MALLAT S G. A theory for multi resolution signal decomposition：The wavelet representation[J]. IEEE Transactions on Pattern Analysis and Machine Intelligence，1989，11(7)：674-693.

[443] GU B，SHENG V S，TAY K Y. Incremental support vector learning for ordinal regression[J]. IEEE Transactions on Neural Networks & Learning Systems，2015，26(7)：1403-1416.

[444] GU B，SHENG VICTOR S，WANG Z. Incremental learning for ν-support vector regression[J]. Neural Networks the Official Journal of the International Neural Network Society,2015，67(C)：140-150.

[445] WEN X，SHAO L，XUE Y. A rapid learning algorithm for vehicle classification[J]. Information Sciences,2015，295(1)：395-406.

[446] ZHANG H，GÖNEN M，YANG Z. Understanding emotional impact of images using Bayesian multiple kernel learning[J]. Neurocomputing,2015，165(C)：3-13.

[447] ROSIPAL R，TREJO L J. Kernel partial least squares regression in reproducing kernel Hilbert space[J]. Journal of Machine Learning Research,2002，2(2)：97-123.

[448] NICOLAÏ B M，THERON K I，LAMMERTYN J. Kernel PLS regression on wavelet transformed nir spectra for prediction of sugar content of apple[J]. Chemometrics & Intelligent Laboratory Systems,2007，85(2)：243-252.

[449] BASTIEN P，BERTRAND F，MEYER N. Deviance residuals-based sparse PLS and sparse kernel PLS regression for censored data[J]. Bioinformatics，2015，31(3)：397-404.

[450] WANG M，YAN G，FEI Z. Kernel pls based prediction model construction and simulation on theoretical cases[J]. Neurocomputing，2015，165(C)：389-394.

[451] FAN H，SONG Q，SHRESTHA S B. Kernel online learning with adaptive kernel width [J]. Neurocomputing,2015，175：233-242.

[452] GRANITTO P M，VERDES P F，CECCATTO H A. Neural network ensembles：Evaluation of aggregation algorithms[J]. Artificial Intelligence，2005，163(2)：139-162.

[453] YIN X C，HUANG K，HAO H W. A novel classifier ensemble method with sparsity and diversity[J]. Neurocomputing,2014，134：214-221.

[454] TANG J, YU W, CHAI T, et al. Modeling parameters of mill load based on dual layer selective ensemble learning strategy[C]// World Congress on Intelligent Control & Automation, Shenyang, China. Piscataway: IEEE Press, 2014: 916-921.

[455] XU L, ZHANG J Q, YAN Y. A wavelet-based multi-sensor data fusion algorithm[J]. IEEE Transactions on Instrumentation & Measurement, 2005, 53(6): 1539-1545.

[456] NAMBIAR V P, KHALIL H M, MARSONO M N. Optimization of structure and system latency in evolvable block-based neural networks using genetic algorithm[J]. Neurocomputing,2014, 145(18): 285-302.

[457] CHEN J, YANG J, ZHAO J. Energy demand forecasting of the greenhouses using nonlinear models based on model optimized prediction method[J]. Neurocomputing, 2015, 174(PB): 1087-1100.

[458] GUO T, HAN L, HE L. A Ga-based feature selection and parameter optimization for linear support higher-order tensor machine[J]. Neurocomputing,144(1), 408-416.

[459] SARKHEYLI A, ZAIN A M, SHARIF S. Robust optimization of anfis based on a new modified GA[J]. Neurocomputing,2014, 166(C): 357-366.

[460] HU J, WANG Z, LIU S. A variance-constrained approach to recursive state estimation for time-varying complex networks with missing measurements[J]. Automatica,2016, 64: 155-162.

[461] HU J, WANG Z, SHEN B. Quantised recursive filtering for a class of nonlinear systems with multiplicative noises and missing measurements[J]. International Journal of Control, 2013, 86: 650-663.

[462] TANG J, CHAI T Y, YU W. Feature extraction and selection based on vibration spectrum with application to estimate the load parameters of ball mill in grinding process [J]. Control Engineering Practice, 2012, 20: 991-1004.

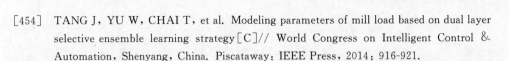

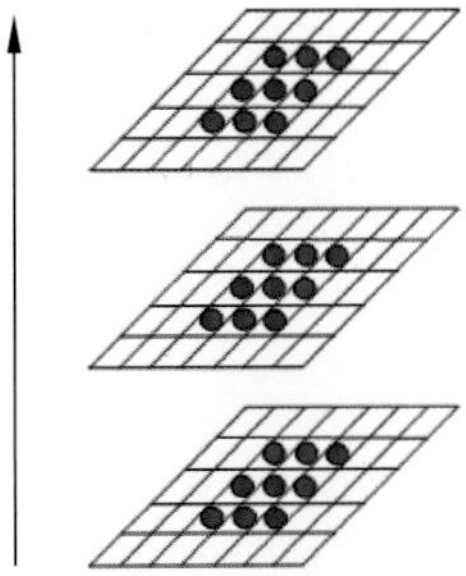

图 3.8　尺度空间局部极值检测

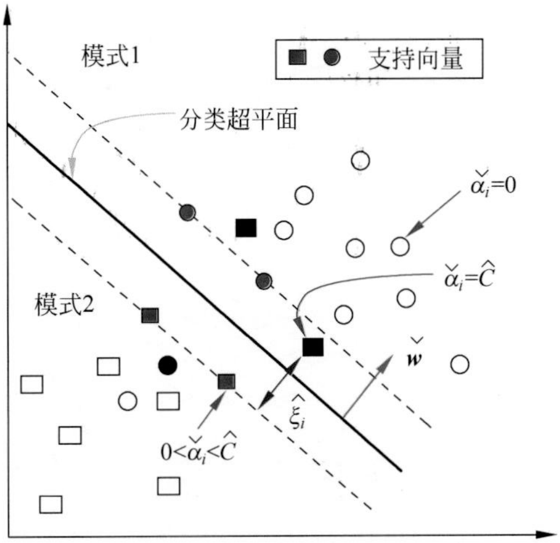

图 3.16　C-SVC 示意图

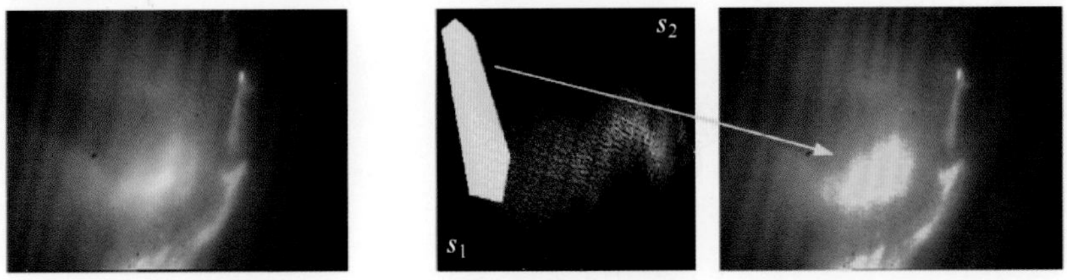

(a) 原始火焰图像　(b) 带有屏蔽矩阵(黄色)的火焰图像得分图像　(c) 屏蔽区域对应的感兴趣区域(黄色)

图 4.17　火焰图像感兴趣区域获取过程

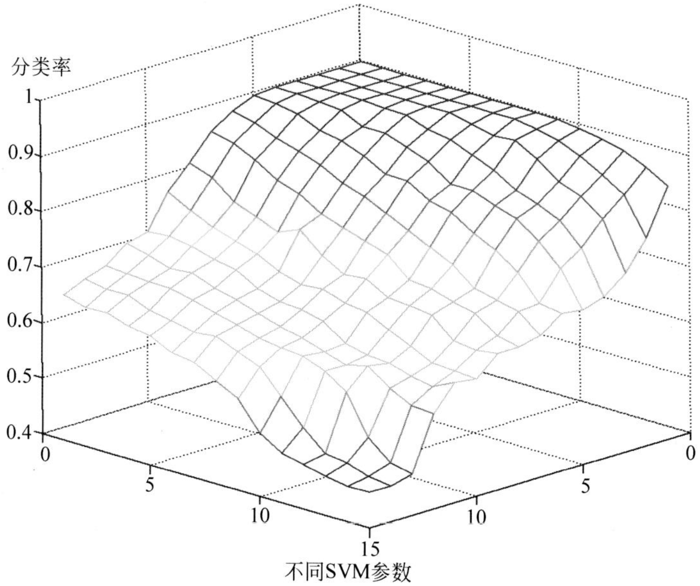

图 4.26　采样图像分类效果：SVM 参数(SVM)

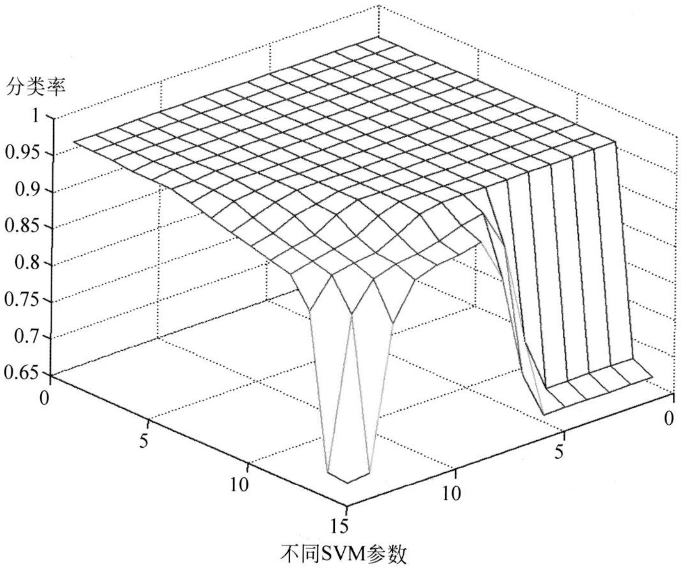

图 4.32　烧成状态识别精度：SVM 参数(SVM)

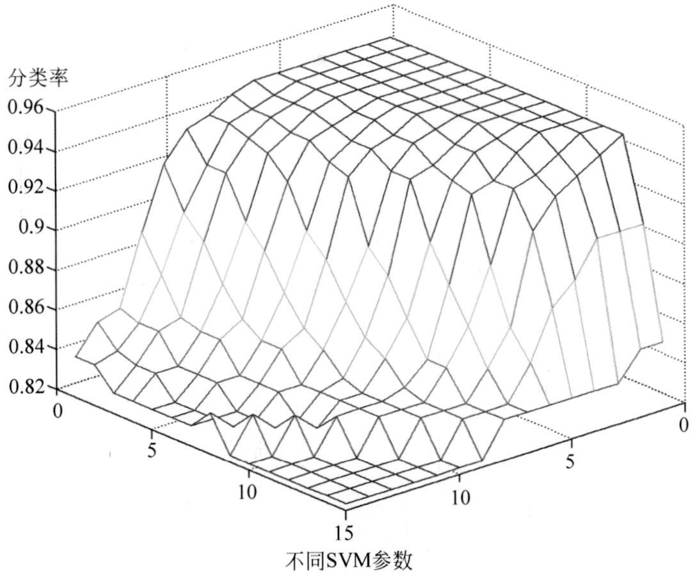

图 4.40　烧成状态识别精度：SVM 参数(SVM)

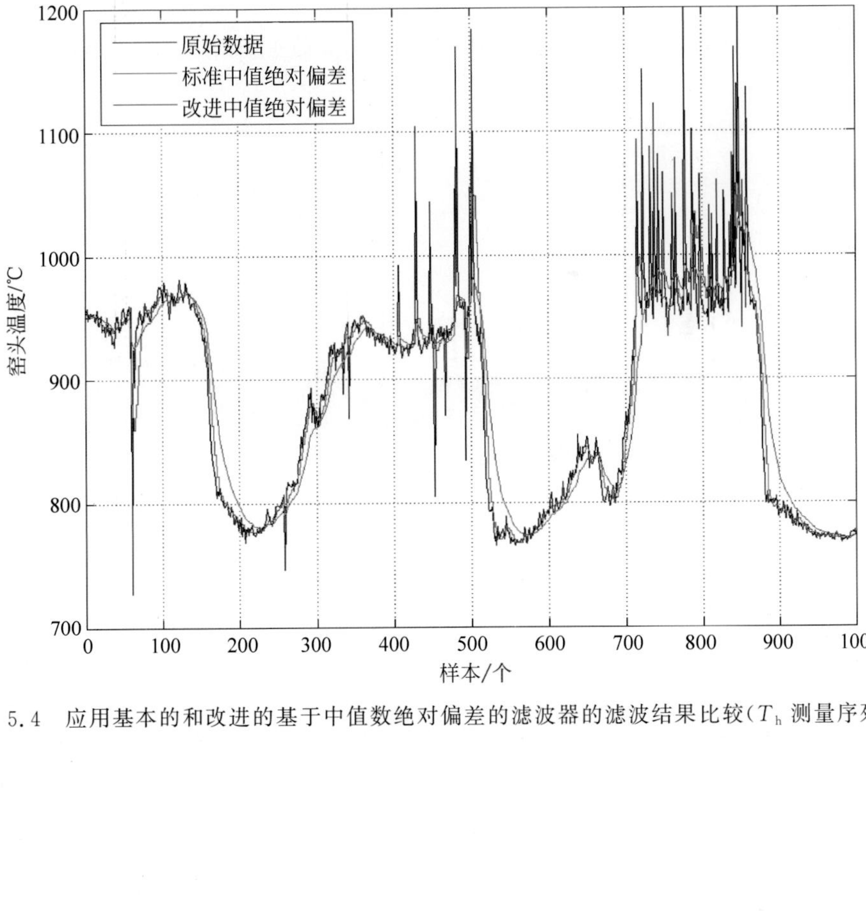

图 5.4　应用基本的和改进的基于中值数绝对偏差的滤波器的滤波结果比较(T_h 测量序列 1)

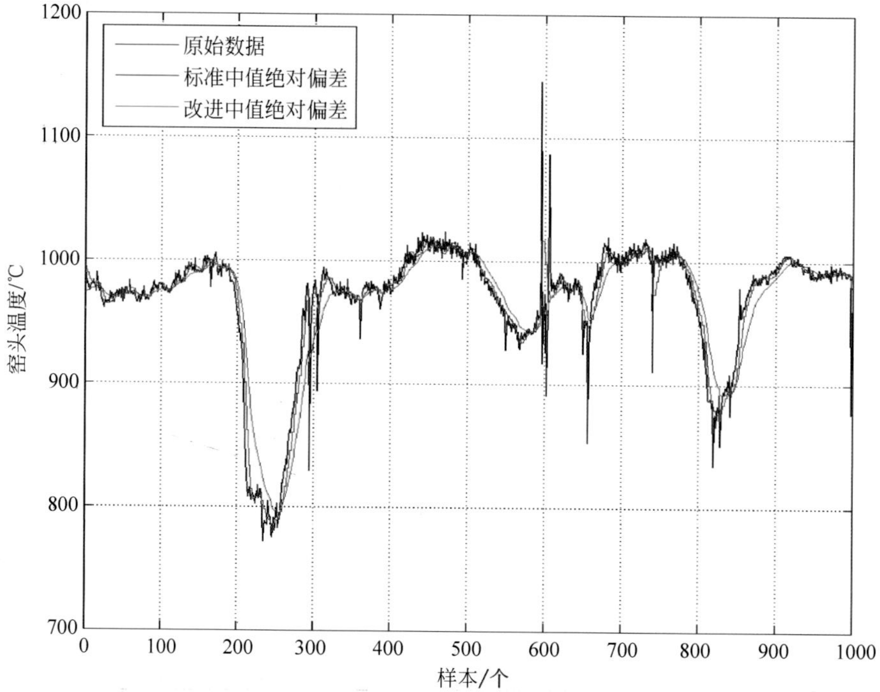

图 5.5 应用基本的和改进的基于中值数绝对偏差的滤波器的滤波结果比较(T_h 测量序列 2)

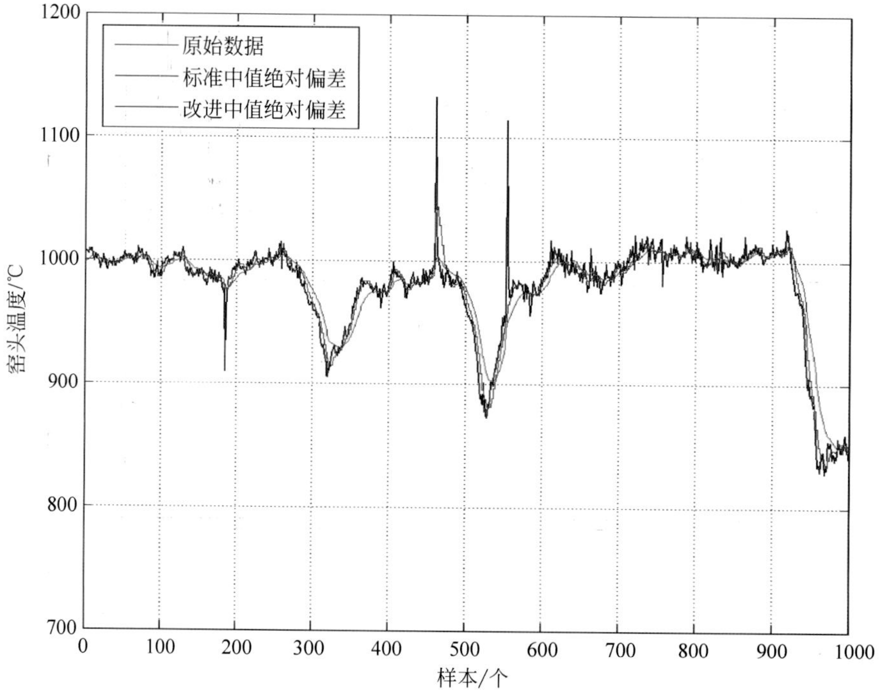

图 5.6 应用基本的和改进的基于中值数绝对偏差的滤波器的滤波结果比较(T_h 测量序列 3)

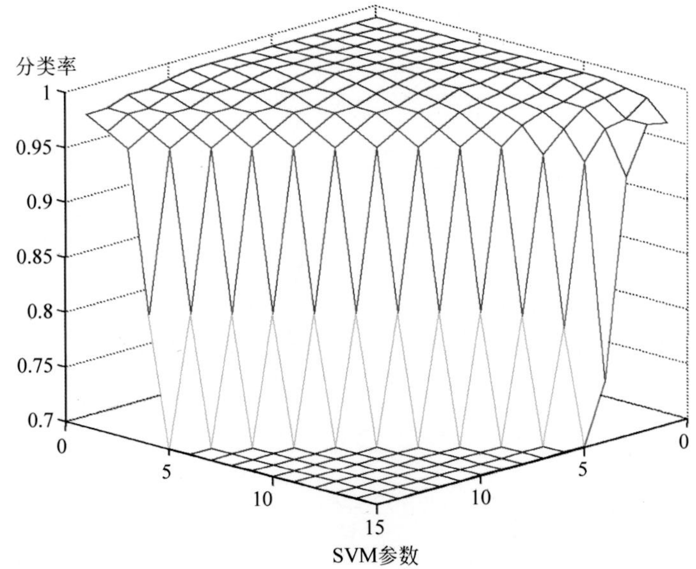

图 5.9　烧成状态识别精度：SVM 参数(SVM)

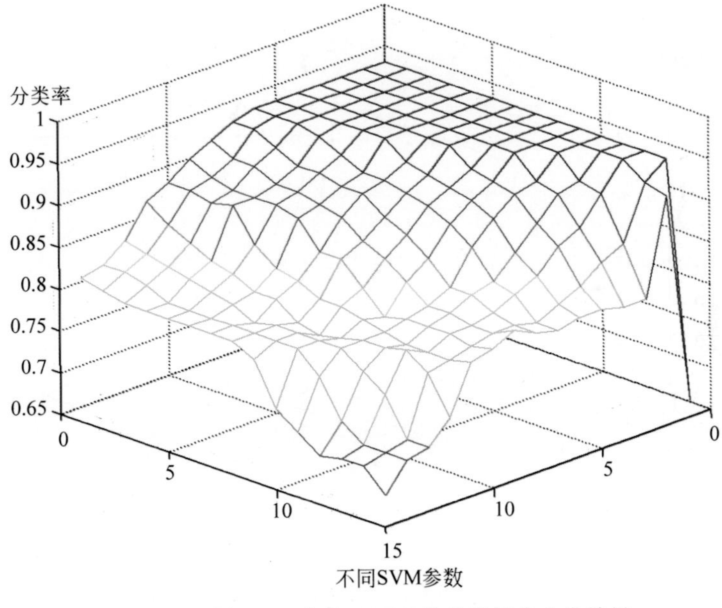

图 7.5　不同 SVM 参数(SVM)的采样图像分类效果

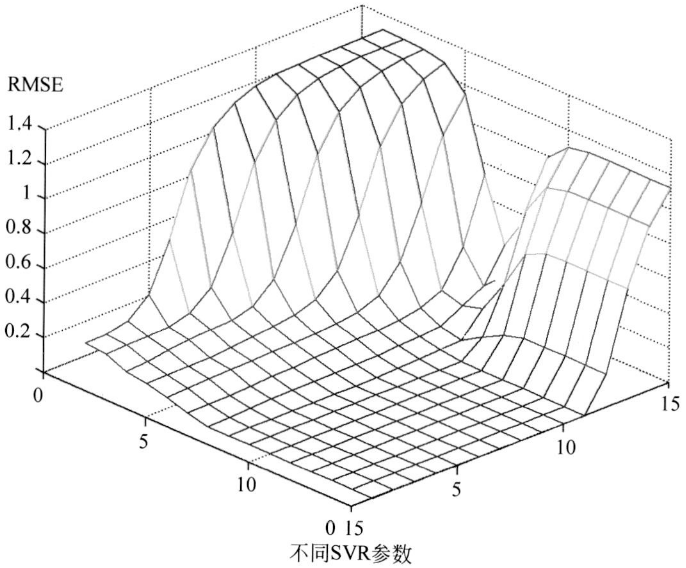

图 7.8　不同 SVR 参数(KPLS+SVR)的 f-CaO 含量软测量的 RMSE

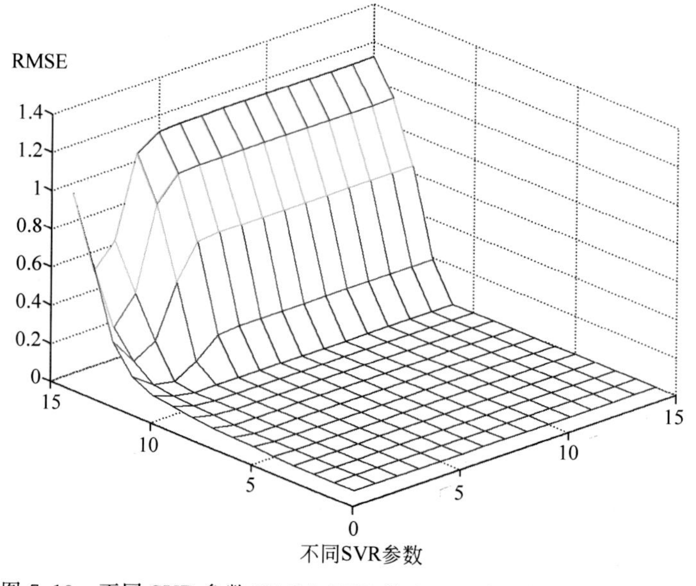

图 7.13　不同 SVR 参数(PLS+SVR)的 f-CaO 含量软测量的 RMSE

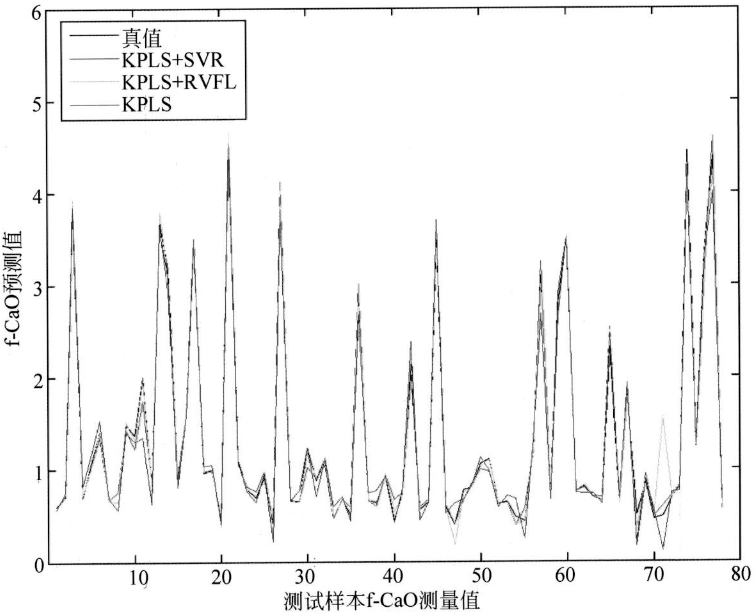

图 7.18 不同算法测试样本 f-CaO 含量软测量值(KPLS+SVR,KPLS+RVFL,KPLS)

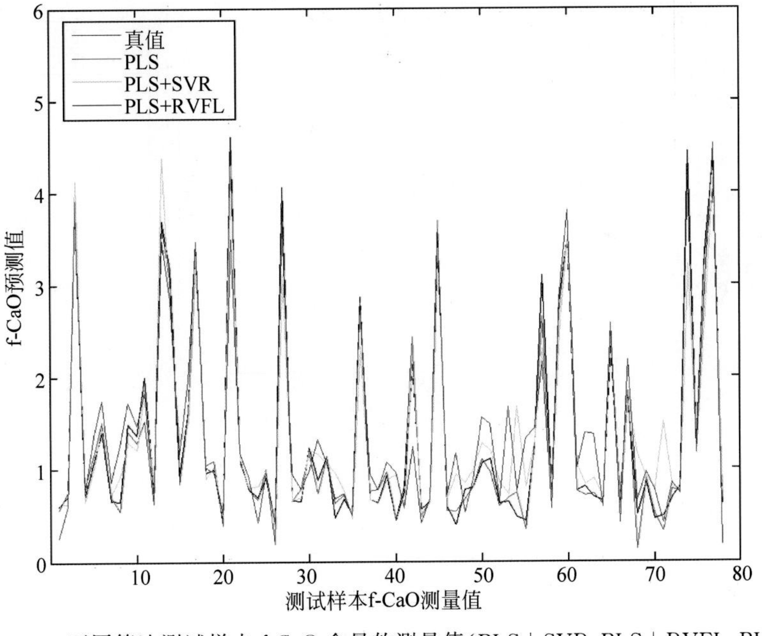

图 7.19 不同算法测试样本 f-CaO 含量软测量值(PLS+SVR,PLS+RVFL,PLS)

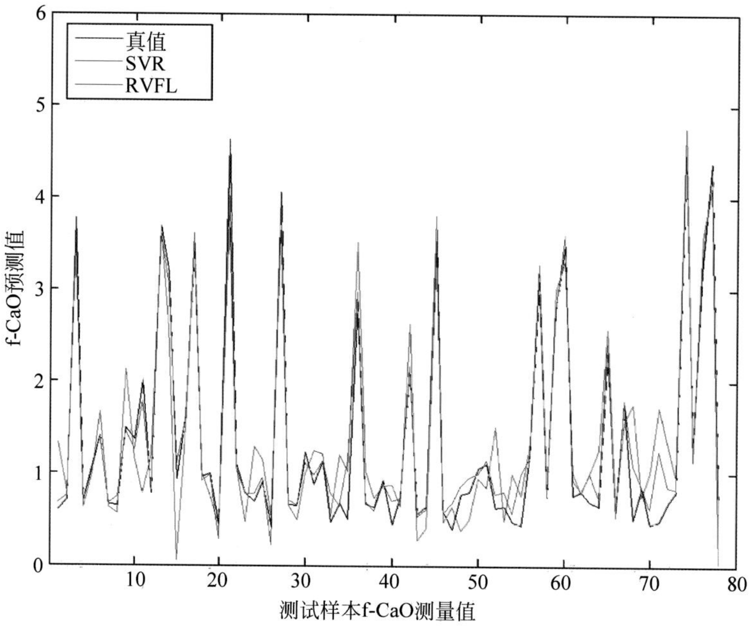

图 7.20　不同算法测试样本 f-CaO 含量软测量值(SVR,RVFL)

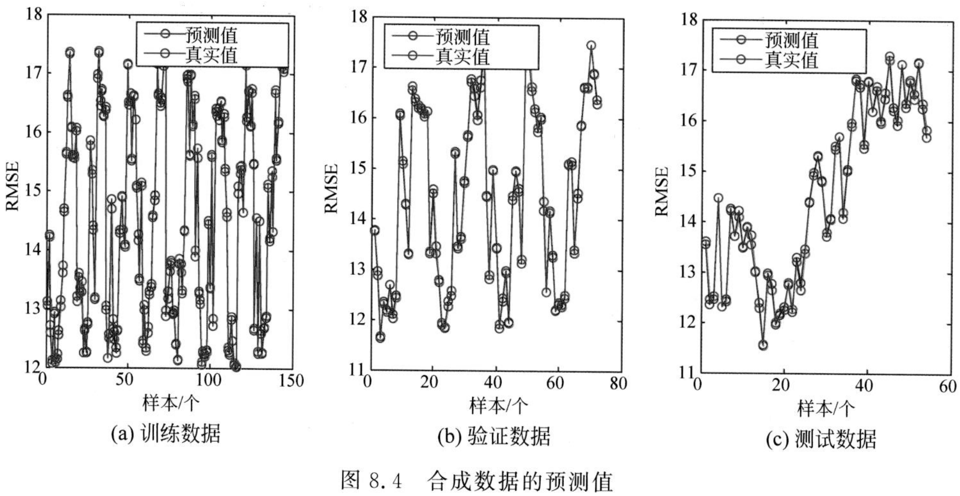

图 8.4　合成数据的预测值

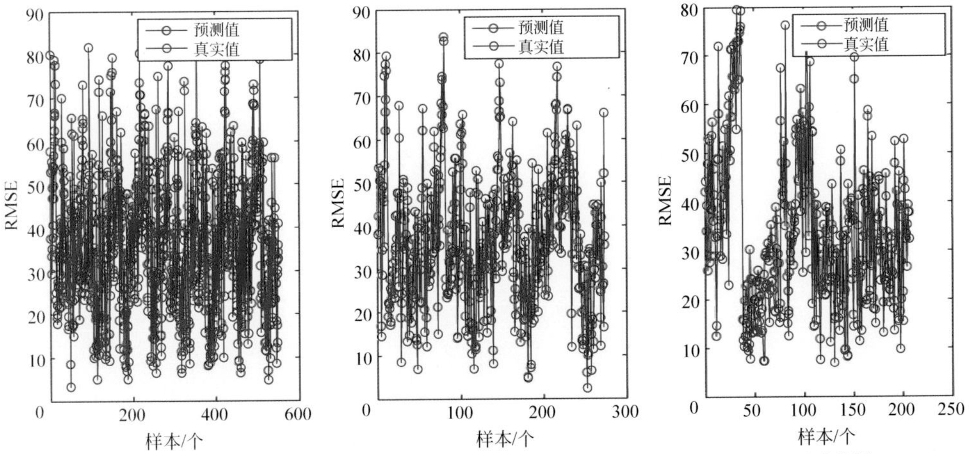

(a) 训练数据　(b) 验证数据　(c)测试数据

图 8.7　低维 Benchmark 数据的预测值

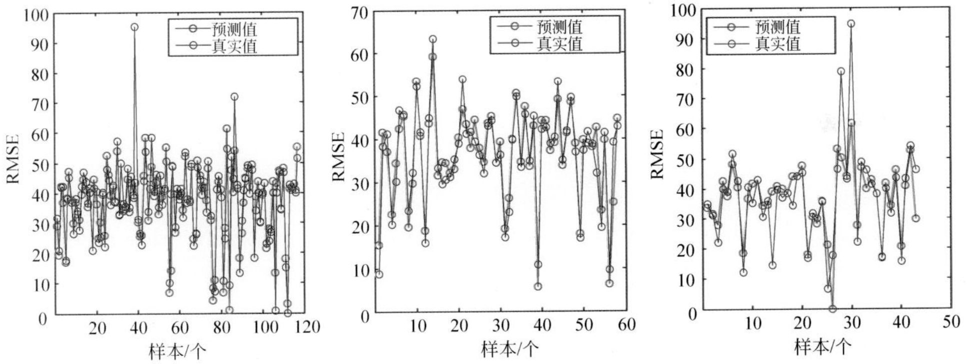

(a) 训练数据　(b) 验证数据　(c) 测试数据

图 8.10　低维 Benchmark 数据的预测值

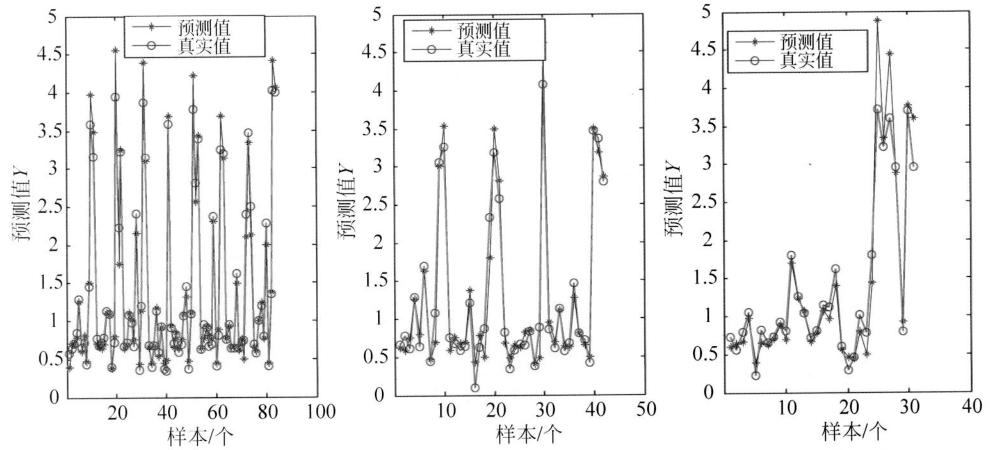

(a) 训练数据　(b) 验证数据　(c) 测试数据

图 8.13　多源异构数据的预测值